현혹과 기만

현혹과 기만

의태와 위장

피터 포브스

이한음 옮김

까치

DAZZLED AND DECEIVED: Mimicry and Camouflage

by Peter Forbes

역자 이한음
서울대학교 생물학과를 졸업했다. 저서로 과학 소설집 『신이 되고 싶은 컴퓨
터』가 있으며, 역서로 『살아 있는 지구의 역사』, 『DNA : 생명의 비밀』, 『DNA
를 향한 열정』, 『인간의 본성에 대하여』, 『생명 : 40억 년의 비밀』, 『조상 이야
기 : 생명의 기원을 찾아서』, 『암 : 만병의 황제의 역사』 등이 있다.

편집, 교정 _ 김소라

현혹과 기만 : 의태와 위장

저자 / 피터 포브스
역자 / 이한음
발행처 / 까치글방
발행인 / 박종만
주소 / 서울시 종로구 행촌동 27-5
전화 / 02 · 735 · 8998, 736 · 7768
팩시밀리 / 02 · 723 · 4591
홈페이지 / www.kachibooks.co.kr
전자우편 / kachisa @ unitel.co.kr
등록번호 / 1-528
등록일 / 1977. 8. 5
초판 1쇄 발행일 / 2012. 3. 30

값 / 뒤표지에 쓰여 있음

ISBN 978-89-7291-522-5   03400

다이애나에게

차례

감사의 말

이 책은 자연사, 예술, 전쟁에서 끌어낸 이야기들을 토대로 삼았기 때문에, 서로 관련이 적은 여러 분야의 자료에 크게 의존한다. 인터뷰에 응하거나 질문에 기꺼이 답한 생물학자들을 비롯한 많은 분들께 감사를 드린다. 션 캐럴, 라스 치트카, 마리엘라 허버스타인, 블랑카 우에르타스, 크리스 지긴스, 마우리시오 리나레스, 레나 린드스트룀, 고(故) 마이클 매저러스, 스티브 맬컴, 제임스 맬릿, 안토니아 몬테이로, 마이클 내치먼, 프레드 나이하우트, 앤터니 펜로즈, 데이비드 페니그, 밥 리드, 리처드 스토크스, 존 터너, 딕 베인-라이트가 그런 도움을 주었다.

그리고 구체적인 의문을 해결하는 데에는 아키노 도시하루, 스티븐 배시, 빌헬름 바르틀로트, 윌리엄 코너, 맬컴 에드먼즈, 토머스와 마리아 아이스너, 비트코 프랑케, 헬렌 지러델라, 클레어 고더드, 웬델 하그, 마커스 크론포스트, 앨리스터 매스켈린, 플로리안 시에스틀, 피터 스켈턴, 디터 치머가 도움을 주었다. 지면이 한정되어 있고, 논점이 협소한 탓에 흥미로운 자료를 활용하지 못한 사례도 있었다.

원고 전체를 읽고 수많은 유용한 제안을 한 크리스토퍼 포터, 의태에 관한 방대한 지식을 아낌없이 전수하고 몇몇 장을 읽고 평하고 시적인 향취가 풍기는 답신을 보내준 존 터너, 본문을 읽고 최신의 연구결과들을 늘 접하게 해준 크리스 지긴스, 빠진 연결 고리를 찾는 자신의 연구를 상세히 말해준 마우리시오 리나레스에게도 감사를 드린다. 휴 코트의 연구가 있음을 알려준 케임브리지 동물학 박물관의 앤 찰턴에게도 고마움을 전한다.

이 집필 계획을 듣고서 흥미로운 제안과 도움이 되는 말을 한 친구, 동료, 식구들에게도 감사한다. 앤시 아널드, 줄리언 벨, 마크 디벌, 닐 포브스, 필립 크리거, 콜린 마, 캐서린 맥스웰, 라파엘 오드와이어, 루시 페트리, 레오 레이치, 마이크 샤프가 그렇다. STV의 존 러시턴은 친절하게도 『전쟁의 마법(*Magic at War*)』을 한 권 선물했다.

존슨 박사는 "한 인물이 도서관의 절반을 한 권의 책으로 만들 것이다"라는 말을 했는데, 여기서 도서관은 경이로울 정도로 많은 과학책들을 소장한 영국 도서관을 뜻했다. 그곳 직원들에게 감사한다. 또 이 자리에서 최신의 연구자료를 접할 수 있게 하고, 자칫하면 찾느라 고생하기 쉬운 참고 문헌과 인용문을 검색할 수 있도록 한 구글의 중요성을 인정하지 않으면 인색한 사람이 될 것이다. 구글은 많은 사례에서 생명줄이었다. 이제 구글 없이 조사를 한다는 것은 상상하기가 어렵다.

안타깝게도 지금은 없어진 런던 나비 센터는 내게 영감의 원천이었다. 다행히 세인트앨번스 인근에 이든 센터의 돔과 비슷한 모양의 거대한 나비 하우스가 생긴다고 하니, 그 빈 공간을 채울 수 있을 것이다. 미국에는 이미 나비 월드(www.butterflyworld.com)가 있다.

지치지 않는 정력의 소유자인 저작권 대리인 앤드루 로니와 책을 만드는 데에 주도적인 역할을 한 예일 대학교 출판부의 담당 편집자 헤더 매캘럼이 없었다면, 수십 년간 꿈꾸었던 이 일은 결코 실현되지 못했을 것이다.

무엇보다도 수정된 원고들을 적어도 두 차례 읽고 늘 세심하게 마음을 써주며 내용이 걷잡을 수 없이 중구난방이 될 뻔한 중요한 시점마다 체제를 대폭 수정하도록 제안을 한 아내 다이애나 레이치에게 고맙다는 말을 전한다.

저작권이 있는 문헌과 삽화를 이용하고 원고, 희귀한 판본과 소장자료를 인용할 수 있게 허락한 런던의 영국 도서관, 런던 콜린데일에 있는 영국 신문 도서관, 런던 큐에 있는 국립 문서 보관소, 런던의 제국 전쟁 박물관, 옥스퍼드의 보들리언 도서관, 케임브리지 대학교 도서관, 런던 자연사 박물관 도서관, 케임브리지 대학교 동물학 박물관, 글래스고 대학교 문서 자료실, 스코틀랜드 국립 현대 미술관, 이스트서식스 치딩리의 리 밀러 문서 보관소에 감사한다. 국립 문서 보관소와 제국 전쟁 박물관의 왕실 소유 저작권 자료를 쓸 수 있도록 친절하게 허락한 왕실 출판부의 담당자께도 감사드린다. 출간된 문헌이나 미발표 논문을 인용하도록 허락한 저작권 관리기관들에도 감사를 드린다.

제프리 바커스의 『위장 이야기(*The Camouflage Story*)』(1952)는 오리온 출판 그룹의 자회사 카셀이 저작권을 가지고 있는데, 온갖 시도를 해보았지만 인용을 허락받을 수 없었다. 이 책에 인용된 모든 내용은 저작권 소유자를 파악하여 허락을 받으려고 최선을 다했다. 그럼에도 허락을 받지 못했거나 적절한 감사를 표시하지 않은 채 인용한 내용이 있다면 저자와 출판사에 사과를 드리며, 알려주시면 감사하겠다.

저술가 재단 상을 준 저술가 협회에도 감사를 드린다.

프롤로그

내가 이 글을 쓰고 있을 때, 산네발나비 한 마리가 겨울잠을 잘 곳을 찾아 집 안으로 날아들었다. 나비는 날개를 접은 채 창문에 앉아 꼼짝하지 않았다. 꼼짝하지 않은 채 겨울 동안 살아남아야 하기 때문에, 나비는 나뭇잎을 탁월하게 흉내낸다. 전형적인 나비의 날개 형태를 완전히 타파하겠다는 듯이 날개의 가장자리가 뜯어 먹힌 듯이 들쭉날쭉했다. 죽은 나뭇잎에 생긴 무늬처럼 날개 전체에 회색에서 갈색에 이르는 반점들이 퍼져 있으며, 마치 새똥이 묻은 듯이 각 날개에는 작은 초승달 모양의 흰 무늬가 하나 있었다. 누더기가 된 낙엽 같다. 그러니 겨울 내내 눈에 띄지 않은 채 있을 수 있다.

산네발나비의 나뭇잎 의태(擬態, mimicry)는 뚜렷한 목적과 아름다움을 가진다. 약 5억4,000만 년 전 캄브리아기에 동물에게 처음 시각이 출현한 이래로, 겉모습은 진화의 경로를 빚어내는 데에 대단히 중요한 역할을 해왔다. 예술사가 에른스트 곰브리치 경(1909-2001)은 그림에만 관심이 있었던 것이 아니다.[1] 그는 시각표현 분야 전체를 자신의 영역으로 삼았고, 의태 및 자연의 모방과 양식화한 경고신호가 인류의 예술에 어떤 의미가 있는지를 멋들어지게 적었다. "설득력 있는 이미지는 사실 인간의 마음이 이 비결을 떠올리기 오래 전에 자연에서 먼저 진화했기 때문에……예술사가와 비평가가 이런 기적들을 깊이 살펴보는 것도 나쁘지 않다. 그런 기적을 접하면 그들은 닮음과 인지의 기준이 상대적이라며 어쩌고저쩌고 차마 떠들어대지 못하고 입을 다물게 될 것이다."

곰브리치는 자연에서 다양한 미술양식을 발견했다. 가랑잎나비는 "자연주의 미술가"로 볼 수 있다. 자연선택이 빚어낸, 죽은 나뭇잎 무늬를 고스란히 본뜬 존재이다. 반면에 일부 나비가 자랑하는 눈꼴무늬는 양식화한 표현이다. "그것은 자연의 표현주의 양식이라고 할 만하다." 그리고 연상 작용을 통해서 의미가 확정되는 무늬도 있다. 침 같은 강력한 방어수단이나 독소로 자신을 보호하는 생물들은 선명한 경고색으로써 자신이 위험한 존재임을 알린다. 온대지역의 말벌이나 무당벌레가 대표적이다. 독성을 가지고 있는 종이 이용하는 경고색—빨강, 노랑, 검정, 하양—은 우리가 도로 표지판과 유독물질 경고판에 쓰는 색이기도 하다. 살아 있는 생물이 선명한 색깔에 본능적인 반응을 보이기 때문에 이런 색깔이 쓰이는 것인지도 모른다. 그런 색깔은 식생과 암석의 더 칙칙한 녹색, 갈색, 회색과 대비되어 두드러진다. 아마 오랜 진화를 거치면서 그런 색깔들이 위험과 관련을 맺게 되었을 것이며, 사물의 이름이 관습을 통해서 부여되는 것(도로는 본질적으로 "도로"가 아니며, 언어에 따라서 "뤼[rue]"나 "울리차[ulitsa]" 등 수천 가지 이름이 있다)과 똑같이 관습적인 의미를 가지게 되었을 것이다. 아무튼 자연의 경고색과 인간의 경고색이 비슷하다는 점은 무시할 수 없을 정도로 명백하다.

속임수는 인간사에서 늘 큰 역할을 해왔다. 초기 인류—수렵채집안—는 여느 동물 못지않게 위장(僞裝, camouflage)이라는 술책에 능숙했다. 그들은 그래야 했다.* 성서의 에사오와 야곱 이야기는 기이할 정도로

---

* 엄밀히 말해서 "위장(camouflage)"이라는 단어는 제1차 세계대전 때인 1917년 프랑스에서 만들어진 것으로, 그전에는 없던 단어였다. 분장하다, 변장하다라는 뜻의 동사 카무플리(camoufler)에서 유래했다. 전쟁에 쓰이기 전에는 연극에서 쓰이던 단어였으며, 전쟁에는 "은폐색"이나 "보호색"이라는 용어가 대신 쓰였다. "위장"이 훨씬 더 나은 단어이므로 이 책에서는 그 단어를 쓰기로 한다. 학술적

생물학적인 분위기를 풍긴다. "매끈한 남자"인 야곱은 눈멀고 늙은 아버지 이삭 앞에서 "털북숭이 남자"인 사냥꾼 형 에사오인 척하기 위해서 염소 털가죽을 몸에 둘렀다. 이삭은 목소리가 야곱의 것임을 알았지만 염소 사냥꾼의 냄새와 털 감촉을 더 신뢰했다. 후각과 촉각은 청각보다 더 원초적이며 기본적인 감각이었다. "말소리는 야곱의 소린데 손은 에사오의 손이라!"

혼동과 변장은 인류의 상상에 강력한 영향을 발휘한다. 의도적인 것이든 우연한 것이든 간에 신원 오인은 신화, 전설, 문학에 만연해 있다. 특히 오이디푸스 전설이나 셰익스피어의 많은 희곡―「뜻대로 하세요」, 「베니스의 상인」, 「법에는 법으로」, 「한여름 밤의 꿈」, 「십이야」, 「겨울 이야기」―에서처럼 신원 위조는 수많은 인간 드라마를 빚어내는 원천이다. 지금의 인류 사회에서는 이런 의구심이 생기면 법정으로 가서 DNA 검사를 요구한다. 그리고 자연의 DNA는 많은 종이 겉으로 보이는 모습과는 다른 존재임을 드러낸다.

인간세계에서 벌어지는 속임수의 대부분은 자연에서도 나타난다. 트로이인들이 그리스 병사들이 안에 숨어 있을 것이라고는 의심하지 않은 채 목마를 도시로 들여왔을 때, 그들은 화학물질 냄새에 속아 부전나비의 애벌레를 집으로 끌어들여서 자기 애벌레 대신 나비 애벌레를 먹여 키우는 개미들과 다를 바 없었다. 또 「맥베스」에서 맬컴의 군대가 나무로 변장하고서 던시네인을 향해서 다가가는 장면은 넝마, 잔가지, 잎으로 위장한 현대의 저격병을 떠올리게 한다.

19세기 말 이전까지 군대는 위협적이며 선명한 군복을 입었고, 주로 붉은색을 선호했다. 눈에 잘 띄게 과시함으로써 자신이 위험한 존재라고 선포하는, 독성을 띤 많은 생물 종처럼 말이다. 그러나 19세기 말에 무

─────────

으로 보면 시대착오적인 사례도 있을 것이다. "보호색"은 은폐가 아니라 과시를 의미할 수도 있다.

기, 특히 기관총의 성능이 향상되자 은폐가 최우선 과제가 되었다.

　전쟁에서의 위장은 이른바 "두 문화"의 관계를 보여주는 시범 사례가 되어왔다. 평시에 예술과 과학 사이의 관계를 찾으려는 시도는 의도는 좋을지라도 대개 헛수고로 끝난다. 두 분야의 영역과 방법이 너무나 달라 보이기 때문이다. 그러나 전시에 쓰이는 위장에 관해서는 생물학자와 예술가 양쪽 모두가 자신만이 그 방면의 전문가라고 느꼈다. 이제 영역은 같아졌다. 그러나 사고방식은 전혀 달랐다. 자연의 위장과 의태로부터 배운 것을 두 번의 세계대전 때 전투에 적용하려고 한 시도들은 많은 복잡하면서도 흥미로운 이야기를 빚어냈다. 거기에는 존 그레이엄 커 경, 휴 코트, 피터 스콧 경이라는 저명한 세 자연사학자와 한 무리의 예술가, 군인들, 그리고 마술사 한 명이 등장한다. 세계대전을 통해서 이루어진 자연, 예술, 과학의 수렴에 대한 이야기는 이 책에서 개척자들의 탐험 이야기와 오늘날의 첨단 유전학 연구 사이의 중간에 놓여 있다. 최근 왕립협회 『회보(*Transactions*)』 특집호에는 그 성과를 인정하는 말이 실렸다. "위장에 대한 연구는 애벗 세이어와 휴 코트의 연구와 영향에서 비롯되었으며, 상당 기간 생물학, 예술, 군사학의 연결 고리가 되어왔다."[2]

　의태와 위장의 예술적 측면은 그 주제에 또다른 차원의 매력을 덧붙인다. 나는 이 책을 쓰기 25년 전, 한 언론사의 자연사 부장으로 일할 때 의태의 사례를 수집하기 시작했다. 당시 나는 의태를 주로 자연현상을 기재하는 자연사 측면에서 바라보았다. 거기에는 심미적인 취향도 큰 몫을 했다. 나는 그 주제를 다룬 가장 간결하면서도 권위 있는 교과서였던 휴 코트의 『동물의 적응색(*Adaptive Coloration in Animals*)』(1940)에 실린 이국적인 환경에서의 놀라운 의태의 사례들에 푹 빠져들었다.

　그러나 의태가 자연에서 시각적으로 펼쳐지는 환상적인 이야기인 것만은 아니다. 그것은 진화의 측면에서도 많은 이야기를 해줄 수 있다. 진화의 이야기를 풀어내는 것은 생물학의 가장 큰 목표이다. 대부분의 생물학 연구는 어떻게 알에서부터 생물이 발달하는지를 이해하고, 유전자가 어떻게 장기를 만들어내는지를 알아내고, 유전이 어떻게 작용하는지를 깊이 파악하고, 질병의 유전적 토대를 규명하고 치료법을 개발하는 것을 일반 목표로 삼는다. 그러나 유기체의 활동과정을 여기저기서 조금씩 알면 알수록, 우리는 최초의 자기복제 분자에서부터 현재의 수천만 종에 달하는 풍성한 생물들에 이르기까지 35억 년에 걸친 역사도 점점 더 알게 된다. 분자생물학의 가장 놀라운 발견 중 하나는 한 껍질 벗기고 들여다보면 모든 생물이 우리가 상상한 것보다 훨씬 더 가까운 사촌 간이라는 사실이었다. "당신은 인간입니까 생쥐입니까?"라는 질문에 이제는 "둘 다"라고 대답할 수 있다. 인간 유전자의 약 99퍼센트는 쥐 유전자와 거의 같기 때문이다. 비교적 미미한 유전자 돌연변이를 통해서 형태와 기능이 크게 차이 나는 동물들이 만들어질 수 있는 듯하다.

그러나 진화가 유전자 카드 한 벌을 뒤섞음으로써 일어나는 것만은 아니었다. 유전자가 후대로 전달될 수 있느냐는 생물이 실제 환경에서 다른 생물들과 어떻게 상호작용하면서 살아가느냐에 달려 있다. 유전자와 전체 환경이 기나긴 세월 동안 어떻게 상호작용을 하는지를 이해한다는 것은 복잡하기 그지없는 문제이다. 우리는 과거의 진화를 찍은 비디오를 가지고 있지 않으며, 그저 제한된 현상의 진화를 시범 사례로 삼아서 살펴볼 수 있을 뿐이다. 의태와 위장─한 생물이 다른 생물이나 환경의 일부를 닮는 것─은 현재 작용하고 있는 진화를 연구하기에 이상적인 몇 가지 특징을 가진다. 그중에서 최고의 연구대상은 곤충이다. 거미와 사마귀도 있지만, 무엇보다도 나비와 나방이 가장 이상적인 대상이다. 거기에는 여러 가지 이유가 있다. 곤충은 세대교체가 빠르고 취약하기 때문에 자연선택이 아주 강하게 작용한다. 그리고 나비는 자신을 날개를 통해서 드러내기 때문에 곤충 중에서도 특별하다. 2차원으로 펼쳐진 대상은 3차원 대상보다 연구하기가 더 쉽다.

진화를 생각하다 보면 으레 순환논리에 빠지고는 한다. 진화에는 목적이, 즉 눈에 보이는 목표 따위가 전혀 없기 때문이다. 우리는 어떤 생물이 살아남는 것을 보며, 살아남았기 때문에 그 생물이 적자(適者, the fittest)가 분명하다고 말한다. "적자"란 무엇일까? 살아남은 생물을 가리킨다. 그러나 의태에서는 한 생물이 앞서고 다른 생물이 자연선택을 통해서 그 생물을 모방한다. 자연에는 목표가 없음에도, 목표를 부여하려고 한다는 오래된 문제는 의태 앞에서 해소된다. 비록 자연 전체에는 목적 같은 것이 없을지라도, 종을 모방하는 일에는 목표가 있기 때문이다. 모델을 본뜬다는 목표 말이다. 따라서 우리는 원래의 종과 사본을 대비시킴으로써 진화의 성공 지수를 얻을 수 있다. 죽은 나뭇잎을 모방하는 나비에서도 마찬가지이다. 성공 여부를 말할 수 있다.

의태 종 그리고 모방을 하지 않는 친척 종에서 패턴 형성 유전자를 찾아낸다면, 우리는 정확한 모방이라는 구체적인 사례를 통해서 배경이 되는 적응 양상, 자연선택, 유전자 메커니즘의 많은 것을 알아낼 수 있을 것이다. 위장은 의태와 분명히 다르기는 하지만, 그렇다고 덜 흥미로운 것은 아니다. 나방이 나무줄기라는 배경 앞에서 절묘하게 모습을 감출 때, 그것은 유전적 패턴 형성 과정이 무엇인가를 수동적으로 판박이처럼 베끼는 특성을 가지고 있음을 말해준다. 그러나 나무의 줄기를 만드는 유전자들과 나방의 날개무늬를 만드는 유전자들 사이에는 아무런 관계도 없을 것이다. 의태를 논의할 때 우리는 한 나비가 다른 나비를 모방할 때 쏙 빼닮은 무늬를 만들어내는 유전기구가 어떻게 동원되는지를 살펴볼 것이다.

의태 사례의 배후에 놓인 유전자들, 그리고 의태가 이루어지는 데에 걸리는 시간이 밝혀진다면, 유전 경로를 재구성할 수 있을 것이다. 진화는 현대생물의 DNA에 자신이 이룩한 혁신의 흔적을 남긴다. 그것은 발달 시간표의 형태로 읽어낼 수 있는 단순한 기록이 아니라, 화석 증거와 맞추어보아야 하는 법의학적 단서에 더 가깝다. 아마도 진화에 대한 이야기는 의태와 위장을 하는 생물에게서 가장 먼저 드러날 것이다. 내가 보기에 생물들이 가득한 환경에서 아름다운 자태를 뽐내는 동물들과 그 배후에 놓인 DNA 변화보다 더 매혹적인 이야기는 없다.

1

다윈주의자, 흉내쟁이, 의태자

이렇게 모습이 닮은 종들 중에는 정말로 경이로운 것들도 있습니다. 제게 끊임없는 경이로움과 짜릿한 기쁨을 불러일으키는 것들이지요. 마치 자연에 스며 있는 지적 동기뿐만 아니라 만물을 조율하는, 늘 쉬지 않고 경이를 빚어내는 장엄한 법칙들을 얼핏 엿보게 해주는 듯합니다.[1)]
　　　　　　　　　　　　—헨리 월터 베이츠, 다윈에게 보낸 편지에서, 1861년

베이츠는 기나긴 여행을 했다.[2)] 1848년에서부터 1859년, 11년 동안 이 레스터 지방 양말업자의 아들은 바다에서 약 110킬로미터 떨어진 파라(지금의 벨렝)에서부터 내륙으로 약 2,900킬로미터 들어간 상파울루에 이르기까지 브라질의 아마존 유역을 여행했다(그림 1.1). 그는 강도에게 돈을 빼앗기기도 했다. 몸은 늘 병치레를 하느라 허약해진 상태였고 급성 열병에 시달리기도 했다. 그는 마주치는 야생생물을 표본으로 만들고, 그것을 중개인을 통해서 고국으로 보내어 팔며 생계를 유지했다. 고생스럽기는 했어도 그는 그 일을 좋아했다. 어릴 때 레스터셔 찬우드 숲에서 나비와 딱정벌레를 채집할 때 꿈꾸던 일이었다. 브라질에 도착할 당시 그는 스물세 살이었다.

　아마존에서는 모든 생물이 평소 보던 것보다 더 풍성하고 더 컸다. 베이츠는 영국을 떠나기 직전에 「습한 곳에서 자주 보이는 딱정벌레류 곤충에 관한 소고」라는 제목의 첫 과학논문을 발표했는데, 칙칙하고 음울

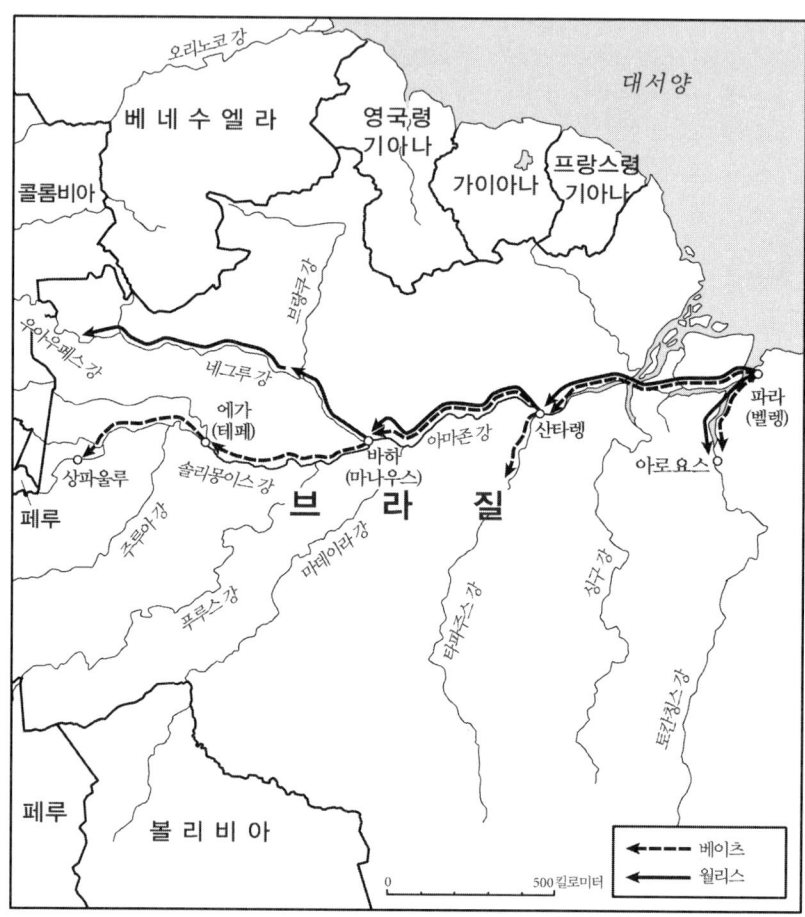

그림 1.1 베이츠와 월리스의 아마존 여행경로. 월리스가 1848-1852년, 베이츠가 1848-1859년에 걸쳐서 여행했다. 베이츠는 페루 국경에서 약 200킬로미터 떨어진 상파울루까지 갔다. 월리스는 더 북쪽의 네그루 강과 우아우페스 강을 탐사했다. 주요 체류 지점의 지명들은 그들이 여행한 이래로 바뀌었다. 파라(지금의 벨렝), 바하(마나우스), 에가(테페).

한 영국의 분위기와 딱 맞았다. 영국 제도 전체의 나비가 66종*에 불과

---

* 영국에 정착해 사는 나비는 지금은 59종만 남아 있으며, 그밖에 번식을 위해서 정기적으로 이주하는 나비가 3종(대서양멋쟁이나비[red admiral]와 작은멋쟁이나비 등)이 있다. 또 길 잃은 나비나 우연히 들어온 나비가 30여 종 발견되었다. 빅토리아 시대의 자연사학자들이 어찌나 철저히 훑었던지 20세기 동안 영국에서 새로

하다고 생각되던 시대에, 파라에서는 그가 머물던 시골집에서 한 시간만 걸어다녀도 700종의 나비를 찾아낼 수 있었다. 아마존의 나비는 어떠했을까?

키 작은 나무와 덤불 사이에는 열대 아메리카 고유의 나비 집단인 좁고 긴 날개를 가진 헬리코니우스류가 다양하면서도 아주 많다. 이 곤충들의 날개는 주된 바탕색이 짙은 검은색이며, 그 위에 심홍색, 흰색, 밝은 노란색의 반점과 줄무늬가 종에 따라서 서로 다른 무늬를 이루고 있다. 우아한 형태, 눈에 잘 띄는 색깔, 돛에 바람을 받듯이 느릿느릿 날아가는 비행 양식 덕분에 이들은 아주 매혹적인 대상이며, 꽃이 드물다는 점을 상쇄시키면서 숲의 상관(相觀, physiognomy)을 결정하는 한 특징을 이룰 정도로 수가 엄청나게 많다.[3]

헨리 월터 베이츠(1825-1892)는 이 화려한 곤충들을 채집하는 것에서 그치지 않았다. 처음에 그는 "종의 기원 문제를 푼다"는 큰 뜻을 품고 친구인 월리스와 함께 그 일에 나섰다. 훗날 다윈과 더불어 자연선택 진화론의 공동 발견자로 유명해질 사람과 말이다. 아마존은 베이츠를 실망시키지 않았다. 그곳에는 수백 종의 나비가 있었을 뿐만 아니라, 날개의 무늬와 그밖의 특징들을 비교하자 흥미롭고 별난 점들이 많이 드러났다.

베이츠는 다소 가무잡잡한 조각 같은 얼굴에 사람을 꿰뚫어보는 듯한 눈을 가진 억세고 활기찬 인물이었다. 그는 거의 독학으로 깨우친 모범 사례 같은 빅토리아 시대 사람이었다.[4] 네 형제 중 맏이인 그는 열세 살에 그 도시의 주요 양말업자 중 한 명인 앨더먼 그레고리의 도제가 되었다. 명성을 얻을 만한 일은 분명 아니었다. 그러나 베이츠는 호기심이

발견된 정착종 나비는 한 마리도 없다.

왕성했고 레스터 기계공 강습소(Mechanics Institute)에서 독학으로 공부했다. 그곳에서 그는 라틴어와 그리스어, 프랑스어(언어 방면이 강했다), 그림, 작문을 공부했다. 그가 좋아하는 책(임종 무렵에 그는 그 책을 다시 읽었다)은 에드워드 기번의 『로마 제국 쇠망사(*Decline and Fall of the Roman Empire*)』였다. 또 그는 기타를 치는 법도 배웠다. 그러나 그가 가장 열정을 보인 분야는 자연이었다. 생물 중에서 최대 집단을 이루는 딱정벌레는 그가 가장 좋아한 생물이었고, 그다음은 나비였다.

베이츠가 스무 살 때 스승인 양말업자가 세상을 떠나는 바람에 그의 도제생활도 끝이 났다. 그는 어쩔 수 없이 서기 일을 했는데, 버튼어폰트렌트에 있는 앨솝 양조장에서 내키지 않은 일을 맡아 하다가 문득 영국 미들랜드의 칙칙한 붉은 벽돌 건물로 가득한 거리의 술 냄새 나는 공기를 들이마시며 사는 것이 자신의 운명이 아님을 깨달았다. 1844년에 우연한 만남이 이루어졌다. 베이츠는 또 한 명의 열정적인 자연사학자 앨프리드 러셀 월리스(1823-1913)와 만났고, 둘은 곧 대부분의 사람들이 상상도 못할 여행계획을 짜기 시작했다. 훗날 월리스는 회고록에 둘이 어디에서 만났는지 기억이 나지 않는다고 썼지만, 베이츠는 레스터 공립도서관이었다고 믿었다.

베이츠처럼 월리스도 홀로 세상을 헤쳐나온 인물이었다. 열네 살 때 부친이 세상을 떠나자 그는 다니던 중등학교를 그만두고 생활 전선에 뛰어들었다. 그는 형 윌리엄과 함께 베드퍼드셔에서 측량사로 일했다. 그곳에서 그는 야생생물에 매료되었고 측량을 하면서 지질구조도 서서히 알아보기 시작했다. 베이츠처럼 월리스도 기계공 강습소*에 다녔고, 스물한 살에 레스터의 칼리지에이트 스쿨(Collegiate School)에서 학생들

---

* 베이츠와 월리스가 태어날 무렵부터 기계공 강습소는 빅토리아 시대 대부분의 도시로 퍼져나갔다. 자선가인 제조업자들이 종종 기금을 대기도 한 이 강습소는 일하는 이들을 위한 중요한 성인 교육기관이었다.

을 가르칠 만큼 실력을 쌓았다.

1846년에 형이 세상을 떠나자 월리스는 레스터를 떠나 고향인 남웨일스의 니스로 갔지만, 베이츠와는 계속 서신을 주고받았다. 베이츠는 1847년 여름에 그를 찾아와서 함께 딱정벌레 사냥에 나서기도 했다. 두 사람 모두 종의 기원과 변이에 관해서 이미 나름대로 추정을 하고 있었다. 그들은 유명한 『체임버스 백과사전(*Chambers' Encyclopaedia*)』을 만든 사람이자 아마추어 자연사학자인 로버트 체임버스가 쓴 『창조의 자연사의 흔적들(*Vestiges of the Natural History of Creation*)』(1844)을 읽었다. 『흔적들』은 별난 책이기는 했어도 빅토리아 시대의 많은 자연사학자들에게 종이 어떻게 형성될까라는 의문을 품도록 자극했다. 베이츠와 월리스는 생물이 가장 다양하고 풍부한 곳에서 자연의 활동 양상도 더 뚜렷이 나타날 것이 틀림없다고 생각하기 시작했다. 그곳은 열대를 뜻했다. 그러나 정확히 어디일까?

두 젊은이는 비글 호의 항해를 다룬 다윈의 책을 읽고 자극을 받았다. 월리스는 "과학 탐험가의 일지로서는 훔볼트의 「여행기(Personal narrative)」에 버금간다"[5]라고 썼다. 그러나 그들을 자극한 주된 촉매는 다른 책이었다. 그것은 1847년에 나온 W. H. 에드워즈의 『아마존 항해기(*A Voyage up the Amazon*)』였다. 무모한 미국 탐험가가 이국적인 정글의 모습을 아주 현란하게 전형적으로 묘사한 이 책은 탐험가가 되려고 하는 두 젊은이에게 깊은 인상을 주었다. 그 책은 일종의 자연사학자판 싸구려 논픽션이었다. "또 이 시기에는 대단히 많은 나무들도 나름대로 아름다움에 헌사를 하며, 곳곳에서 돔형 제단을 이루는 꽃들로 뒤덮인 숲은 하늘을 향해서 숭배의 향내를 피워 올린다.……원숭이들은 꽃 줄로 장식된 정자들을 돌아다니며 날뛴다.……다람쥐들은 황홀경에 빠져서 이 가지에서 저 가지로 쪼르르 달려간다.……긴코너구리들은 떨어진 낙엽 사이에서 뛰논다.……"[6] 나무들이 단숨에 가지를 쑥쑥 뻗으며 자라는 모습이 눈앞에 펼쳐지는 듯하고 동물마다 아기처럼 뛰논다는 동사 표현을 붙일 수 있는 듯한 "시기"였다. 다행히 둘은 실제로 여행계획을 짤 무렵에는 이런 현란한 미사여구를 머릿속에서 지워버렸다.

베이츠는 이제 겨우 스물세 살이었고 월리스도 두 살 더 많았을 뿐이지만, 그들은 브라질로 탐험을 떠나기로 금방 의견을 모았다. 여비는 표본을 채집하여 런던으로 보내서 마련하기로 했다. 영국 박물관(1990년 자연사 부문이 분리되어 자연사 박물관이 되었다)의 나비 담당자는 브라질 북부가 좋은 사냥터라고 그들을 다독였다.

베이츠와 월리스는 1848년 4월 26일 작은 무역선을 타고 리버풀을 떠나서 5월 28일에 브라질의 파라에 도착했다. 파라는 인구 약 1만5,000명의 소도시였다. 베이츠는 그곳이 매혹적이지만 쇠락한 곳임을 알아차렸다. 그는 붉은 타일 지붕으로 덮인 이탈리아식 하얀 건물과 야자수들이 늘어선 거리 경관에 감탄했다. 그러나 파라는 얼마 전 혼란스러운 일을 겪었다. 1808-1822년, 브라질은 포르투갈 제국의 중심에 있었다. 유럽에서 벌어진 나폴레옹 전쟁의 결과였다. 그후 포르투갈 연방에서 탈퇴하여 독립제국이 되었지만 여전히 포르투갈인들이 지배했고 "황제"도 포르투갈인이었다. 토착 원주민, 포르투갈인, 아프리카 흑인(일부는 노예였다) 등 인종이 고도로 복잡하게 뒤섞여 있었고, 인종 간의 혼인이 상당히 활발해서 서로 구분되는 다양한 혼성 인종이 있었다.* 이곳의 사회는 쉽게 폭발하고는 했으며, 1835년 포르투갈인 지배계급에 대항하여 일어난 노예반란으로 인해서 파라의 인구가 40퍼센트 줄어들기도 했다.

그러나 베이츠와 월리스가 도착했을 당시, 그 사건이 벌어진 지 겨우 13년밖에 지나지 않았지만 도시의 분위기는 놀라울 정도로 온화했다. 베이츠는 길면 9일까지 이어지기도 하는 다양한 가톨릭 축제들과 축제 기

---

* 마멜루쿠 = 백인과 원주민, 물라투 = 백인과 흑인, 카푸주 = 원주민과 흑인, 쿠리부쿠 = 카푸주와 원주민, 시바루 = 카푸주와 흑인의 혼혈

26

간의 화목한 분위기를 여러 차례 언급했다.

> 달이 뜬 밤에 축제가 벌어질 때면, 처음 보는 이에게는 모든 것이 몹시 인상적으로 다가온다. 광장 주위로는 키 큰 야자수들이 무리를 지어 서 있고, 그 너머로 조명이 켜진 집들 위로 교외 가로수길 인근의 울창한 망고나무 숲이 보인다. 그곳에서 곤충들이 울어대는 소리가 끊임없이 들려온다. 열대의 부드러운 달빛 아래에서 모든 것이 경이로운 매력을 띤다.[7]

베이츠의 여행 기록을 보면, 이국적인 우림에 대해서 품었던 기대가 실상을 접하면서 계속 낮아져갔음을 알 수 있다. 그 지역은 풍성했지만 모든 면에서 그런 것은 아니었다. 깊은 우림은 나무들이 빽빽하게 들어서 있기 때문에, 모든 생물은 그 상황에 적응하든지 아니면 사라지든지 할 수밖에 없다. 나무들이 햇빛을 가리는 바람에 꽃은 거의 찾아볼 수 없다. 꽃이 드물다는 것은 꿀을 먹고 꽃가루받이를 하는 곤충도 꿀벌도 드물다는 의미이다. 두 탐험가가 몹시 좋아하던 딱정벌레도 땅에서 찾아보기 어려웠다. 그 생태지위를 차지한 커다란 사나운 개미들 때문이었다. 포유동물은 거의 없었고, 그나마도 원숭이처럼 나무 위에 사는 것들이 대부분이었다.

그러나 어디를 보아야 할지를 깨닫자마자, 그들의 눈앞에는 풍부한 생물들과 드라마가 펼쳐졌다. 아마존은 서서히 자신의 보물들을 내놓았다. 나무는 가장 지속적인 경이의 원천이었다. 임관(林冠, canopy)을 이루는 커다란 나무들은 줄기가 대단히 굵었고 30미터쯤 위쪽에서부터 가지를 뻗었다. 많은 새들이 살아가는 임관 꼭대기 층은 정말로 또다른 세계였다. 나무들이 워낙 많아서 자체적으로 많은 구름을 만들어 많은 비를 내리게 함으로써 습한 기후를 만들어내기 때문에, 뿌리가 필요 없는 착생식물이라는 많은 이차적인 나무들이 숙주인 나무의 줄기를 감으면서 빛이 있는 곳까지 올라갔다.

　도착한 지 며칠이 채 지나기도 전에 두 사람은 커다란 잎꾼개미 무리와 마주쳤다. 집으로 침입하여 식량을 훔쳐간다는 점에서 쥐만큼 성가신 곤충이었다. 그들이 오는 것을 막기 위해서 베이츠는 개미가 다니는 길 위에 화약 가루를 불어서 뿌려야 했다. 그리고 15센티미터나 되는 털북숭이 거미, 보아뱀, 나무껍질을 베어내면 우유처럼 맛좋은 수액(받아서 가만히 두면 굳는데, 풀로 쓸 수 있으며 그것으로 깨진 항아리도 붙일 수 있다)이 많이 나오는 젖소나무, 즉 마사란두바(Massaranduba)도 보았다.

　아마존은 북반구 출신인 두 사람의 지각 능력을 시험했다. 1년 내내 기후가 거의 비슷했기 때문에, 계절 같은 것은 전혀 없었다. 그곳의 동식물들은 계절에 맞추어 동시에 번식과 성장을 하는 대신에 각자 바쁘게 번식과 성장의 생활사를 돌고 돈다. 파라는 적도 부근의 다른 지역들과 달리 무덥지는 않았다. 기온이 섭씨 34도 이상 오르는 일도 드물었다. 그러나 아주 습했다. 배에서 내리는 순간 베이츠는 이렇게 느꼈다. "땅과 벽에 부딪혀 튀어나오는 듯한 뜨겁고 습하고 퀴퀴한 공기를 접하니 큐 식물원의 열대 온실 공기가 생각났다."[8]

　베이츠와 월리스는 셋집을 하나 구한 뒤에 도보 탐사에 나섰다. 투칸틴 강을 거슬러 처음 3개월 동안 긴 여행을 할 때 그랬듯이, 멀리 갈 때는 배와 사공을 구하고 도착한 곳에서 셋집을 구해서 일종의 기지로 삼으며 다녔다. 6개월이 흐르자, 그들은 각자 돌아다니는 편이 훨씬 더 낫다는 점을 깨달았다. 아마존 우림은 너무나 넓어서 두 사람이 서로 다른 구역을 맡는 편이 더 타당했다.

　베이츠는 아마존 강과 몇몇 지류를 따라서 정글을 헤치며 나아갔다. 임관은 아무런 변화 없이 영구히 이어지는 듯했다. 그러나 베이츠는 숲의 각 지역마다 사는 나비가 매우 다르다는 것을 알았다. 더욱 놀라운 사실은 일부 나비가 겉으로는 너무나 비슷하면서도 해부학적으로 보면 전혀 다른 종에 속한 것 같다는 점이었다.

> 숲의 그늘진 계곡에서 이토미아속(*Ithomia*)의 여러 종들이 다소 많이 발견되었다.……날아다니는 이토미아 나비들 사이에서 레프탈리스속(*Leptalis*)의 개체들도 이따금 관찰되었다.……레프탈리스는 이토미아의 각 종을 모방한다는 점에서 아주 흥미롭다.……사실상 나는 날개를 보고서는 둘을 구분할 수가 없었다. 그리고 이토미아인 줄 알고 잡았는데 포충망 속에 그 나비를 모방한 레프탈리스가 들어 있는 것을 알아차릴 때면, 늘 놀라움에 감탄사가 절로 나왔다.[9]

이름만 들을 때면 별로 놀랄 일이 아니라고 생각할 것이다. 그러나 이토미아속은 검은 바탕에 심홍색, 노란색, 흰색의 무늬가 있는, 우림의 전형적인 화려한 색을 자랑하는 헬리코니드과(Heliconidae)에 속한다. 비슷한 색깔을 자랑하는 레프탈리스는 흰나비과(Pieridae)에 속한다. 즉 우리에게 친숙한 배추흰나비의 사촌이다. 레프탈리스는 어떻게 했는지 빨강과 노랑 색소를 획득하여 날개의 알맞은 부위에 박아놓았다.

어리숙한 자연사학자(베이츠는 아니었다)는 생물이 보이는 모습 그대로라고 추호도 의심하지 않는다. 그리고 나비를 볼 때면 그저 날개무늬만으로 판단하기 마련이다. 나비의 몸통에는 식별 가능한 많은 미세한 차이점들이 있기는 하지만, 대부분 전문가들이 현미경으로 들여다보아야 알아볼 수 있는 것들이다. 18세기 스웨덴의 위대한 자연사학자 칼 린네(1707-1778)가 생물들을 유연관계(類緣關係)에 따라서 질서 있게 분류하기 시작한 이래로, 학자들은 분류할 때 이런 미세한 해부학적 특징들을, 특히 생식기를 살펴보게 되었다. 그렇다고 해도 나비를 처음 볼 때면 으레 날개무늬를 통해서 잠정적으로 어느 종인지 판단하게 된다.

베이츠는 그러다가 착각할 수 있다는 것을 알아차렸다.

베이츠는 한 나비가 다른 나비의 겉모습을 어떤 식으로든지 빌렸다는 사실을 발견한 것이다. 그는 그 현상을 의태라고 했다. 지금도 쓰이고 있는 바로 그 용어이다. 때로 그는 모방하는 종을 "흉내쟁이(mocker)"라는 일상용어로 부르고는 했다. 우리는 의태를 인간의 특징이라고 여긴다. 우리는 아장아장 걷는 아기가 귀엽게 옹알거리면서 말을 따라 하기 시작할 때면 늘 흐뭇해하며, 어떤 모임에서든 유명인의 행동을 그대로 흉내낼 수 있는 사람은 늘 활력소가 된다. 그러므로 "맹목적인" 자연에서 모방하는 형질을 찾아냈다는 것은 전율이 이는 충격적인 사건이었다.

이토미아와 레프탈리스라는 이름에 대해서도 설명을 해두자. 물론 둘 다 라틴어이다. 대부분의 사람들은 자기 주변의 생물 종에 친숙한 이름을 붙이는 쪽을 선호한다. 플룸바고노랑나비나 은줄표범나비 같은 이름은 금방 와닿는다. 그러나 아마존에서 마주치는 나비 수백 종에게 붙일 만한 그런 쉬운 이름들을 찾기는 어려웠다. 게다가 베이츠는 라틴어 학명을 좋아했다. 한때 라틴어 문법책의 여백에 그는 이렇게 적었다.

나는 라틴어를 좋아해,
여자들이 새틴을 좋아하듯이.[10)]

라틴어는 죽은 언어라서 변하지 않는다. 그러나 불행히도 베이츠가 관찰한 나비 중에는 그가 기록한 이래로 이름이 바뀐 것들이 많다. 그 점은 의태의 수수께끼를 살펴보는 사람을 더욱 혼란스럽게 만드는 한 요인이다.

레프탈리스가 이토미아를 모방했을 뿐만 아니라, 이토미아도 지역마다 무늬를 바꾸었으므로 그들을 모방하는 레프탈리스도 의태를 유지하기 위해서 지역마다 무늬를 바꾸었다. 베이츠는 여행하면서 이런 따라잡기 모방의 사례를 많이 발견했다. 그리고 모방은 한 쌍의 종에서만 나타나는 것이 아니었다. 일부 지역에서는 6종 이상이 똑같은 날개무늬를 가지기도 했다. 심지어 나비가 아니라 낮에 날아다니는 나방이 같은 무늬를 띠기도 했다. 이런 현상들은 심오한 수수께끼였으며, 밝혀내는 데에 시간이 걸릴 것이었다.

베이츠와 월리스는 1850년 초에 바하에서 다시 만나 두 달 동안 함께 지냈다. 월리스의 글을 통해서 판단해보면, 두 사람은 재회할 당시 서로 아주 반가워하지는 않았던 듯하다. 비가 계속 내리고 있었다. 월리스는 이렇게 회고했다.

> 나는 바하에서 따분하게 시간을 보내고 있었다.……베이츠 씨는 나보다 몇 주 뒤에 바하에 왔는데, 지금은 나와 마찬가지로 이렇게 내키지 않는 날씨에는 더 멀리 가기를 꺼려하고 있었다.……이렇게 밋밋하고 단조로운 생활 속에 2-3개월이 흘렀다.[11]

그들은 다시 헤어져서 서로 다른 아마존 지류를 탐험하러 나섰다. 월리스는 북쪽의 네그루 강으로, 베이츠는 남쪽의 솔리몽이스 강으로 올라갔다. 그들이 다시 만난 것은 10년 뒤였다. 둘 다 영국으로 돌아와서였다.

1852년에 월리스는 건강이 나빠져서 영국으로 돌아와야 했다. 그는 거의 3개월 동안 배를 타고서야 귀국할 수 있었다. 도중에 배에 불이 나는 바람에 난파되어(표본과 일지를 모두 잃었다) 열흘 동안 표류하다가 구조되어, 긴 항해에 적합하지 않은 썩어가는 배—"가장 느려터진 낡은 배 중 하나"—를 타고서 심한 폭풍을 몇 차례 겪은 뒤에야 영국에 도착했다. 처음 탄 배인 헬렌 호에는 고무, 코코아, 안나토(annato), 발삼 수지(balsam-capivi), 피아사바(piassaba) 같은 친숙하거나 이국적인, 타기 쉬운 열대산물들이 실려 있었다.* 그는 자신이 겪은 재난을 놀라울 정도로 냉정하게 기술했다. 배에 불이 난 이유를 법의학적 감식을 하듯이 설명하면서 카파이아 발삼 수지가 자연연소하는 경향이 있음을 알았다고 썼다. 발삼 수지는 작은 나무통에 담고 축축한 천으로 감싸야 하는데, 그 배에서는 가연성인 쌀겨를 주위에 채워넣었다. 그리고 선원들은 배에서 연기가 나기 시작하자, 연기가 나는 선실을 봉하는 대신에 도끼로 구멍을 뚫어 공기가 들어가도록 했다. 어떤 결과가 빚어졌는지는 충분히 예측할 수 있다. "이제 거대한 불구덩이처럼 보이는 불꽃이 날름거리면서 고무 같은 화물들 전부를 뒤덮고, 바닥에 불타는 액체 덩어리를 만들면서 장엄하게 끔찍한 광경을 빚어냈다."[12]

1852년 10월 1일 런던에 도착한 월리스는 두번 다시 여행을 하지 않겠다고 맹세했지만, 곧 다시 여행계획을 세웠다. 불운한 귀국길에 나서기 전에 쓴 월리스의 아마존 여행기인 『아마존과 네그루 강 여행기(A Narrative of Travels on the Amazon and Rio Negro)』는 베이츠의 책보다 인기가 덜했다. 월리스의 가장 중요한 공헌은 사실 영국으로 돌아왔다가 나중에 다시 힘겨운 여행을 한 뒤에야 이루어진다.

영국으로 돌아온 월리스는 자신과 베이츠가 관찰했던 다양한 종들을 깊이 생각하기 시작했다. 그리고 그는 몰랐지만 같은 문제를 고심하고 있던 사람이 있었다. 바로 찰스 다윈(1809-1882)이었다. 자연선택 진화론으로 나아가는 다윈의 기나긴 여행은 한 개인이 했던 가장 위대한 모험에 속한다.

베이츠나 월리스와 달리 다윈은 뚜렷한 지적인 족적을 남긴 교양 있는 가문 출신이었다.[13] 그의 할아버지 이래즈머스 다윈(1731-1802)은 영국 계몽운동 시대의 가장 눈에 띄는 인물 중 한 사람이었다. 그는 고도로

---

* 안나토는 여러 치즈에 붉은 색소와 착향료로 쓰인다. 유럽 식품 첨가제 기호는 E160b이다. 코파이바라고도 알려진 발삼 수지는 유약과 연고에 쓰는 기름기 많은 유지이다. 피아사바는 야자나무에서 얻은 튼튼하고 거친 섬유로서 밧줄, 솔, 빗자루를 만드는 데에 쓴다.

진보적인 견해와 독창적인 성향을 가진 박학다식한 인물이었다. 이래즈머스는 원시적인 형태의 진화를 믿었고, 방대한 저서 『주노미아(*Zoonomia*)』(1796)에 그 내용을 적었다. "추측하면, 다름 아닌 동일한 종류의 사상체(絲狀體, filament)가 모든 생물의 근원이며 지금까지 죽 그랬다."[14] 이래즈머스는 우주를 탄생시킨 빅뱅이라는 개념을 맨 처음으로 언급한 사람이기도 하다. 찰스 다윈은 자신의 사상을 발전시킬 때 조부의 견해로부터 영향을 받았음을 인정했다.

이래즈머스 다윈은 버밍엄 루나 협회(Lunar Society)의 회원이었다. 산업혁명을 일으킨 주역을 몇 명 포함하여 영국에서 가장 저명한 과학자, 산업가, 예술가 등이 회원으로 속해 있는 고상한 만찬 모임이었다. 최초로 상업적인 증기기관을 발명하고 제작한 제임스 와트, 화학자이자 산소의 공동 발견자인 조지프 프리스틀리, 유명한 도자기 가문의 창시자인 조사이어 웨지우드, 궁정 화가인 조지프 라이트도 회원이었다.

별다른 지적 재능도 소명감도 없는 젊은이였던 다윈은 의사인 아버지에게 실망감을 안겨주었다. 그는 야생동물을 사냥하면서 시간을 보냈고, 케임브리지 대학교에 다닐 때는 "몇몇 방탕하고 저급한 젊은이"[15] 무리와 어울렸다. 케임브리지 대학교에 다니기 전에는 에든버러 대학교에서 2년 동안 의학을 공부했지만 피가 흥건한 광경을 도저히 볼 수가 없어서 학업을 포기했다.

젊은 다윈은 한 세기 뒤였다면 "활달하다(hearty)"고 불릴, 지성이나 감성보다는 기운이 넘치는 유형이었다. 그의 아버지는 이렇게 훈계했다. "사냥, 개, 쥐잡기에만 관심이 있으니 네 자신과 집안의 수치가 될 게다."[16] 다윈의 한 가지 장점은 사냥에 관심이 있는 차원을 넘어서 자연에 열정을 보였다는 것이다. 비록 사냥 자체도 즐거워했지만 말이다. 그는 어릴 때부터 곤충채집을 좋아했고, 그가 가장 탐내는 것은 진짜 곤충, 즉 딱정벌레였다. 그는 딱정벌레를 채집하면서 겪었던 일을 상세히 적고 있다.

어느 날 오래된 나무줄기를 뜯었더니 희귀한 딱정벌레 두 마리가 보여서, 양손에 한 마리씩 움켜쥐었다. 그때 또 한 마리가 보였다. 새로운 종류였다. 도저히 놓칠 수가 없어서 나는 오른손에 쥔 딱정벌레를 재빨리 입에 넣었다. 으악! 딱정벌레는 몹시 역겨운 액체를 내뿜었고, 혀가 타는 듯해서 나는 내뱉지 않을 수 없었다. 그 딱정벌레는 사라졌고 세 번째 딱정벌레도 마찬가지였다.[17]

젊은 다윈은 정식 교육을 받는 일은 소홀히 했을지 모르지만, 매력적이면서 호감이 가는 다양한 선배들이 자신의 머리에 상당한 지식을 쏟아붓도록 만드는 재주가 있었다. 케임브리지 대학교에서 그는 식물학 교수 존 헨슬로(1796-1861)를 만나서 평생지기가 되었다. 둘이 어찌나 자주 함께 식물채집 여행을 다녔던지, 다윈은 "헨슬로와 함께 걷는 사람"이라고 알려지게 되었다. 그 뒤에 그는 저명한 지질학자인 애덤 세지윅(1785-1873)을 만났다. 다윈은 1831년 세지윅의 조수가 되어 북웨일스로 지질을 답사하러 나섰고, 이 벼락치기 지질학 수업은 향후 다윈의 연구에 대단히 중요한 역할을 했다.

케임브리지 대학교에서 다윈은 시골 교구신부로 살아갈 준비를 하고 있었다. 그러다가 1831년 헨슬로가 준 기회를 잡으면서 이 운명에서 벗어났다(그대로 살았다면 딱정벌레를 비롯한 생물들의 멋진 표본을 많이 채집하면서 소일했을 것이 분명하다). 남아메리카로 떠나는 비글 호에 과학 관찰자로서 합류할 기회를 잡은 것이었다. 비글 호의 공식임무는 해군부의 명령으로 남아메리카 대륙의 해안지도를 작성하는 것이었다. 이 항해가 다윈의 사상에 대단히 중요한 역할을 하게 된다는 점을 생각하면, 다윈의 승선 가능성이 거의 희박했다는 점이 놀랍게 여겨진다. 그의 아버지는 몹시 반대하다가 다윈의 삼촌이자 웨지우드 도자기 회사의 창립자인 조사이어 웨지우드(1730-1795)의 아들인 조사이어 웨지우드 2세가 다윈을 편들고 나서자 겨우 누그러졌다.

다윈은 여러모로 그 일에 대비가 되어 있지 않았다. 항해하는 내내 그는 심한 뱃멀미에 시달렸고, 영국으로 돌아온 뒤에 "항해 내내 내가 거의 쓸모없는 사람이었던 이유는 짐을 끌 수가 없어서도 해부학 지식이 부족해서도 아니라, 산더미 같은 토사물 때문이었다"[18]라고 시인했다. 그러나 아마추어였더라도 다윈은 남아메리카를 도는 긴 항해(1831-1836) 동안 경이로운 것들을 관찰했다. 출항할 당시에 그는 여전히 사냥을 꽤 좋아하는 젊은이였을 뿐, 아직 완전히 성숙한 자연사학자가 아니었다. 그점을 그는 이렇게 회고했다.

지금 돌이켜보니 과학에 대한 애호심이 다른 모든 취향들을 서서히 누르면서 커져온 과정을 알아볼 수 있다. 첫 2년 동안은 사냥하고 싶다는 기존의 열정이 거의 온전히 남아 있어서 새와 동물을 닥치는 대로 쏘아 표본을 만들었다. 그러나 총을 쏘는 일이 내 연구, 특히 한 지방의 지질구조를 파악하는 일을 방해함에 따라서, 나는 서서히 하인에게 총을 넘겨주다가 이윽고 아예 내맡겼다.[19]

지질학은 그에게 첫 번째 계시가 되었다. 라이엘의 『지질학 원리(*Principles of Geology*)』(1830) 및 세지윅과의 현장답사를 통해서 얻은 지식으로 무장한 그는 자신이 보는 지층을 해석할 수 있다고 느꼈다. 찰스 라이엘 경(1797-1875)은 지질이 형성되는 과정이 지구 역사 전체에 걸쳐서 다소 꾸준히 일어났으며, 암석이 바다 밑에 있다가 엄청난 거리를 밀려서 올라왔다고 가르쳤다. 다윈은 칠레 안데스 산맥의 해발 1,800미터쯤 되는 지점에서 그런 지층과 마주쳤다. 그 암석에는 해수면에 가까운 저지대에서 자라는 현대의 아라우카리아(남양삼나무)와 비슷한 나무 화석이 들어 있었다. 반면에 그 안데스 산맥 고지대에는 나무가 아예 살지 않았다. 땅은 헐벗은 상태였다.

아르헨티나의 팜파스에서 다윈은 많은 멸종 동물의 화석 뼈들을 발견했다. 가장 놀라운 것은 거대한 메가테리움(*Megatherium*)의 뼈였다. 다윈은 그것이 현재 살아 있는 나무늘보의 친척인 땅늘보라고 판단했는데, 나무늘보보다 훨씬 더 컸다. 이 무렵에는 멸종한 종이 많다는 개념도 종이 진화했다는 개념 못지않게 논란거리였다. 그리고 행동이 너무 느리다고 해서 늘보라는 이름이 붙은 현생 나무늘보와 달리, 메가테리움은 "열대림의 가장 큰 나무까지 파헤쳐서 쓰러뜨릴"[20] 수 있다고 여겨졌다. 현재의 어느 동물도 할 수 없는 일이었다. 왜 같은 기본 설계로부터 서로 다른 시기에 크기가 전혀 다른 동물들이 출현했을까?

그 뒤에 다윈은 갈라파고스 제도로 갔다. 화산섬으로 이루어진 섬들로서 최근에 분출한 화산도 있었다. 그곳에 사는 동물들은 정말로 유별났다. 제도 특유의 생물도 많다는 것뿐만 아니라, 다윈은 10여 개의 섬 각각에 사는 종이 저마다 다르다는 점을 알아차렸다. 그러나 뒤늦게 알아차리는 바람에 그 현상을 제대로 조사하지는 못했다.

섬 주민들은 거북이 어느 섬에서 가져온 것인지 구분할 수 있다고 했다. 많은 섬에 다른 섬에는 없는 나무와 식물이 자란다는 말도 들었다.……안타깝게도 나는 채집을 거의 끝낼 때까지도 그런 사실을 알아차리지 못했다. 서로 겨우 몇 킬로미터 떨어져 있고 같은 물리적 조건에 놓여 있는 섬들에서 자라는 생물이 서로 다를 것이라고는 전혀 생각하지 못했다. 그래서 나는 각 섬마다 표본을 따로 채집하려는 시도조차 하지 않았다. 서둘러 떠난 뒤에야 어느 장소에서 어떤 대상이 특별히 더 주의를 기울일 가치가 있었다는 사실을 깨닫는 것이 모든 항해자의 운명이 아니겠는가.[21]

다윈은 항해하는 동안에는 진화적 관점에서 생각하지 않았다. 그저 열심히 관찰하고 기록했을 뿐이다. 그는 엄청난 양의 표본을 가져왔다. 자신이 본 종들의 변이 양상을 궁금해하기 시작한 것은 영국으로 돌아와서 자신이 발견한 것들을 곰곰이 생각하면서부터였다.

우리는 다윈이라고 하면 갈라파고스 섬을 떠올리지만, 그의 연구업적은 대부분 켄트의 노스다운스라는 낮은 산자락에 자리한 자택인 다운하우스에서 이루어졌다. 이곳에서 그는 1842년부터 원대한 생각을 붙들고 씨름하는 데에 몰두했다. 1837년부터 그는 변이의 사례들을 기록하고 어느 종이 다른 종으로 "변형될(transmuted)"(당시에 그는 그 단어를 썼다) 가능성을 공책에 계속 적어나갔다.

1838년, 다윈은 맬서스의 『인구론(*An Essay on the Principle of Population*)』을 읽고서 거의 즉시 자연선택 개념을 떠올렸다. 부유한 집안 출신이며 학식 높은, 영국 시골 교구신부인 토머스 맬서스(1766-1834)는 인구 증가 속도와 식량 증산율의 불일치를 논의한 저서로 세계를 충격에 빠뜨렸다. 그는 인구가 언제나 식량이 늘어나는 속도를 초과하여 성장하며, 그 불균형은 전쟁, 기근, 질병, 죽음이라는 네 재앙 중에서 하나 이상을 통해서만 바로잡힌다고 믿었다. 다윈은 그 말을 모든 생물에 일반화했다. 즉 동물은 세대 대체율을 초과하는 속도로 번식하는 경향이 있다는 것이다. 그 내용을 나중에 『종의 기원(*On the Origin of Species*)』에서 그는 이렇게 정립했다.

모든 생물의 수를 늘리는 높은 증가율로부터 불가피하게 생존경쟁이 뒤따른다. 모든 생물은 타고난 수명이 다할 때까지 몇 차례 알이나 씨를 만드는데, 생애의 어떤 시기나 계절이나 해에는 파멸을 겪어야 하며, 그렇지 않으면 기하급수적 증가 원리에 따라서 어떤 나라도 지탱할 수 없을 만큼 수가 금세 터무니없이 증가할 것이다. 따라서 생존할 수 있는 수보다 더 많은 개체가 생산되므로, 한 개체와 같은 종의 개체나 다른 종의 개체,

혹은 물리적 생활 조건 사이에 어디에서든 생존경쟁이 벌어질 것이 틀림 없다.[22]

다원은 종이 자연히 번식할 때 변이가 생긴다면(그가 관찰했던 사항이다) 그중에는 기아와 포식에 맞서 싸워서 살아남는 데에 더 적합한 변이도 불가피하게 있을 것을 알아차렸다. 모든 변이가 똑같이 성공한다는 것은 불가능했다. 『종의 기원』에서 다원은 경쟁이 지속될 수밖에 없다는 점을 설득력 있게 적었다.

뒤엉켜서 강기슭을 뒤덮고 있는 식물과 덤불을 볼 때면, 우리는 나름의 비율을 이루면서 자라는 그들의 개체 수와 종류에 우연이라고 하는 속성을 부여하고 싶은 유혹을 느낀다. 그러나 그것은 대단히 잘못된 견해이다! 미국의 숲을 베면 전혀 다른 식생이 자라난다는 말을 누구나 들었을 것이다. 그러나 미국 남부의 고대 인디언 흙무덤 위에 현재 자라는 나무들은 주변의 원시림에서 보이는 것과 같은 아름다운 다양성과 종류의 비율을 보여준다. 각각 연간 1,000개씩 씨를 흩뿌리는 나무 몇 종류 사이에서 오랜 세기 동안 벌어졌음이 분명한 경쟁을, 각자 수를 불리는 일에 애쓰고 서로서로 혹은 나무나 씨나 어린 나무나 땅을 처음 뒤덮어서 다른 나무의 생장을 억제하는 식물들을 먹는 곤충과 곤충 사이—곤충, 달팽이, 다른 동물들과 새와 포식자 사이—의 전쟁을 말이다![23]

결론을 얻기 위해서 다원은 비둘기 애호가들, 개와 소의 육종가들 등과 많은 시간을 보내면서 기르는 동물의 선택 양상을 아주 깊이 조사했다. 『종의 기원』은 자연과 기르는 동물 양쪽에서 나타나는 변이에 많은 지면을 할애한다. 다원은 육종가가 동물의 형태에 큰 변화를 일으킬 수 있음을 알아차렸다. 그저 한 동물의 자손에게 나타나는 아주 작은 변화를 관찰하여 여러 세대에 걸쳐 한 특정한 형질을 계속 선택하는 것만으로도, 육종가는 자신의 생애 내에 그 형질을 충분히 증폭시켜서 큰 변화를 빚어낼 수 있었다.

다윈의 책에서 아주 강력한 논증 중 하나는 이 육종가들이 자신들이 일으키는 변화에 대한 상세한 지식과 전문성을 가지고 있기는 해도, 몇 세대의 육종가들을 거치면서 일어난 변화가 너무나 큰 나머지 어느 품종이 어느 야생종에서 유래했는지를 기억하지 못한다는 사실이었다.

내가 헤리퍼드 소의 유명한 사육자에게 물었을 때 그랬듯이, 사육가에게 그 소가 롱혼 품종에서 유래한 것이 아니냐고 묻는다면 그는 당신을 비웃을 것이다. 내가 만나본 비둘기나 가금이나 오리나 토끼 사육자 중에 자신이 기르는 주요 품종이 먼 종의 후손임을 확신하고 있는 사람은 아무도 없었다.[24]

그러나 다윈은 기르는 동물의 품종들이 하나의 흔한 야생종에서 유래했다고 믿었으며, 현대의 DNA 분석은 그렇다고 확인해준다.

다윈은 육종의 대가들조차도 시간이 흐르면 그 모든 형태들이 원래는 겨우 몇백 년 혹은 기껏해야 몇천 년 전에 살았던 야생동물로부터 기원했다는 것을 믿지 못할 만큼 선택—교배할 때마다 아주 미미한 변화를 일으킴으로써 닥스훈트와 독일 셰퍼드 같은 서로 전혀 다른 동물을 빚어내는—이라는 것은 대단히 강력하다고 추론했다. 이어서 그는 사람이 아주 작은 자연적인 변이를 선택하여 대단히 짧은 기간에 그런 변화를 일으킬 수 있다면, 마찬가지로 작은 변이에 작용하지만 방대한 기간에 걸쳐서 이루어지는 생물들의 경쟁은 훨씬 더 강력할 것이 분명하다고 추론했다. "인간의 소망과 노력은 얼마나 덧없는가! 수명은 그 얼마나 짧던가! 그 결과 자연이 지질학적 기간 전체에 걸쳐서 축적한 것과 비교하면 인간의 성과물은 딱하게 보일 것이다."[25] 이런 점들을 토대로 다윈은 자연선택이 야생집단에서 늘 나타나는 평범한 작은 변이들에, 방대한 시간에 걸쳐서 작용한다고 확신하게 되었다. 이 강력한 개념은 그 뒤로 엄청난 영향을 끼쳐왔으며, 아주 첨예한 찬반 논쟁을 일으켜왔다. 가장 심각한 난제는 각 진화의 단계가 어떤 이점을 제공해야 할 필요가 있어야 한다는 점이었다. 잘 적응한 두 생물 사이의 중간 단계란 아무짝에도 쓸모없는 것이 아니겠는가?

세인트 조지 잭슨 미버트(1827-1900)는 이 문제로 다윈을 강력하게 비판하고 나섰다. 미버트는 자신이 이른바 "초기 단계(incipient stage)"라고 이름 붙인 것이 쓸모없다는 강력한 논증을 펼쳐서 다윈을 몹시 곤혹스럽게 했다. 그 문제는 당시의 지식으로는 거의 해결이 불가능했지만, 다윈은 반쯤 진화한 눈이 쓸모가 없을 것이라는 미버트의 주장이 틀렸다고 자위할 수 있었다. 많은 생물은 낮은 수준의 빛 감지 능력이 있지만, 그래도 그런 능력은 분명히 그들에게 유용하다. 진화 초기의 암흑기에, 앞을 못 보는 생물들의 왕국에서 약하게라도 빛에 민감한 생물은 왕이 되었을 것이다.

미버트의 반론 같은 반대 의견이 나올 때마다, 천성적으로 캐묻기 좋아하는 다윈은 가능한 한 많은 자료를 모아서 연구함으로써 대응했다. 긴 항해로 건강이 만성적으로 나빠진 그는 다시는 여행을 하지 않으려고 했다. 대신 다운하우스에 머문 채 자연사학자, 동식물 육종가들과 엄청난 양의 편지를 주고받았다. 그리고 그는 빅토리아 시대의 전형적인 가장이었다. 저명한 인물들은 사생활과 직업상의 활동이 역설적인 대조를 이루는 사례가 흔하다. 생물학자로서의 다윈은 이계 교배(異系交配)가 건강한 변이를 낳는 혜택이 있다고 믿었지만, 인간으로서의 그는 얼마간 근친혼을 하는 엘리트 집단에 속했다.

이래즈머스의 아들이자 찰스 다윈의 부친은 웨지우드 집안의 수재나와 혼인했다. 아버지처럼 찰스 다윈도 사촌인 에마 웨지우드와 혼인했다. 웨지우드 유전자를 가진 다윈이 웨지우드 집안의 사람과 혼인한 것이다. 혼인할 당시에는 근친혼 문제를 미처 생각하지 못했겠지만 나중에 『식물계에서 타가수정과 자가수정의 효과(*The Effects of Cross and Self-fertilization in the Vegetable Kingdom*)』(1876)로 이어지는 연구를 한 뒤에, 그는 아이들 중의 몇 명이 자신과 비슷한 질병을 앓는 것은 자신이 사촌과 혼인함으로써 아이들에게 병을 물려준 탓이 아닐까 하는 생각도 했다.

1851년 봄, 가장 사랑하는 맏딸 애니가 "장티푸스성 담즙열"로 어린 나이에 죽자 다윈은 큰 충격을 받았다. 사촌과 혼인한 결과가 아닐까 하는 의구심과 자신의 연구로 비롯된 종교에 대한 의구심, 너무나 착한 어린 딸이 목숨을 잃었다는 사실과 도덕적인 신이라는 개념을 도저히 조화시킬 수 없다는 개인적인 느낌이 하나로 융합되어 그의 마음에 영구히 사라지지 않을 고통의 매듭을 지어놓았다. 슬픔이 가신 시점부터 다윈은 창조론자들의 주장에 철학적으로 냉정하고 흔들림 없는 입장을 유지했다. 자애로운 신이 맵시벌 같은 생물을 자랑스럽게 이 세계에 들여놓은 이유를 도무지 모르겠다고 말하면서 말이다. 맵시벌의 암컷은 살아 있는 모충의 몸 안에 알을 낳으며, 알에서 깨어난 애벌레는 모충의 몸을 파먹으면서 자란다. 다윈은 그밖에도 여러 기괴한 생활사를 인용할 수 있었다.

다윈이 진화의 그림을 완성하려면 유전현상을 이해할 필요가 있었다. 바람직한 형질은 집단 전체로 퍼지지만 그 메커니즘은 전혀 알려지지 않은 상태였다. 다윈은 진화의 핵심적 측면을 이해하기 위해서 자신의 온실과 정원에서 많은 식물을 교배하는 실험을 했다. 유전의 메커니즘은 알려지지 않은 상태였지만, 다윈은 곤충을 통해서 딴꽃가루받이를 한 식물이 제꽃가루받이를 한 식물보다 더 튼튼하고 더 왕성하게 자란다는 것을 보여줄 수 있었다. 150년 뒤인 현재, 유전에 대한 지식을 많이 갖춘 우리는 그 이유를 아주 잘 안다. 근친교배는 해로운 열성 유전자가 집단 내에 축적되도록 함으로써 집단을 약화시키기 때문이다.

1838년에 자연선택 개념을 떠올린 뒤로 20년 동안 다윈은 더 많은 증거로 자신의 이론을 뒷받침하려고 노력했다. 그는 그 이론을 발표하기를 몹시 꺼려했고, 아주 천천히 조금씩만 남에게 드러냈다. 1847년에 그는 식물학자 조지프 후커(1817-1911)에게 읽고 평을 해달라고 하면서 "큰 종 책(The Big Species Book)"이라고 부르던 231쪽짜리 원고를 보여주었다. 후커는 다윈에게 종의 기원에 관해서 의견을 표명하려면 먼저 기존 종들을 좀더 알아야 한다고 주장했다. 그러자 다윈은 따개비 연구에 몰두했고, 1854년에 두 권짜리 연구서를 펴냈다.

한편 월리스는 종의 형성을 보여주는 증거를 찾아서 다시 여행을 하고 있었다.[26] 이번에는 말레이 군도였다. 1855년에 그는 진화론의 초기 형태를 담은 「신종의 도입을 조절하는 법칙에 관하여」를 발표했지만, 자연선택 개념을 구체적으로 담은 것은 아니었다. 다윈은 이 논문을 읽었지만 자기 개념의 선취권을 빼앗길 위험이 있음을 감지하지 못했다. 그러나 친구인 찰스 라이엘 경은 그것을 알아차렸다. 1856년 5월, 다윈을 찾아온 라이엘은 즉시 논문을 발표하여 우선권을 확보하라고 다그쳤다. 다윈은 망설였다.

월리스의 1855년 논문이 발표된 이래로 다윈과 월리스는 서신을 주고받기 시작했다. 그 편지들 중 일부는 현재 사라지고 없다. 다윈은 "큰 종 책"에 관해서 꽤 많이 말했고, 그들은 진화의 증거를 터놓고 논의했다. 그러나 다윈은 자연선택 개념을 결코 언급하지 않았다.

1858년이 되자 상황이 무르익었다. 이때쯤 다윈은 231쪽의 원고를 10장(章) 25만 단어로 늘렸다. 진정으로 "큰 종 책"이었다. 그해 2월, 수마트라에서 열병에 걸려 누워 있던 월리스는 1838년에 다윈이 그랬듯이 맬서스의 책을 읽고 똑같은 추론을 했다. 그는 하룻밤 사이에 자신의 이론을 단숨에 적어 내려갔다. 1858년 3월 9일, 월리스는 자신의 논문을 다윈에게 보냈다. 그 우편물은 6월 18일에 다윈에게 도착했고, 다윈은 그제야 라이엘의 말이 옳았음을 실감했다. 그는 라이엘에게 편지를 썼다.

누군가 저를 앞지를 것이라는 선생님의 말이 들어맞았습니다. 이곳에서 생존경쟁에 의존하는 "자연선택"에 관한 제 견해를 짧게 설명드릴 때 그렇게 말씀하셨지요. 이보다 더 놀라운 우연의 일치는 본 적이 없네요. 1842년에 제가 쓴 자연선택에 대한 초고를 월리스가 보았다고 할지라도, 이보다 더 나은 짧은 초록을 내놓을 수 없었을 겁니다! 그가 쓴 용어조차 지금 내 장들의 제목이 되어 있어요.[27]

다윈은 월리스의 논문으로 인해서 자신의 계획이 파탄 났다고 생각했다. 그는 비통한 심정으로 라이엘에게 편지를 썼다. "그나 다른 누군가가 내가 비열하게 행동했다고 생각하도록 하느니 차라리 내 책을 전부 태우렵니다."[28]

그 뒤에 벌어진 일은 지성사에서 가장 놀라울 정도로 우호적이고 훌륭한 조치 중 하나였다. 라이엘과 후커는 두 사람이 린네 협회에 공동 논문을 제출하도록 설득했다. 1788년 현대 동물 명명법의 창시자인 칼 린네를 기리기 위해서 설립된 그 협회는 당시나 지금이나 손꼽히는 자연사 학회로 남아 있다. 다윈/월리스의 논문은 1858년 7월 1일, 약 30명의 협회 회원이 모인 자리에서 낭독되었다. 다윈도 월리스도 참석하지 않았다. 라이엘과 후커가 논문의 후원자였지만, 그날 저녁에 사상 전향자는 나오지 않았다. 경천동지할 일은 벌어지지 않았다. 아마 참석한 전통론자의 상당수는 이 위험한 새 사상이 불꽃을 피우지 못하고 사라지기를 바랐을 것이다. 협회 회장 토머스 벨은 나중에 그해의 모임을 총평하는 자리에서 "과학 분야를 단숨에 혁신시킬 놀라운 발견은 전혀 없었다"[29]

는 유명한 말을 했다.

그 논문은 1858년 8월 20일에 출간되었고, 다윈은 이제 자신의 책을 완성하는 일에 착수했다.[30] 사실 상황이 긴박했기 때문에 그는 "큰 종책"을 포기하고 단순화한 이야기책을, 즉 과학논문이 아니라 누구라도 읽을 수 있는 생생한 논증을 담은 책을 쓰기 시작했다. 『종의 기원』은 1859년 11월 24일에 출간되어 첫날에 모두 팔렸다. 예상대로 보수주의자들과 성직자들은 즉시 그 책을 공격하고 나섰다. 1860년 6월 30일, 영국 과학진흥 협회가 옥스퍼드에서 연 학회에서 타협 불가능한 양쪽 세력 사이의 대결이 펼쳐졌다. 다윈을 공개적으로 옹호한 인사는 토머스 헨리 헉슬리*였고 상대는 옥스퍼드 주교인 새뮤얼 윌버포스**였다. 윌버포스는 빈정거림이라는 싸구려 논쟁 책략에 의존하는 실수를 저질렀다. 그는 헉슬리에게 유인원의 후손이라면 부계 쪽이 유인원인지 모계 쪽인지 유인원인지 물었다. 헉슬리가 실제로 뭐라고 했는지는 자료마다 다르게 나와 있지만, 요지는 같았다. "그 질문을 내게 한 것이라면, 나는 타고난 고귀한 재능과 막강한 수단과 영향력을 가졌으면서도 그런 능력과 영향력을 진지한 과학적 논의를 조롱하는 데에만 쓰는 사람보다는 차라리 보잘것없는 유인원을 할아버지로 삼으렵니다. 차라리 유인원을 택하겠다고 주저하지 않고 말하겠습니다."[31]

대중의 마음속에 진화와 종교의 대결은 늘 인간 기원의 이야기를 두고 벌이는 싸움으로 비쳐왔다. 우리는 하등한 생물—궁극적으로 약 35억 년 전의 몇몇 자기 복제하는 화학물질—로부터 진화했을까 아니면 신이

---

* 토머스 헨리 헉슬리(1825-1895)는 자연선택을 적극 옹호했기 때문에 "다윈의 불도그"라고 알려졌다. 그는 한 지식인 가문의 창시자였다. 생물학자 줄리언 헉슬리와 소설가 올더스 헉슬리도 그의 후손이다.

** 새뮤얼 윌버포스(1805-1873)는 노예폐지 운동을 주도한 윌리엄 윌버포스의 3남이었다. 유려한 말솜씨 덕분에 그는 "매끄러운 샘(Soapy Sam)"이라는 별명을 얻었다.

창조했을까? 그러나 다윈은『종의 기원』에서 인류의 기원을 논의하지 않기 위해서 세심하게 주의를 기울였다. 그 책은 인간을 제외한 다른 모든 종에 관한 것이었다.

자연선택 개념의 등장은 전 세계의 자연사학자들에게 자극제가 되었다. 베이츠도 예외가 아니었다. 그는『종의 기원』이 출간되기 몇 달 전에 영국에 돌아와 있었다. 그는 월리스가 떠난 뒤로도 7년을 아마존에 남아 있었지만, 결국 그 역시 병에 걸리는 바람에 귀국해야 했다. 그러나 시기가 좋았다. 베이츠와 다윈의 연구는 서로 상보적이었기 때문이다. 다윈은 자연선택이 작용하는 사례들을 갈망했고, 베이츠는 아마존의 나비들에서 본 것을 설명할 이론을 원했다. 그리고 양쪽은 수렴되는 부분이 있었다. 다윈과 베이츠는 1860년 9월에 서신을 주고받기 시작했다. 변이, 종, 의태에 관해서 말이다.

베이츠는 단지 표본을 채집하고 그것을 린네의 분류체계 어디에 끼워 넣을 수 있느냐를 놓고 정식 논의를 벌이는 일에 만족하는 부류의 자연사학자가 아니었다. 그는 다윈에게 이렇게 편지를 썼다. "일반 곤충학자는 과학자로 볼 수 없고, 우표나 도자기 수집가과 같은 등급으로 봐야 합니다."[32] 이 점에서 그는 20세기의 위대한 물리학자 러더퍼드보다 앞섰다. 러더퍼드는 "우표 수집가"의 범위를 물리학자를 제외한 모든 과학자를 포함하도록 넓혀서 다른 과학자들을 멸시했다. 러더퍼드처럼 베이츠도 자연의 과정을 이해하고 싶었다. 그는 아마존 우림에서 본 나비의 의태에 어떤 숨겨진 의도가 있는지를 이해하고 싶었다.

베이츠는 선명한 빨강, 노랑, 파랑, 오렌지 색의 호랑이 띠무늬로 치장한, 길쭉한 날개를 가진 많은 나비들이 속한 헬리코니드과*에 특별한 무엇인가가 있음을 인식했다. 배추흰나비과에 속한 레프탈리스 나비가

---

* 헬리코니드과에는 헬리코니우스속(Heliconius)과 이토미아가 포함된다. 둘은 비슷한 특징들을 가진다.

스스로를 헬리코니드처럼 꾸민다면, 그것은 다윈주의 적응의 사례임이 분명했다. 그들이 헬리코니드처럼 꾸미면 몇 가지 이점이 있었다.

> 이런 닮음의 의미, 즉 목적인(目的因)을 추측하기란 어렵지 않다. 말벌의 모습을 하고 낮에 꽃 사이를 날아다니는 나방 종을 볼 때, 우리는 나방을 공격하지만 말벌을 피하는 식충동물을 속임으로써, 달리 방어능력이 없는 곤충이 스스로를 보호하려는 의도에서 모방하는 것이라고 추론하지 않을 수 없다. 레프탈리스에게도 헬리코니드의 겉모습이 같은 목적에 기여하는 것이 아닐까? 한 종의 과한 풍성함과 다른 종 개체들의 적은 수를 볼 때, 아마도 헬리코니드는 레프탈리스가 받는 박해를 받지 않는 것이 아닐까?[33]

헬리코니드의 화려한 색깔, 느린 비행과 태평스러운 행동은 그들이 포식자를 두려워하지 않음을 시사했다. 아마존의 다른 모든 나비들은 식충조류에게 잡아먹히지만 헬리코니드는 아니었다. 또 헬리코니드는 아주 강한 냄새를 풍겼다. 볶은 쌀 냄새가 나는 종류도 있고, 풍년화 냄새를 풍기는 것도 있었다. 이토미아나 헬리코니우스 나비의 몸이 잘리면 강한 냄새를 풍기는 체액이 스며 나오며, 그 액체는 피부에 닿으면 염증을 일으켰다. 그리고 베이츠는 다른 나비 표본과 달리 헬리코니드 표본은 해충의 피해를 입지 않으며, 식충조류에게 희생되어 숲 바닥에 떨어진 나비 날개 더미 중에 헬리코니드의 것은 없다는 점도 주목했다.

베이츠는 헬리코니드가 역겨움을 일으켜서 포식자로부터 자신을 보호한다고 추론했다. 헬리코니드는 시계꽃속(*Passiflora*)*의 종만을 먹어서

---

* 시계꽃의 영어명은 수난의 꽃(passion flower)인데, 처음 남아메리카에서 그것을 발견한 스페인 탐험가들이 그 꽃의 구조를 십자가에 못 박힌 예수의 상징으로 해석하기를 좋아했기 때문이다. 시계꽃은 납작한 머리에 수술 5개와 커다란 암술대

이 유독한 성질을 획득한다. 시계꽃 자체는 자신을 보호하기 위해서 시안화물을 포함한 독소를 만들어낸다. 따라서 헬리코니드는 기존 방어기구를 채택하여 자신을 보호하는 쪽으로 이용한 것이고, 아주 맛좋은 레프탈리스는 헬리코니드의 독성에 무임승차한 것이다. 이것이 바로 오늘날 베이츠 의태(Batesian mimicry)라고 하는 과정이었다. 먹을 수 없는 특성을 가지거나 하여 어떤 식으로든 자신을 방어하는 종의 무늬와 색깔을, 방어능력이 없는 생물이 흉내내어 포식자로부터 자신을 보호하는 방법이다. 즉 거짓 색깔로 속여 넘긴다. 베이츠는 이것이 일부 헬리코니드가 다른 헬리코니드를 모방하는 듯하다는 사실을 설명하지는 못한다고 인정했다. 그들은 모두 맛이 없다는 특징을 가짐으로써 포식자로부터 자신을 보호하는 종들임에도 서로를 모방하기 때문이다. 여기서 베이츠는 좋은 기회를 놓친 셈이었다. 그런 종류의 의태는 별개의 설명을 요하는 것이었기 때문이다.

베이츠의 관찰은 오늘날까지 발전을 거듭하고 있는 학문 분야를 출범시켰다. 그는 자연선택으로 한 무늬가 한 종에서 다른 종으로 복제되는 양상이 나타난다는 것을 발견했다. 그런데 어떤 종류의 생물학적 과정이 이런 복제 양상을 나타나게 할 수 있을까? 이 장의 첫머리에 인용한 베이츠의 글은 베이츠가 말한 역설을 드러낸다. "자연에 스며 있는 지적 동기를 얼핏 엿보았다." 그러나 생물학자들은 한 종이 의식적으로 다른 종을 "복제한다"거나 자연에 지적 동기가 있다고는 믿지 않는다. 그런

3개가 놀라울 정도로 기하학적인 모양으로 펼쳐져 있다. 전자는 상처, 후자는 못을 상징한다고 여겨졌다. 시계꽃은 헬리코니우스 나비 애벌레의 먹이이지만, 꽃가루받이는 꿀벌이 한다. 사실 시계꽃은 나비를 성가신 존재로 간주하는 듯하다. 나름대로 놀라운 의태를 진화시켰기 때문이다. 헬리코니우스 나비가 잎에 알을 낳지 못하게 하기 위해서 일부 시계꽃의 잎에는 헬리코니우스 알과 비슷한 작은 노란 돌기가 있다. 나비는 신선한 잎에 알을 낳으려고 하므로 잎에 이미 알이 붙어 있으면 다른 잎을 찾아갈 것이다.

무늬 만들기는 본질적으로 흥미롭기는 하지만, 거기에 동기가 있다고 말할 수 있는 것은 전혀 없다. 모든 생물은 살아남아 번식을 하기 위해서 애쓰므로, 살아 있는 것은 본래 동기를 가진다. 그 개별적인 노력을 넘어서는 적극적인 동기 따위는 없다. 베이츠는 이 점을 이해했지만 자연선택의 작용에 적극성을 띤 겉모습을 부여하려고 애썼다.

> 따라서 여기에는 자매들뿐만 아니라 부모와도 상당히 다른……형태가 빚어질 때까지 특정한 방향으로 꾸준히, 세대마다 생기는 적합한 변이를 이끌어내는 어떤 다른 활성 원리가 있는 것이 틀림없다. 이 원리는 식충동물에게 작용하는 선택 행위자인 자연선택 자체일 수도 있다. 그 행위자는 식충동물을 속일 만큼의 닮은 모습을 띠지 않은 이토미아 변종을 서서히 없앤다.[34]

베이츠는 다윈의 책을 곁에 두고서 아마존 연구논문을 썼다. 그 결과, 고전이 된 논문이 한 편 탄생했다. 논문은 1861년 11월 21일에 린네 협회에서 낭독되었고 다음 해에 출간되었다. 다윈은 논문이 "풀라고 주어질 수 있는 가장 복잡한 문제 중 하나"[35]를 풀었다는 찬사의 편지를 베이츠에게 보냈고, 『자연사 리뷰(*Natural History Review*)』에 익명으로 서평을 썼다. 그 글에서 그는 자연을 일종의 마술사로 묘사했다.

> 우리는 이런 식의 닮은 사례들이 서로 다른 동물들이 비슷한 생활 습성에 적응함으로써 나타난 것이라고 이해할 수 있다. 그러나 이 견해를 나비의 다채로운 줄무늬와 반점에 확대하여 적용하기란 거의 불가능하다. 이런 무늬는 성별에 따라서 매우 다르게 나타나고는 한다고 알려져 있기 때문에 더욱더 그렇다. 당연히 우리는 알고 싶다. 한 나비나 나방이 전혀 다른 종류의 겉모습을 취하는 사례가 왜 그토록 종종 나타날까? 왜 자연은 무대

에서 짐짓 마술을 부림으로써 자연사학자를 당혹스럽게 하는 것일까?[36]

이 질문은 수사학적인 것이었다. 베이츠가 이미 답을 했기 때문이다. 다윈에게는 다행스럽게도, 답은 베이츠가 말했듯이 맛없는 동물처럼 보임으로써 보호를 받기 위해서 "나비나 나방이……다른 종류의 겉모습을 취하는 것"이었다. 그리고 이 과정을 이끄는 행위자는 자연선택이었다. 『종의 기원』 제4판에서 다윈은 "베이츠 의태"라는 절을 추가했고 "여기에 자연선택의 탁월한 사례가 있다"[37]고 결론을 내렸다.

논문에서 베이츠는 나비의 의태를 다른 여러 적응들과 연관시킨다. 한 종이 환경의 어떤 부분이나 다른 생물을 모방하는 적응 양상들과 연관시킨 것이다. 베이츠 이후로 한 종이 다른 종을 정확히 모사하는 현상을 다른 유형의 닮음 사례들과 엄격히 구분해야 한다고 주장하는 사람들이 있어왔다. 그러나 베이츠는 그 모든 유형들을, 생존에 유리한 점이 있기 때문에 한 형태가 선택을 거쳐서 새로운 겉모습을 취하는 다윈주의 적응이라고 보았다. 말벌을 모방하는 나방, 개미, 기타 곤충들의 사례와 마찬가지라는 것이다.

> 따라서 나는 헬리코니드과에서 나타나는 특정한 의태성 유사가 적응의 사례라고 믿는다. 곤충을 비롯한 생물들이 자신이 먹고 사는 채소나 무기물의 겉모습을 취하는 것과 정확히 같은 성질의 현상이다.[38]

베이츠는 이런 적응 중에서 몇 가지를 나열했다. 그중에는 "내가 마주친 가장 놀라운 모방 사례"도 포함되어 있다. 겁을 먹으면 얼굴을 부풀려서 뱀을 닮은 모습으로 변할 수 있는 커다란 모충(아마도 주홍박각시나방)이었다. 모충은 그럼으로써 포식자가 겁을 먹기를 바랄 것이다.

베이츠는 아마존의 나비를 보여주는 한편, 엄청난 양의 변이를 관찰함으로써 다윈을 흥분시켰다. 두 사람은 진화가 아마존의 나비들 사이에서 현재 역동적으로 진행되고 있다고 받아들였다. 1861년 3월, 베이츠는 다윈에게 변이와 종의 형성을 다룬 논문을 보냈다. 다윈은 이렇게 평했다. "변이, 특히 변종과 아종의 분포와 관한 사실들이 내가 읽은 그 어떤 문헌보다 훨씬 더 풍부한 듯합니다."[39] 베이츠는 답했다. "곤충이 다른 어떤 동식물들보다도 선생님이 천착하시는 문제들을 가장 잘 명확히 드러내는 사례들이라고 확신합니다. 일련의 많은 표본을 구해서 간략히 앞에 죽 늘어놓기도 아주 쉽지요."[40]

나중에 자신의 아마존 여행을 다룬 저서 『아마존 강의 자연사학자 (*Naturalist on the River Amazons*)』에서, 베이츠는 나비가 연구 모델로 알맞은 종이라는 대담한 주장을 펼쳤다.

따라서 이 펼쳐진 얇은 막 위에 자연은 마치 서판에 쓰듯이 종 변형의 이야기를 적으므로, 구성상의 모든 변화가 진정으로 거기에 기록되어 있다고 말할 수도 있다. 게다가 날개의 같은 색깔-무늬들은 일반적으로 대단히 정연하게 종들이 어느 정도로 긴밀한 혈연관계인지 보여준다. 자연의 법칙이 모든 생물들에 똑같이 작용할 것이 분명하므로, 이 곤충 집단이 내놓는 결론은 생물세계 전체에 적용될 수 있어야 한다. 따라서 나비—공허함과 경박함의 상징으로 선택된 동물—연구는 경멸을 받는 대신에 언젠가는 생물학의 가장 중요한 분야 중 하나로 평가될 것이다.[41]

베이츠는 다윈을 그토록 흥분시켰던 변이 사례들 중에서 H. 멜포메네 (*melpomene*)와 H. 텔시오페(*thelxiope*)라는 두 헬리코니우스 종 사이에 많은 중간 형태의 날개무늬가 있다는 것을 발견했다. 그는 이 중간 형태들이 두 종의 잡종들이라고는 보지 않았다. 둘은 여러 곳에서 공존했고 상호교배하지 않는 듯했기 때문이다. 베이츠는 『종의 기원』을 읽은 뒤, 자신이 형성 중인 신종으로 이어지는 종류의 변이를 관찰하고 있다고 결론 지었다. 일부 지역에서는 변이 형태가 원형보다 생존에 더 성공함으로써 이윽고 새로운 종으로 굳어졌다. 베이츠는 그 과정을 확대 해석했다.

이 사례에서처럼, 한 지역에서는 관련된 모든 개체가 똑같이 특정한 형태를 띠는 한 종이 있고, 다른 지역에서는 많은 변종들이 나타나며, 또다른 지역에서는 첫 번째 형태와 전혀 다른 특정한 한 가지 형태가 나타나는 경우가 종종 있다. 이 변이 형태 중의 어느 둘이 나란히 살고 있으며 그런 상황에서도 구분되는 특징들을 간직하고 있다면, 종이 자연적으로 기원한다는 증거가 완벽하게 갖추어진 것이다. 그 과정을 단계적으로 지켜볼 수 있으니 더할 나위가 없다. 두 종 사이의 차이가 사소할 뿐이며 그것들을 변종으로 분류해서는 더 이상 아무것도 증명하지 못할 것이라고 반박할지도 모른다. 그러나 그들 사이의 차이점들은 근연종(近緣種) 사이에서 일반적으로 나타나는 그런 것이다. 큰 속들은 대체로 그런 종들로 이루어진다. 그리고 큰 속 내의 크고 아름다운 다양성이 어떻게 우리 이해력 내에 있는 법칙들의 작용을 통해서 나오는지를 보여주는 것은 흥미로운 일이다.[42]

다윈은 베이츠의 발견에 호응했다. "이 회고록에 실린 다양한 사실들을 읽고 생각하는 동안, 우리는 이 행성에서 신종의 생성에 관해서 바랄 수 있는 거의 모든 것을 목격했다고 느낀다."[43]

사실 헬리코니우스 나비, 특히 H. 멜포메네의 엄청난 다양성은 지금도 생물학자들의 머리를 싸매게 만든다. 지금은 베이츠가 깨달은 것보다 교잡이 더 중요한 역할을 한다고 보며, 그가 연구한 H. 텔시오페가 완전한 종이 아니라 멜포메네의 변종이라고 여긴다. 베이츠를 불신한다는 의미는 결코 아니다. 헬리코니우스의 복잡성은 생물학의 가장 큰 수수께끼 중 하나이다.

다윈의 초창기 지지자들은 기존 동물학계의 많은 이들이 보인 적대감에 맞서 똘똘 뭉쳐서 소규모 모임을 조직했다. 베이츠는 월리스, 조지프 후커, 찰스 라이엘 경과 함께 재빨리 이 측근 집단의 일원이 되었다. 다윈은 후커에게 이렇게 썼다. "베이츠(그리고 당신)처럼 유능한 사람이 자연선택을 내 스스로가 믿는 것보다 더욱더 전적으로 믿는 모습을 보면 정말 묘하게 흐뭇해져요."[44]

다윈은 베이츠의 후원자가 되어 여행담을 책으로 쓰라고 격려하고, 자신의 책을 내는 머리 출판사에서 그 책이 출간되도록 도왔다. 1863년『아마존 강의 자연사학자』가 출간되었을 때 다윈은 무한한 찬사를 담은 서평을 썼다. 책은 잘 팔렸고 여행기의 고전이 되었다. 나는 빅토리아 시대의 예의에 관한 당대의 규정들이 없었다면 그가 더 잘 썼을 것이라고 생각한다. 베이츠는 사적인 편지들 속에서는 자신의 활달한 기질을 드러낼 수 있었고, 당시 일반적으로 선호되던 의도적으로 절제한 근엄함보다 그쪽이 훨씬 더 나았다. 책이 나오자 그는 다윈에게 이렇게 편지를 썼다. "가장 신기한 점이 무엇이냐면, 다윈주의자, 칼뱅파 성직자, 국교에 반대하는 목사, 냉정한 사업가, 여성, 노인과 청소년, 철학적 자연사학자와 종 수집가 할 것 없이 모두가 이 책을 좋아한다는 겁니다."[45]

2

호랑나비와 아마존

파란 눈에 담황색 머리카락의 영국인에게 아내가 둘 있다고 하자. 한 명은 검은 머리에 붉은 피부의 북아메리카 원주민이고, 다른 한 명은 곱슬머리에 까만 흑인이다. 그리고 아이들은 흑백 혼혈이나 갈색이나 거무스름한 색조를 띠는 대신에……남자아이는 모두 아버지처럼 순수한 영국인인 반면, 여자아이는 각자 어머니를 닮아야 한다.……그러나 곤충세계에서는……그 현상이 훨씬 더 놀라운 양상을 띤다. 어미는 아비를 닮은 수컷과 자신을 닮은 암컷 자손을 낳을 뿐 아니라, 또다른 아내를 쏙 닮은 암컷 자손도 낳을 수 있다. 자신과 전혀 다른 모습이라고 해도 말이다.[1]

—앨프리드 러셀 월리스, 1865

앨프리드 러셀 월리스의 인도네시아 탐사(1854-1862)는 다윈의 비글 호 항해만큼 명성을 얻어야 마땅하다. 월리스는 다윈과 같은 자연선택 개념에 도달했을 뿐 아니라, 그 여행에서 단순히 표본을 채집하는 차원을 넘어서 두 가지 주요 발견을 했다. 물론 표본채집도 많이 했지만 말이다. 인도네시아는 채집하기에 아주 좋은 장소임이 드러났다. 두 부류의 동물들—아시아계와 오스트랄라시아계—이 아주 가까이에 있지만 뒤섞이지는 않은 채 살고 있었기 때문이었다. 양쪽은 깊은 물로 나뉘어 있다. 이 깊은 바다는 작은 새들까지 포함하여 동물의 이동을 막는 장벽이다. 발리 섬과 롬복 섬 사이에 놓인 폭 56킬로미터의 바다가 바로 이 선이다. 이것은 진화의 중요한 증거였다. 격리된 집단에서 서로 다른 종이 진화한다는 또 하나의 사례였다. 이 선은 지금도 월리스선이라고 한다.

월리스의 두 번째 주요 발견은 탐사 첫해에 수마트라에서 가장 놀라운 의태의 사례 중 하나를 찾아낸 것이었다. 그 사례는 무수한 논문이 쓰이게 했고 지금도 여전히 많은 논문이 나오고 있다. 호랑나비속(*Papilio*)의 나비는 500종이 넘으며, 모든 대륙에 산다. 영어로는 제비꼬리(swallow-tail)라고 불리지만, 모든 종이 끝이 제비꼬리처럼 생긴 독특한 모양의 날개가 있는 것은 아니다. 심지어 한 종 안에서도 그런 날개가 있는 개체도 있고 그렇지 않은 개체도 있다. 이 역설은 의태라는 수수께끼의 핵심을 이룬다. 아시아에서 월리스는 겉모습이 너무 달라서 예전에는 서로 다른 종이라고 간주했던 호랑나비들이 그저 한 종의 암컷과 수컷임을 알아차렸다.[2] 수컷은 몸집이 크고 검은 바탕에 군데군데 짙은 파란색의 무늬가 있고 꼬리가 없었다. 반면 암컷은 너무나 달랐다. 흰 바탕에 담황색, 노란색, 빨간색의 무늬가 있으며, 일부는 꼬리가 있었다. 암컷은 다른 종류의 호랑나비까지 포함하여 몇몇 다른 종의 모습을 모방하기도 했다. 꼬리가 있는 것도, 없는 것도 있었다. 월리스는 그들을 베이츠 의태의 사례로 해석했다. 가장 신기한 점은 한 호랑나비 종의 암컷이 한배에서 낳은 알들로부터 두 종류의 암컷 자손이 나올 수 있다는 사실이었다. 한 알에서는 수컷을 닮은 암컷이, 다른 알에서는 다른 종의 호랑나비를 닮은 암컷이 나왔다.

호랑나비는 다른 대륙에서 또다른 영국 자연사학자의 관심을 끌었다. 롤런드 트리먼(1840-1916)은 열여덟 살에 영국을 떠나 남아프리카로 갔다. 그는 그곳에서 공무원으로 일하면서 그 지역의 나비에 관한 전문가가 되었고, 이윽고 나비를 다룬 두꺼운 책들을 펴냈다. 다윈과 베이츠의 책을 읽은 뒤 그는 자연선택과 의태 현상을 모두 받아들였다.

1860년대 초에는 트리먼이 파필리오 메로페(*Papilio merope*)라는 호랑나비를 보고 곤혹스러워했던, "메로페 하렘 사건"이라고 알려진 흥겨운 사건이 벌어졌다. 그 사건이란 남아프리카에서 메로페의 암컷을 도무지 찾을 수 없다는 것이었다. 베이츠의 책을 읽고서 트리먼은 자신이 베이츠 의태를 목격하고 있는 것이 아닐까 하는 생각이 들기 시작했다. 트리먼은 겉모습은 전혀 달랐지만 네 가지 "종" 중에 P. 메로페의 "아내"가 있지 않을까 하고 추측했다. 1867년에 그는 영국 박물관의 나비 표본들을 살펴보기 위해서 영국으로 돌아왔다. 그는 메로페의 암컷을 한 마리도 찾아 내지 못했는데, 한편 "아내"라고 추정한 종들에는 수컷 표본이 아예 없었 다. 그제야 그는 그 표본들이 메로페라는 한 종의 수컷과 암컷이 틀림없 다고 깨달았다. 트리먼은 1868년 3월 5일 린네 협회에서 자신이 발견한 내용을 발표했다.[3] 영국에서 가장 많은 나비 표본을 가진 저명한 나비 수집가이자 다윈주의를 반대하던 W. C. 휴이슨은 놀라울 정도로 케케묵 은 빅토리아 시대 방식으로 반론을 폈다. "다른 점이 전혀 없는 본토의 P. 메로페가 암컷들의 하렘에서 즐긴다고 믿기 위해서는 나로서는 불가 능한 수준으로 상상력을 확장해야 할 것이다.……"[4] 하렘 개념은 그의 "예의범절 개념"에 충격을 주었다. 그는 마다가스카르에는 메로페의 암 컷과 수컷이 모두 있으며, 둘 다 똑같이 생겼다는 점을 논박의 근거로 들었다. 그 말은 사실이었고—마다가스카르는 상황이 달랐다—그 예외 사례는 100년이 지난 뒤에야 해명되었다.

월리스는 한배의 알들에서 여러 형태의 아시아 호랑나비가 나온다고 발표했다. 교배를 통해서 그 다양한 형태들이 모두 한 부모로부터 나올 수 있다는 점을 증명하기만 하면 되었다. 그러나 실험자들은 계속 좌절 해야만 했다. 그러다가 1874년에 J. P. M. 윌이 메로페 수컷들을 한배의 알들에서 나온 암컷 3마리와 교배시켰다. 거기에서 나온 알들은 다양한 암컷 형태를 띠었다. 파필리오 메로페 가문의 조성이 마침내 확인된 것 이다.

그렇다면 파필리오 한 종은 왜 그렇게 여러 의태 모델을 가질 필요가 있는 것일까? 답은 창의적이며, 베이츠 의태의 속성에서 나온다. 베이츠 의태 동물들은 살아남으려면 모델보다 더 수가 적어야 한다. 의태자의 수가 많으면 포식자는 모습이 같은 맛없는 나비만큼 많은 맛있는 나비와 마주칠 것이고, 결국 모델과 의태 동물 양쪽을 다 공격하기 시작할 것이다. 반면에 이 호랑나비들은 서너 종을 모방함으로써 위험을 분산시키며, 의태가 제공하는 보호수단을 위험에 빠뜨리지 않으면서 개체 수를 늘릴 수 있다. 따라서 번데기에서 나올 때, 다형 의태 호랑나비 종족은 각자 다른 옷을 입고 살아갈 준비를 마친 상태로 성공적으로 첫발을 내딛는다. 한배의 알에서 서로 다른 옷을 입고 말이다.

파필리오 메로페의 교배를 다룬 월의 논문은 재미있으며, 19세기 영국의 (일부) 자연사학자들의 세계가 어떠했는지를 잘 엿볼 수 있다. 그는 싸구려 애정소설에서 따온 듯한 문체로 나비의 구애를 묘사한다.

그녀의 짝은 대체로 그렇게 일찍 날지 않지만, 조금 더 지나면 덤불 위로 그가 황급히 휙 날아서 꽃에 내려앉았다가 다시 날아올라 떠나는 광경을 볼 수 있을지도 모른다. 이 시간에는 연인에게 거의 관심을 가지지 않는 듯하다.

낮이 되어 점점 기온이 올라가면, 암컷들은 늘 그렇지는 않지만 대개 그늘진 곳으로 날아 들어가서 오래 앉아 있거나 시원하고 외진 나무 그늘 안에서 이따금 잠시 날고는 한다. 이 시간에 수컷들은 빠르고 격렬하게 서로 쫓고 쫓기면서, 연인이 편안히 앉아 쉬고 있는 숨겨진 곳 앞을 계속 지나친다.[5]

트리먼은 월의 논문을 평하면서 휴이슨을 조롱했다.

"그로서는 불가능할" 수준으로 휴이슨 씨의 상상력을 확장하거나 그의 "예의범절 개념"이 불가피하게 받을 충격을 생각하기가 꺼림칙하기는 하지만, 지금 월 씨가 제시한 증거는 극도의 회의주의자조차도 발뺌을 하지 못하고 꿈이 진짜 눈앞의 현실임이 입증되었음을 받아들여야만 하는 그런 것이다.[6]

휴이슨 같은 19세기의 몇몇 영국 자연사학자는 수줍음과 조신함이라는 개념을 늘 자연에 투사하고 있던 것이 분명하다. 반면에 다윈의 냉철한 자세는 등대처럼 이 모든 사례들을 비추고 있다. 그가 어떤 시대의 분위기에서 일했는지를 알고 나면 그의 성취가 더욱 놀랍게 다가온다. 비록 영국 자연사학자들이 빅토리아 시대에 유명세를 타기는 했지만, 시대 분위기는 과학적 탐구에 여러 모로 적대적이었다. 베이츠는 다윈처럼 엄밀한 과학적 태도를 유지했지만, 월리스는 이윽고 어느 정도 유심론(唯心論)에 빠짐으로써 인류가 전적으로 진화의 산물은 아니라고 부인하기에 이르렀다. 빅토리아 시대의 많은 사람들에게는 기독교라는 쾌적한 기후대를 벗어난다는 것이 너무나 힘든 일이었다. 테니슨의 시 「인 메모리엄(In Memoriam)」에서는 이런 난제와 맞서 싸우려는 정직한 시도를 엿볼 수 있다.

『종의 기원』이 나오기 10년 전인 1849년에 완성된 「인 메모리엄」은 오늘날 자연의 무자비함이라는 혹독한 다윈주의 교훈과 마주한 빅토리아 시대의 도덕이 받은 충격을 평한 글처럼 읽힌다.

그렇다면 신과 자연은 다툴까?
자연이 그런 사악한 꿈을 집어넣을까?
자연은 유형에 너무나 주의를 기울이는 듯하다,
개별 생명에는 너무나 무심하면서.
……
"그 유형에 그렇게 주의를 기울이냐고?" 아니다.

가파른 절벽과 캐낸 돌로부터

자연은 소리친다.

"수천 가지 유형이 사라졌다.

나는 전혀 개의치 않는다. 모두 사라질 테니까."

월에 대한 이야기로 돌아가자. 그는 번데기로부터 서로 다른 암컷 네 마리와 수컷 한 마리를 키우는 데에 성공했지만, 모습이 서로 다른 암컷들과 수컷이 교미하는 장면은 사실 보지 못했다. 최종 증명이 나오기까지는 7년이 더 지나야 했다. 파필리오 메로페 수컷과 암컷 중 한 마리가 교미하는 장면이 포착된 것이다.[7] 그 나비는 이제 파필리오 메로페가 아니라 파필리오 다르다누스(Papilio dardanus)라고 불린다. 약 30가지 형태를 가진 아주 유명한 나비이며, 우리 이야기에 틈틈이 등장할 것이다.

그런데 왜 암컷만이 이 엄청난 의태를 과시하는 것일까? 수컷은 한결같은 형태를 유지한다. 이 의문은 많은 이를 곤혹스럽게 했다. 그럴듯한 답들도 나와 있다. 암컷은 알을 낳을 때 포식자에게 특히 취약하므로 더욱 몸을 지킬 필요가 있다거나, 암컷이 짝을 고를 때 늘 똑같은 날개무늬를 보고 선택한다는 주장이 있다. 몇 가지 답이 제시되어 있지만, 아직 결정적인 답은 없다.

베이츠, 다윈, 월리스는 빅토리아 시대의 저명인사, 고매한 부류였다. 그러나 각자가 처한 상황은 전혀 달랐다. 다윈은 불로소득이 있었고, 케임브리지 교육의 혜택을 받았으며, 천재적인 과학자들과 교류했다. 베이츠와 월리스는 가난하게 시작했고, 독학을 했으며, 탐사를 통해서 생계를 유지해야 했다. 그러나 자연사학자로서는 세 명 모두 입장이 같았다. 모두 통념과 권위에 의지하지 않고, 어린 시절의 딱정벌레 채집에서 어른이 된 뒤의 종의 기원 탐구에 이르기까지 자신의 열정을 좇았다. 그들은 독자적인 사상가였고 서로를 대단히 정중하게 대했다. 도시에 머물 때, 베이츠와 월리스는 동물학회, 곤충학회, 린네 협회의 모임에 참석했다. 월리스는 자연선택 이론의 주된 창안자가 다윈이라는 주장에 결코 분개한 적이 없었다. 1860년 크리스마스 이브에 월리스가 베이츠에게 보낸 편지는 역사상 가장 관용적인 것에 속한다.

> 다윈의 책에 탄복하는 심정을 어떻게 해야, 아니면 누구에게 말해야 제대로 표현할 수 있을지 모르겠네요. 다윈에게 말하면 아첨 같을 테고, 남들에게 하면 자화자찬이 될 테죠. 하지만 솔직히 내가 그 주제를 제아무리 끈기 있게 연구하고 실험을 했든 간에 그의 책의 완성도, 방대한 증거, 압도적인 논증, 탄복할 만한 논조와 기풍을 결코 따라갈 수 없었을 겁니다. 세계의 이론이 내게 맡겨지지 않았다는 사실에 정말로 감사한 마음입니다.[8]

『종의 기원』을 내놓은 뒤, 다윈은 인간의 진화를 다룬 책을 쓰기 시작했다. 그 책은 1871년 『인간의 유래(The Descent of Man)』라는 제목으로 나왔다. 이 책을 쓸 때 그는 친구인 베이츠와 월리스에게 자료를 달라고 재촉했다. 이 책의 한 가지 중요한 측면은 자연선택과는 구분되며 자연선택을 보완하는 진화 원동력인 성선택을 다루고 있다는 점이었다. 다윈은 암컷을 놓고 수컷 사이에 경쟁이 벌어진다면 다음 세대의 구성에 영향이 미칠 것이 분명하다고 추론했다. 그는 많은 수컷들에게서 화려한 색깔(암컷은 종종 아주 칙칙한 반면에)이 진화한 것이 이 성선택 과정 때문이라고 했다. 나비의 다채로운 날개무늬는 몇 가지 기능을 할 수 있다. 의태와 위장 외에 성선택에도 쓰인다. 또 취약한 머리가 아닌 다른 부위로 포식자의 시선을 유도하는, 깜짝 놀라게 하는 무늬와 눈꼴무늬도 있다. 그러나 다윈은 다채로운 색깔의 한 가지 측면 때문에 특히 머리를 싸맸다. 성선택은 짝짓기를 하는 성체에게서만 뚜렷하게 나타날 수 있었다. 그런데 성숙하지 않아 짝짓기를 하지 않는 형태인 모충 중에도 색깔이 화려한 것이 많았다. 1867년 2월 23일 다윈은 월리스에게 질문을 담은 편지를 썼다. "대체 왜 모충은 그토록 아름답고 예술적인 색깔을 띠는 걸까요?"[9] 그는 베이츠에게는 이미 물어보았다. 베이츠는 답을 내놓지 못했고 "월리스에게 물어보시는 편이 낫겠네요"라고 말했다.

당시 월리스는 『웨스트민스터 리뷰(*Westminster Review*)』에 실을 「의태와 보호색」이라는 논문을 쓰고 있었다. 당시의 연구 현황을 탁월하게 개괄한 논문이었다. 그는 다윈의 질문을 받자 모충이 독이 있거나 맛이 없다는 것만으로는 포식자를 피하는 데에 충분하지 못할 수도 있다는 생각이 떠올랐다. 포식자가 먹이가 아주 역겹다는 것을 알아차릴 무렵이면, 먹이는 이미 죽을 만큼 상처를 입었을 수도 있다. 따라서 이 사례에서는 맛없음이 결코 보호수단이 되지 못할 터였다. 자신이 불쾌한 맛이라는 것을 가능한 한 강하게 광고할 수단이 필요했다. 화려한 색깔은 바로 그래서 나온 것이었다.

마침 월리스는 새가 먹지 않는 흰 나방을 막 발견한 참이었다. 그는 자서전에 이렇게 적었다. "어스름 무렵의 흰 나방은 한낮의 화려한 색깔을 띤 모충만큼이나 눈에 띄므로, 나는 내 설명이 옳다고 드러나리라고 거의 확신했던 다른 사례들 못지않게 이 사례도 그럴 것이라고 느꼈다."[10]

다윈은 기뻐하면서 답신을 보냈다.

친애하는 월리스, 베이츠의 말이 정말 옳았군요. 당신이 바로 난제를 해결할 인물이라고 했지요. 내가 들은 가설 중 가장 창의적입니다. 그것이 참임을 입증할 수 있기를 바랍니다.[11]

기이하게도 월리스는 여기서 좋은 기회를 놓치고 말았다. 흰 나방의 도움을 받아 유독한 모충의 경고색에 관한 자신의 이론을 정립하기는 했지만, 그는 왜 그토록 많은 독나비들이 화려한 색깔을 띠는 것일까라고 그 문제를 일반화시키지 않았다. 의태의 역사서를 보면 마치 몇몇 장(章)이 잘못된 순서로 적혀 있는 듯하다. 그러나 의태에 대한 이야기가 1879년까지 중단되어 있었다는 점을 고려해야 한다. 세 자연사학자는 서로 협력하면서 자연선택 이론을 고수했지만, 진화생물학이 유아기에 있었던 터라 시간이 흐르면서 어쩔 수 없이 서로 견해 차이가 생겼다. 월리스는 자서전에서 다윈과 자신의 견해 차이를 요약했으며, 돌이켜보면 그가 옳았던 부분도 있었다. 다윈은 나비에서 공작에 이르기까지 많은 동물들의 수컷이 띠는 화려한 색깔이 성선택의 결과라고 보았다. 그러나 나중에 월리스는 화려한 색깔의 대부분이 경고색의 사례라고 믿게 되었다. 현대 연구들은 많은 사례에서 월리스의 편을 들고 있다.

다윈은 『종의 기원』에서 불용(不用) 개념에 많은 지면을 할애했다. 예를 들면, 두더지는 무수한 세대에 걸쳐서 땅 속에서 살아서 거의 눈이 멀게 되었다. 두더지는 앞을 못 보지만, 초기 두더지가 다른 포유동물들과 마찬가지로 시력이 있었다는 사실은 논란의 여지가 없다(21세기의 우리는 두더지에게 눈 유전자, 즉 비록 돌연변이를 통해서 여기저기 엉망이 되기는 했지만 그래도 눈 유전자임을 알아볼 수 있는 것이 있기 때문에 그렇다고 확신할 수 있다). 그러나 다윈은 어떻게 이런 일이 벌어졌는지를 고찰할 때 자신의 엄밀함을 어느 정도 포기했다. 그는 때때로 프랑스의 자연사학자 장-바티스트 라마르크(1744-1829)의 이론에 끌리고는 했다. 라마르크는 진화를 체계적으로 고찰한 최초의 사상가로서, 살면서 획득한 형질이 자손에게 전달될 수 있다고 1800년에 주장했다. 이 개념은 대안 이론으로서 계속 남아 있었다. 매우 설득력이 있다고 받아들인 사람들이 있었기 때문이다. 다윈은 『기르는 동식물의 변이(The Variation of Animals and Plants under Domestication)』(1868)에서 획득형질이 유전될 수 있다고 명확히 주장했다. "말은 특정한 속도로 달리도록 훈련받으며, 망아지는 비슷한 움직임을 물려받는다."[12] 반면에 월리스는 라마르크주의를 확고하게 전적으로 거부했다.

그러나 다윈과 월리스의 가장 중요한 차이는 진화가 인류의 모든 속성을 설명할 수 있다는 것을 월리스가 받아들이지 않았다는 점이다. "인간의 체형에 관해서는 그의 견해에 동의하지만, 자연선택 이외의 다른 어떤 작인, 최초로 생명체를 빚어낸 것과 비슷한 무엇인가가 인간의 도덕적 및 지적 품성을 불어넣었다고 믿는다."[13] 다시 말해서 신이 생명의 과정을 개시했고, 그 뒤에 자연선택을 통한 진화가 진행되었으며, 이윽고 인간이 출현할 때 신이 다시 개입하여 유인원처럼 진화한 형태에 도덕적 및 지적 품성을 끼었었다는 것이다. 베이츠는 이 문제에서 월리스가 "퇴보"했다고 말했다.

베이츠는 자연선택 문제에서는 "퇴보"하지 않았다. 그러나 의태를 다룬 탁월한 논문과 여행기를 낸 뒤에도 그는 아직 확실한 직장을 구하지 못했다. 그는 다윈 같은 불로소득이 없었고 항구적인 직장이 필요했기 때문에, 영국 박물관의 자연사 표본들을 다루는 일을 맡을 생각을 했다. 영국에서 그 일에 가장 적합한 인물은 그였지만, 빅토리아 정부는 생각이 달랐다. 박물관 당국은 마음에 드는 인물을 임용하고 싶었다. 식물학이나 동물학에 문외한인 아서 오쇼너시라는 젊은 시인이었다. 이 사건은 물의를 일으켰고 베이츠의 친구들은 항의했지만 아무 소용이 없었다.

이 일로 낙심했지만 베이츠는 이윽고 왕립 지리학회의 사무차장 자리를 구했다. 그는 자신이 좋아하는 딱정벌레의 분류를 다룬 논문들을 계속 냈고, 자신이 했던 식의 여행에 나서려는 탐험가들을 도우면서 큰 명성을 얻었다. 그는 더 이상 여행을 하지 않았고 획기적인 논문도 내놓지 않았지만, 그의 나비 의태에 대한 논문은 오늘날까지도 종종 인용되는 탁월한 연구성과로 남아 있다. 생물학에 새로운 주요 주제를 제시한 최고의 논문으로서 말이다.

19세기에 나비 의태에 대한 이야기는 한번 더 전환점을 돈다. 앞서 살펴보았듯이, 베이츠는 맛있는 종이 맛없는 종을 모방하여 보호를 받는 것 외에 헬리코니우스의 많은 종—모두 맛이 없는—이 서로를 모방한다는 점도 간파했다. 현재 자신의 이름이 붙어 있는 우아한 과정—베이츠 의태—을 발견했으므로, 그가 후자 형태의 모방을 진정한 의태라고 인정하기를 꺼려한 것도 이해가 된다. 그것이 유연관계가 있는 종들 사이에서 일어난다는 점을 염두에 두고서 그는 그 현상을 평행 진화, 즉 "모두가 같은 지역적, 아마도 무기 환경조건에 비슷하게 적응한"[14] 결과라고 했다.

그다음에 등장한 인물은 독일(엄밀히 말하면 프로이센 사람이다. 당시 독일은 하나의 국가가 아니었다)의 동물학자 프리츠 밀러(1821-1897)[15] 였다. 밀러는 다윈, 베이츠, 월리스처럼 빅토리아 시대 하면 떠오르는 인물들과는 전혀 다른 별난 사람이었다. 그는 정치적 급진론자이자 무신론자였다.

밀러의 성장 배경에는 독립심이 강한 인물이 될 것이라는 징후가 전혀 없다. 그의 아버지와 할아버지는 성직자였고 외할아버지는 저명한 약사였다. 밀러는 좋은 교육을 받았고, 수학을 좋아했다. 그리고 베이츠, 다윈, 월리스와 마찬가지로 일찍부터 자연사에 열의를 보였다.

그러나 그의 젊은 시절에 유럽은 격동기였다. 대학생 때, 공공생활에서 종교의 관행을 따를 것을 요구하던 바로 그 시대에 그는 종교적 및 정치적 급진주의자가 되었다. 1848년의 혁명이 실패한 뒤에 독일 사회는 더욱더 억압적이 되었고 밀러는 자신이 그런 세상에서는 살 수 없다는 것을 깨달았다. 그는 대학교에 자리를 잡겠다는 희망과 행복했던 유년기를 저버리고(식구들은 결코 그를 용서하지 않는다) 학교를 중퇴했다. 그는 교육을 받지 못한 노동자의 딸과 동거하기 시작했다. 1852년 밀러는 애인과 아이들을 데리고 브라질로 이주했다(그는 딸만 6명 낳았다). 그는 그곳에서 혼례식을 올렸는데, 이유는 그저 혼인을 하지 않으면 브라질에서 애인이 살기 힘들 것이라는 경고를 받았기 때문이다.

브라질 남서부에는 독일어를 쓰는 블루메나우라는 소규모 거류지가 있었다. 그곳에서 밀러는 훗날의 히피족 같은 차림새로 땅을 일구고 집을 짓고 농사를 짓고 원주민들의 공격에 맞서 싸우면서 생활했다. 서부 개척 시대의 생활과 다를 것 없는 삶이었다. 그는 정글에 집을 짓고 자신이 직접 노동을 하여 식구들을 먹여 살린다는 점을 뿌듯해했다. 더 뒤에 찍은 사진을 보면 머리카락과 수염이 제멋대로 길게 자란 깡마른 모습이다.

그러나 밀러는 무엇보다도 다윈 못지않게 탐독하고 탐구하는 과학자였다. 그는 초창기에 다윈을 지지한 한 사람이었다. 자신이 수학에는 재능이 전혀 없다고 인정한 다윈과 달리, 밀러는 4년 동안 집에서만 생활한 뒤에 그곳 주도에서 수학 교사 자리를 구했다. 덕분에 자신의 과학적 연구를 활용할 기회가 생겼다. 1861년 그는 다윈의 『종의 기원』을 읽고서 그 책에 실린 개념들을 붙들고 씨름한 끝에 가장 충실한 다윈주의자 중 한 명이 되었다. 그는 그 개념들을 직접 검증하기로 결심했다. 1864년에 출간된 『다윈을 위하여(Für Darwin)』는 그 연구의 산물이었다. 다윈은 자신을 옹호하는 이 책을 받고서 무척 기뻤다. 그 뒤로 둘은 오랜 세월 서신을 주고받았고 밀러는 다윈의 가장 가까운 동료 중 한 명이 되었다. 다윈은 『다윈을 위하여』가 영국에서 번역되어 출간되도록 조치했다. 다윈의 호의에 힘입어 밀러의 많은 논문은 영국에서 『네이처(Nature)』라는 유력한 잡지에 실렸다.

밀러는 먼 브라질의 독일인 집단에서 살았으므로 고립된 채 지냈을 수도 있다. 당시 곤충학의 본거지는 누가 뭐래도 영국이었다. 비록 독일 동물학이 아주 유명하기는 했어도, 밀러의 생각이 받아들여지려면 신사 자연사학자들로 이루어진 영국의 협회를 통해서 그 소식이 전해져야 했다. 그러나 밀러에게는 몇 가지 유리한 점이 있었다. 그는 언어에 탁월한 재능이 있었고, 그의 영어는 거의 완벽했다.

1876년 뮐러는 리우데자네이루에 있는 국립 박물관의 공식 자연사학자로 임명되었다. 그 덕분에 그는 브라질 전역을 여행하면서 더 철저히 연구를 할 수 있었다. 1870년 다윈은 월리스의 『말레이 군도(*The Malay Archipelago*)』 독일어판을 그에게 보냈고, 둘은 의태에 관한 견해를 편지로 주고받았다. 뮐러는 몇 년 동안 맛없다는 점뿐만 아니라 겉모습도 공유하는(맛있는 종과 맛없는 종이 같은 외모를 가지는 베이츠 의태와 달리) 많은 의태 나비 종들을 설명할 새로운 개념을 붙들고 씨름했다. 뮐러는 "색채 감각이 고도로 발달한 나비의 취향이 자기 종이 아니라 다른 종의 예쁜 암컷이나 수컷에 맞추어진다는 것이 전혀 불가능하지는 않다"[16]고 썼다. 따라서 이 선호를 통해서 닮은 모습이 나올 수도 있다.

뮐러는 몇 년 동안 이 개념에 집착했는데, 사실 진정한 설명은 1870년 8월에 다윈이 그에게 제시했다. 맛없는 모충의 화려한 색깔이 경고색이라는 말을 월리스로부터 들은 다윈은 "같은 견해가 아마도 화려한 나비에도 어느 정도 적용될 것"[17]이라고 시사했다. 뮐러가 그 개념을 받아들이는 데에는 7년이 걸렸다. 훗날 그는 이렇게 썼다. "너무나 간단한 해답을 가진 문제를 놓고 직전까지도 너무나 어려워서 해답을 찾을 수 있을 것이라고는 거의 상상도 못한 채 골머리를 썩였다는 것이 놀랍다."[18]

1878년 2월에 뮐러는 비슷하게 생긴 두 종과 마주쳤고, 그들이 유연관계가 적은 이투나 일리오네(*Ituna ilione*)와 티리디아 메기스토(*Thyridia megisto*)임을 알았다. 날개맥의 구조는 서로 전혀 달랐지만, 시각적으로는 거의 비슷했다. 둘 다 유리날개(clearwing)였다. 즉 앞날개에는 하얀 반점들이 있고 뒷날개는 비치는 암갈색 색조를 띤 반투명한 날개였다. 그리고 둘 다 맛이 없었다. 뮐러는 자신의 성선택 개념이 틀렸음을 금방 알아차렸다.

뮐러는 다윈이 준 단서를 멀리까지 끌고나갔다. 그의 논증은 독창적이고 다소 수학적이었다. 그는 먹이에게서 경고색과 맛없음 사이의 관계가 아무리 잘 확립되어 있든 간에 어린 새는 이 교훈을 힘겹게 배울 필요가 있다고 추론했다. 그 과정에서 일부 나비 개체는 죽을 것이다. 개별 나비의 이 희생이 바로 종의 생존력을 강화하기 위해서 치르는 대가였다.

반면에 몇몇 맛없는 나비 종이 같은 무늬라면, 어느 한 종이 많은 개체를 잃을 확률은 크게 줄어들 것이다. 그리고 그에 비례하여 개체수가 적은 종이 훨씬 더 큰 혜택을 볼 것이다. 뮐러는 한 종이 다른 종보다 개체수가 5분의 1에 불과하면 포식을 통해서 줄어드는 비율이 후자보다 25배 더 많을 것이라고 했다. 두 집단의 비율을 제곱한 값이다(5^2). 이 연구는 생물학에 수학을 응용한 최초의 사례에 속한다. 따라서 개체수가 더 적은 종에게 가해지는 생존율을 높이라는 압력이 그 종이 개체수가 더 많은 모델을 더 잘 모방하도록 추진하는 자연선택의 힘이 될 것이다. 이 과정은 두 종이 아주 쏙 빼닮을 때까지 계속된다.

뮐러의 개념은 의태 고리(mimicry ring)가 존재하는 이유를 설명했다. 의태 고리는 같은 무늬를 가진 종들의 집합을 가리킨다. 이 무리 중에는 심지어 나비가 아니라 낮에 돌아다니는 나방도 들어 있다. 식충에 맞서는 일종의 자경단이다. 새는 날개에서 표준화한 경고 무늬를 볼 때 그것이 어떤 종류의 동물인지는 굳이 알 필요가 없다. 피해야 한다는 것만 알면 된다. 곤충은 그 무리에 끼려고 하는 충동을 거부할 수 없다.

그렇다면 서너 종이 보호를 받기 위해서 함께 뭉치는 것이라면, 그 과정이 왜 완결되지 않는 것일까? 즉 한 지역에 있는 모든 맛없는 나비들이 왜 전부 같은 무늬를 띠지 않은 것일까? 실제로 의태 고리는 완결과 거리가 멀다. 한 의태 고리는 대개 5종으로 이루어지며, 각 종은 임관에서 거주하는 높이 등이 서로 조금씩 다른 서식지에서 쓰이는, 조금씩 다르지만 어느 정도는 겹치는 무늬를 가진다. 이것은 해결되지 않은 수수께끼이다. 의태 고리를 이루는 각 종마다 사는 미소 서식지가 다르다는 것이 현재로서는 가장 설득력 있는 설명이라고 할 수 있다.

1879년, 뮐러의 의태 유형에 대한 새로운 연구결과가 런던의 곤충학회에 전해졌다.[19] 안타깝게도 베이츠는 그 문제에 대처할 수 없었다. 그는 "뮐러 박사의 설명과 계산이 모든 난제를 말끔히 해소했다고 받아들일 수가 없었다." 월리스도 맛없는 두 종 사이의 닮음이 "흙, 물, 공기 속의 특정한 성분이나 화합물" 때문일 수 있다면서 새로운 유형의 의태에 회의적이었다. 그러나 그 뒤로 서신을 주고받으면서 월리스는 뮐러의 논증에 있는 힘을 깨닫게 되었고, 1882년 『네이처』에 새로운 의태 유형을 적극 인정하는 글을 실었다.[20] 그럼으로써 맛없는 종들이 같은 옷을 입고 함께 모여서 잠재적인 모든 포식자들이 알아볼 수 있는 연대전선을 형성하는 것을 가리키는 뮐러 의태의 개념이 탄생했다.

말년의 다윈에게 뮐러는 가장 믿고 정기적으로 편지 왕래를 하는 동료 중 하나였다. 사망하기 2년 전에 다윈은 뮐러를 이렇게 평했다. "나는 오래 전부터 그가 세계 최고의 관찰자라고 생각했다."[21]

의태의 발견은 생물학상의 대혁명, 즉 자연선택과 관련이 있었다. 그리고 자연선택 과정이 어떻게 이루어지는지 이해하려면 마찬가지로 심오한 몇 가지 혁명이 더 일어나야 했다. 가장 절실한 것은 유전 문제에 대한 해답이었다. 생물들은 어떻게 아주 흡사하면서도 미묘하게 의미 있는 방식으로 차이를 보이는 자손들을 낳는 것일까? 이 문제의 답은 다윈이 『종의 기원』을 출간한 직후에 사실상 나와 있었지만, 1900년이 될 때까지 그 답을 내놓은 연구에 관심을 기울인 사람은 아무도 없었다.

그러나 그사이에 위대한 탐험은 계속되고 있었다. 나비뿐만 아니라, 거미, 개미, 사마귀, 뱀, 해마 등 여러 기이한 닮음 사례들을 비롯하여 온갖 의태가 세상에 모습을 드러냈다. 위조는 동물세계의 상당 부분을 담당하는 추진력처럼 보였다.

3

속는 즐거움

탐사하는 자연사학자라면 누구나 보호색을 띤 곤충에 속은 경험담을 몇 가지 간직하고 있는 듯하다. 그런 이야기를 하는 이들은 희한하게도 속아 넘어갔을 때의 기쁨을 과장하여 표현하며, 세세한 부분들을 하나하나 묘사함으로써 속은 경험을 더욱 돋보이게 하고는 한다.[1] ―F. E. 베더드, 『동물의 체색(*Animal Coloration*)』(1892)

베이츠의 의태에 대한 논문이 나온 때부터 제1차 세계대전이 터지기 전까지의 반세기는 발견의 황금기였고, 이 시대를 주도한 인물들은 영국 탐험가들이었다. 이 탐험가들이 아시아, 남아메리카, 아프리카에서 보낸 자료에는 의태와 위장의 놀라운 사례들이 많이 있었다. 그러나 관찰자료들은 쌓여갔어도, 베이츠, 월리스, 다윈, 뮐러의 개념에 추가하여 자연이 왜 어떻게 모방에 대한 취향을 가지게 되었는지를 설명할 새로운 통찰력은 나오지 않았다.

의태의 수많은 사례 중에 진정한 활기를 뽐내는 것이 몇 가지 있다. 하나는 나와 성이 같은 헨리 O. 포브스(1851-1932)라는 자연사학자이자 탐험가가 발견한 것이다. 그는 월리스의 발자취를 좇아 1878년부터 1883년까지에 걸쳐서 말레이 군도를 탐사했다. 포브스는 스코틀랜드 고지대 출신으로서 의학을 공부하다가 한쪽 눈을 잃은 뒤에 탐험가로 돌아섰다. 1878년 3월, 자바 섬에서 그는 가시투성이 판다누스 덤불 사이로 한 나비를 쫓고 있었다.[2] 나비는 나뭇잎 위에 떨어진 새똥처럼 보이는 것에 앉았다. 포브스는 나비를 잎에서 떼어냈는데, 처음에는 새똥이 달라붙어 끌려올라오는 듯했다.

자세히 보니 잎에 있던 것은 **곤충**이었다. 그것은 나비의 일부가 아니었다. 새똥은 자연에서 흔하다. 검은 줄이 있는 새하얀 덩어리가 어느 정도 말라붙었지만 군데군데 아직 반들거리면서 잎에서 흘러내리는 광경을 흔히 볼 수 있다. 나비를 비롯한 곤충은 새똥에 든 염분 때문에 배설물에 끌린다. 몇몇 동물들, 특히 모충은 새똥을 모방한다. 그것을 포식자로부터 몸을 숨기는 위장 수단으로 삼는 것이겠지만, 거꾸로 거미는 새똥에 혹하여 다가오는 곤충을 먹이로 삼으려고 할지도 모른다. 거미는 의태를 할 때 유리한 점이 하나 있는데, 바로 거미줄이다. 일부 얼룩무늬 거미는 거미줄을 막처럼 만들어서 새똥의 흐르는 부분처럼 보이게 한다. 포브스가 새똥이라고 생각했던 것도 바로 그것이었다. 새똥거미(bird-dropping spider)였다.

더 나중인 1881년 6월, 수마트라를 돌아다니다가 그는 다시 우연히 같은 종을 마주쳤다. 지나가는데 한 나뭇잎에 새똥이 붙어 있는 것이 보였다. 그는 그 순간 어떤 생각이 떠올랐다. '이런 새똥을 똑같이 흉내내는 신기한 거미 표본을 2년 전에 자바에서 본 뒤로 한 번도 보지 못했다니, 정말 이상하지 않은가!'[3] 그는 전에 보았던 속임수를 쓰는 거미를 떠올리면서 나뭇잎을 건성으로 뜯었다. 그런데 놀랍게도 그 새똥도 진짜 거미였다.

포브스는 새똥이 꽤 한결같은 몇 가지 특징을 가지고 있기는 해도 생물처럼 명확한 모습을 가진 대상은 아니라는 사실을 떠올렸다. 포브스는 다윈주의자이기는 했지만, 생물이 그렇게 뚜렷하지 않고 쉬이 변하는 형태의 대상을 정확히 흉내내는 능력을 가진다는 것이 자연선택 개념에 도전하는 것처럼 느껴졌다.

곤충의 몸에서 진화한 무늬는 대개 항구적이며, 한 곤충이 의태를 통해서 다른 곤충을 모방한다면, 모델은 의태자가 진화할 때 변하지 않은 채로 있었을 것이다. 그러나 새똥은 형태가 제멋대로이다. 알아볼 수는 있지만 세부적인 부분은 항구적이지 않다.

거미가 자연선택을 통해서 이 의태 습성을 획득했다는 점에는 의심의 여지가 없다. 그러나 모델에서 항구적이거나 본질적이지 않은 이런 세세한 점들이 어떻게 그렇게 정확히 모사되어왔는지를 설명하기란 쉽지 않다. 세부적으로 덜 모방했다고 해서 조금 더 모자란다고 말할 수가 없기 때문이다.[4]

그러나 흥미롭게도 포브스가 그 거미—현재 오르니토스카토이데스 데시피엔스(*Ornithoscatoides decipiens*)라는 이름이 붙어 있다. ornitho는 "새", scatoides는 "똥 같은"이라는 뜻이다—를 영국으로 보내자, 곤충학자이자 신부인 피커드-케임브리지(1828-1917)는 포브스가 내비친 자연선택에 관한 의구심에 재빨리 답했다.

정반대로 내가 보기에는 그 과정의 어느 부분에서든 거미에게 의식이 있다고 가정하지 않고서도 전체가 자연선택의 작용으로 쉽게 설명되는 듯하다. 잎 표면에서 잣는 거미줄 문제에서, 거미가 그 일을 할 때 어떤 설계 의도나 의식을 가지고 있다면 그 의도란 그저 기다렸다가 먹이를 잡기에 적당한 위치를 확보하기 위해서 거미줄을 잣겠다는 것임이 분명하다. 거미줄은 가늘고 하얗고 잎에 밀착되는 특성 때문에 새똥의 유동적인 부분을 닮는 것이며, 자연선택을 통해서 서서히 그런 특성들을 가지게 되었을 것이다.……[5]

성직자가 강경한 과학적 입장을 취하다니 보기 좋다. 포브스를 위해서 공정하게 말하면, 피커드-케임브리지는 자신의 비평을 읽은 포브스가 "거미가 어떤 의식적인 설계를 한다는 개념을 명백히 부인했다"[6]고 각주를 달았다. 그러나 포브스는 더 나아갔다. "너무나 정확히 닮았기 때문에 거미에게는 의식이 있을지도 **모르며**, 거미에게 의식이 있어야 그렇게 정확히 할 수 있을 것이다." 포브스는 분명히 그 문제를 이해하기 위해서 애쓰고 있었다. 그러나 그는 결국 조금 의기양양하게 이런 결론을 내린다. "그 정확함은 거미의 무의식의 산물이 아닐까? 의식적인 설계는 아마도 계획의 실패나 포기, 혹은 기껏해야 더 엉성한 모방을 낳을 것이다."

이 사례에서 우리는 의태의 여러 딜레마를 볼 수 있다. 의혹에 빠지기는 너무나 쉽다. 그러나 포브스는 결국 자연의 위대한 진리 중 하나에 도달한다. 공을 잡으면 우리는 무엇을 할지 의식하지만, 뇌와 신경이 무의식적으로 하는 것이 분명한 **계산을 의식적으로** 하지는 않는다. 인간의 의식이 개입되지 않은 자연적인 과정들의 힘을 인정하지 않으려는 것은 인간의 허영심이다. 거미줄, 흉내낸 새똥, 새 둥지를 비롯하여 동물이 짓는 구조물 같은 자연의 건축물에서, 건축 행동은 유전자 프로그램(원한다면 "본능")의 산물이지 의식적 선택의 결과가 아니다.

우리는 허영 덩어리일 뿐만 아니라 까다롭고 고상한 척하는 경향이 있다. 배설물을 모방하는 무엇인가에서 아름다움을 찾는다는 것이 이상할지도 모르지만, 이 고안의 우아함은 분명히 똥에서 금, 썩은 거름에서 장미, 탁한 물의 진흙에서 순수한 연꽃이 나온다는 아우룸 엑스 스테르코레(aurum ex stercore)라는 옛 연금술적 의미에서의 아름다움이다. 홀로코스트 역사가이자 예술과 과학을 아우르는 통합문화의 대변자인 저명한 프리모 레비(1919-1987)의 저서 『주기율표(*The Periodic Table*)』를 보면, 그가 제2차 세계대전 이후 가난에 찌든 이탈리아에서 닭똥으로부터 립스틱용 화학물질을 만들려고 애쓸 때 바로 그런 깨달음을 얻었음이 드러나 있다. "화학자라는 직업은……필수적이지도 선천적이지도 않은 특정한 불쾌감을 극복하도록, 사실상 무시하도록 가르치는 것이다. 물질은 그저 물질이지, 고귀하지도 고약하지도 않으며 무한히 변형 가능하고, 어디에서 얻었는지는 전혀 중요하지 않다."[7] 마찬가지로 나뭇잎이나 돌의 형태가 반드시 그런 대상 중 하나의 모습을 가진 식물체나 광물로부터 만들어질 필요는 없다. 몇몇 가장 놀라운 의태 생물—예를 들어 가랑잎나비류 중 최고인 인도가랑잎나비(*Kallima inachus*)나 남아프리카의 살아 있는 돌(생석화[리톱스속의 다육식물/역주])—은 기존의 동물/식물/광물 분류체계를 뒤엎는 듯하다. 가랑잎나비는 식물인 척하는 동물 조직이며, 생석화는 광물인 척한다.

생석화는 19세기 초 아프리카로 여행한 윌리엄 버첼(1781-1863)이 처음 보고했고, 1890년대에 의태에 대한 관심이 일어나면서 핵심주제로 부상했다. 버첼이 1810-1815년에 남아프리카에서 그 돌들과 마주쳤을 때도 이 장의 제사(題詞)에 실린, 속았을 때의 과장된 기쁨이라는 전형적인 양상이 나타난다.

> 돌밭에서 신기한 모양의 조약돌처럼 보이는 것을 집어 들자, 그것이 식물임이 드러났다. 메셈브리안테뭄속(Mesembryanthemum)의 많은 종에 추가된 신종이다. 그러나 색깔과 모습은 그것이 자라는 돌밭의 돌과 아주 흡사했다.……[8]

1900년 그 지역을 여행하던 독일 자연사학자 카를 딘터도 생석화가 "아주 독특한 형태의 자기 보호, 즉 진정한 의태"[9]라고 보았다. 꽃이 없을 때 그 "돌"은 잎이 없고 질감이 순수한 돌 같지만, 개화기에는 친숙한 국화와 비슷한 메셈브리안테뭄 꽃이 핀다.

잎과 돌을 흉내내는 생물은 또 있다. 브라질의 낙엽고기 페체 데 폴라(Peche de Folha),[10] 탁월한 위장술을 이용하여 아주 유독한 가시로 공격하는 쏨뱅이,[11] 그리고 의태의 최고봉인 나뭇잎해룡을 비롯하여 바닷말을 모방하는 많은 의태 생물들,[12] 제멋대로 한데 모여 자라는 듯한 바닷말들이 그렇다.

월리스는 남아시아와 동아시아 전역에서 발견되는 가랑잎나비인 칼리마속(*Kalima*)에 깊은 관심을 보였다.[13] 그 나비는 위장의 가장 완벽한 사례 중의 하나였다. 날개의 윗면은 남색과 황갈색으로 화려하다. 그러나 나뭇잎에 날개를 접고 앉으면, 놀라울 만큼 죽은 나뭇잎과 똑같아 보인다. 모양과 자세가 영락없이 죽은 나뭇잎이며, 심지어 죽은 나뭇잎과 잘 섞여서 보이지 않도록 죽은 잎이 달린 식물을 찾아다닌다.

칼리마속은 늘 유명한 논쟁거리였다. 다윈은 이 나비에 찬사를 보냈다. "덤불에 앉는 순간 마법처럼 사라진다. 접은 날개 사이로 머리와 더듬이를 숨기며, 접힌 날개의 형태와 색깔, 날개맥은 잎자루가 달린 시든 이파리와 구분할 수 없기 때문이다."[14] 그러나 칼리마속이 너무 완벽하다는 비판도 꾸준히 있어왔다. 그 비판은 미국의 고생물학자 리처드 스완 럴(1867-1957)이 처음 제기했다. 그는 1917년에 이렇게 썼다. "모든 실용적인 목적에는 훨씬 덜 완벽한 모방으로도 충분할 것이며, 우리는 선택이 효율성을 넘어서는 수준의 적응을 이끌어낸다고는 상상할 수 없다."*[15] 이 논증은 그 뒤로 수십 년 동안 빈번하게 등장하게 된다.

잎이라는 인상을 주는 것이 칼리마속만은 아니며, 일부 곤충은 모여서 식물처럼 보이는 구조물을 만든다. 1890년대에 영국 지질학자이자 지리학자인 J. W. 그레고리(1864-1932)는 동아프리카를 탐사할 때 이 현상의 가장 놀라운 사례를 발견했다.[16] 키브웨지 강 근처 숲 속을 돌아다니던 그에게 화려한 꽃차례처럼 보이는 것이 눈에 띄었다. 그의 시선을 사

---

* 럴은 자연선택 이외에 자신이 유전적 충동이라고 이름 붙인 과정이 있다고 믿었다. 이 이론은 큰뿔사슴(Irish elk)이 멸종한 이유가 유전적 충동 때문에 뿔이 멈추지 않고 계속 자랐기 때문이라고 본다.

로잡은 것은 사실 꽃 아래에 하얗게 보풀처럼 붙은 특이한 반점이었다. 지의류와 비슷했지만 지의류는 대개 꽃에서는 자라지 않으므로, 그레고리는 살펴보기로 했다. 덤불 사이로 막대기를 찔러넣어 꽃차례를 가까이 당기려고 하자, 놀랍게도 "꽃"이 활짝 피면서 흩어졌다. "꽃" 중에는 분홍색인 것도 있었고 초록색인 것도 있는 듯했다. 그 꽃들은 식물의 즙을 빨아먹는 곤충인 이티라이아 니그로킨크타(*Ityraea nigrocincta*)로 밝혀졌다. 하얀 보풀 같은 "지의류"는 그 곤충의 애벌레였고, 꽃처럼 생긴 것은 성충이었다.

우리는 꿀벌집의 기하학적 정밀함이든, 뒷다리로 서서 무리를 위해서 경계를 서는 미어캣의 단체정신이든 간에 자연에서의 집단행동에 늘 깊은 인상을 받는다. 이 굼뜬 곤충들이 모여서 꽃차례를 모방하도록 자연선택이 작용했다는 점도 마찬가지로 놀랍다. 그들이 굼뜨다는 점은 한 가지 단서가 된다. 그들은 자기 속의 다른 종들과 마찬가지로 날지 않으므로, 이티라이아의 생존전략은 평온하게 지내기를 바라면서 줄기에 촘촘히 모여 앉는 것인 듯하다. 새 같은 포식자에게 위장이 발각되면 그들은 줄기에서 뛰어서 흩어진다. 적어도 누군가는 잡히지 않을 만한 곳에 착륙하기를 바라면서 말이다.

여기까지는 이야기에 별 무리가 없다. 그러나 자연계의 많은 이야기들이 그렇듯이, 이 이야기도 곧 복잡해지고 불확실하게 변했다. 다른 관찰자들은 그레고리의 발견을 전적으로 믿을 수가 없었다. 그는 저서인 『동아프리카 지구대(*The Great Rift Valley*)』에 자신이 본 꽃차례를 자랑스럽게 권두 그림으로 실었다. 그 곤충은 두 가지 형태, 즉 녹색과 적황색으로 존재한다. 그레고리는 적황색 곤충이 줄기의 아래쪽에 모이고 녹색 형태가 위쪽에 모임으로써 맨 위쪽에 아직 벌어지지 않은 꽃봉오리가 있는 꽃차례를 영리하게 흉내낸다고 믿었다. 단 하나의 사례를 토대로 삼아 자연의 무엇인가에 관한 결론을 이끌어낸다는 것은 현명하지 못하지만, 그레고리는 그렇게 했다. 사실 그 곤충은 그렇게 영리하지는 않은 듯하다. 두 형태는 대개 그냥 뒤섞여서 꽃차례를 이룬다. 서서히 성숙하는 꽃차례는 아니다.

이티라이아의 사례는 곤충과 꽃식물이 공진화(共進化)했으며 양쪽의 상호작용이 기본 "계약", 즉 꽃이 화려한 색깔로 광고를 하여 곤충을 꾀어 딴꽃가루받이를 하면서 꿀을 대가로 준다는 차원을 넘어선다는 점을 상기시킨다. 다윈이 알고서 몹시 기뻐했듯이, 꽃가루받이를 단 한 종의 곤충에게 맡기는 꽃이 종종 있다. 이런 꽃은 한 종류의 곤충 외에 다른 곤충은 접근할 수 없는 없는 형태로 진화했다. 이 현상의 가장 극적인 사례는 다윈의 이론을 가장 잘 입증한 것 중의 하나이기도 했다. 1862년 난초의 꽃가루받이를 연구하던 다윈은 마다가스카르에서 온 별난 난초 표본을 받았다.[17] 놀라울 만큼 긴 꿀주머니를 가진 종이었다. 다윈은 이 종의 꽃가루 매개자가 주둥이 길이가 20-35센티미터인 나방이 틀림없다고 예측했다. 그 나방은 1903년에야 발견되었다.[18] 그 섬에서 주둥이가 몸길이보다 6배 더 긴 박각시나방이 발견된 것이다.

다윈의 난초처럼 한 곤충 종만을 끌어들이는 "전문종(specialist)"이 있는 반면, 많은 종을 끌어들이는 "일반종(generalist)"도 있다. 따라서 한 곤충이 이 체계에 편승하여 꽃의 유혹하는 능력을 자신의 목적에 맞게 전용하는 것도 가능하다. 스스로 꽃처럼 위장하여 먹이를 꾀는 꽃사마귀 같은 곤충이 대표적이며, 이 동물은 가장 흥미로운 의태자에 속한다.

사마귀 하면 사람들은 으레 교미를 한 뒤에 암컷이 수컷을 잡아먹는 습성을 떠올린다. 그러나 스코틀랜드의 동물학자 넬슨 애넌데일(1876-1924)은 1899년 말라야에서 훨씬 더 놀라운 광경을 목격했다.

멜라스토마 폴리안툼(*Melastoma polyanthum*) 덤불의 지상 약 1.5미터에 달린 커다란 꽃차례를 이룬 꽃들 사이에서 어떤 신기한 움직임이 내 주의를 사로잡았다. 얼핏 훑어보니 꽃 하나—그렇게 보였다—가 좌우로 천천히 흔들리고 있었다. 몇 초 뒤에야 나는 움직이는 것이 사실 꽃이 아니라 사마귀라는 것을 알아차렸다.[19]

이 사마귀는 난초사마귀(*Hymenopus bicornis*)였으며, 불그스름한 꽃이 피는 식물에서 많이 발견된다. 조금 으스스하게 엷은 녹색과 붉은색이 감도는 흰색의 아름다운 난초와 같은 색깔이다. 난초에 바치는 곤충의 미적 헌사라고 할 수 있다. 그러나 그렇게 아름다운 색깔을 띠는 목적은 덜 사랑스럽다. 바로 꿀벌을 꾀어 잡아먹기 위해서이다.

애넌데일이 관찰한 이래로, 꽃을 모방한 사마귀 종이 많이 발견되었다. 개화기에 맞추어 색깔이 달라지는 종도 있다. 즉 꽃이 피기 전의 이른 계절에 부화한 사마귀는 녹색을 띠는 반면, 개화기에 부화한 사마귀는 분홍색을 띠는 식이다.

포브스의 거미와 애넌데일의 사마귀 이야기 같은 것을 들을 때면, 그런 발견의 기쁨이 과장하여 표현된 것임을 염두에 두자. 탐험가의 이야기와 색다른 발견은 잠시 흡족함을 안겨주지만, 더 깊이 이해하려면 놀라움과 경이로움에 감탄사를 발하는 차원을 넘어설 필요가 있었다. 위장과 의태에 관한 많은 자료를 체계적으로 정리할 인물이 필요했다. 베이츠, 월리스, 뮐러에 이어 등장한 탁월한 인물은 영국 곤충학자 에드워드 배그널 풀턴(1856-1943)이었다. 선배들과 달리 풀턴은 탐험가가 아니라 의태와 위장을 대조하고 분석하는 인물이었다.

풀턴은 옥스퍼드 대학교에 다니던 스물세 살 때 월리스의 자연선택 논문을 읽고서 "보호 의태의 이론과 사실에 대해서 평생에 걸쳐 흥미를 가지게 되었다."[20] 풀턴은 1893년 동물학 교수가 되어 여생의 대부분을 옥스퍼드에서 보냈다. 그는 뼛속까지 옥스퍼드 사람이었고, 제2차 세계 대전 때까지 살았지만 빅토리아 시대의 정신을 간직했다. 그는 습관적으로 시 구절, 특히 5행 희시(戱詩)를 즐겨 썼다. 그런 시 구절은 대부분 희시라는 장르 특유의 어리숙하게 짐짓 꾸민 양상을 보여주며 과학적 내용은 거의 담겨 있지 않았다. 과학이 개입될 때는 이런 식이었다.

> 과학자가 원형질에게 말했다.
> "너와 나 사이에는 엄청난 균열이 있어.
> 친구여, 우리는 양쪽 극단을 대변해.
> 네가 시작이고 나는 끝이지."
> 그러자 원형질이 대꾸했다.
> 자신의 배아 눈을 깜박이면서—
> "그래, 늙은이여, 너를 볼 때면
> 내가 시작했다는 것이 좀 안타까워."[21]

이 시는 그가 은퇴한 해인 1933년에 쓴 것이지만, 그의 시는 전부 이처럼 나직했으며 격렬한 감정을 표현한 것은 없었다. 한 옛 친구는 그를 "진화를 믿지 않는 것을 제외하고 모든 것을 용납할 수 있었던 인물"[22]이라고 평했다. 그는 전통적인 기독교 신앙을 간직했고, 공책에 자신이 속했던 동문 모임인 "80 클럽"에 남기는 짧은 기도문을 공책에 적기도 했다.

풀턴은 본질적으로 자연사학자로 남아 있었고, 의태 생물들의 무늬를 거의 예술적으로 사랑했다. 그는 자신이 조사한 현상을 정량화하는 일에는 전혀 관심이 없었다. 의태와 위장 연구 분야에서는 계속 이 구분—베이츠, 월리스, 트리먼, 포브스, 그레고리, 애넌데일 같은 자연사학자들이 그토록 애정을 담아 기록한 야생에서의 생물 관찰 대 더 확고한 실험가들과 이론가들의 통계적 과정과 수학적 개념화—이 남아서 문제를 일으켰다. 새똥이 갑자기 거미라는 것이 드러나거나 주홍박각시 모충이 깜짝 놀라게도 갑자기 뱀 머리처럼 변하거나, 유연관계가 먼 나비들이 거의 똑같은 날개무늬를 하고서 함께 나는 모습을 관찰한 사람이라면 누구나 눈이 자신을 속이는 것이 아니라고 확신한다. 거기에 통계학은 전혀 필요 없다. 그러나 궁극적으로 야외관찰은 통제된 실험 및 유전학적 연구 결과와 들어맞아야 한다. 그것이 바로 21세기인 지금의 과제이다. 풀턴의 시대에는 생물학이 덜 발달하여 이런 생물들의 겉모습 아래에 있는 더 심오한 패턴을 파악할 수가 없었기 때문에 논쟁이 중구난방으로 치닫기 마련이었다.

풀턴은 1890년에 낸 저서 『동물의 색깔(*The Colours of Animals*)』에서 당시까지 알려진 보호하거나 유혹하거나 경고하는 색깔의 사례들을 대부분 다루었다. 베이츠 의태와 뮐러 의태를 설명하는 그의 비유는 산뜻하면서 함축적이다. "베이츠 의태자는 성공한 기업의 광고를 모방하는 파렴치한 상인에 비유할 수 있을 것이며, 뮐러 의태는 비용을 분담하기 위해서 공동으로 광고를 내기로 한 기업들 사이의 협력과 같다."[23]

다양한 의태와 위장의 유형을 최초로 분류하고 정리하면서 풀턴은 시각을 속이는 겉모습을 이용하는 다양한 방식을 구분하는 명쾌한 체계를 도입했고, 이 체계는 지금도 다양한 눈속임 기법들을 간파하는 데에 유용하게 쓰인다. 다음은 풀턴의 분류법으로서, 필자가 부연설명을 달았다.

- **보호 유사**(protective resemblance) : **전문형과 일반형**[24]
  전문형 유사(special resemblance)는 생물체 전체가 어떤 대상의 모습을 띨 때를 말한다. 잎, 잔가지, 막대기, 돌 의태자들이 이 범주에 속한다. 일반형 유사(general resemblance)는 생물의 표면이 배경과 뒤섞이는 방식이다. 위장 사례는 대부분 이 범주에 속하며, 많은 나방의 나무껍질 의태가 대표적이다.
- **공격 유사**(aggressive resemblance)
  여기서도 전문형과 일반형을 나눌 수 있다. 일반 배경에 몸을 숨겨서 먹이를 놀라게 하는 위장한 포식자는 **일반형** 공격 유사를 보여준다. 꽃사마귀처럼 꽃을 모방하는 포식자는 **전문형** 공격 유사를 드러낸다. 방법은 두 가지이다. 꽃 모습은 단순히 포식자를 숨길 수도 있고, 아니면 게거미와 꿀벌이 한데 모이는 꽃처럼 포식자와 먹이를 둘 다 꾈 수도 있다.

- **임의 보호**(adventitious protection)

이 범주는 소품을 이용하는 것을 말한다. 풀, 돌, 잔가지, 껍데기 같은 물질로 몸을 뒤덮어서 윤곽을 모호하게 만드는 동물이 한 사례이다. 일부 게는 바닷말과 돌로 몸을 덮으며, 신클로라속(*Synchlora*)의 위장하는 나방의 모충은 턱으로 꽃잎을 떼어내어 등에 붙인다.

- **가변성 보호 유사**(variable protective resemblance)

가자미, 일부 양서류, 문어와 오징어 같은 더 고등한 동물들에게 나타나는 유사로, 체색(體色)을 주위 환경에 맞추어 바꿀 수 있는 것이다.

- **경고색**(warning colours)

맛없는 독소로 자신을 보호하는 생물이 대개 빨간색, 노란색, 검은색이나 흰색이 섞인 화려한 색을 이용하여 그 사실을 널리 광고하는 것이다. 말벌, 무당벌레, 헬리코니우스 나방, 산호뱀이 대표적이다.

- **보호 의태**(protective mimicry)

베이츠 의태에서처럼 한 생물이 더 위험한 다른 생물을 모방하거나, 뮐러 의태에서처럼 화학물질이나 다른 방어수단을 통해서 자신을 지키는 생물과 똑같은 체색을 띰으로써 공격을 덜 받는 혜택을 누리는 것이다.

- **공격 의태**(aggressive mimicry)

공격 의태자는 다른 위험한 생물을 모방함으로써 공격을 저지하려고 한다. 주홍박각시와 깜짝 놀라게 하는 뱀 머리 무늬를 가진 모충이 좋은 사례이다.

베이츠와 마찬가지로 풀턴도 의태를 사실상 전문형 유사의 중요한 한 항목으로 간주했다. 베이츠 의태와 뮐러 의태 모두 보호용이다. 뮐러 의태자가 서로를 모방할 뿐만 아니라 경고색을 띤다는 점을 명심하자. 그들이 하는 것은 숨김의 반대이다. 그들은 자신을 공격할 가치가 없다고 똑같은 노래를 불러댄다. 이 모든 범주들의 공통점은 감추거나 정체나 의도를 모호하게 하거나 위험하다고 광고할 때 색깔 무늬를 이용한다는 것이다.

풀턴은 의태의 가장 중요한 측면 중 하나를 설명했다. 그것이 곤충세계에서 주로 나타난다는 것과 왜 그런지를 설명했다.

> 곤충 집단 전체가 더 고등한 동물들의 먹이가 될 만큼 방어력이 없다는 점, 엄청난 번식력, 빠른 세대교체—이것이 바로 자연선택이 다른 동물에서보다 더 빠르고 더 완벽하게 작용함으로써, 수적으로 많고 세세한 부분까지 충실하게 생물 세계 전체에서 월등히 더 나은 의태나 그밖의 보호유사 유형들을 빚어내는 이유이다.[25]

이것은 제1장에서 인용한, 『종의 기원』에 실린 생존경쟁에 관한 다윈의 품격 있는 구절을 떠올리게 한다. 풀턴은 "특히 열대에서"라고 덧붙였을 법도 하다. 열대는 계절 변화가 없기 때문에 쉼 없이 세대교체가 벌어진다. 곤충의 엄청난 번식력을 토대로 이끌어낸 풀턴의 논증은 새똥거미나 칼리마속의 이른바 "지나친" 완벽함을 설명한다. 번식과 포식이라는 맷돌로부터 기적과도 같은 닮은 모습이 나온 것이다.

『니카라과의 자연사학자(The Naturalist in Nicaragua)』(1874)를 쓴 토머스 벨트도 포식자와 먹이 사이의 엎치락뒤치락하는 싸움을 통해서 점점 더 정밀한 의태와 위장이 빚어지는 생생한 사례를 제시했다.

……자연선택은 보호 유사를 가진 형태를 골라 보존할 뿐 아니라, 포식성 곤충과 새의 지각 능력을 높여서 완벽한 의태 형태로 꾸준하게 진행시키는 경향이 있다.……산토끼의 먹이는 풍부하지만 개에게는 잡을 수 있는 산토끼를 제외하고는 다른 먹이가 전혀 없는 섬에, 그리 빠르지 않은 산토끼와 느리게 달리는 개를 많이 풀어놓는다고 하자. 가장 느린 산토끼는 가장 먼저 잡아먹히고 더 빠른 산토끼는 남을 것이다. 그러면 가장 느린 개는 굶주릴 것이고 더 빠른 개보다 먹이가 적으므로 생존 가능성이 가장 적을 것이며, 가장 빠른 개는 살아남을 것이다. 따라서 개와 산토끼의 날랜 움직임은 그들이 달성할 수 있는 최대 속도에 이를 때까지 자연선택을 통해서 서서히 그러나 확실히 완벽하게 다듬어질 것이다.[26]

풀턴은 현재까지 이어지고 있는 의태 연구의 여러 주제들을 설정했다. 종 개념이 생물학적 사실에 토대를 둔 것인가 아니면 단순히 편리한 인위적인 분류체계에 불과한 것인가라는 문제에 대해서 의태가 무엇을 말해줄 수 있는가라는 주제가 특히 그렇다. 의태에서는 한 종이 다른 종을 모방한다고 말한다. 그러나 종이 한결같고 믿을 만한 정체성을 유지하지 못한다면 그 말은 근거가 빈약해질 것이다. 풀턴은 종이 "형성된 번식 공동체",[27] 즉 정상적으로 서로서로 짝짓기를 하고 다른 종과는 짝짓기를 하지 않는 생물들의 집합이라고 보았다. 그는 베이츠, 월리스, 트리먼의 의태에 대한 논문들을 모은 책을 1903년에 월리스로부터 받은 뒤 자신의 종 분화 개념을 발전시켰다. 다윈은 "뚜렷이 식별되는 변종과 종의 유일한 차이점은 변종이 현재 중간 단계들을 통해서 연결되는 반면 종은 예전에 그렇게 연결되었다고 알려져 있거나 믿어진다는 것이다"[28]라고 했다. 사실 이것이 바로 사람들이 종종 묻는 "왜 지금 진화가 일어나는 것을 볼 수 없는가?"라는 질문의 타당한 답이다. 우리는 그것을 볼 수 있으며 풀턴은 그것이 어떻게 보이는지를 서술했다. 그는 이 변종들이

"말하자면 짝짓기의 선호도가 뚜렷해지거나 격리를 일으키는 우연한 효과들이 축적되면 어떤 문턱을 넘어서서 서로 구분되는 별개의 종으로 갈라질, 분열의 가장자리에서 흔들리고"[29) 있다고 했다.

현재 헬리코니우스 나비가 바로 그런 상황이다. 풀턴이 종의 윤곽을 우리가 생각했던 것보다 더 모호하게 만든 듯이 보이지만, 그럼에도 그는 종(種)이 "속(屬)", "과(科)", "목(目)" 같은 범주들에는 없는 현실성을 띤다고 역설했다. 후자의 범주들은 관계를 **분류하는** 방식들이다. 시(時)나 주(週)가 시간을 임의로 나눈 단위인 반면 일(日)와 연(年)은 실재하는 것처럼, 종도 실재한다. 종은 분류하기 위해서 만든 단위가 아니라 살아서 활동하고 번식하는 생물들이다. 종의 형태는 시간이 흐르면서 변할 것이므로(하루와 한 해의 길이가 변하듯이) 현재의 종 공동체는 과거의 가깝거나 먼 시점에 살았던 "같은" 종의 공동체와 다소 다르겠지만, 그래도 단순한 분류 범주에는 없는 현실성을 띤다.

풀턴은 많은 사람들을 의태의 경이에 눈뜨게 한 한편으로, 일부 비평가들의 회의주의에도 크게 기여했다. 다윈이 의태를 자연선택의 증거로 받아들였기 때문에 의태는 늘 공격의 최전선에 놓였다. 신기한 운명의 장난으로, 눈에 띄지 않기를 바랐던 동물들이 오히려 의태를 탐구 대상으로 삼는 열광적인 곤충학자들의 시선을 사로잡는 상황이 벌어진 것이다. "곰 모양을 한 덤불"이나 덤불 같은 곰, 나뭇잎 같은 곤충이 그랬다. 그래서 풀턴은 종종 실제로는 아무것도 없는 곳에서 "자연의 교훈"을 보고는 했다. 그를 가장 끈질기게 비판한 인물은 미국의 반다윈주의 조류학자인 월도 리 매커티(1883-1962)였다. 매커티는 인디애나 출신의 시골뜨기에 고집 센 중서부 사람으로서, 기존 동물학계를 불신했고 다윈주의 자연선택에 맞서 평생 전쟁을 벌인 "후저(Hoosier)"*였다. 비판의 사유는

---

* 후저는 인디애나 주 사람을 뜻한다. 그 별명의 유래에 관해서는 거의 그 주의 주민만큼 많은 이론이 있다. 후저라고 불리는 사람은 중서부 사람다운 외모일 가능성

풀턴이 애호한 재주나방(*Stauropus fagi*)의 모충이었다.[30] 재주나방은 흥미로운 곤충인데, 먹이는 너도밤나무이다. 이 모충은 가만히 있으면 시든 너도밤나무 잎을 닮았지만, 풀턴에 따르면 방해를 받으면 "더듬이를 곧추세우고 큰 거미를 모방한 무시무시한 자세를 취한다"고 한다. 이 모충이 어떤 허세를 부리는 것은 분명하다. 그러나 무엇을 위해서인가? 재주나방의 영어 이름은 "바닷가재나방(lobster moth)"이다. 모충이 너도밤나무에서는 찾아보기 힘든 그 수생동물과 약간 닮았기 때문이다. 개미나 집게벌레를 보았다고 생각한 사람들도 있었다. 따라서 우리는 그 곤충이 무엇을 닮았는지 너도밤나무, 거미, 개미, 집게벌레, 바닷가재 중에서 선택할 수 있다. 풀턴은 그 모충의 4번째와 5번째 마디에 난 검은 반점이 맵시벌을 막는 수단, 즉 침에 찔린 것과 비슷하여 "애벌레를 누가 이미 '차지했음'을 시사하는, 적이 남긴 흔적이라고 속이는 겉모습"이라고 주장했다. 풀턴은 재주나방 모충이 포식자에게 몹시 시달리기 때문에 이 모든 방어수단이 필요하다고 주장했지만, 매커티는 신랄하게 꼬집었다.

> 그러므로 재주나방 애벌레가 식물계와 동물계 양쪽의 대상들……6개 목의 대표자들을 다소 세밀하게 모방한다고 가정하는 모양이다.……제비나방의 적인 포식자가 인간 관찰자에 맞먹는 상상력을 가지기만 했다면, 틀림없이 다양한 요리로 이루어진 만찬을 즐겼을 것이다. 각 요리는 그저 제비나방의 위장한 모습일 테고 말이다.[31]

풀턴과 매커티가 벌인 종류의 논쟁은 오늘날까지 무수한 생물학자들이 되풀이했다. 의태와 위장의 이야기 중 상당수는 그런 논쟁을 중심으로 돌아간다. 과학자가 아닌 사람들에게는 생물학자 사이의 불화가 몹시 꼴

이 높다.

사나워 보인다. 자연의 진리를 냉철하게 탐구한다는 것이 겨우 이런 것인가? 이런 논쟁은 전부 다 옳거나 전부 다 틀린 것 사이의 다툼일 때도 있지만, 한 연구자가 일부 진리에 평생의 명성을 걸고 가능한 한 모든 사례를 들어가면서 이 작은 진리를 지키려고 애쓰는, 즉 생물학적 진리로 만들려고 애쓰는 사례일 때가 훨씬 더 많다.

그런 태도는 오만이다. 그렇게 말해도 무리가 없을 만큼 생물세계는 난해하게 그물처럼 뒤엉켜 있으며, 사실 어떤 일반 원리가 발견되어왔다는 것 자체가 놀라운 일이다. "자연선택"이라는 말은 구속력 있는 자연의 법칙처럼 들린다. 무생물세계의 중력에 해당한다. 삶의 매순간 모든 생물에 작용하고 어디에나 있으며 피할 수 없는 힘 말이다. 그러나 생명은 그런 것이 아니다. 중력은 에베레스트 산 같은 거대한 덩어리에든 종이클립에든 똑같이 작용하는 반면, 자연선택은 영양과 헬리코니우스에게 다르게 작용한다. "그 진행이 늘 빠른 것도 아니고 그 싸움이 늘 심한 것도 아니지만" 자신이 먹을 수 없다고 광고하는 화려한 나비에게는 때로 그렇게 빠르거나 심할 수 있다. 생물학은 물리학에 없는 그런 예외의 사례들로 가득한 과학이다.

4

범생설

생물의 형태 문제를 푸는 것이 오늘날 자연사학자들의 연구 목적이다. 생물들은 어떻게 지금의 모습이 되었으며, 그 형태를 관장하는 법칙은 무엇일까?[1]
—윌리엄 베이트슨, 『변이 연구자료(*Materials for the Study of Variation*)』(1894)

19세기에서 20세기로 들어설 무렵, 모든 예술과 과학 분야의 분위기가 바뀌었다. 물리학에서는 양자(量子 : 복사선의 불연속적인 특성)의 발견과 아인슈타인의 상대성 이론이 지난 3세기에 걸쳐 지배했던 뉴턴 역학을 깨뜨렸다. 회화는 사실주의라는 속박을 떨치고 색채와 형태를 해방시키는 격렬한 운동을 벌였다. 바로 야수파와 입체파가 그랬다. 생물학도 예외가 아니었다. 쉽게 현혹시키는 겉모습을 넘어 생명체의 더 심오한 구조를 향해서 나아가기 시작했다. 다윈은 처음에 자연사학자이자 관찰자였지만, 실험 과학자가 되기 위해서 열심히 노력했다. 그에게 문제는 토대로 삼을 기본 규칙들이 전혀 없다는 것이었다. 그는 어둠 속에서 일하고 있었다.

생물을 이해하려면 생물학에도 나름의 원자론이 있어야 했다. 생명이 발전시킨 복잡성을 이해하게 해줄 어떤 기본 단위 말이다. 그것이 없는 한, 의태에 대한 연구는 시각적으로 현혹당할 때 "희한하게 과장된 기쁨"을 드러내는 자연사학자를 넘어서 결코 멀리 나아갈 수 없을 터였다. 사실 그 토대인 유전의 과정에 관한 지식은 다윈 생전에 이미 활용이 가능했지만, 상황이 허락하지 않았다. 그래도 현대 생물학자 션 캐럴은 다윈의 통찰력이 당시에 자연에서 관찰할 수 있었던 수준을 훨씬 더 초월했다고 평한다.

> 다윈은 본질적으로 독자들에게 사소한 변이(그것의 토대는 밝혀지지 않았고 눈에 보이지도 않았다)가 어떻게 인간의 경험을 초월하는 오랜 세월에 걸쳐서 선택되고(마찬가지로 눈에 보이지 않고 측정할 수도 없는 과정을 통해 일어났다) 축적되는지 상상할 것을 요구하고 있었다.[2]

자연선택이 작용하는 변이의 토대만 밝혀지지 않고 보이지 않았던 것이 아니었다. 다윈 시대에는 변화하는 생물의 본질에 관해서도 알려진 것이 거의 없었다. 문제는 이것이었다. 생물은 무엇으로 이루어지며, 어떻게 살아 있으며, 어떻게 번식을 하는 것일까? 그리고 모든 생물의 밑바탕에는 기본 단위가 있을까?

기본 단위는 있으며, 다윈도 알고 있었다. 바로 세포였다.[3] 17세기에 현미경이 발명되었을 때, 로버트 훅은 코르크를 비롯한 식물체가 작은 방으로 나뉘어 있는 것을 보았다. 1839년 다윈이 자연선택을 통한 진화의 증거를 모으기 시작했을 때, 독일의 두 생물학자가 세포론을 정립했다. 모든 생물이 세포로 이루어져 있다는 이론이었다. 세포는 대개 지름이 100분의 1밀리미터인 작은 주머니로서, 막으로 둘러싸여 있으며 그 안에 든 수수께끼의 내용물이 생명의 모든 비밀을 간직한 것이 틀림없다는 내용이었다.

다윈이 『종의 기원』을 낸 해인 1859년에 독일의 병리학자이자 생물학자인 루돌프 피르호(1821-1912)는 생물학의 미래에 거의 다윈에 맞먹을 만큼 극적인 영향을 끼칠 이론을 정립했다. 그는 살아 있는 모든 세포는 다른 살아 있는 세포에서 유래한다(omnis cellula e cellula)고 주장했다.[4]

다윈은 세포론을 적극 받아들였고, 세포가 다른 세포에서 유래한다는 개념을 진화 원리와 결합하면, 모든 생물은 분열하고 증식하는 세포의 능력—수정란에서 생물이 만들어지는—에서 비롯되었으며, 이 과정의 산물이 변이와 자연선택을 겪는다는 의미가 된다는 것을 알아차렸다. 그는 1868년에 낸 『기르는 동식물의 변이』에서 이 개념을 다루었다.[5]

그러나 다윈은 세포가 어떤 행동을 하는지는 거의 이해하지 못했다. 세포가 유전에 어떤 역할을 하는지 이해하려고 애쓰던 그는 복잡한 생물이 번식할 때가 되면 몸의 모든 세포가 다음 세대의 생물을 재생산하는 씨앗이 될 수 있는 생식세포를 내보내는 것이 틀림없다고 추정했다. 그는 이 이론을 "범생설(汎生設, pangenesis)"—"유전자(gene)"라는 단어는 이 말에서 유래했다—이라고 했고, 생식 입자를 "제뮬(gemmule)"이라고 불렀다.

다윈은 제뮬이 세포 안에 있으며, 한 생물의 모든 세포에는 생물 전체에 필요한 유전자가 모두 들어 있기 때문에 모든 세포가 하나하나 생식세포를 내보낼 필요가 없다는 것을 추측조차 하지 못했다. 그러나 늘 그렇듯이 다윈은 문제의 핵심을 제대로 짚었다. 그는 그 수수께끼가 이런 것임을 깨달았다. 분열하는 세포는 한 동물의 조직을 다른 동물에 이식할 때 알 수 있듯이, 전혀 다른 환경에서도 어떻게 자신의 정체성을 유지하는 것일까?

그리고 세포란 대체 무엇이며 안에 무엇이 들어 있었을까? 다윈의 생애가 저물 무렵 독일 생물학자 발터 플레밍(1843-1905)은 한 세포가 둘로 나뉠 때 어떤 일이 벌어지는지 관찰했다. 1878년 그는 세포가 나뉘기 직전에만 출현하는 가느다란 구조물을 보았다.[6] 이 구조물이 갈라져서 양쪽으로 끌려간 뒤에 새로운 세포벽이 생기면서 세포가 둘로 갈라졌다. 다윈은 유전의 명령문을 후대로 전달하는 입자를 계속 찾고 있었다. 플레밍의 연구는 분열할 때 세포 한가운데에 출현하는 이 가느다란 막대에

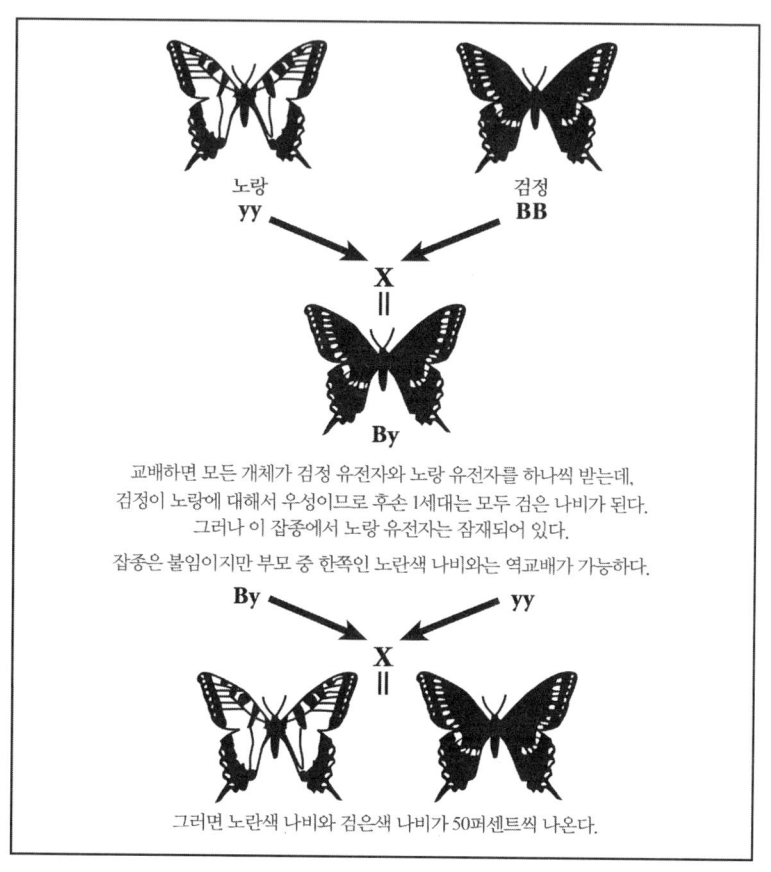

노랑
yy

검정
BB

X
=

By

교배하면 모든 개체가 검정 유전자와 노랑 유전자를 하나씩 받는데,
검정이 노랑에 대해서 우성이므로 후손 1세대는 모두 검은 나비가 된다.
그러나 이 잡종에서 노랑 유전자는 잠재되어 있다.

잡종은 불임이지만 부모 중 한쪽인 노란색 나비와는 역교배가 가능하다.

By
yy

X
=

그러면 노란색 나비와 검은색 나비가 50퍼센트씩 나온다.

그림 4.1 멘델 유전은 호랑나비에서도 나타난다. 멘델은 개체들을 서로 교배시키면 형질이 사라졌다가 그다음 세대에 어떻게 다시 나타날 수 있는지를 설명했다. 검은색과 노란색의 이 호랑나비 사례는 1960년대에 의학에 돌파구를 열었다(제12장 참조). 우성 현상은 우성 유전자 때문에 무늬가 숨겨졌다가 다음 세대에 다시 나타날 수 있음을 뜻한다.

그 명령문이 들어 있음을 시사했다. 플레밍은 세포의 이 활동 중심지를 세포핵이라고 했다. 물론 플레밍이 본 막대는 염색체였다.

플레밍의 깨달음을 1860년대 초의 모라비아 수도사 그레고어 멘델이 한 유전실험과 결합했다면, 다윈이 찾던 것이 발견되었을 수도 있다. 멘델은 형질을 섞지 않은 채 부모에게서 자손으로 전달되는 어떤 단순한 유전법칙이 있음을 보여주었다(그림 4.1).[7] 플레밍과 멘델의 깨달음을 결합했다면, 다윈은 생물이 놀라울 만큼 한결같은 형질들과 함께 변이도 어느 정도 가진 후손을 만드는 특성을 어떻게 가지는지에 대한 핵심단서를 얻었을 것이다. 그러나 그 결합은 다윈이 세상을 뜬 지 18년이 지난 뒤에야 이루어졌다.

무시된 이론이라도 하염없이 기다리면 언젠가는 재발견된다는 오래된 과학계의 속설을 입증하는 완벽한 사례가 1900년에 나타났다. 세 과학자, 즉 네덜란드인 휘호 더프리스(1848-1935), 독일인 카를 코렌스(1864-1933), 오스트리아인 에리히 폰 체르마크(1871-1962)는 멘델이 34년 전인 1866년에 한 발견을 각자 재발견했다고 발표했다. 당시 그레고어 멘델(1822-1884)은 7년에 걸친 완두 교배실험의 결과를『브륀 자연사학회지(*Brünn Natural History Society*)』에 실었다.

멘델은 널리 알려진 것과 달리 그저 단순히 독학한 수도사가 아니었다. 당시 모라비아는 오스트리아헝가리 제국의 영토였고, 그는 빈 대학교에서 저명한 스승들(도플러 효과로 유명한 크리스티안 도플러를 비롯한)에게 생물학과 물리학을 배웠다. 그렇기는 해도 그는 약간 별종이었고, 능력이 부족해서가 아니라 고집이 센 탓에 시험에 떨어졌다. 이윽고 그는 브륀(지금의 브르노)의 수도원에 정착하여 가르치면서 완두 실험을 했다.

자르고 제본하지 않은 형태로 보낸 그의 논문이 다윈의 다운하우스에 읽지 않은 상태로 놓여 있었다는 속설이 끊이지 않지만, 입증할 수는 없다.[8] 멘델의 논문을 읽은 사람은 극소수였으며, 그것이 지식의 주류로 진입한 것은 다윈이 세상을 뜬 지 오랜 세월이 지나고 1900년에 재발견됨으로써였다. 멘델을 언급한 W. O. 포케의『식물 교배(*Die Pflanzen-Mischlinge*)』(1881)를 다윈이 본 것은 사망하기 겨우 18개월 전이었다. 멘델의 논문이 있었다는 속설은 아마 이 책의 108-110쪽에서 유래한 듯하다. 그 부분에 멘델의 연구가 언급되어 있었다.

멘델의 명확한 유전법칙은 다윈의 이론 이후에 이루어진 가장 중요한 생물학적 발견이었다. 다윈 이론을 성가시게 하고 다윈을 골치 아프게 한 문제들은 그 법칙으로 해결되었다. 다윈이 볼 때 부모의 형질들이 자손에게서 뒤섞여 나타난다는 점은 "명백했다." 즉 혼합과 희석이 일어났다. 다윈은 그렇다고 믿었고 그것이 자기 이론에 가지는 의미 때문에 몹시 심란했다. 모든 형질이 세대마다 뒤섞인다면, 수백만 년에 걸친 진화의 과정에서 새로운 형질이 어떻게 출현할 수 있을까? 각 혁신은 흰색 페인트 통에 다른 색깔의 페인트를 한 방울 섞어 휘젓는 것처럼 그저 하얗게 희석되고 말지 않겠는가?

멘델은 이 문제의 답을 가지고 있었다. 1860년대에 그는 완두 번식 연구에 착수했다. 완두의 번식체계는 다른 많은 식물보다 훨씬 더 단순했다. 그는 각기 다른 형질을 가진 완두 순종들을 골랐다. 그는 7쌍의 형질을 실험에 사용했다.

- 주름진 씨와 둥근 씨
- 흰 씨와 회색 씨
- 초록 꼬투리와 노랑 꼬투리
- 줄기 끝에 열리는 꽃과 잎겨드랑이에 열리는 꽃
- 큰 키와 작은 키
- 자주색 꽃과 흰색 꽃
- 부푼 꼬투리와 잘록한 꼬투리

그는 상반되는 형질—주름진 씨와 둥근 씨, 큰 키와 작은 키 등—을 가진 식물들을 교배하기 시작했다. 씨를 얻으면 그 잡종 1세대 완두들을 상호 교배했을 때 어떤 형질이 나타나는지 알아보기 위해서 서로 교배했다.

그는 각 형질 쌍에서 한쪽이 우성(그가 도입한 현대용어)임을 알아차렸다. 따라서 주름진 씨와 둥근 씨를 교배하여 얻은 자손은 모두 둥글었다. 혼합 따위는 없었다. 그러나 핵심적인 발견은 잡종 1세대의 완두들을 교배했을 때 자손의 4분의 1에서 주름진 씨가 다시 나타났다는 것이다. 이것이 바로 형질이 지속되는 방식이었다. 형질은 한 세대에서 우성 인자에 가려진다고 해도, 다음 세대에 다시 나타날 수 있었다.

멘델은 이 현상의 올바른 설명을 이끌어냈다. 그는 주름진 씨를 둥근 씨와 교배하면 양쪽 형질이 자손에게 전해지지만, 둥근 것이 우성이기 때문에 주름진 씨는 본질적으로는 존재하지만 발현되지 않는다(그런 형질을 열성이라고 한다)고 믿었다. 그러나 잡종끼리 교배하면 자손 중 4분의 1은 주름진 형질만을 쌍으로 가질 것이다. 또 4분의 1은 둥근 형질만을 쌍으로 가질 것이다. 나머지 절반은 주름진 형질과 둥근 형질을 하나씩 가지겠지만, 둥근 형질이 우성이므로 둥글게 보일 것이다.

멘델의 발견은 의태를 이해하는 데에 핵심적인 역할을 하게 된다. 의태 무늬도 멘델의 완두 형질처럼 유전되므로, 완두의 "자주색 꽃이나 흰색 꽃", "흰색 씨나 회색 씨"처럼 나비에게서도 "빨간 띠 앞날개나 노란 띠 앞날개", "반짝이는 뒷날개나 반짝이지 않는 뒷날개" 등이 나타난다. 멘델 유전학은 이런 무늬를 이해하려고 할 때 필요한 일차 도구였다.

19세기 말에 완두를 다시 생물학으로 끌어들이는 데에 중요한 역할을 한 인물이 둘 있었다. 멘델 연구를 재발견한 사람 중 하나인 휘호 더프리스 그리고 윌리엄 베이트슨(1861-1926)이었다. 멘델이 모델 생물을 고를 때 운이 좋았거나 선견지명이 있었다면, 휘호 더프리스는 운이 나빴다. 그가 고른 실험 대상은 큰달맞이꽃(Oenothera lamarckiana)이었다. 북아메리카에서 유럽으로 도입된 식물로서 식생이 파괴된 곳에 흔히 무성하게 자란다. 1886년 암스테르담의 동물학 교수 더프리스는 순종으로 교배를 시작했어도 새로운 형태의 달맞이꽃이 종종 출현한다는 것을 관찰했다.[9] 이런 관찰로부터 그는 돌연변이 이론을 정립했다.

이 말은 현대의 독자들에게 오해를 일으킬 수 있다. 우리는 "돌연변이"라는 말을 들으면 유전자를 생각하지만 유전자는 당시 더프리스에게 그저 어렴풋한 것에 불과했다. 더프리스는 멘델의 비율을 생식세포 내의 유전입자를 통해서 설명할 수 있다고 믿었다. 그는 다윈의 "범생설"에서 착안하여 그 유전입자를 "판겐(pangene)"이라고 했다(그 명칭은 나중에 줄어들어서 오늘날의 "유전자[gene]"가 되었다). 사실 다윈이 찾던 "제뮬"이 바로 그것이었다. 그러나 더프리스는 돌연변이라는 말을 한 종에서 다른 종으로의 도약이라는 의미로 썼다. 유전자에서의 돌연변이 개념은 아직 나오지 않았다. 한 종에서 다른 종으로의 갑작스러운 도약이라는 개념은 진화가 누적되는 작은 변이들을 통해서 진행된다는 다윈의 견해에 반대되었다.

더프리스는 운이 나빴다. 큰달맞이꽃의 유전 양상은 전형적인 것과는 거리가 멀었기 때문이다. 지금은 돌연변이도 잘 이해되어 있으며, 큰달맞이꽃에서 새로운 형태가 나타나는 이유가 돌연변이보다는 염색체 배수화 때문이라는 것이 밝혀져 있다. 다시 말해서 새 달맞이꽃의 모든 세포는 모든 유전자를 여벌로 가지며, 그것이 식물의 형질에 영향을 미친 것이다.

더프리스와 마찬가지로 케임브리지 동물학자 윌리엄 베이트슨도 누적되는 작은 변이들을 통해서 진화가 이루어진다는 것을 믿지 않았다.[10] 방대하고 두꺼운 저서 『변이 연구자료』(1894)에서 그는 온갖 동물의 여러 기괴한 모습들을 열거했다. 다리가 있어야 할 곳에 더듬이가 난 파리처럼 몸의 일부가 다른 부분으로 대체된 괴물들이 많았다. 그는 이 치환의 과정을 호메오시스(homeosis : 상동 이질 형성)라고 했으며, 이 용어는 지금도 쓰인다. 베이트슨의 괴물들이 한 번의 도약을 통해서 형성되었다는 것은 모든 이에게 명백했지만, 그것을 진화 메커니즘이라고 주장하는 데에는 문제가 있다는 점도 분명했다. 그런 괴물은 살아남을 수 없었다. 그들은 결함이 있으며 불임이고는 했다.

　그러나 베이트슨은 무엇인가를 간파했다. 양손이 엄지손가락 부위에서 서로 붙은 사람의 아기가 태어날 수 있다면, 그것은 손을 만드는 **정상적인 과정**에 관해서 무엇인가 알려준다는 것이었다. 이를테면 손가락과 손의 다른 부위를 만드는 서브루틴(subroutine) 집합 전체를 통제하는 유전자 명령문이 있다. 그 유전자에 이상이 생겨서 "손" 명령문을 복제하라고 하면, 나머지 프로그램이 자동적으로 가동되어 세부 사항을 채운다. 이것이 바로 그 현상을 현대적으로 해석한 것이다. 물론 베이트슨은 이런 식으로 이해하지는 못했다. 그렇기는 해도 베이트슨의 연구는 자연의 패턴 형성 능력을 이해하는 첫 번째 단서가 되었다.

　베이트슨의 개념은 1902년부터 케임브리지에서 그의 조수로 있던 레지널드 퍼넷(1875-1967)을 통해서 의태 분야로 들어왔다.[11] 퍼넷은 서식스의 과일 생산자 가문 출신이었다. 그 가문은 아주 유명했으며, 지금도 과일을 담는 표준 용기를 퍼넷이라고 한다. 1905-1906년, 베이트슨과 퍼넷은 유전학에서 멘델 이후에 열린 가장 큰 돌파구인 연관(linkage : 유전자들이 연결되어 함께 행동하는 현상/역주)을 발견했다.[12] 멘델은 3 : 1 같은 단순한 비율로 명확한 결과가 나오는 완두 형질을 선택했다는 점에서 운이 좋았다. 현재 우리는 그렇게 명확히 분리되는 사례가 종종 있기는 해도 흔하지는 않다는 사실을 안다. 퍼넷과 베이트슨은 멘델의 완두가 아니라 스위트피(sweetpea)를 연구했다. 그들은 우성인 자주색 꽃 대 흰색 꽃, 우성인 긴 꽃가루 대 둥근 꽃가루라는 두 형질 쌍이 멘델 방식으로 분리되지 않는다는 것을 알아차렸다. 자주 꽃 형질은 긴 꽃가루와 연관되어 있고, 흰 꽃은 둥근 꽃가루와 연관되어 있는 듯했다. 그러나 자주 꽃에 둥근 꽃가루나 흰 꽃에 긴 꽃가루를 가진 소수의 식물이 나타난다는 점에서 상황은 더 복잡했다. 그것은 연관이 때때로 끊긴다는 점을 시사했다. 이런 복잡한 현상을 해명할 인물은 바다 건너편에서 출현했다. 식물이 아니라 곤충을 연구하는 사람이었다.

이제 초파리(*Drosophila*)의 세계로 들어간다. 날개무늬가 좀 밋밋하기는 해도 초파리는 나비를 비롯하여 날개가 있는 다른 곤충들과 공통점이 많다. 20세기 내내 그리고 21세기인 지금도 초파리는 유전학의 선봉에 서 있다. 왜일까? 빠르게 번식하기 때문이다. 초파리는 알에서 성체가 되는 데에 7-11일이면 충분하다. 유전학 실험에서 어떤 결론을 이끌어 내려면 수천 번 교배를 하고 분석을 해야 하는데, 이렇게 번식 속도가 빠른 초파리를 쓰면 그 일이 훨씬 더 쉬워진다.

미국인 토머스 헌트 모건(1866-1945)은 멘델 이후의 가장 중요한 유전학자였다.[13] 모건의 친가는 남부의 귀족 집안이었다. 멘델의 연구가 재발견된 뒤, 모건은 초파리를 모델 생물로 삼아서 멘델의 유전입자가 염색체에 있는 유전자임을 밝혀냈다. 그 업적으로 그는 1933년 노벨상을 받았다.

모건은 초파리에서 돌연변이를 찾기 시작했다. 더프리스의 큰달맞이꽃과 달리 초파리는 돌연변이를 잘 일으키지 않았다. 그러다가 1910년 어느날 정상적인 붉은 눈 초파리에서 흰 눈을 가진 돌연변이가 한 마리 출현했다. 일화에 따르면, 흰 눈 초파리가 출현한 직후에 그의 셋째 딸이 태어났는데, 모건은 돌연변이 초파리의 출현에 너무나 흥분한 나머지 아내가 "흰 눈 초파리는 어때요?"라고 묻자 신이 나서 열심히 떠들다가 한참 지난 뒤에야 퍼뜩 정신을 차리고 물었다고 한다. "그런데 아기는 어떻소?"

흰 눈 초파리는 여러 면에서 돌파구가 되었다. 100여 년이 지난 지금은 유전자와 염색체라는 말이 일상 대화에까지 쓰이지만, 21세기의 첫 10년 동안에는 둘이 어떤 관계인지(만일 관계가 있다면) 아무도 알지 못했다는 점은 잊히고는 한다. 염색체는 플레밍이 현미경을 통해서 세포가 분열할 때 보았던 막대 같은 물체였다. 기이하게 구부러진 모양을 띠기도 했고, 염색체가 양쪽으로 갈라져서 움직인 뒤에 새로운 두 딸 세포가 생긴다는 사실은 그것이 유전에 어떤 역할을 한다는 것을 시사했다. 반면에 분열이 끝난 뒤에 그것이 다시 녹아서 세포 속으로 사라진다는 사실은 그것이 항구적인 구조물이 결코 아님을 시사했다.

반면에 유전자는 멘델 교배실험을 통해서 추론한 것이었다. 번식실험에서 1 : 1, 3 : 1, 9 : 3 : 3 : 1 같은 정수 비율이 나오므로, 이 비율이 어떤 입자 개념을 나타내는 것으로 받아들여졌다. 그러나 염색체가 유전자와 발맞추어 행동하는 듯이 보이기는 했다. 그렇다면 둘은 같은 것이거나 적어도 밀접하게 연관된 것이 아닐까?

처음에 모건은 당시의 멘델 개념이 지극히 추상적이고 개념적이며 생화학 분야의 어떤 발견에도 기여한 바가 없다는 점을 들어서, 유전자와 염색체에 대해서 회의적이었다. 유전입자라는 개념 전체가 생체조직에서 이루어지는 과정과 아무런 관계가 없다는 것이었다.

그런 와중에 흰 눈 초파리가 등장했다. 그 흰 눈 초파리(수컷)를 붉은 눈 암컷과 교배하자 붉은 눈 초파리들이 나왔다. 따라서 흰 눈 유전자는 열성이었다. 그러나 그 잡종 첫 세대를 교배시키자 붉은 눈과 흰 눈 초파리의 비율이 3대 1로 나타났다. 고전적인 멘델 비율이었다. 그런데 흰 눈 초파리는 전부 수컷이었다.

모건은 이런 결과로부터 심오한 결론을 이끌어냈다. 그는 흰 눈 초파리의 유전이 성과 연관되어 있음을 깨달았다. 그의 추론은 현재 우리가 이해하는 성염색체 개념에 근접했다. 즉 암컷은 X 염색체가 두 개 있다는 것이다. 그는 유전자가 염색체에 있는데 초파리의 붉은 눈 유전자는 X 염색체에 있으며, 흰 눈 초파리는 붉은 눈 유전자가 없거나 사용 불능이 됨으로써 나왔다고 보았다. 그러면 교배실험의 결과가 설명되었다.

이어서 모건은 퍼넷과 베이트슨의 실험을 해석하여 염색체 위에 유전자들이 배열된 양상을 지도로 나타낼 수 있음을 보여주었다. 베이트슨과 퍼넷은 연관이 때로 끊김으로써 정상적일 때는 함께 유전되던 두 유전자가 서로 독립하여 유전되는 사례가 극소수의 비율로 나타남을 보여주었다. 모건은 벨기에 세포학자 프란스 알폰스 얀센스(1863-1924)가 1909년에 관찰한, 세포분열 때 염색체가 서로 꼬이는 현상으로써, 연관이 끊기는 과정을 설명할 수 있다고 주장했다. 이렇게 꼬였을 때 염색체의 일부가 교환될 수 있다는 것이었다. 모건은 염색체에서 유전자들이 서로 멀리 떨어져 있을수록 연관이 끊기는 빈도가 더 증가한다고 보았다. 이런 점들을 토대로 모건은 염색체에 늘어선 유전자들의 "지도"를 작성할 수 있었다. 이 지도에서 유전자 사이의 거리는 상대적인 것에 불과했지만—유전자의 실제 특성과 위치는 DNA 시대에 들어서야 알려졌다—이 연관 지도는 그 뒤로 유전자들의 위치를 파악하는 데에 아주 유용하다는 것이 드러났다.

연관 지도는 염색체 이론이 옳음을 입증했다. 1914년까지 모건은 약 22가지 돌연변이체를 발견했는데 그것들은 4개 연관군을 이루는 듯했다. 공교롭게도 초파리는 4개의 염색체를 가지고 있었다. 이것은 우연의 일치가 아니었다. 아니, 그럴 리가 없었다. 각 연관군은 하나의 염색체를 뜻했다. 유전자들은 실제로 염색체에 들어 있었다. 그럼으로써 현대 유전학 시대가 시작되었다. 모건의 모든 가설은 그 뒤로 수많은 실험을 통해서 입증되었다. 뉴욕 컬럼비아 대학교에 있는 모건의 이른바 초파리 방은 현대 생물학의 요람 중 하나였고, 곧 모건은 초파리 염색체 전체에서 100개의 유전자를 지도로 작성했다.

당시 나비의 유전자 연관 지도는 먼 미래의 일이었다. 의태 무늬의 유전학은 여전히 추측 수준을 벗어나지 못했다. 그러나 의태가 어떻게 시작되는가라는 문제에 대해서 레지널드 퍼닛은 선견지명을 보였다. 그는 의태 무늬가 만들어질 때 종종 검은 색소의 면적 변화가 수반된다고 적었다.

비늘들의 색소 조성에서 나타나는 한정된 작은 변화가 의태의 기미조차 없었을 곳에서 의태를 빚어내고는 한다. 그것은 그런 변화가 갑작스럽게 처음부터 완성된 형태로 출현해야 한다는, 현재 우리가 변이에 관해서 아는 내용과 일치한다.[14]

이 "비늘"은 설명이 필요하다. 나비나 특히 나방의 날개를 손으로 만지면 먼지가 떨어진다는 것은 누구나 안다. 이 먼지는 사실 뿔 같은 물질인 키틴으로 이루어진 복잡한 무늬를 띤 미세한 비늘(인분[鱗粉])이다. 그 외 날아다니는 곤충에게는 없는 이 날개 비늘은 나비와 나방을 정의하는 형질 중 하나이다. 날개무늬는 전적으로 이 비늘로 이루어진다. 번데기에서 나비가 발달할 때, 일종의 국수 가닥이 뽑아지듯이 날개를 이루는 세포로부터 비늘이 짓눌려서 삐져나온다. 세포 하나에서 비늘 하나가 나온다. 현미경으로 보면 국수의 비유가 딱 들어맞음을 알 수 있다. 표면 밑의 날개 비늘 안에 마치 말린 국수 더미처럼 길쭉한 막대기가 이리저리 쌓여 있다.[15] 그러나 비늘은 아주 작아서 우리 손에는 그저 먼지일 뿐이다. 나비의 날개 비늘을 손톱이나 발톱 같은 것이라고 생각할 수도 있다. 비늘은 살아 있는 것이 아니라 살아 있는 세포에서 삐져나온 단단한 플라스틱 같은 물질로 이루어져 있다. 손톱과 나비 날개 비늘의 차이점은 손톱이 수많은 세포의 합작품인 반면, 나비의 날개 비늘은 세포 하나가 만든다는 것이다.

비늘은 컴퓨터 화면의 화소와 다소 비슷한 기능을 하므로 나비의 날개 무늬를 이해하는 데에 핵심적인 역할을 한다. 각 비늘은 한 가지 색깔을 띠므로, 복잡한 색깔 무늬는 미세한 모자이크처럼 서로 다른 색깔의 비늘들로 구성된다.

퍼넷의 결론은 자연선택과 발달 메커니즘이 힘을 모아 의태를 만들어낸다는 것이었다. 이 개념은 약 100년 동안 매우 이단적인 것으로 생각되었만, 지금은 그다지 터무니없게 보이지 않는 듯하다. "이 견해에 따르면, 자연선택은 의태와 관련 있는 진정한 요소이지만, 작은 변이의 축적을 통해서 닮음을 빚어내는 것이 아니라 이미 있는 닮음을 보존하고 비중을 높이는 기능을 할 뿐이다."[16] 이 견해 때문에 퍼넷은 불가피하게 다윈주의자들과 충돌을 빚었고, 의태 분야의 가장 저명한 다윈주의자 에드워드 풀턴은 가장 적극적으로 반론을 폈다. 풀턴과 퍼넷은 어느 정도 두 문화를 대변했다. 물론 두 사람 모두 중상류 계급이었지만, 퍼넷은 케임브리지 대학교 출신에 열정적인 크리켓 선수였고 풀턴은 옥스퍼드 대학교 출신에 희시를 즐겨 쓰는 사람이었다. 그들은 특히 호랑나비를 두고 다투었다.

일찍이 1854년에 월리스가 알게 되었듯이, 의태를 하는 호랑나비가 낳은 한배의 알들에서 4종류의 나비가 나올 수 있었다. 의태하지 않은 수컷과 다른 (독성을 띤) 종을 모방하는 3종류의 암컷이었다. 당시에 중간 형태는 전혀 발견되지 않았다. 열렬한 멘델주의자인 퍼넷은 모든 무늬를 통제하는 유전자가 단 하나인 듯하므로—이 현상을 다형성(多形性, polymorphism)이라고 한다—새 날개무늬를 빚어내는 돌연변이가 갑작스럽게 완전한 형태로 출현하는 것이 틀림없다고 추론했다.

다윈주의 원리에 따라서 기나긴 세월 동안 작은 변이가 누적되어 조각그림을 맞추듯이 고생스럽게 무늬가 짜이는 것이라면, 그림의 조각들은 서로 다른 유전자의 통제를 받을 것이며, 교배가 이루어질 때 그 유전자들은 서로 나뉠 것이었다. 퍼넷은 어느 무늬이든 간에 전체가 통째로 유전되므로, 새 형태를 빚어내는 돌연변이도 모 아니면 도와 같은 사건이 분명하다고 보았다.

모든 연구자는 자신의 전문분야로부터 영향을 받는다. 퍼넷의 유전 연구 중 최고의 업적은 스위트피를 대상으로 한 것이었고, 많은 식물처럼 스위트피도 "갑작스러운 극적인 돌연변이(sport)"를 일으킨다. 그는 "큐피드(Cupid)"라는 새로운 왜소한 스위트피 변종을 증거로 인용했다.[17] 호랑나비 하렘이 "큐피드" 스위트피와 같은 법칙을 따르지 말라는 법이 어디 있는가? 나비들이 스위트피처럼 서로 사랑하여 변종을 낳지 못할 이유가 어디 있단 말인가? 그러나 풀턴은 그 주장이 헛소리라고 굳게 믿었다. 호랑나비에게서 유독한 모델 종을 닮은 변덕스러운 돌연변이가 한 차례 일어났다고 치더라도, 그런 일이 3번이나 일어날 수는 없다고 보았다.

영국 신사였던 퍼넷과 풀턴은 1909년에 그 문제를 해결하기 위해서 실론(지금의 스리랑카)으로 함께 여행을 떠나기로 결정했다. 그러나 풀턴이 사정이 생겨 갈 수 없게 되자, 퍼넷은 그곳의 호랑나비를 연구하기 위해서 혼자 떠났다. 그는 그곳에서 치밀한 교배실험을 통해서 호랑나비가 언제나 중간 형태가 전혀 없이 완전한 의태를 빚어낸다는 것을 확인했다.

양측의 논쟁은 1913-1914년에 발간된 『베드록(Bedrock)』이라는, 생물학 논쟁을 다룬 단명한 잡지를 통해서 다시 불붙었다. 퍼넷은 풀턴에게서 "나는 [의태를 형성하는 단계에 있는] 최초의 변이가 어쨌든 멀리서 날개를 볼 때 모델의 무늬를 떠올리게 하는, 알아볼 수 있는 무엇이 분명하다는 점을 늘 인식해왔다"[18]라는 자백을 그럭저럭 이끌어내는 데에 성공했다. 이것은 흡족한 타협안이 되었다. 즉 의태는 독성을 띤 모델 종을 충분히 닮은 새로운 무늬를 가지고 시작해야 하며, 그다음에 자연선택이 작용할 수 있다는 견해였다.

호랑나비는 정말로 기묘했다. 세계 최고의 의지력을 발휘해도 무슨 일이 벌어지는지를 이해하기가 어려웠다. 퍼넷은 그 주제만을 다룬 최초의 저서인 『나비의 의태(Mimicry in Butterflies)』(1915)에 모든 것을 종합하려고 애썼다. 이 책에서 그는 의태 종이 어떤 메커니즘을 통해서 무늬를 획득하는지 진지하게 탐구하기 시작했다.[19] 그는 소수의 과에서 많은 모델과 의태 종이 참여하여 의태자와 모델이 계주를 한다고 적었다. 퍼넷은 이것이 나비의 무늬 형성기구가 만드는 무늬의 범위는 한정되어 있으며, 따라서 유연관계가 없다고 여겨지는 나비들이 비교적 쉽게 같은 무늬에 도달한다는 의미라고 받아들였다.

퍼넷은 그것을 동물의 체색에 비유했다. 토끼, 생쥐 기니피그는 일련의 털 색깔을 공통으로 띤다. 흑백 띠무늬, 검정색, 초콜릿 색, 파란 띠무늬, 파란색, 황갈색 등이다. 이 동물들은 나비들보다 더 서로 모습이 다르지만, 더 깊이 들어가면 다양한 많은 종이 이용할 수 있는 공통의 생물학적 색상표가 있는 듯하다.

퍼넷은 많은 나비 속에서 나타나는 무늬는 의태가 아니라고 했다. 그런 속의 발생 메커니즘이 딱 맞는 무늬 형성을 촉진하는 것은 아니기 때문이었다. 그러나 그런 메커니즘이 잘 작동한다면 의태는 아주 쉽게 이루어진다. 한정된 무늬 집합을 뒤섞기만 하면 되기 때문이다. 이 말은 지나치게 단순화한 것이기는 하지만 당시로서는 탁월한 통찰력이었다.

퍼넷과 풀턴은 같은 문제를 다른 방향에서 접근했다. 다윈은 유전과 세포의 활동을 이해하기 위해서 최선을 다했지만, 그의 추종자들은 자연선택이 작용하는 생물의 실제 구성에는 별 관심이 없었던 듯하다. 반면에 퍼넷과 베이트슨처럼 살아 있는 생물을 교배하고 자손을 관찰하면서 연구하는 유전학자들은 추상적인 개념인 작은 변이라는 냉혹한 맷돌 너머에서도 어떤 일이 벌어지고 있다고 확신했다. 어떤 의미에서는 양쪽 진영이 모두 옳았지만, 1915년에는 도무지 해결책이 보이지 않았다.

H. G. 웰스는 「나방(The Moth)」이라는 소설에 등장하는 두 교수, 해플리와 포킨스의 허구적인 논쟁을 쓸 때 풀턴과 퍼넷을 염두에 두었을지도 모른다.[20] 풀턴과 매커티의 사례에서 이미 보았듯이, 생물학은 영역 다툼을 하기에 좋은 비옥한 영토이다. 소설 속의 해플리와 포킨스는 분류학자, 즉 생물 분류의 전문가이다. 분류학은 가장 사소한 차이를 놓고 가장 격렬한 논쟁을 벌일 수 있는 완벽한 무대가 마련된 분야로, 골치 아프기로 악명 높은 분야이다. 포킨스가 죽자 해플리는 논쟁을 추구한다

는 자신의 존재 이유를 잃는다. "20년 동안 그는 일주일 내내 때로는 밤 늦게까지 현미경, 해부칼, 채집망, 펜을 가지고 열심히 일했는데, 거의 다 포킨스와 관련된 일이었다."[21] 포킨스는 이제 유령 나방의 형태로 해플리 앞에 출몰하기 시작한다.

한번은 공원 서쪽 가장자리를 두르고 있는 오래된 석벽에 날개를 펼치고 있는 나방이 그의 눈에 뚜렷하게 보였는데, 다가가니 회색과 노란색이 섞인 두 덩어리의 지의류였다. 해플리는 말했다. "의태의 반대로군. 돌처럼 보이는 나비가 아니라, 여기에는 나비처럼 보이는 돌이 있어!"[22]

퍼넷과 풀턴이 다툰 의태 문제 중에는 여전히 논쟁거리로 남아 있는 것이 많다. 양립 불가능해보였던 그들의 접근 방법은 그저 그 주제가 어렵다는 점만을 부각시켰을 뿐이다. 아마도 진실은 어느 한쪽이 옳거나 그르다는 것을 입증하기보다는 양쪽 입장을 화해시키는 것이 아닐까? 그러나 그 주제는 자연사학자와 생물학자의 영역으로만 남아 있을 운명이 아니었다. 시각적 닮음은 분명히 예술가들에게도 관심거리였고, 1890년대에 풀턴은 의태와 위장에 관해서 무엇인가를 말할 화가와 마주쳤다.

5

천사의 날개

새를 비롯한 동물들이 짠 이런 배경 그림의 심오하고 완벽한 사실주의를 올바로
이해할 수 있는 이는 예술가뿐일 것이다.[1]

—애벗 H. 세이어, 『동물계의 은폐색
(*Concealing Coloration in the Animal Kingdom*)』(1909)

1890년대에 뉴잉글랜드 출신의 몹시 독선적인 괴짜 화가가 소수의 자연
사학자들이 차지하고 있던 의태와 위장이라는 영역에 무단 침입했다. 애
벗 핸더슨 세이어(1849-1921)—자신의 이름을 딴 과학법칙(세이어의 은
폐색 법칙)이 생긴 극소수의 화가 중 한 명이다—는 예술, 과학, 인간의
자아를 다룬 흥미로운 연구자였다. 그의 삶은 예술과 과학이라는 "두 문
화"에 걸쳐 있으면서 분열되는 바람에 몹시 고통스러웠다. 사실 그 고통
은 예술과 과학의 분열보다는 그의 별난 기질에서 비롯되었다고 할 수
있지만 말이다.

많은 동물학자들이 그의 생각을 받아들였고, 풀턴이 그의 친구이자
지지자가 되기는 했지만, 세이어의 견해는 사실 극단적이었다. 그는 모
든 동물의 무늬와 체색이 결국은 은폐용이며, 경고색과 의태를 드러내는
것이 분명한 화려한 색깔의 동물들조차도 사실은 위장하는 것이라고 믿
었다. 이런 그의 독단적인 태도는 많은 열띤, 때로는 희극적인 논쟁을
낳았다.

세이어는 몇 가지 면에서 뉴잉글랜드가 시골의 이상주의적인 정서를 드러내던 시절의 전형적인 뉴잉글랜드인이었다.[2] 그가 좋아하는 작가는 에머슨, 로버트 루이스 스티븐슨, 마크 트웨인이었다. 그는 보스턴에서 시골 의사의 아들로 태어나 일곱 살에 뉴햄프셔로 이사했다. 그곳에서 그는 곧 자연에 푹 빠졌고, 덫과 총으로 사냥하는 법을 배웠으며, 오듀본의 『아메리카의 새(*Birds of America*)』를 탐독했다. 그는 일찍 그림에 눈을 떴고 열여덟 살에 브루클린에서 화가생활을 시작했다.

세이어는 자연뿐만 아니라 여성에게도 관심이 많았다. 그가 여성을 보는 견해는 조금 별났다. 그는 자연을 그릴 때는 지극히 사실주의자였지만, 에머슨의 표현을 빌리면 "고아하고 신비적인 분위기가 풍기며 영적인 아름다움을 가진 고귀한 여성"[3]을 찬미했다. 여성은 그의 그림에서뿐만 아니라 인생에서도 대단히 중요한 역할을 했다. 1872년 그는 독일 여성인 카테 블뢰데와 혼인했다. 그녀의 독일 낭만주의는 그의 뉴잉글랜드 이상주의를 더 강화했다. 그는 여학생들과 여조수들에게 둘러싸여 지냈고, 그들 중 상당수는 그의 그림에 등장했다.

1875-1879년에 세이어 부부는 파리에서 지냈다. 그곳에서 그는 미술 공부를 했다. 그러나 그는 프랑스 미술의 진보적인 경향과는 거리를 두었다. 1887년에 그의 미술은 딸 메리의 초상화를 계기로 기묘한 전환기를 맞이했다. 여성들의 모습을 다른 면에서는 사실주의적으로 그리면서, 천사의 날개를 그려넣기 시작한 것이다. 그는 이유를 이렇게 설명했다.

어릴 때부터 새를 좋아하던 성향이 그림에 날개를 그려 넣는 것에 기여했다는 점은 분명하지만, 그보다는 주로 고양된 기분을 표현하기 위해서 날개를 붙이는 것이 아닐까.……메리가 날개에 꼭 들어맞는 자세를 취하여 완벽한 그림이 나올 때……얼마나 아름다운지 상상도 못할 것이다.……[4]

1888년부터 세이어 가족은 한 조수가 뉴햄프셔 더블린에 지어준 집에서 여름을 보냈다. 손을 뻗으면 닿는 거리에서 동물들이 뛰어다녔다. 세이어는 뉴잉글랜드 시골 사람처럼 생활하며 당시 시골의 전형적인 삶을 살았다. 세이어의 전기작가인 넬슨 C. 화이트는 이렇게 썼다.

세이어는 소로와 많이 닮았다. 손으로 물에서 물고기를 잡았고 굴에서 우드척다람쥐의 꼬리를 잡아 끄집어냈고, 둥지에 있는 뇌조를 움켜쥐었다. 야생동물과 태연히 친하게 구는 그의 태도는 어쩌다가 들른 순진한 손님뿐만 아니라 식구들조차도 때로 당황스럽게 만들고는 했다. 이를테면 호저(豪猪)를 어깨에 올려놓으면 그것은 거리낌 없이 그의 귀를 물면서 장난을 치고는 했다.[5]

1892년부터 세이어는 많은 동물이 등은 짙은 색을 띠고 배는 옅은 색을 띤다는 점을 유심히 관찰하기 시작했다. 그는 왜 그런 양상이 나타나는지의 이유를 설명하려고 하다가 생물학에 기여를 하게 된 것이다. 어떤 색깔을 띠든 간에 동물의 등에 강한 빛이 닿을 때면 표면이 하얗게 빛나는 효과가 나타나며, 그 결과 배는 오히려 그늘이 지면서 본래의 색조보다 더 짙은 색을 띤다. 따라서 동물은 빛이 비칠 때 대비를 줄여서 배경과 더 구분이 되지 않도록 상쇄시키는 배색을 띠도록 진화한 것이다. 으레 그늘이 지는 배 쪽의 색깔은 밝게 하고, 햇빛에 색깔이 새하얘지는 등 쪽은 검게 함으로써 말이다. 세이어는 이렇게 표현했다. "자연은 하늘의 빛을 가장 많이 받는 경향이 있는 부위는 가장 검게 하고 그 반대쪽은 가장 희게 하는 식으로 동물을 칠한다."[6] 동물의 이런 배색을 방어피음(防禦被陰, countershading)이라고 한다.

세이어의 법칙은 자연의 위장 중의 한 측면만을 가리킨다. 동물의 등과 배 사이에 색깔이 서서히 변하는 그러데이션(gradation, 바림)이 그것이다. 토끼, 산토끼, 쥐, 생쥐는 등의 갈색에서 배의 흰색에 이르기까지 색깔이 서서히 변한다. 많은 어류도 비슷한 양상을 띤다. 세이어는 자연 서식지에 있는 동물을 그릴 때 어려움을 겪으면서 그 원리를 발견했다고 했다. 화가의 접근 방식은 몇 가지 측면에서 자연의 접근 방식과 정반대이다. 화가는 종이나 캔버스에 입체가 있다는 착각을 일으키기 위해서 모델링을 이용한다. 즉 색 그러데이션을 이용하여 밝고 그늘진 부위가 있는 모습을 빚어낸다. 그럼으로써 그림은 우리 눈에 3차원처럼 보인다.

20세기 중반에 위장과 의태 분야의 핵심인물인 동물학자 휴 코트 (1900-1987)는 예술과 자연을 탁월하게 대비시켰다.

> 화가는 빛과 그늘을 솜씨 있게 이용하여 평면에 입체가 있다는 착각을 빚어낸다. 반면에 자연은 방어피음을 정확히 이용하여 둥근 표면을 평면처럼 보이도록 착각을 일으킨다. 전자는 비현실적인 것을 체화하며, 후자는 현실적인 것을 비체화한다.[7]

화가는 입체성과 뚜렷한 윤곽이라는 인상을 빚어내야 하지만, 세이어는 야생생물이 어느 정도는 배경과 늘 뒤섞이므로 그림에 그들의 모습을 뚜렷이 나타내기가 어렵다는 점을 알아차렸다. 야생생물의 윤곽을 배경과 뚜렷이 구분하기가 어려웠고, 심지어 생물에 그림자가 드리울 것이라고 예상되는 곳에서 체색이 빛나기도 했다.

이 평면화 효과는 과장한 것일 수도 있으며, 세이어는 그런 효과에 유달리 예민했던 듯하다. 누구나 토끼나 사슴이나 개똥지빠귀를 볼 때 색깔에 주의가 쏠린다면 배가 등보다 훨씬 더 색깔이 옅다는 점을 알아차리겠지만, 그 동물이 "편평하게" 보인다는 생각은 아마 대개는 하지 않을 것이다. 그러나 세이어는 그렇게 생각했고, 그것에 강박적으로 몰두하게 되었다. 1896년 그는 자신이 발견한 내용을 『오크(*The Auk*)』라는 자연사

잡지에「보호색의 기본 법칙」이라는 제목으로 실었다.[8]

대다수의 생물학자는 세이어의 방어피음 개념을 환영했다.[9] 사실 풀턴도 1886년에 다소 같은 현상을 발견했지만, 그는 세이어가 그 주제를 더 깊이 파헤쳤다고 인정하고서 그의 후원자가 되어 세이어의 이론이 1902년『네이처』를 통해서 영국 대중에게 전해지도록 도왔다.

그에 앞서 세이어는 1898년에 영국을 방문하여 자신의 원리를 사람들에게 설명했다.

> 나는 새 모형(코르크로 만들어 색칠한 것)을 한 쌍씩 만들어서 유리 상자에 담아 옥스퍼드와 케임브리지에 하나씩 두었다.……회전하는 원반 위에 설치했는데, 한 마리는 전체를 배경과 같은 색으로 칠했고 다른 한 마리는 5-6미터 떨어진 곳에서 알아볼 수 없도록 그러데이션을 아주 잘 칠했다. 동물학자들은 보고서 희희낙락했다.[10]

세이어는 과학자가 아니었다. 그에게 과학자의 기질 같은 것은 전혀 없었다. 그는 이상주의자다운 열정을 가진 화가였는데, 거기에 몹시 불안정한 정신 상태까지 겹쳐서 자신이 찾아낸 것을 발견이라기보다는 계시라고 생각했다. 화가로서의 자기 눈앞에 펼쳐지는 광경에 거의 종교적으로 심취한 그는 곧 장엄한 망상에 빠졌다. 그는 자연계의 원리—방어피음—를 하나 발견하고서 자신이 고고한 식견을 가진 화가라는 자부심에 빠졌으며, 시러큐스에 있는 에버슨 미술관의 로스 앤더슨이 1982년에 세이어의 작품을 회고하면서 쓴 구절을 빌리면 "신을 직업상의 동료(비록 더 우월하기는 하지만)로"[11] 볼 수 있다고 느꼈다.

아들인 제럴드와 함께 쓴 대작『동물계의 은폐색』(1909)에 자신의 생각들을 정리하여 종합할 때쯤, 그의 예언자적 편협함은 정점에 이르러 있었다. 그는 과학자라면 결코 하지 못할 자화자찬을 했다. "우리 책은 이론이 아니라 라듐의 엑스선처럼 명백하고 논란의 여지가 없는 계시를 전한다."[12]

세이어의 지나치게 독단적이고 우스꽝스러운 주장은 사실 과잉 보상이었다. 젊었을 때부터 그는 자신의 그림을 인정받고 싶은 욕구가 강했고 아무도 없을 때도 누군가 자신을 적대시한다고 느꼈다. 동물학에 대한 연구성과를 내놓았을 때, 그는 과학개념의 수용 여부가 당사자가 표출하는 열정에 따라서 정해지는 것이 아니라는 사실을 이해하지 못했다. 그는 자신이 과학법칙을 발견했다는 점을 유달리 자랑스러워했고 그것을 발견한 사람이 예술가라고 뿌듯해했다. 그는 자제하지 못하고 종종 내뱉고는 했다. "물론 그런 모방을 판단하는 사람은 예술가이다. 따라서 나는 전문가로서 모방 여부를 판결한다."[13] 위장이라는 왕국을 다스릴 권리를 놓고 예술가와 생물학자가 다툼을 벌이기 시작한 것은 바로 세이어 때문이었다.

그 주제 전체가 엉뚱한 관리자의 수중에 들어가 있었다. 오직 동물에 딸려 있으므로 동물학자의 영역에 속한다고 여겨져왔다. 그러나 그것은 당연히 회화의 영역에 속하며, 화가만이 해석할 수 있다. 그것은 전적으로 착시를 다루므로, 화가 인생의 핵심에 놓인다.[14]

왜 "화가만"일까? 적어도 이런 해석 중 일부를 배울 수 있는 과학자는 왜 안 될까?

화가로서 세이어는 그 논제를 자기 수채화를 통해서 보여주었다. 그는 동물의 생애에서 아마도 가장 완벽하게 은폐되는 한순간을 보여주겠다는 듯이 배경과 완벽하게 뒤섞인 동물 그림들을 그렸다. 물론 그 동물들은 생애의 대부분의 시간에는 1킬로미터 밖에서도 뚜렷이 보였지만 말이다.

대다수 사람들은 수컷 공작의 모습이 성적 과시의 극단적인 사례라고 본다. 사실 수컷 공작 꼬리의 장엄한 부채 무늬는 색깔이 화려하다는 점뿐만 아니라 거추장스러울 만큼 무겁고 공기역학적이지도 않다는 점에서 생존에 불리한 듯하다. 그럼에도 그런 꼬리가 있는 것은 짝을 얻기 위해서라고 본다. 그러나 세이어는 수컷 공작이 절묘하게 위장되어 있다고 믿었다. 그는 그렇다는 것을 보여주기 위해서 숲길에 서 있는 공작의 수채화를 그리고 설명을 달았다.

> 공작의 화려함은 숲의 색채와 무늬를 "지우는" 디자인들의 경이로운 조합이 빚어내는 효과이다. 숲 사이로 드는 햇빛의 금록색에서 그늘에 있는 보라색 윤기를 띤 잎들의 색조, 햇빛이 닿은 나무껍질이나 흙의 구릿빛 광택에 이르기까지, 숲의 상상할 수 있는 모든 색조가 이 새의 의상에서 발견된다. 그리고 그 색깔들은 공작을 인간의 모든 분석을 초월하는 수준으로 경관에 "녹아들게" 한다.[15]

이제 우리는 궁금해진다. 공작 수컷이 그토록 위장이 잘 되어 있다면, 칙칙한 암컷은 그렇지 못하다는 말일까? 대다수의 관찰자는 정반대라고 생각했다.

세이어가 그린 가장 기묘하면서 그를 영구히 조롱거리로 만든 작품은 저녁노을을 배경으로 "위장한" 채 호수에서 먹이를 찾는 홍학들을 그린 것이었다. 세이어는 말한다.

> 전통적으로 "눈에 확 띄는" 이 새는 가장 중요한 순간에 체색을 통해서 완벽하게 자신을 "지운다." 그들은 사람이 으레 그들을 보는 위치인 위에서 보았을 때는 대부분 눈에 잘 띄지만, 그들의 체색은 이른 아침과 저녁의 붉게 물든 하늘을 배경으로 "소실되는" 데에 경이로울 만큼 적합하다.[16]

홍학은 얕은 짠물 호수에 목을 집어넣어 먹이를 먹지만, 그들이 붉은 하늘을 배경으로 사라져야 할 이유는 전혀 없다. 세이어의 친구인 화가 로열 코티소즈는 홍학을 위장의 최고 사례라고 찬양하는 세이어의 기이한 태도를 설득력 있게 해명했다. 서인도제도에서 홍학들이 먹이를 찾는 모습을 관찰할 때 세이어가 "사실 이상의 것을 보고" 있었다는 것이다. "그는 '엄청난 마법'을 보고 있었고, 그의 내면에 있는 화가는 전율했다."[17]

오늘날 세이어의 책을 읽으면 기이한 경험을 하게 된다. 그는 모든 생물이 완벽하게 위장되어 있다는 개념에서 출발하여 그것이 실제로 어떻게 작용하는지를 보여주려고 했다. 그는 많은 사진을 싣고서 그 사진들에서 동물의 모습이 "사라졌다"고 주장했다. 그러나 사진들은 그와 정반대라는 것을 보여주고 있었다. 독자가 보기에는 세이어가 마치 자기암시를 하는 듯하다. 그는 이것이 완벽한 위장이라고 확신하고서 독자들도 믿으라고 강요하려고 애쓴다.

세이어는 모든 것이 위장되어 있다고 보았기 때문에 동물이 경고색을 띤다는 주장을 결코 받아들일 수 없었다. 그러나 스컹크나 말벌처럼 경고신호를 보내는 동물들 때문에 그는 가장 어처구니없는 주장을 펼치고 말았다. 말벌은 "햇빛과 그늘에 잠긴 녹색 식생과 노란 꽃이라는 평균 배경에 놓일 때 근원적으로 그리고 아주 철저히 지워진다."[18] 그러나 모든 어린아이(그리고 모든 동물)는 말벌의 노랑과 검정 띠무늬를 침을 가졌다는 경고로 해석하고 두려워하는 법을 배운다. 햇빛이 비쳐 얼룩덜룩한 경관에서 말벌은 배경과 뒤섞일지도 모르지만, 띠무늬는 그것을 위한 것이 아니다.

세이어는 철저히 다원주의적이었지만, 그의 자연선택은 단 한 가지 전략만 가진 것이었다.

먹거나 먹히는 모든 동물의 색깔과 무늬는 무엇이든 간에 모두 특정한 정상적인 환경에서 지워진다.……"의태" 무늬도 "경고색"도……"성선택된" 색깔도 세상에는 결코 존재하지 않으며, 그것이 그 동물의 상상할 수 있는 최고의 은폐 기구라고 믿을 이유는 전혀 없다.……나는 그것[방어피음]이 궁극적으로 다윈의 위대한 법칙의 가장 경이로운 형태로 인정받을 것이라고 믿는다.[19]

각주에서 "동물의 무늬가 사람들이 거기에 가져다 붙이는 목적의 대부분에 대해서 정도는 덜하지만 일부 기여하는 것은 분명하다"[20]라고 마지못해 인정하기는 했어도, 그는 의태 개념에 아예 관심이 없었다. 그는 아마존의 의태 나비인 헬리코니우스 멜포메네가 경고하는 색을 띤 것이 아니라 앉아 있을 때 잎으로 위장하는 것이라고 설명하기 위해서 한 문단을 할애한다. 그는 이렇게 주장한다. "나비 의태의 완벽한 사례는 사실 비교적 드물며 드문드문 나타나는 반면, '소실'은 보편적이고 나비들에게서 가장 다양하게 이루어진다."[21] 그는 헬리코니우스 나비가 무력하다고 생각했기 때문에 경고색 개념을 엉뚱하다고 생각했다. "아마 이 헬리코니우스는 꽃피는 큰 나무들의 꼭대기에서 매혹적인 잔치를 벌이다가 원하는 모든 새의 손쉬운 먹이가 될 것이다."[22]

세이어는 특히 베이츠 의태에 대해서 극도로 반대했다. 그는 버뮤다에서 식구들과 휴가를 보내고는 했는데, 그곳에서 이국적인 야생생물들을 접했다. 1903년, 그는 베이츠의 의태 이론을 논박하겠다는 목적을 내세우면서 가족을 데리고 그 섬으로 탐사를 갔다. 그의 딸 글래디스는 이렇게 적었다.

아버지의 특수 임무는 나비를 맛보는 것이었다! 그것은 아버지의 절친한 친구, 옥스퍼드의 풀턴 교수님의 의견을 반증하기 위해서였다. 풀턴 교수님은 스스로를 보호하기 위해서 나쁜 맛을 가지는 나비와 비슷한 무늬와 색깔을, 무해한 나비 같은 곤충이 자연선택을 통해서 획득했음을 보여주려고 애쓰면서 의태 이론을 입증할 두꺼운 책을 여러 권 썼다. 아버지는 실제로 나비들을 맛보았는데, 맛에서 아무런 차이도 발견하지 못했다.[23)]

나쁜 맛이 나는 나비 문제는 이 책 전체에서 계속 나올 것이다. 지금으로 서는 이런 나비의 맛에 대한 사람의 반응—자연선택이 결코 다룰 필요가 없었던 것—이 최종 결론일 가능성은 거의 없다는 점만 말해두기로 하자.

세이어의 극단적인 보호론이 가진 문제는 생물이 목숨을 구할 수도 있을 한순간에만 완벽하게 배경과 뒤섞이며, 따라서 자연선택이 작용할 수 있다고 믿었다는 점이다. 그러나 자연선택이 작용하려면 멈춘 시계가 하루에 두 차례 맞는 식의 변덕스러운 우연의 일치가 아니라 통계적으로 의미 있는 횟수만큼 배경과 뒤섞여야 할 것이다.

세이어는 예시의 힘을 지나치게 믿었다. 그는 사람들이 보기만 하면 믿게 될 것이라고 주장했다. 1910년 가을 그는 워싱턴 스미스소니언 박물관에서 시연을 했다. 그는 그냥 관람하기보다는 참여하라고 요구했다. 친구인 화가 로열 코티소즈는 현장을 이렇게 전했다. "잊지 못할 주된 전시물은 젊은 가지뿔영양의 박제였는데, 우리가 그 적을 향해서 진군하면 세이어는 그 박제를 들어서 멍에를 쓰듯이 머리와 어깨에 올렸다."[24)] 그는 동료들에게 땅에 누워서 하늘을 배경으로 가지뿔영양을 보라고 요청했다. 그들은 고개를 저었다.

세이어의 문제점은 자연의 어떤 타당하고 진정한 원리가 반드시 보편적이어야 한다고 가정한 데에서 비롯되었다. 꼭 그렇지는 않기 때문이다. 생물학은 예외의 사례로 가득한 과학이다. 그러나 그가 아무리 자기 생각의 범위를 확장했다고 하더라도, 핵심적인 진리는 남아 있다. 방어피음 원리는 살아남아서 지금도 "세이어의 법칙"이라고 불린다.

세이어는 위장의 두 번째 메커니즘도 간파했는데, 그것을 "분단색

(ruptive coloration, 지금은 disruptive coloration)"이라고 했다.[25] 은폐색보다 분단색이라는 말을 쓴 이유는 큰 동물과 작은 동물 사이에 근본적인 차이가 있어서였다. 곤충은 특히 주변환경과 완벽히 뒤섞일 수 있고 종종 장시간 꼼짝하지 않음으로써 더욱 눈에 띄지 않을 수 있다. 그러나 큰 동물의 윤곽을 은폐하는 것은 전혀 다른 문제이다. 여기에는 다른 원리가 필요한데, 그것이 바로 분단색이다. 동물의 모양을 임의적으로 보이는 커다란 색깔 덩어리로 쪼개면, 동물 특유의 윤곽을 어느 정도 흐릿하게 할 수 있다. 사람은 커다란 동물이며 그들이 만든 인공물은 종종 더 크므로, 사람의 위장에는 총 비가시성보다 이 원리가 더 중요하다.

분단색은 어떤 의미에서 방어피음 및 배경에 뒤섞이는 표면 무늬와 정반대이다. 동물을 커다란 무늬로 "칠하여" 윤곽을 쪼갠다는 개념이다. 이 기법이 기존 형태로부터 흥미로운 새 무늬들을 만들어낸다는 점에는 의심의 여지가 없으며, 때로 일부 생물에게서는 그것이 어떻게 작용하는지 쉽게 알아볼 수 있다. 가봉살무사(*Bitis gabonica*)를 보면 납작한 머리가 들쭉날쭉한 두 덩어리로 쪼개지고 굵은 밧줄이 등을 따라서 뚜렷이 뻗어 있는 것 같다. 낙엽이 깔린 땅에서는 이 뱀의 윤곽이 사라지기 쉽다.

세이어는 스컹크가 분단색을 드러낸다고 보았다. 그는 분단색을 "동물의 몸에 아무렇게나 나 있는 것 같지만 실제로는 엄격한 변장 법칙에 따라서 배치된, 대비되는 그늘과 색깔 덩어리들이 이루는 뚜렷한 무늬"[26]라고 정의했다. 따라서 세이어가 보기에 스컹크는 사실상 위장한 것이었다. "오랫동안 자연사학자들이 경고하기 위한 눈에 확 띄는 특징(악취를 뿜는 방어기구가 있다는 선언)이라고 믿었던……스컹크의 무늬는 사실 보편적인 연막색(obliterative coloration)이다."[27] 그는 "경고하기 위한 눈에 확 띄는 특징"이 폐기되어야 할 낡은 이론에 불과하다고 하면서, 대신 세이어의 보편적인 연막색 법칙을 제시했다. 이 해석에 따르면, 스컹크의 흰 부분은 작은 먹이가 아래에서 올려다볼 때 밝은 하늘과 뒤섞인다. 그리고 이 스컹크 위장 이론이 "우리 사진들을 통해서 의심의 여지 없이 입증되었으며, 독자들도 동의할 것이다"라고 했다. 그러나 스컹크가 앞다리로 일어서서 꼬리를 펼치고 흑백색의 몸을 드러내면서 악취를 뿜기 직전의 공격자세를 취한 사진을 본 사람이라면 세이어의 말을 곧이곧대로 받아들일 독자가 될 가능성이 적다.

세이어는 분단색을 띠는 바닷새의 사례를 여럿 제시했다. 예를 들면 바다오리는 등이 검고 배가 하얀, 일종의 음양 배치를 보인다. 세이어는 말한다. "하늘(혹은 밝은 하늘이 비치는 바다)을 배경으로 볼 때 바다오리는 말하자면 밝은 부분을 '잃는다.' 또 그늘진 암석을 배경으로 볼 때는 어두운 부분을 '잃으므로' 그들의 새처럼 생긴 윤곽은 위장된다."[28] 문제는 비록 그 무늬가 바다오리를 둘로 나누고 바다오리가 한 마리라면 바위나 암석이라는 배경에서 쉽게 사라질 수 있다고 할지라도, 그의 사진이 보여주듯이 번식지의 바위 더미에는 바다오리가 수만 마리씩 몰려 있다. 그렇게 우글거리는 무리는 "배경으로 녹아들" 수 없다.

세이어처럼 도발적인 개념을 내놓는 사람은 적수를 만나기 마련이었다. 그는 미국의 한 유명인사의 혐오 대상이 되었다. 바로 시어도어 루스벨트(1859-1919)였다. 루스벨트는 미국의 제26대 대통령으로서 1901년부터 1909년까지 재직했고, 독립심이 강한 열정적이고 인기 있는 인물이었다. 1909년에 퇴임한 뒤 그는 동물 사냥에 열정을 쏟으면서 많은 시간을 보냈고 『아프리카 수렵 여행(*African Game Trails*)』(1910)이라는 책도 냈다. 루스벨트는 천사의 날개를 단 여성을 그리는 화가의 이론에 관심을 가질 시간이 거의 없는 솔직하고 현실적인 사냥꾼이었다. 그는『아프리카 수렵 여행』의 부록 20쪽을 할애하여 세이어의 위장 개념을 공격했다.[29] 그 뒤로 둘은 잡지와 서신을 통해서 몇 년 동안 논쟁을 벌였다. 사태는 갈수록 더 악화되었다.

루스벨트는 곤충 같은 작은 동물이 때로 탁월하게 위장되어 있다는 점을 논박하지는 않았지만, 그런 무늬가 더 큰 동물들에게도 과연 효과가 있을지 의구심을 가졌다. "그 이론은 분명히 터무니없는 극단까지 밀어붙인 것이다."[30] 아프리카 사바나에는 숨을 곳이라고는 전혀 없다. "움직임이 아주 느리고 신중하지 않는 한, 동물이 움직일 때는 어떤 색 배열이든 별 쓸모가 없다."[31]

그들은 서로 한 치도 물러서지 않고 논쟁을 벌였다. 세이어는 가지뿔영양의 엉덩이에 있는 두 개의 하얀 반점이 윤곽을 지우는 역할을 한다고 믿었다. 루스벨트는 반박했다. "열 걸음 물러나든 열 걸음 다가가든 간에 그 반점은 그 사냥감을 잡은 적이 있는 가장 시력 나쁜 늑대나 쿠거의 눈에도 즉시 띌 것이다."[32] 루스벨트가 얼룩말이 사자 같은 포식자의 눈에 늘 잘 띈다고 주장하면, 세이어는 사자가 얼룩말을 1미터 앞에서 보는 것과 1.5미터 앞에서 보는 것은 너무나 다르다고 반박했다. 루스벨트가 세이어의 이른바 위장 생물 중 상당수가 환경과 조화를 이루는 시간은 생애 중 일부에 불과하다고 말하면, 세이어는 사자는 생애의 대부분을 빈둥거리며 보내므로 사자의 이빨과 발톱은 거의 쓰이지 않는데, 그렇다면 그런 기관이 먹이를 잡아먹는 데에 쓸모가 없다는 뜻이냐고 반박했다.

이 논증의 불합리한 점—사자는 한번 먹이를 잡아먹으면 며칠 동안 지낼 수 있으므로 이빨과 발톱은 명백히 생계수단이다. 그리고 먹이 좋은 환경과 기적적인 조화를 이루지 않는 매순간 취약하므로 위장이 생존의 주된 전략이 아닐 수도 있다—을 세이어는 알아차리지 못했다. 그는 진실에 도달하는 것보다는, 어떤 희생을 치르더라도 자기 자신을 옹호하는 쪽에 더 관심이 있었다. 그는 격한 감정을 토로하면서 자신을 방어하고는 했다. "내가 이해한 모든 분야에서 여태껏 내가 읽은 것들은 거의 100퍼센트 틀렸다."[33] "이런 사실들은 하나하나 모두 우리 생활의 일부이다."

세이어의 연구 중 루스벨트가 진심으로 인정한 측면이 하나 있다. 한

114

각주에서 그는 이렇게 썼다.

> 내친 김에 나는 세이어 집안의 여러분들이 새와 야생동물을 보호하는 탄
> 복할 일을 했음을 증언하고 싶다. 그분들이 그 일을 계속한다면 보호색
> 문제에서도 세상에서 원하는 것은 무엇이든 믿어도 될 자격이 있을 정도
> 로 훌륭하다.[34]

루스벨트가 말한 것은 조류 보호를 위해서 앞장선 세이어의 선구적인
업적이었다. 20세기에 들어설 무렵, 새의 깃털이 여성 모자의 장식품으
로 대단히 인기를 끄는 바람에(인간/동물 의태의 사소한 사례) 해오라기
와 제비갈매기 같은 몇몇 종은 멸종될 위기에 몰렸다. 세이어는 그들의
번식지를 보호구역으로 지정하자는 운동을 펼쳤다. 그는 미국 오듀본 협
회와 영국 왕립 조류 보호협회 같은 현대의 대규모 보전단체의 창설에
영감을 준 인물이었다.

루스벨트는 세이어가 얼룩말을 분단색의 정점이라고 여긴 것을 특히
통렬하게 비판했다. 사실 얼룩말은 지금도 논란거리로 남아 있다. 얼룩
말의 무늬가 몸을 분단하기는 하지만, 과연 쓸모가 있을까? 루스벨트는
얼룩말의 분단무늬가 갈대가 자라는 물웅덩이(세이어가 얼룩말을 그릴
때 선호하는 배경)에서 효과가 있으려면 얼룩말이 꼼짝하지 말아야 하는
데, 그런 일은 거의 일어나지 않는다고 했다.

분단색에 매료된 화가가 세이어만은 아니었다. 입체파─사람이나 사
물의 전통적인 윤곽을 파괴하여 기하학적 무늬를 만드는 기법─는 1913
년의 유명한 아머리 쇼(국제 현대미술전) 형태로 미국에 도입되었다.[35]
1913년 2월 17일에서 3월 15일까지 뉴욕에서 열린 이 전시회를 통해서
당시까지 보수적이었던 미국 예술세계에 유럽의 모더니즘이 갑작스럽게
침입했다.

이미 유럽 예술은 50년에 걸쳐 혁신이 이루어진 상태였는데, 그 혁신은 주로 화법 자체에 관한 것이었다. 즉 주제보다는 시지각과 개념화 쪽에서 혁신이 이루어졌다. 인상파는 윤곽을 희미하게 하고 정상적인 채색을 희생시켜서 변덕스러운 날씨 효과를 보여주는 색을 강조함으로써, 자연경관의 초점을 흐려서 부드럽게 만들었다. 쇠라는 칠과 붓질을 뒤섞기보다는 미세한 색깔 점을 수많이 찍어서 색채의 조화를 빚어냄으로써 화학자 미셸 외젠 슈브뢸(1786-1889)의 과학이론을 실험했다. 색 자체는 더 중요해졌으며 반 고흐는 생생한 환각을 보는 듯한 그림을 그렸다. 선사시대의 동굴 화가 이래로 유럽 예술에 없었던 거짓 색, 평면화한 원근감, 윤곽의 양식화가 1904-1905년경에 마티스와 드랭 그리고 그들의 추종자들에게서 나타났다. 이 집단은 예술의 법도를 내던지고 화려한 색깔과 뭉뚱그린 윤곽을 선호한 유례없는 화법 때문에 야수파라고 불렸다. 피카소와 마티스 같은 화가들이 아프리카 미술을 발견하면서 양식화는 더욱 강화되었다. 마지막으로 1911년경 러시아 화가 바실리 칸딘스키의 작품에서 순수 추상이 나타나기 시작했다.

위장의 관점에서 볼 때 가장 중요한 예술운동은 1907년 피카소가 여성들의 모습을 일그러지게 그린 「아비뇽의 처녀들」을 내놓은 뒤에 발전한 입체파였다. 이런 운동의 다수에서 두드러졌던, 색채 자체를 위해서 색채를 추구하던 경향은 입체파에서 역전되었다. 입체파는 다소 탁한 녹색과 갈색 계열, 즉 흙의 색깔과 위장의 색을 주로 썼다. 인상파가 시각 세계를 많은 색이 겹친 것으로 보았다면, 입체파는 그것이 삼각형, 사다리꼴 같은 기하학적 면으로 이루어졌다고 보았다. 비록 입체파 그림에서는 언제나 대상을 알아볼 수 있기는 했지만, 대상의 기하학적 변형이 심해져서 때로 그림이 추상화에 가까워지기도 했다.

회화 외에 음악과 특히 문학에서의 모더니즘 운동은 르네상스 이래로 예술이 가장 크게 꽃을 피운 사례였다. 세이어와 그의 미국인 동료 화가 중 몇몇은 그 운동을 그저 외면하거나 일정한 거리를 두어야 하는 일탈적인 사례로 보았다. 뉴욕이 전위파의 세계수도로 부상한 것은 그로부터 40년이 더 지난 뒤였다.

마티스, 뒤샹, 피카비아, 피카소, 세잔, 브라크를 비롯한 화가들의 작품이 전시된 아머리 쇼는 1910년 로저 프라이의 후기 인상파 전시회*가 런던 미술계에 끼친 것과 똑같은 효과를 일으켰다. 젊은 예술가들은 흥분에 휩싸인 반면 속물들과 나이든 예술가들은 비난하고 나섰다. 아머리 쇼에서 가장 논란이 된 전시물은 마르셀 뒤샹의 「계단을 내려오는 누드」였다. 한 평론가는 다소 재치 있게 "지붕널 공장에서 폭발이 일어난"[36] 광경을 그린 것 같다고 했다.

세이어와 친구들은 끔찍해했다.[37] 로열 코티소즈는 "냉소적인 인물들의 주도자"로서 그들을 "세계를 뒤엎으려고" 하는 "멍청한 테러범들"이라고 혹평했다. 처녀의 경건한 "천사화"를 추구하는 세이어와 현실을 다면적인 얼굴의 형태로 야만적으로 파괴하는 입체파 사이의 거리는 더할 나위 없이 멀었다.

세이어는 그림의 시각적 표현과정—빛과 그늘, 착각을 일으키는 기법에 관한 지식—에 매우 관심이 많았으므로, 그 관심이 이런 흥분 가득한 발전으로 이어지는 다리가 되었을 법도 하지만 그는 거부하는 태도를 보였다. 자연을 분석하는 사람과 천사 날개를 단 여성을 캔버스에 그리는 사람의 심적 태도는 크게 달랐다. 그러나 입체파에 그렇게 감정적으로 반감을 가지지 않았다면, 세이어는 분단색과 윤곽을 면으로 나누는 입체파 사이에 연관성이 있음을 알아차렸을지도 모른다. 입체파와 분단

---

* 프라이의 전시회 "마네와 후기 인상파"에는 세잔, 고갱, 반 고흐, 피카소, 마티스의 작품도 전시되었다. 아마 아머리 쇼보다 더한 난리가 벌어졌을 것이다. 윌프리드 스코윈 블런트는 화를 내며 소리쳤다. "변소 벽에 쓴 음란한 낙서처럼 유치하기 짝이 없다."[38]

색이 몇 가지 면에서 크게 다른 것은 분명하다. 입체파는 미학적 이유로 2차원 화면을 의도적으로 쪼개는 것인 반면, 분단색은 3차원 생물의 형태를 위장시키는 자연의 방식이다. 그러나 1913년에 이 두 기법은 전쟁이라는 같은 목적을 위해서 수렴되려고 하고 있었다.

세이어는 앞으로의 전쟁이 착시기법을 필요로 하리라는 점을 알아차린 많은 화가 중 한 명이었고 몇몇 동물학자들도 그랬다. 세이어의 분단색과 그림의 정상적인 2차원 효과를 왜곡하는 입체파의 기법은 둘 다 그 목적에 쓰일 수 있었다. 그러나 입체파가 아머리 쇼를 통해서 주목을 받을 때, 세이어의 눈에는 오직 입체파가 자신의 고상한 예술적 이상을 거부한다는 점만 보였고, 그런 이상이 없으므로 이 예술가들은 그저 "한쪽 극단에서 반대쪽 극단으로 점점 더 크게 좌우로 흔들리는 것"[39]을 보여줄 뿐이라고 생각했다. 전쟁이 터졌을 때, 세이어는 선교사 같은 열정을 드러내면서 군 당국자들에게 자신의 위장 원리를 가르쳤다. 파리에서 온, 상궤를 벗어난 예술운동도 전쟁에 기여할 수 있다는 생각이 그에게는 전혀 떠오르지 않았을 것이다.

6

위장 도색 : 제1차 세계대전

영국이 이런 사실들을 알아차린다면 일주일이 지나기 전에 전력이 3배로 늘 것이다. 일주일은 해군 전체, 원재, 밧줄 등 모든 것을 모조리 순백색으로 칠하는 데에 걸리는 기간이다.[1]

— 애벗 핸더슨 세이어, 1916

20세기에 벌어진 두 차례의 세계대전 때 놓인 전선 중에서 좀더 고상한 것이 하나 있다. 위장이라는 왕국의 지배권을 차지하려는 예술가와 자연사학자 사이에 놓인 전선이었다. 전투에서의 착시는 자연세계에서 출발한다. 나비, 거미, 사마귀를 비롯한 동물들은 생존경쟁을 벌일 때 위장전술을 사용한다. 그러나 3차원 형상이라는 환각을 빚어내는 2차원 이미지를 만드는 표현기법은 예술가의 영역이다. 그리고 사람의 목숨이 걸린 전쟁에서는 자연사학자와 예술가 모두가 위장이 실제로 효과가 있다는 확신을 완고한 군인들에게 심어주어야 했다.

제1차 세계대전 때 위장의 주요 전도사는 두 사람이었다. 한 명은 당연히 애벗 세이어였고 다른 한 명은 스코틀랜드 동물학자 존 그레이엄 커 (1869-1957)였다. 커가 세이어의 원리를 받아들이고 지지했기 때문에 적어도 이 두 사람은 사이가 좋았다. 세이어는 자연에서 나타나는 위장의 힘을 우스꽝스러울 정도로 지나치게 믿었을지도 모르지만, 그의 방어피음과 분단무늬 원리는 인간의 전쟁에 유용할 수 있었다. 1898년 미국과 스페인 사이에 전쟁이 일어났을 때, 세이어는 자연 위장의 전문가로서 미국 해군의 요청을 받아 함선을 위장하는 방법을 제시했다. 그 당시에는 아무런 성과가 없었지만, 1902년 세이어는 가까운 친구인 화가 조지 드 포리스트 브러시(1855-1941)의 아들인 제롬 브러시(1888-1954)와 공동으로 "배를 비롯한 대상을 눈에 덜 띄게 처리하는 과정의 개선점"이라는 특허를 냈다.[2] 특허 서류는 아주 간단했으며, 배에 방어피음 원리만 적용한 것이다. 자연적인 빛과 그늘을 상쇄시키려면 위를 향한 면은 검게, 수직면은 밝게, 아래를 향한 면은 아주 밝고 되도록 흰색으로 칠해야 한다는 것이었다. 곡선 표면은 알아차릴 수 없을 정도로 조금씩, 짙은 색에서 밝은 색으로 바림질해야 했다. 포신 같은 구조물은 특히 더 그래야 했다.

세이어는 흰색이 해상에서 위장의 핵심이라고 믿었는데, 그 생각은 심한 논란거리가 되었다.[3] 그의 견해는 1912년 4월 14일 밤, 타이타닉 호가 침몰하면서 널리 알려졌다. 그는 통상적인 견해와 정반대로 큰 빙하의 흰색이 밤에 눈에 더 잘 띄지 않는다고 주장했다. 오히려 밤—혹은 구름이 짙게 깔린 낮에도—에 흰 물체가 바다에서 찾아내기가 가장 어렵다는 것이었다. 이 생각은 두 번의 세계대전 내내 열띤 논란거리가 되었다.

존 그레이엄 커는 1902년부터 1935년까지 글래스고 대학교의 동물학 교수로 재직하다가 사직한 뒤에 스코틀랜드 대학교들을 대표하는 국회의원이 되었다. 그는 풀턴과 세이어의 방어피음과 분단("현혹하는")색의 원리를 받아들였다. 그는 배도 무척 좋아했고, 1895년에는 레이븐 호라는 요트를 타고 새로 개통된 킬 운하를 항해하다가 전형적인 회색으로 칠한 프랑스와 독일의 전함을 보고 "인간이 전쟁에 쓰는 위장술이 동물계에서 자연이 이룩한 수준에 훨씬 더 미치지 못한다"[4]는 깨달음을 얻었다.* 이 순간은 커에게 인생의 전환점이 되었고, 전쟁이 터지자 그는

---

* 이 글은 커가 1941년에 쓴 것이다.

당시의 해군장관 윈스턴 처칠을 시작으로 당국자들에게 위장에 관한 조언을 쏟아내기 시작했다. 1914년 9월 24일 커는 처칠에게 "원거리에서 배의 가시성을 줄이는 방법"을 개괄한 3쪽짜리 문서를 보냈다.[5] 동봉한 편지에 그는 케임브리지 동물학 박물관에 와서 세이어의 새 모형을 보면 "단계적 음영의 요점을 즉시 이해할 수" 있을 것이라고 다소 낙관적으로 썼다. 그렇게 하여 바다에 뜬 배를 위장할 최선의 방법을 찾으려는 열띤 경쟁이 시작되었다.

커의 문서는 세이어의 연구에 크게 의존하고 있다. 그것은 배경의 색깔과 명암을 그대로 본뜨면 배가 눈에 띄지 않을 것이라는 통설을 비판하면서 시작한다. 그러면서 방어피음(커는 "보상피음[補償被陰, compensating shading]"이라고 했다)과 분단무늬라는 세이어의 두 원리를 강하게 옹호한다. 커는 동물에 대해서는 길게 다루지 않는다. 그는 자연에 나타나는 위장의 일반 사례를 다룬 뒤, 방어피음 원리라는 추상적인 개념으로 넘어갔다가 마지막으로 배에 대해서 논의한다. 커는 배의 상부에 짙게 그늘이 지는 부위를 지우려면 그런 부위를 밝은 흰색으로 칠하고, 밝게 비치는 부위는 회색을 칠한 뒤에 양쪽 사이를 매끄럽게 바림질하라고 주장한다. 대형 화포는 위쪽은 회색, 아래쪽은 순백색으로 칠하고 그 사이를 바림질하라고 한다. 이 주장들은 모두 세이어의 표준 이론과 일치하는 것이다.

그다음에 커는 분단무늬로 넘어간다. 그는 얼룩말을 예로 들면서 배의 윤곽을 흰색 덩어리로 나누라고 권한다. 또 돛대 문제에 많은 지면을 할애하여, 가장자리가 불규칙한 흰색 띠로 돛대의 수직선 형태를 나누라고 한다. 돛대의 위장은 배를 눈에 덜 띄게 할 뿐만 아니라 "정확한 범위 식별을 크게 어렵게 할 목적"을 가진다. 문서는 "흰색 얼룩을 통해서 윤곽의 연속성을 완전히 파괴하라"는 강력한 권고를 되풀이하는 것으로 결론을 내린다.

커가 처칠에게 보낸 편지는 1915년 7월에야 수신 확인이 되었지만 해군부는 진작 그의 권고안을 받아들여 행동을 취했다. 1914년 12월, 그는 "일반 명령을 통해서 비밀리에 전 함대에"[6] 자신의 체계가 전달되었다는 말을 들었다. 당시 해군에 복무하던 예전 학생이 확인해준 것이다. 그 학생은 커의 체계가 "승선한 동료 장교들 사이에 큰 관심을 불러일으켰으며, 감히 말하지만 모두가 선생님의 말씀, 특히 정확한 범위 식별을 크게 어렵게 할 것이라는 점에 진심으로 동의했습니다"[7]라고 썼다.

그러나 커는 공식적인 답신을 거의, 아니 전혀 받지 못했고, 자신의 체계가 개별 함장에게 맡겨짐으로써 제대로 실행되지 못하지나 않을까 걱정했다. 1915년 여름방학 기간에 그는 "최근에 함선 한두 척에서 본 것으로 판단할 때 그들이 정말로 가능성을 최대한 활용하는지 의구심이 듭니다"[8]라고 하면서 해군부에 복무하면서 위장 연구를 감독하겠다고 제안하는 편지를 썼다. 그는 다시 처칠에게 편지를 써서 어느 배가 위장을 가장 잘 했는지 대회를 열어 판정하자고 했다. 물론 판정자는 당연히 자신이었다. 그러나 1915년 7월, 해군부는 "다양한 시도들이 이루어져왔으며, 빛과 환경조건의 범위를 고려할 때 동물 유추를 토대로 한 이론은 무엇이든 간에 상당한 수정을 거쳐야 한다"[9]고 알려왔다. 무엇이 채색에 대한 최상의 계획인지 이미 결정이 내려졌으며(단조로운 회색이었다), 그것으로 그 문제는 종결되었다.

그러나 커는 세이어 못지않게 독단적으로 들리는 내용의 편지를 계속 보냈다. "내가 지금까지 쓴 내용이 엄연한 과학적 사실임을 깨닫게 될 겁니다."[10]

1916년 6월, 커는 처칠에게 다시 편지를 썼다.[11] 연막색에 관한 제안에 관심을 가져주어서 감사하다고 하면서 한편으로는 "귀하의 사업계획이 거의 무용지물이 되었다"고 한탄하는 내용이었다. 커의 말은 자신의 배 위장 체계를 선장들에게 회람하면서 내키는 대로 제멋대로 해석하도록 했다는 뜻이었다. 그런 뒤에 그는 항공기 쪽으로 관심을 돌려서 로이드 조지에게 항공기의 아래쪽을 검게 칠하더라도 기존의 완전한 검은색이 아니라 야간공격용은 "가장 섬세한 검은 우단 색깔"로 칠하고 주간공격용은 흰색으로 칠하라고 권고했다.[12] 그러나 이때쯤에는 아무도 커의 말에 귀를 기울이지 않았다.

세이어는 전쟁이 터지자 커보다 훨씬 더 동요했다.[13] 미국은 2년이 더 지난 뒤에야 참전을 했기 때문에, 그사이에 그는 영국 전쟁부에 육지와 바다 양쪽에서 자신의 위장 방법을 채택하라고 촉구했다. 1915년 2월, 세이어는 커의 선례를 따라서 처칠에게 편지를 썼다. 잠수함을 방어피음된 고등어처럼 칠하면 물고기 떼처럼 흐릿하게 보일 것이라고 흥분하여 썼다. 그리고 바다 위에 뜬 배는 하얗게 칠하라고 탄원했다.

커의 착상과 마찬가지로 세이어의 구상도 해군부 서류들의 미로에 빠졌지만, 그래도 외면당하지는 않았다. 세이어는 전쟁부에 있는 친구인 버나드 제임스 대령에게 도움을 요청했다. 그리고 당시 런던에 살고 있던 미국 화가 존 싱어 사전트(1856-1925)에게도 도움을 얻기로 했다.

세이어 구상의 가장 기이한 점은 그것이 어류도, 다른 어떤 동물도, 배도 아닌, 햇빛이 비치는 버뮤다의 집들을 찍은 사진에서 영감을 받았다는 사실이었다.[14]

그 집들은 난간부터 굴뚝 꼭대기까지 귀하의 상선들 위에 펼치도록 내가 제안했던 순백색 천막의 모습을 그대로 보여줍니다.……상선들을 덮은 이 가짜 지붕의 각도는 버뮤다의 이엉을 인 지붕의 평균 각도(내가 보기에 영국 이엉지붕의 각도와 비슷합니다)를 보고 쉽게 모방할 수 있습니다.

해군 원수 로드 피셔의 부관인 토머스 크리스 선장은 세이어와 커의 제안을 이렇게 평가했다.

이 별난 선박 도색 방법 중 몇 가지를 시도했다. 비슷한 과학원리에 토대를 두고서 말이다. 그러나 사실 요구조건은 빛, 하늘과 바다의 색깔, 특히 몇 시인지와 해가 어디쯤 있는지에 따라서 달라진다.……나는 그 제안들이 학술적인 관심사일 뿐 실용성은 없다고 본다.[15]

이것이 2년 동안 공식 입장이 되었다. 1915년이 저물어가면서, 세이어는 영국의 완고한 태도 때문에 심란해져갔다. 그가 제임스 대령과 사전트에게 보내는 편지는 점점 더 광적인 양상을 띠었다. 이윽고 11월에 그는 영국으로 가서 개인적으로 운동을 펼치기로 결심했다.

그렇게 하여 우스꽝스러운 숨바꼭질이 시작되었다. 세이어는 11월 13일에 영국으로 출발했고, 도착한 뒤에는 전국을 돌면서 시위를 벌였지만 결코 체류 주소를 남기지 않았다. 사전트는 그와 접촉할 수가 없었다. 전기작가는 세이어가 "어느 정도 열의를 잃었다"[16]고 썼다. "글래스고에서 그는 존 그레이엄 커를 만났고 마침내 자신의 말을 공감하며 들어주는 사람을 만나서 몹시 흥분했다." 그의 심리 상태는 옥스퍼드의 친구들에게 쓴 편지로부터 판단할 수 있다. "전면적인 거룩한 승리"[17]라고 말이다. 세이어와 커는 몇 가지 면에서 서로 비슷했고, 너무나 죽이 잘 맞는 바람에 세이어는 원래의 방문 목적까지 잊고 말았다. 전쟁부를 설득하겠다는 목적은 어디론가 사라졌다. 마침내 그와 연락이 닿은 사전트는 전쟁부가 세이어의 계획을 논의할 준비를 했다면서 빨리 런던으로 오라고 촉구했다. 그러나 세이어는 전쟁부에서 시달림을 받느니 스코틀랜드에 머물면서 승리의 환호성을 지르는 쪽을 택했다. 그는 늘 완전한 동의를 원했으며 어떤 것이든 간에 도전을 받으면 제대로 대처하지 못했다. 이윽고 그는 그냥 귀국길에 올랐다. 사전트는 1916년 1월에 이렇게 편지를 썼다. "대체 왜 그렇게 급하게 떠났는지 정말 궁금하군요."[18]

그러나 3월에 세이어는 다시 영국 해군부에 해군의 위장에 관한 조치를 취하라고 촉구했다. 처칠의 뒤를 이어 해군장관이 된 아서 밸푸어는 1916년 3월 23일 답신을 보냈다.

> 해군장관은, 함대작전 때 갑판이나 해수면에 가까운 어떤 위치에서 포 발사를 지휘하는 것이 아니라 적어도 갑판에서 3미터 높은 곳에서 가장 성능 좋은 쌍안경을 갖춘 장교가 지휘를 한다는 사실을 당신이 간과했을 것이라고 봅니다.[19]

전쟁부에 몇 차례 더 청원을 했지만 아무런 성과를 거두지 못하자 1916년 8월 세이어는 「뉴욕 트리뷴(*New York Tribune*)」에 당국의 재고를 촉구하는 글을 썼다.[20] 그는 영국의 한 교수가 자신에게 "귀하의 책이 우리 모두를 납득시켰습니다"라고 하면서 모든 자연사학자가 정부에 세이어의 방법을 채택하라고 청원을 하자고 촉구했다며 과장하여 썼다. 그러면서 다시 하얗게 칠하라고 하며 그에 대한 사례들을 숨 가쁘게 반복하여 제시했다.

이제 이 이야기에 새로운 화가가 한 명 들어오는데, 그는 자연세계의 위장에 대해서 무지했던 듯하다.[21] 그는 해양화가이자 삽화가인 노먼 윌킨슨(1878-1971)으로서, 전쟁이 나기 전에는 주로 『일러스트레이티드 런던 뉴스(*Illustrated London News*)』를 위해서 일했다. 윌킨슨은 배를 사랑한 전통 화풍의 화가였다. 전쟁이 터지자 그는 해군에 복무하기로 결심했고, 1915년 6월부터 재무관으로 일했다. 그는 다르다넬스, 갈리폴리, 지브롤터 등 여러 전선에서 잠수함 순찰선을 탔다. 1917년 그는 해군 의용 예비군 대위가 되어 영국으로 돌아와서 데번포트에서 수뢰를 제거하는 길이 24미터의 모터보트를 지휘했다.

1917년 봄의 주말에 윌킨슨은 데번의 호니턴으로 송어 낚시를 하러 갔다. 그는 그 휴일에 영감을 얻은 것이 분명하다. 해상에서 경험한 많은 것들이 그 여행을 계기로 하나의 생각을 싹틔웠기 때문이다. 4월의 월요일 아침에 데번포트의 해군 공창으로 돌아온 그는 곧장 지휘관을 찾아갔다.

……지극히 자연스럽게 떠오른 생각입니다. 그냥 떠올랐지요. 저는 화가 일 때 해양화가로 일했고 줄곧 바다에서 실제로 배를 연구했습니다. 당시에 순찰선을 탈 때도 그랬고 데번포트의 이 함정에서도 그랬습니다. 해군부의 모든 수송선박은 전체를 까맣게 칠했는데, 저는 오랫동안 그 문제를 깊이 생각했습니다. 검게 칠한다고 해서 배를 아예 보이지 않게 할 수는 없다는 것을 잘 알았기 때문에, 다른 방향에서 접근하면 될 수 있을 듯했습니다. 그러다가 단순히 아무렇게나가 아니라 배 전체를 뒤엎는 식으로 검은 표면을 흰색으로 나눌 수 있다면 어떨까 하는 창의적인 생각이 불현듯 떠올랐습니다.[22]

검은 표면을 흰색으로 나눈다고 하면 얼룩말이 떠오른다. 그러나 윌킨슨의 디자인은 비록 특정한 보트에 맞추어진 것이었지만, 얼룩말의 곡선 무늬가 아니라 흑백에 때로는 파란색과 녹색을 섞은 띠무늬를 엄격한 기하학적 패턴으로 배열한 거의 모든 변이 형태를 포함했다. 지금의 우리는 그 당시보다 흑백 무늬가 눈을 혼란시키는 힘을 더 잘 이해하고 있다. 1960년대의 옵 아트(Op art : 착시 현상을 이용하는 추상미술/역주)와 특히 브리짓 라일리의 그림 덕분이다. 어쨌든 윌킨슨은 시행착오를 거치며 착시에 대한 실험을 하고 있었다.

윌킨슨이 당시 세이어와 커의 개념을 알고 있었는지는 조금 의심스럽다. 전후에 그는 이렇게 썼다. "나는 모든 사람이 알고 있는 고대의 비가시성(非可視性) 개념, 즉 갈리아 전쟁을 다룬 옛 책에 실린 것 말고는 전혀 들은 바가 없다."[23]

표적의 인식 불능 또는 혼동과 대치되는 비가시성이라는 개념은 전쟁이 끝난 뒤 위장 도색(dazzle painting)을 누가 창안했는지를 놓고 벌어진 다양한 주장들을 판단할 때 핵심문제가 되었다. 위장 도색이 비가시성을 목표로 한 것이 아니라면 무엇이란 말인가? 그러나 윌킨슨의 개념은 의미가 조금 달랐다. 분단색이 잠수함에서 잠망경으로 배를 본 뒤에 겨냥하여 어뢰를 쏘려고 할 때 배의 침로를 판단하기 어렵게 할 수 있다는 것이었다. 즉 커의 주요 목표였던 장거리 포 공격을 피하는 데에 도움을 주겠다는 의도가 아니었다. 사실 윌킨슨은 위장 도색이 상황에 따라서는 배를 더 눈에 잘 띄게 하여 더 취약하게 만들 수도 있다고 인정했다. 그래서 그는 분단무늬가 잠수함에서 표적을 겨냥할 때 혼동을 유발한다는 주장의 이론적 근거를 이렇게 적었다. "전반적인 목표는 원근감과 색깔을 이용하여 뱃머리가 더 멀어지게 보이고 고물이 눈앞으로 더 다가와 보이도록 한다는 것이었다."[24] 다시 말해서 분단무늬는 열차와 나란히 움직일 때 열차가 정지해 있는 듯이 느끼는 것과 거의 같은 착시를 일으켜야 한다는 것이었다.

윌킨슨은 잠수함의 공격을 피하는 것이 목적이라면 보호할 배는 상선 뿐이라고 보았다. 비록 위장은 나중에 전함에도 적용되었지만, 윌킨스는 거기까지는 주장하지 않았다.

그의 구상은 데번포트에서 환영을 받았고 1917년 4월 27일에 그는 자신의 계획을 전쟁부에 제출했다. 기나긴 세월 동안 문을 열어달라고 계속 두드렸지만 거부당하기만 했던 커와 달리, 윌킨슨은 자물쇠를 따는 요령이 있었다. 그는 해군과 예술계 양쪽에 모두 접촉했다. 전쟁부는 그에게 위장 부대를 설치할 권한을 주었지만, 시설과 직원을 제공할 여력은 없었다. 그는 다시 연줄을 동원하여 왕립 아카데미로부터 도움을 얻었다. 새 부대가 들어갈 공간을 지원받기로 했다.

그렇게 하여 윌킨슨은 런던 피커딜리에 사무소를 냈다. 그는 동료 화가들을 몇몇 끌어 모아 그들을 해군 의용 예비군 장교로 임관시켰다. 왕립 아카데미는 일손을 도울 여학생 20명 정도를 지원했다. 1917년에 유보트가 상선들을 공격하면서 상황이 걷잡을 수 없는 지경에 이르렀기 때문에 윌킨슨은 발 빠르게 움직여야 했지만, 전쟁부는 윌킨슨의 시범 디자인이 실용성이 있는지 보고서를 내라고 하면서 다시 발목을 잡았다. 세이어와 커의 구상은 "빠르게 헤엄치는 먼 바다의 물고기처럼 잠수함을 칠한다는 A. H. 세이어의 제안은 파란색 페인트로 시험을 거쳤음",[25] "윤곽의 연속성을 파괴하는 보상 음영을 통해서 가시성을 줄인다는 제안— 이 구상은 거의 또는 전혀 이점이 없음이 입증되었음(커)"이라는 평가를 받은 채 서류철에 마냥 잠자고 있었다. 반면에 윌킨슨은 빈틈없이 막후교섭을 벌인 끝에 상선 통제관(Controller General of Merchant Shipping, CGMS)으로부터 선박 50척을 주문받았고, 윌킨슨의 부대는 상선 통제관 산하 위장 도색과라는 공식부서가 되었다.

아마 윌킨슨의 가장 뛰어난 점은 일을 깔끔하게 마무리하는 능력이었을 것이다. 그리고 그는 일이 돌아가는 상황을 잘 아는 내부인이자 노련한 해군이었다. 반면에 커의 편지를 읽어보면, 누구에게 보내는 것인지도 잘 모른 채 자신의 원대한 생각에 심취해 있으며, 지나치게 걱정이 많은 외부인이 쓴 것이라는 느낌을 받는다. 아무튼 이유가 무엇이든 간에, 윌킨슨은 커가 제시한 구상을 밀쳐내고 위장 도색을 주류로 부상시켰다.

전쟁부와 윌킨슨 부대 사이의 연락장교로 일한 W. F. 웰치는 윌킨슨의 기법을 이렇게 묘사했다.

그는 아주 솜씨 좋은 모형 제작자였다. 왕립 아카데미에서 배의 모형을 깎아 돌림판 위에 올려놓고, 낮과 밤의 다양한 효과를 얻기 위해서 좌우에 뒤쪽에 적절한 막을 설치하고서 잠망경으로 들여다보고는 했다.[26]

윌킨슨은 브리스틀과 리버풀에서 활동하는 소용돌이파 화가 에드워드 워즈워스를 비롯한 화가들을 끌어들였다. 워즈워스가 어떤 역할을 했는지는 불분명하지만, 위장 도색과 그의 그림은 놀라운 연관성을 가진다. 역설적이게도 윌킨슨은 구식 사실주의 화가였지만, 그의 위장 도색 디자인은 대담하고 힘차며 양식화한 무늬를 주제에 적용하는 소용돌이파 화가들에게 영감을 주었다. 워즈워스는 더 복잡한 위장 도색 무늬들에는 별 관심이 없었다. 그가 원한 것은 띠무늬였다. 그는 1919년 초에 그린 「리버풀 드라이독의 위장 도색 배」라는 그림에 적용한 현혹하는 무늬로 가장 잘 알려져 있다. 이것은 전쟁이 발발한 이후에 그가 내놓은 첫 번째 작품이었다. 전시에 그는 목판화에 심취했고, 그중 일부는 그의 위장 도색 업무와 관련이 있었다.

1917년 10월 무렵에 윌킨슨의 부대는 국왕 조지 5세가 시찰할 정도로 확고히 자리를 잡았다. 국왕은 자신의 해양 전문지식에 자부심을 가지고 있었기 때문에 윌킨슨의 모형 배의 침로를 추측하려고 해보았다. 그는 배가 남미서로 향하고 있다고 추측했다가 전혀 다른 방향이라는 말을 듣자 믿으려고 하지 않았다. 그러나 실제로 배는 동남동으로 향하고 있었다.

1917년 4월 6일에 미국이 참전할 당시에는(중립국인 미국의 상선이 유보트에 침몰된 영향도 어느 정도 있었다) 이미 6종류의 배 위장 체계가 승인을 받은 상태였다. 가시성 감소와 분단의 혼합이 이런 무늬들의 이론적 근거가 되었다. 브러시(Brush)라는 무늬는 세이어의 친구인 제롬 브러시에게서 유래했으며, 이 무늬는 사실 은폐용 방어피음을 이용하는 세이어의 원리를 표현한 것이었다. 그러나 그것이 실제로 배에 적용된 증거는 전혀 없다.

상황은 1918년에 노먼 윌킨슨이 자문을 하러 미국을 방문하면서 변했다. 그는 해군 차관보이자 시어도어 루스벨트의 5촌으로서 훗날 대공황

기와 제2차 세계대전 때 대통령으로 재직할 프랭클린 루스벨트를 만났다. 당시 윌킨슨은 미국이 하는 짓을 보고 시큰둥했다. "거기에 갔더니 인부 5명이 30센티미터를 칠하는 데에 약 100달러를 받으면서 비가시성 계획을 하청받아 일하고 있었다."[27] "비가시성"에 중점을 둔 것은 세이어 때문이었다. 세이어는 밤이나 구름이 낀 낮에 함선의 선루가 하얀색이면 배를 보이지 않게 만들 수 있다고 믿었다. 1916년 「뉴욕 트리뷴」에 쓴 산만하고 중언부언하는 글에서 그는 이렇게 주장했다. "흐린 날씨에서 (조도가 균일한) 가장 밝아지는 순간에 하늘로부터 내리꽂히는 빛줄기로써 속일 수 있는 수직의 순백색은 하늘을 배경으로 할 때 식별이 거의 불가능하다."[28]

미국이 참전하자 세이어는 자신의 구상을 들이밀면서 루스벨트를 괴롭히기 시작했다. 1917년 7월 7일, 그는 잠수함을 다룬 한 신문기사를 보고서 수직 얼룩말 띠 위장이 나쁘다고 토로하는 편지를 루스벨트에게 보냈다.[29] 그는 늘 그랬듯이 수직으로 선 곳에는 순백색을 칠하라고 촉구했다. 그러나 이렇게 인정하기도 했다. "순백색의 수직 부분은 햇빛이나 달빛이 있을 때 너무 밝으므로, 빛이 있을 때는 적군이 보지 못하도록 잠수함의 수직 부분을 덮을 올이 굵은 검은 그물을 갖추면 됩니다." 루스벨트는 일주일 뒤에 그런 그물이 "실용성이 전혀 없다"는 내용의 답신을 보냈다.[30] 또 그는 영국 해군부가 커에게 답변한 것처럼, 모든 무늬는 어떤 특정한 빛 조건에서만 유용할 것이라고 지적했다.

세이어는 그 뒤로도 계속 편지를 보냈지만 루스벨트는 무응답으로 일관했다. 1918년 4월 세이어는 다른 전술을 시도했다.[31] 배를 한 척 골라서 덮개를 씌워보겠다는 것이었다. 루스벨트는 답신을 보냈다. "귀하가 말하는 방법의 기본 개념은 선박을 구름처럼 보이게 위장한다는 것이지요." 그것이 비실용적이라는 말을 되풀이한 뒤에 루스벨트는 미국과 영국의 해군이 이미 위장 도색체계를 이용하고 있다고 알려주었다.

그림 6.1 제1차 세계대전 때의 선박의 위장 도색. 두 배는 같은 침로로 관찰자를 향해서 다가오고 있지만, 위장 도색이 된 배의 뱃머리는 저 멀리 바다를 향해서 도는 듯하다(1919년 7월 21일자『조명기술 회보[*Transactions of the Illuminating Engineering Society*]』에 실린 에버렛 워너의 논문에서 인용).

윌킨슨이 루스벨트를 만났을 때, 루스벨트는 비가시성 구상에 못지않게 윌킨슨의 말에도 별 관심이 없었다. 그러나 윌킨슨은 발언할 기회를 얻었다. 윌킨슨은 한 미군 고위장성에게 위장 도색을 시연해보이면서 모형 배의 침로를 추측해보라고 했다. 앞서 영국 국왕 조지 5세처럼 그 장군도 엉뚱한 방향을 가리켰다. 장군은 화를 냈다. "이딴 식으로 칠한 배의 침로를 대체 어떻게 추측하라는 말이오?"[32] 물론 윌킨슨의 요지는 바로 그것이었고, 그 시연을 지켜본 모든 사람이 그 점을 알아차렸다.

미국 화가 에버렛 워너(1877-1963)는 윌킨스와 함께 일하면서, 어뢰를 발사할 때 쓰는 거리계를 혼란시키는 위장 도색무늬를 이용하는 것이 유일하게 쓸 만한 구상이라고 확신하게 되었다고 회고한다.[33] 겨우 35노트(시속 72킬로미터)로 나아가는 어뢰를 쏠 때 제대로 겨냥하려면, 어뢰가 도달할 때 표적이 어디에 있을지 추측해야 했다. 미국의 함선 중 상당수는 독일에서 온 것이어서 적군이 속도를 알고 있으므로, 정체를 알아보지 못하게 위장을 하는 한편으로 조준에 혼동을 일으키는 것(둘 다 하나의 위장 도색 무늬를 통해서 달성할 수 있었다)이 바람직했다.

워너는 미국이 위장 도색을 통해서 침로 인식 혼란의 이론적 근거를 발견하기까지 시행착오를 겪은 과정을 회고했다(그림 6.1). 위장 도색무늬는 배가 어느 정도 독립된 덩어리들로 나뉜 듯한 착각을 일으켰다. 그럼으로써 배가 직선 항로로 나아가고 있을 때도 뱃머리가 먼 쪽으로 도는 듯이 보이게 착각을 일으킬 수 있었다. 윌킨슨은 이것이 자연에 없는 속임수라고 믿었는데, 이 점은 전쟁이 끝난 뒤 위장 도색 발명의 우선권을 놓고 다툼이 벌어졌을 때 쟁점이 되었다. 사실 그는 일부 동물이 공격을 피할 의도로 가짜 머리와 눈꼴무늬를 가진다는 점을 모르고 있었다.

윌킨슨은 미국 배의 위장 계획을 맡아 추진했는데, 약 5주일 뒤에 초조해진 영국이 그를 소환하는 바람에 떠나야 했다. 귀국한 그는 처음으로 큰 좌절을 맛보아야 했다. 상선 선장들은 대부분 그의 체계에 찬성하고 그것의 배의 사기를 북돋을 것이라고 느꼈다. 그러나 지중해 함대의 몇몇 선장들은 흰색 페인트를 쓰면 달빛이 있는 밤에 공격받을 가능성이 특히 더 높아지므로 위험하다는 의견을 냈다. 1918년 7월 21일 지중해 함대의 영국 총사령관은 해군부에 위장 도색 계획에서 자기 함대는 빼달라고 요청하는 서신을 보냈다.[34] 지중해(선박들이 함께 움직이면 포착되기 쉬운 곳)에서는 대부분의 선박이 낮에 호위를 받으며 항해하고 공격은 밤에 받기 쉽다는 점이 고려되었다. 당시 적의 공격의 70퍼센트는 밤에 이루어졌다. 그러나 윌킨슨은 완강했다. "다소 눈에 띌 수도 있겠지만 그래도 잠수함 장교가 선박의 침로를 추정하기 어렵게 만든다는 사실은 달라지지 않는다."[35]

불안해진 해군부는 위장 도색의 효과를 살펴보기로 했다. 윌킨슨은 선제권을 확보하기 위해서 상선 선장 50명에게 의견을 내달라고 요청했다. 대폭 찬성한 사람이 60퍼센트였고, 극소수만이 절대 반대한다는 의견을 피력했다. 1918년 9월 상선의 위장 도색에 관한 공식 보고서가 나왔다. 1918년 6월 말 기준으로 2,367척이 위장 도색을 한 상태였다.

보고서의 통계는 결정적이지 못해서 어느 쪽이든 결과를 자신이 원하는 방향으로 끼워 맞출 수 있었다. 예를 들어 1918년 1사분기에는 위장 도색 선박이 더 많이 공격을 받아 침몰하거나 피해를 입었다(위장 도색 선박은 72퍼센트, 그렇지 않은 선박은 62퍼센트였다). 이것은 몹시 좋지 않은 결과였지만, 2사분기에는 공격받아서 가라앉거나 피해를 입은 비율이 위장 도색 선박은 60퍼센트, 그렇지 않은 선박은 68퍼센트였다. 그리고 공격받은 횟수는 위장 도색 선박이 더 많았다. 6개월 동안 총 항해 횟수 중에서 위장 도색 선박은 1.47퍼센트, 그렇지 않은 선박은 1.12퍼센트가 공격을 받았다. 그러나 윌킨슨은 죽 그래왔듯이 자신의 구상은 배를 잘 보이지 않게 하기 위한 것이 아니라 쏘아 맞추기 어렵게 하기 위한 것이라고 주장할 수 있었다. 위장 도색 선박 중에서 침몰한 것보다 손상만 입은 배가 더 많다는 사실은 그 말에 들어맞는 듯했다. 6개월 동안 전자는 43퍼센트, 후자는 54퍼센트였다. 그리고 한가운데가 피격된 비율은 위장 도색 선박이 41퍼센트인 반면, 그렇지 않은 선박은 52퍼센트였다. 이 결과는 위장 도색 선박을 조준하기가 어렵다는 점이 입증되는 것이라고 받아들일 수도 있었다.

그러나 이런 통계로 할 수 있는 일은 그리 많지 않았다. 위장 도색 선박이 평균 배보다 훨씬 더 크다는 사실 때문에 비교하기도 쉽지 않았다. 위장 도색 선박은 5,000톤이 넘는 것이 38퍼센트를 차지한 반면, 그렇지 않은 선박은 5,000톤을 넘는 것이 약 13퍼센트에 불과했다. 생포된 유보트 승무원들은 위장 도색 선박을 조준하는 데에 전혀 어려움이 없었다고 했다. 보고서는 이렇게 결론지었다.

전쟁터에서 이 위장의 유형으로부터 이런 면으로 어떤 혜택을 이끌어낼 수 있다는 명확한 사례는 전혀 없다.……동시에 통계는 그것이 불리하다고 입증하지도 않았으며, 이 칠을 통해서 상선의 고급선원과 선원의 확신

과 사기가 증진된다는 것은 분명하므로……위장 체계를 계속 유지하는 쪽이 좋을 수도 있다.[36]

지중해에서의 흰색 페인트 문제도 다루어졌고 색깔은 회색 1호로 대체되었다. 윌킨슨을 비롯하여 모두 선박 선루가 문제라는 것을 인식했다. 배의 한쪽 끝에 상당한 크기의 선루가 있으면, 뱃머리가 후퇴하고 고물이 튀어나와 보이게 하려는 윌킨슨의 의도가 방해를 받았다. 그러나 이런 문제들을 해결하려는 노력을 충분히 기울이기도 전에 그만 전쟁이 끝나고 말았다.

미국의 선박 위장의 결과는 영국의 자료보다 더 결정적인 듯했다.[37] 상선과 전함 총 1,256척이 1918년 3월 1일에서 11월 11일 사이에 위장 도색을 했다. 2,500톤이 넘는 배 중에 96척이 침몰했는데, 그중 위장 도색된 배는 18척에 불과했고 모두 상선이었다. 위장된 전함은 한 척도 침몰하지 않았다.

전쟁이 끝나자 해군부에서 위장 도색의 발명에 대한 우선권 문제를 놓고 심의가 열렸다.[38] 윌킨슨 외에도 청구권자가 몇 명 있었는데, 가장 유력한 경쟁자는 존 그레이엄 커였다. 1919년 10월 27일자로 심사 위원회가 열렸다. 윌킨슨의 증언은 간단했다. 그는 한 가지 목적만을 피력했다. 어뢰를 발사하려는 잠수함의 거리계를 혼란시키려고 했다는 것이다.

커는 상황이 달랐다. 1915년에는 줄곧 무시당했는데 1917년에 자신의 생각과 흡사한 것이 갑자기 불쑥 튀어나오는 상황을 목격했으니 말이다. 그는 전후인 1919년 7월 10일 북동 해안 조선협회에서 윌킨슨이 한 강연[39] 때문에 특히 마음이 상했다. 이 강연은 소책자로 인쇄되었는데 청문회에 증거 서류로 제출되었다. 1919년 11월 27일 위원회에 출석하여 커는 자신의 연구와 윌킨슨의 강연에서 둘의 생각이 아주 유사함을 보여주는 듯한 대목들을 모두 모아 인용했다. 그러나 해군부 위원회는 윌킨슨이 잠수함 거리계의 조준을 교란할 목적을 가진 반면, 커의 제안은 비가시성을 목적으로 한 것이라고 커에게 지적했다. 커는 자신이 거리계를 교란시키는 것이 목적이라고 명시적으로 말하지는 않았다고 인정하면서도 자신이 쓴 글들로부터 그런 목적을 추론할 수 있다고 주장했다.

월킨슨과 커의 사례에서 흥미로운 점은 그들이 배와 동물의 이미지를 수반하는 시지각 문제를 다루었으면서도 시각적 식별보다 말에 더 치중하는 설전에 점점 더 휩쓸렸다는 것이다. "비가시성(invisibility)"과 "인식 불능성(unrecognizability)"의 의미론적 관계를 다루는 데에 많은 시간이 할애되었다. 커의 개념은 윤곽을 쪼개어 정체성을 파괴한다는 것이었다. "물론 관련은 있겠지만, 비가시성과 아주 가까운 관계는 아니다."[40]

커로서는 몹시 안타까운 상황이었다. 커의 1915년 편지들과 월킨슨의 1919년 강연은 사실 문맥상으로 아주 유사한 부분들이 있었다. 예를 들면 1915년 6월 25일에 커는 처칠에게 "독일의 거리계를 무력화한다"[41]는 편지를 보냈고, 1915년 6월 28일에는 밸푸어에게 "거리 측정에 이용되는 선명한 세세한 부분을 지울 것"[42]을 권고하는 편지를 썼다. 그것은 월킨슨의 원리와 아주 흡사했다.

그리고 1919년 강연에서 월킨슨은 세이어와 커의 흰색 페인트에 대한 주장에 찬성하는 듯했다. "한때 초기 구상단계에서는 다양한 이유로 흰색 페인트의 사용을 주저했지만, 많은 경험을 쌓고 나니 눈에 보이지 않게 하려는 배 부위에는 그것이 최상의 '색'임을 알았다."[43] 비가시성을 불신하는 사람이 "보이지 않게 하려는"이라는 말을 썼던 것이다.

커로서는 아마 자신의 구상이 장거리포와 맞서는 데에 유용할 수 있다고 생각한 점이 치명적인 결함이었을 것이다. "나는 오직 장거리포 발사를 염두에 두고 있었을 뿐, 당시 잠수함은 생각도 하지 않았다."[44] 반면에 월킨슨은 오직 잠수함만 이야기했다. 커는 애처로운 어조로 비가시성을 갈망하는 심정을 역력히 드러냈다. "그것은 세이어 체계라고 불렸는

데, 공정한 시험이 이루어진 적이 없다.……그저 밝은 흰 페인트 문제로
만 취급되었을 뿐이다."[45)

커가 1917년에 채택된 체계를 자신이 1914년 해군부에 제시했다는 영
예를 마땅히 받아야 한다는 취지의 주장을 위원회에서 펼치자, 위원회는
물었다. "그[월킨슨]가 당신과 주고받은 서신으로부터 어떤 사적인 이득
을 취했다고 말하는 것입니까?" 커는 그렇지는 않다는 의미로 모호하게
답했다. 그는 자신의 개념에 걸맞은 어떤 개인적인 명예를 달라고 주장
한 것이 아니었다. "이 개념 전체는 전적으로 생물학적 원리입니다." 그
는 생물학자라면 누구나 방어피음의 중요성을 알아차릴 것이라고 했다.
"나는 결코 얼룩 도색원리를 발명했다고 주장하는 것이 아닙니다. 이 원
리는 물론 자연이 창안한 것입니다.……야만인조차도 얼룩무늬를 칠한
방패를 썼습니다."

그러나 그는 "당신의 편지 어디에도 당신의 얼룩 도색체계에 칠한 선
박의 침로를 착각하게 만드는 경향이 있다는 주장이 없습니다"라는 말을
들어야 했다. 커는 그 말이 사실이라고 인정하지 않을 수 없었다. 해군부
위원회 수석위원들은 판결을 내렸다. "청구인의 원안에 구체적인 목적이
사실상 언급되어 있지 않을 때 우연한 유사성은 결코 권리의 적절한 근
거가 될 수 없다."

커는 1920년 10월 해군부로부터 "도색체계[위장 도색] 채택의 원인자
로 볼 수 없다"는 통지를 받았다.[46) 소송을 계속하고 싶다면 왕립 발명
심사 위원회(Royal Commission on Awards to Inventors)에 문의하라는
조언도 들어 있었다. 그래서 법적 대리인이 참여하는 또다른 심리가 시
작되었다.

왕립 위원회의 기록은 위원들이 양쪽 청구인의 주장에 별 인상을 받지
못했음을 보여준다. 월킨슨에 대해서는 이렇게 평했다.[47)

잠수함 공격의 보호수단으로서 "위장 도색"의 효과는 실제로 쓰였을 때 실망스러운 것으로 드러났다. 이용 가능한 모든 통계를 살펴본 결과, 위장 도색을 한 선박과 그렇지 않은 선박 사이에 피격이나 파손을 막아주는 정도의 차이는 극히 미미하다는 것이 드러난다.

커에 대해서는 그의 우선권을 인정하면서도 그의 제안이 "비가시성을 확보하기 위한 배의 얼룩 도색"인 반면 "실제로 채택된 방법은 전혀 다른 목적을 위한 것이었다"라고 보았다.

심리가 진행되는 동안, 커는 학술지인 『네이처』와 「타임스」의 지면을 통해서 윌킨슨과 공방을 벌였다. 커는 투고를 통해서 우선권을 주장하려고 애썼다. "그 원리의 발견 연도인……1917년부터 신문기사들은 명백히 오도하고 있다."[48] 그는 윌킨슨의 이름을 아예 언급하려고도 하지 않았다.

커의 투고가 실린 지 한 달 뒤에 노먼 윌킨슨은 인정할 수 없다면서 강하게 되받아쳤다.[49] 커는 자연이 해군의 위장에 필요한 모든 것을 가르칠 수 있다고 본 반면, 윌킨슨은 자신의 목표가 배의 침로를 파악하려는 조준자를 혼란시키는 것이라고 반박했다. 그는 신랄하게 꼬집었다. "나는 생물학에 그런 사례, 즉 방향 속임의 사례가 있는지 알지 못한다." 그에게 나비의 눈꼴무늬를 상기시킨 사람은 아무도 없었다.

1922년 윌킨슨은 발명의 대가로 2,000파운드를 받았다. 커 교수는 동물학 연구를 계속했고 휴 코트의 스승이 되었다. 둘은 위장의 문제가 다시 한번 쟁점으로 부상했을 때 맞붙게 되었다. 커는 왕립 위원회의 평결을 결코 받아들이지 않았고 자신을 변호하면서 여생을 보냈다.

윌킨슨, 세이어, 커는 매우 대조적인 인물이었다. 윌킨슨은 차분하고 현실적이며 허세가 심하고, 지적이라고 할 수는 없고 무엇보다도 운이 좋은 인물이었다. 세이어는 노심초사하고 신경증적이며 현실세계와 거리가 먼 인물이었다. 그는 늘 불운에 허덕이는 사람에게 걸맞은 특징을 모두 갖추고 있었다. 커는 고집이 세고 속이 좁은 인물이었다. 그는 한 가지 일에 집착하는 고집불통이었다. 윌킨슨은 사교적이고 자신감이 넘치는 매력적인 사람이었다. 어떤 착상이 떠오르거나 문제가 생길 때 언제든 자신을 도와줄 인맥을 갖추고 있었다. 그는 영국 국왕 및 미래의 미국 대통령들과도 스스럼없이 지냈다. 그는 복잡하지 않은 단순한 방식으로 상류사회의 생활을 즐겼다. 회고록을 보면 그는 자신이 만난 사람의 이름을 기억하지 못할 때가 종종 있었다. 그는 전통적인 해양화가였다. 구식에다가 솔직하고 개방적이고 정직한 동료였다. 그러나 당시에 어떤 시대 분위기가 있었다는 것도 분명하다. 전쟁 분위기만이 아니라 모더니즘이 들끓는 분위기 말이다. 그 때문에 가장 전통적 양식을 그리는 화가가 전위예술로서 대성공을 거둔 배 디자인을 만들어냈다. 규모를 고려할 때, 그 디자인은 당대에 가장 극적인 성공을 거둔 예술작품에 속한다고 보아야 할 것이다.

지금 그 당시의 배를 보면 1960년대에 미니드레스, 커피 탁자, 커튼에 적용되었던 것과 같은 옵 아트가 항해하는 금속선체에 적용된 듯한 인상을 받는다. 그 디자인은 소용돌이파 운동과 완벽하게 들어맞았다. 이 잠재력은 전쟁이 끝나자마자 1919년 3월 12일에 첼시 아츠클럽에서 열린 가장 무도회인 대즐 볼(Dazzle Ball)[50]에서 실현되었다. 『일러스트레이티드 런던 뉴스』는 "앨버트 홀의 대단한 대즐 볼 : 폭탄 풍선 소나기와 몇 가지 전형적인 가장 의상"이라는 제목하에 흥겹고 열광적인 분위기의 삽화를 하나 실었다. 거기에는 이런 설명이 붙어 있었다.

최근에 앨버트 홀에서 첼시 아츠클럽이 연 대규모 정장 무도회에 쓰인 장식 계획은 전쟁 때 잠수함의 공격에서 벗어나는 데에 도움을 주기 위해서 배를 색칠하는 데에 쓴 "위장" 방법인 "위장 도색" 원리를 토대로 했다.

의상 중에 "위장 도색" 행사에 맞추어 디자인된 것도 많았지만, 평범하고 다양한 멋진 의상들도 있었다. 전체적으로 화려하고 환상적인 효과가 나타났다. 저녁 내내 헌신적인 춤꾼들의 머리 위로 색색의 풍선 모양의 "폭탄"이 소나기처럼 쏟아지면서 행사의 분위기를 크게 고조시켰다.

군사적 위장이 장식용으로 채택된 이 사례는 1960년대부터 폭발적으로 유행할 "캐모(camo)" 패션을 알리는 전주곡이었다.

7

제1차 세계대전 시기의
위장과 입체파

대상의 모습을 완전히 변형시키기 위해서, 나는 입체파 화가들이 대상을 표현하기
위해서 사용한 수단을 이용해야 했다.[1]
　　―뤼시앵-빅토르 귀로 드 스케볼라, 화가이자 제1차 세계대전 때의 위장 대원

동물학자들이 해상전쟁에서는 적어도 어떤 착상을 내놓았다고 해도, 육
지에서의 위장은 거의 거의 전적으로 화가들이 주도했다. 실제로 저명한
해양생물학자 앨리스터 하디 경은 말했다. "우리는 두 번의 세계대전에
서 성공을 거둔 위장 장교들이 과학자보다는 예술가, 혹은 때로 예술적
취향을 가진 과학자임을 주목해야 한다."[2] 그 자신의 경험도 그것이 사
실임을 입증하는 듯했다. "나는 제1차 세계대전 때 솔로몬 J. 솔로몬에게
위장 장교로 뽑혔고, 그로부터 훈련을 받았다. 나중에 안 사실이지만 그
는 나를 동명이인과 착각했다. 헤르코머 학교에서 그의 제자였던 직업화
가 하디와 말이다!"
　지상전투는 우리가 관심을 가진 온갖 위장 형태를 빚어내는 자연계에
서의 생존경쟁에 가장 가까운 인간의 대응물이다. 군대는 동물과 같은
자연환경을 돌아다닌다. 그들은 숨고 피하며 매복하고 미끼를 만든다.
앞선 전쟁들과 비교하여 제1차 세계대전 때 일어난 큰 혁신은 기관총,
항공기, 탱크였고, 이런 혁신들은 위장에 영향을 미쳤다. 항공기가 가장

중요했다. 처음부터 항공기는 전투뿐만 아니라 정찰에도 쓰였다. 따라서 대규모로 집결된 군대와 장비를 공중의 스파이로부터 숨기는 것이 시급해졌다. 그리고 참호전에서 대규모로 집결된 군대를 꼼짝 못하게 하는 기관총은 나무 모양의 초소, 줄로 조작하는 꼭두각시 군대 같은 흥미로운 기만술을 낳았다.

　제1차 세계대전 때의 위장은 본질적으로 군대보다는 장비를 은폐하는 것을 뜻했다. 물론 군인을 눈에 띄지 않게 한다는 생각은 매력적이었지만, 군대 전체를 위장하기보다는 저격병 한 명을 위장하는 편이 훨씬 더 생산적이었다. 거기에는 몇 가지 이유가 있다. 저격병은 절대적으로 은폐에 의존하는 반면, 정규군은 화력에 더 의존한다. 저격병의 기술은 사냥에서 유래하며, 사냥에서는 동물을 추적하는 데에 위장이 종종 쓰여왔다. 그리고 당시에는 위장복을 대량생산하는 것이 기술적으로 쉽지 않았다. 반면에 저격병 복장은 손으로 쉽게 만들 수 있으며 실제로 그랬다.

　그러나 애벗 세이어에게는 그런 논증이 무용지물이었다. 전쟁이 터지자 그는 바다뿐만 아니라 육지에서도 연합군의 대의를 도울 임무가 있다고 느꼈다. 배를 흰색으로 칠한다는 그의 개념은 지극히 반직관적이었지만, 지상군 위장에 관한 그의 제안은 오랜 세월 사슴 사냥꾼들이 써왔던 위장 방법과 전혀 다르지 않았다. 위장복은 자연환경이라는 배경과 잘 융화되어야 한다. 인간 특유의 윤곽을 깨뜨리는 분단색 무늬도 도움이 될 수는 있지만, 해진 천 쪼가리와 잎사귀가 사람을 관목과 더 비슷해 보이는 형태로 만드는 데에는 더 낫다. 물론 이 방법은 홀로 다니는 저격병에게는 이상적이지만, 전선에서 싸우는 군대에는 맞지 않을 것이다.

　사실 세이어의 군복에 대한 구상에는 해진 천 쪼가리도 포함되어 있었다. 그는 1915년 11월 영국을 다급하게 방문하기 전에 몇 가지 견본을 미리 보냈다.[3] 그가 떠나기 전날 친구인 존 싱어 사전트는 편지를 보냈는데, 세이어는 그것을 귀국해서야 보게 되었다. 편지에는 전쟁부가 그의 군복 위장을 검토했는데 "비록 당국이 당신의 자연관찰과 효과가 '절대진리'라고 인정하기는 했어도 당신의 군복과 비슷한 것을 대량주문할 가능성은 거의 없습니다"[4]라고 적혀 있었다.

세이어는 훨씬 더 나중인 1916년 8월에 군수품 조달국장이 보낸 서신을 통해서 그 사실을 알았다.

저는 귀하의 무늬에 따라서 여러 군복을 만들도록 했고, 또 귀하가 보여준 스케치에 실린 것과 비슷한 얼룩무늬 디자인의 군복도 제작해보았습니다. 귀하의 의도를 정확히 이해하지만, 정찰대이든 다른 어느 부대이든 간에 군인에게 대규모로 적용하기에는 실용적이지 않습니다.[5]

세이어는 1916년 10월 3일에 지긋지긋해서 포기하겠다는 편지를 전쟁부에 보냄으로써 자기 활동의 한 단계를 마무리했다. 세이어의 자료 중 국방부 관련 서류철에는 감질나게 하는 내용의 편지가 있다. 1907-1913년 주미 영국 대사로 있던 친구인 비스카운트 브라이스(1838-1922)가 보낸 것이 분명한, 날짜가 기입되지 않은 편지이다.

당신의 가르침이 결실을 맺었고 우리 영국 군인들이 당신이 제안한 것과 똑같은 얼룩덜룩한 색조와 띠무늬가 있는 외투로 보호를 받고 있다는 것을 알려주기 위해서 이 편지를 보냅니다.……탱크도 당신이 원할 바로 그 보호색으로 칠해져 있습니다.[6]

여기서 말하는 것은 저격병 복장이 분명하다. 제1차 세계대전 때 위장복을 입은 정규군은 없었기 때문이다. 1916년부터 저격병이 세이어의 디자인과 아주 흡사한 누더기 띠를 더덕더덕 붙인 수제 위장복을 입었다는 것은 맞다.[7] 사실 그 위장복은 세이어에게서 직접 유래한 것이 아니라

"길리(ghillie)"라는 스코틀랜드 사슴 사냥꾼의 전통복장을 토대로 했다. 세이어의 견본과 크게 다르지 않았지만 뉴잉글랜드가 아니라 스코틀랜드 고지대에서 영감을 받았다는 점은 분명하다.

몇몇 자연사학자들이 본능적으로 자신이, 그리고 자신만이 위장을 군대에 제대로 적용할 수 있다고 느낀 것도 이해가 간다. 그러나 제1차 세계대전은 르네상스 이후에 예술에서 가장 큰 변화가 일어나던 도중에 발발했다. 20세기의 첫 10년 동안 화가들은 분단색 개념을 전혀 모른 채, 그림에서 인물과 대상의 윤곽을 쪼개는 실험을 하고 있었다. 그것은 입체파에서 가장 극단적인 형태로 나타났다. 피카소와 브라크가 1910년경에 그린, 여러 면으로 쪼갠 흐릿한 기타와 인물 그림은 물론 해당 작품의 창작자들은 속지 않았겠지만 이미 위장처럼 보인다. 거트루드 스타인은 전쟁이 시작되었을 때 파리의 라스파유 대로를 피카소와 걸을 때의 일화를 이야기했다.[8] 한 위장 트럭이 지나가자, 피카소는 놀라서 소리쳤다. "맞아, 저걸 만든 게 바로 우리야. 저게 입체파야."

"저걸 만든 게 우리야"는 피카소 특유의 과장법이었다. 그러나 그 말은 같은 입체파 화가인 조르주 브라크의 말과 일맥상통했다. 1949년 한 인터뷰에서 브라크는 이렇게 회고했다.

1914년에 나는 군대가 내 입체파 그림의 원리를 위장에 썼다는 것을 알아차리고 몹시 기뻤어요. 전에 누군가에게 "입체파와 위장"이라는 말을 한 적이 있었어요. 그는 우연의 일치일 뿐이라고 하더군요. 나는 말했지요. "아니, 그렇지 않아요. 틀린 쪽은 당신이에요. 입체파 이전에는 인상파가 있었는데, 그때 군대는 연푸른색, 수평선의 색깔, 대기로 위장하는 군복을 입었어요."[9]

이 말에 과연 얼마간이라도 진실이 담겨 있을까? 제1차 세계대전 때 프랑스는 최초로 위장 부대를 창설했다. 그리고 그 부대를 기준으로 삼아서 연합군에 속한 국가들의 위장 부대들이 만들어졌다. 프랑스 위장 부대의 주요 인물은 화가인 뤼시앵-빅토르 귀로 드 스케볼라(1871-1950)였다. 그리고 그 부대의 대원들을 위장 대원(camoufleur)이라고 했다.

위장 일을 맡은 화가들은 대부분 전통적인 사실주의 화가였다. 그러나 이 장의 제사로 삼은 드 스케볼라의 말은 그중에 입체파를 아는 이들이 있었음을 보여준다. 드 스케볼라는 코메디 프랑세즈의 여배우와 혼인했고, "트롱프뢰유(trompe l'oeil : 실물처럼 보이게 정교하게 그린 그림/역주)를 전문으로 하는 극장 미술가들과 사귀었으며 입체파인지의 여부를 떠나 화가들과도 친했다."[10] 극장 무대에서 쓰이는 착시는 분명히 군사적 위장의 가까운 사촌이었다.

세이어와 커가 역설한 분단무늬와 입체파가 했던 그와 유사한 이미지의 파괴 사이에는 공통점이 하나 있었다. 그러나 동물학자와 화가 사이에는 이 관계를 이해하려는 노력이 전혀 없었다. 세이어는 전위예술에 격렬하게 반대했다. 윌킨슨은 그 문제에 어떤 견해도 피력하지 않았지만, 그의 그림과 전반적인 감수성—클럽, 배, 거실 음악—은 에드워드 시대에 속해 있었다. 피카소와 브라크가 자연사학자들의 연구로부터 영향을 받았다는 증거는 전혀 없다. 1940년대에 초현실주의 화가인 롤런드 펜로즈는 "그들[입체파와 위장]의 공통점은 아주 쉽사리 파악되는 정체를 바꾸려고 하는 욕망에 휩싸여 외부 형태를 분단하는 것이었다"[11]고 인정했다. 펜로즈는 자연에도 정통했지만, 제1차 세계대전 때 자연, 입체파, 위장 사이의 연계는 불완전하게 실현되었다. 뒤늦게 돌이켜보면 명백하게 여겨질지 몰라도 말이다.

아마도 회화가 그렇게 격렬한 변화의 소용돌이에 휩싸여 있었기 때문이겠지만, 초기의 위장 실험은 종종 화려한 산물을 내놓았고 우리 눈에는 은폐보다는 예술적 측면에서 더 성공을 거둔 듯이 보인다. 문제는 분단색 개념이었다. 어떤 형체의 윤곽을 파괴하는 일은 대상이 눈에 아주 잘 띈다면 위장으로서의 효과가 없다. 나중에 전시에 피카소는 콕토에게 말했다. "멀리에서 군대가 보이지 않게 하고 싶다면, 어릿광대처럼 입혀야만 해요."[12] 그가 태평스럽게 약 올린 것인지 진지하게 말한 것인지 불분명하지만, 사실 제1차 세계대전 때의 많은 위장 계획은 우리에게 익숙한 흐릿한 흙색 계통보다는 밝고 화려하고 어릿광대 같은 분단무늬였다.

이론과 배경이 어떻든 간에 해야 할 일이 있었다. 드 스케볼라는 1914년 9월, 색칠한 캔버스로 포좌를 은폐하는 일부터 시작했다.[13] 1915년 2월에 그는 아미앵에 소규모 실험장을 설치했다. 주목할 만한 첫 성과물은 1915년 5월에 세운 감시 나무(observation tree)였다. 감시 나무는 제1차 세계대전 때 위장의 흥미로운 주요 사례가 되었다. 그것은 밤에 몰래 나무를 폭파하여 없앤 뒤에 나무껍질을 붙여서 진짜 나무처럼 위장한 강철초소를 그 자리에 세운다는 개념이었다.

드 스케볼라의 감시 나무는 인기를 끌었고 그는 1915년 가을에 위장 부대의 지휘관에 임명되었다. 앙드레 마레는 드 스케볼라의 밑에 있던 예술가로서, 수채화를 그린 스케치북을 늘 끼고 다녔다.[14] 마레는 이 분야에 들어서자마자 위장이 어떤 의미인지 간파했다. 그는 처음에는 대포와 장비에 꽃을 그려넣고 말을 하얗게 칠하는 것이 목표라고 생각했다가 곧 1908년경에 입체파가 썼던 형태와 색의 해체를 적용하기에 딱 맞는 상황이 도래했음을 알아차렸다. 즉 대포를 비롯한 무기의 윤곽을 파괴하는 위장술은 입체파에서 단서를 얻은 것이었다. 비록 프랑스의 위장 대원은 카멜레온을 상징으로 삼았지만, 그들은 자연사학자가 아니라 예술가였다.

마레는 나무 감시초소를 만드는 데에 전문가였다. 그는 전투가 벌어질 때 1미터 높이까지 물에 잠긴 채 나무 감시초소에 갇히는 등 몇 차례 위기도 겪었다. 그는 이렇게 썼다. "위장은 결코 사소한 문제가 아니다.

저 바깥에 있는 모든 이들이 그저 조용히 대기하고 있다고 생각할 때, 그들에게 그것이 실제로 무엇인지를 알려주는 순간 그것은 이미 그들을 산산이 부숴버린다." 마레의 입체파가 어떤 것인지는 그가 전시에 썼던 스케치북에서 뚜렷이 드러난다.

이 무렵에 영국도 위장에 관심을 가지게 되었고, 소규모 위장 부대를 창설하기 위해서 화가이며 왕립 미술원 회원인 솔로몬 J. 솔로몬(1860-1927)을 1915년 12월에 프랑스로 파견했다.[15] 영국 최초의 군대 위장에 대한 이야기는 세이어와 커의 이야기를 기묘하게 상기시킨다. 솔로몬은 사우스런던의 유대인 집안 출신으로서 초상화와 신화의 한 장면을 그리는 라파엘 전기(前期) 화가라고 불리고는 했던 전통적인 예술가였다. 「삼손」(1887)이라는 작품이 가장 잘 알려져 있다. 그는 알마 타데마와 프레더릭 레이턴에게 영향을 받았다. 세이어처럼 그도 입체파나 소용돌이파 같은 모더니즘 화풍에 결코 호의적이지 않았다.

1914년 8월에 전쟁이 나자 솔로몬은 물들인 모슬린과 대나무 장대로 만든 위장막을 가지고 실험을 하기 시작했다. 1915년 1월 27일자 「타임스」에 실린, 위장을 옹호하는 독자 투고에서 그는 세이어의 개념을 알고 있음을 드러냈다. "환경에 동화되는 색이라는 자연의 선물을 통해서 동물이 얻는 보호의 양상은 군사장비를 갖추는 일을 하는 이들에게 교훈을 줄 수도 있다." 이 투고를 계기로 솔로몬은 1915년 12월 프랑스로 가서 위장 부대를 창설하는 일을 해달라는 요청을 받았다. 그는 임시로 육군 중령으로 임용되어 소규모의 부대원을 모집할 권한을 얻었다.

1916년 1월, 생 오메르에 임시로 부대가 창설되었고, 위머로의 한 버려진 공장을 거점으로 삼기로 했다. 부대는 솔로몬과 화가 5명, 민간인 목수 1명으로 이루어졌다. 3월에 부대는 위머로에 자리를 잡았다. 괜히 우쭐해하지 않도록, "화가는 페인트공, 조각가는 미장공과 같은 기술자 수준으로 급료가 정해졌다."[16] 솔로몬은 자신의 호칭을 "미스터 아티스트(Mr. Artist)"로 정했다.

그러나 새로 임명된 총사령관인 헤이그 육군원수가 격려하고("플랑드르 지역 전체가 당신의 관할이다"[17]) 솔로몬에게 좋은 선례가 된 드 스케볼라와 프랑스 위장 대원들이 도움을 주었다. 솔로몬은 다른 예술가들과 사이가 좋았지만, 군의 규정과 "모든 것은 나를 통해서 전달된다"는 문화를 이해하지 못했다. 그가 전시에 쓴 상세한 일지를 보면 문제가 발생하기 전의 첫 징후가 어땠는지 드러나 있다. 위머로에서 부대에 배정된 창고는 원래 광물을 가공하는 공장이었다고 했지만, 솔로몬은 그곳이 전쟁 때 독일군이 쓰기 위해서 미리 마련해둔 이정표라고 확신했다. 이 공장은 "대포용 장막에 불과하다."[18] 즉 해협 너머에서 포를 발사하기 위한 표적이라는 것이었다. 자신의 주장을 뒷받침하기 위해서 그는 전쟁 전에 영국에 살던 독일인들 사이에 동굴에 무기창고를 마련했다는 소문이 떠돌았다는 이야기를 하면서, 위머로의 그곳을 "독일인들이 지은 버려진 공장"[19]이라고 했다.

이 편집 망상은 결국 솔로몬을 파멸시키게 되지만, 당분간은 순조롭게 일이 진행되었다. 드 스케볼라의 프랑스 위장 대원들은 색칠한 캔버스로 포좌를 덮을 천막을 만들고 있었지만, 하늘에서 보면 속지 않을 것이라는 의구심이 일었다. 그때 솔로몬은 건초 더미를 그물로 묶어서 색칠을 하여 즉석 그물을 만들어냈다. 그는 일지에 이렇게 썼다. "그것을 펼치면 화포, 창고, 참호, 아주 넓은 지역을 덮을 수 있다. 땅에 간파될 만한 그림자를 전혀 드리우지 않을 것이다. 사실 그것은 천막으로 가려야 하는 대부분의 문제에 대한 과학적 해결책이 될 것이었다."[20]

군사용으로 널리 쓰이게 될 그물은 바로 여기에서 유래했다. 솔로몬에 따르면, 전쟁이 끝날 때까지 700만 제곱미터의 그물이 쓰였다고 한다. 실제로 이 그물이 쓰이기 시작한 것은 1917년부터였다. 그때까지 군대는 그저 나무 감시초소만 원했다. 그들은 프랑스군으로부터 나무 감시초소를 만드는 법을 배웠다. 1916년 3월 22일 첫 초소를 만들 때 작은 소동이 벌어졌다. 거기에 쓰인 나무껍질은 주로 버드나무였는데, 솔로몬은 안보상의 이유로 국왕이 있는 윈저궁의 버드나무 껍질이 가장 좋다고 판단했다. 그래서 영국 최초의 나무 감시초소는 "국왕의 윈저궁에 있는 버드나무에서 얻은 진짜 껍질을 캔버스에 꿰매어"[21] 만들었다. 초소가 진흙과 시신이 뒤엉킨 지옥 같은 풍경 속에 세워질 것이라는 맥락에서 볼 때 영국인 특유의 이 아첨하는 속물근성은 몹시 해괴하게 느껴진다. 불행히도 그 뒤에 세워진 많은 감시 나무와 마찬가지로, 그 초소도 사실 안이 너무 갑갑하여 편히 있을 수가 없었고, 전선에서 너무 멀리 떨어져 있어서 그다지 쓸모가 없었다.

솔로몬은 뛰어난 위장 대원이었다. 그는 독단적이지 않았고 부적절한 상황에까지 강박적인 개념을 관철하려고 한 세이어와 달리 상황논리에 맞추어 위장 개념을 적용했다. 예를 들면 프랑스의 나무 감시초소는 원통형이었지만, 솔로몬은 너무 좁아서 사람이 들어갈 수 없다는 인상을 심어주기 위해서 전선을 마주한 쪽을 좁고 뾰족하게 한 타원형 나무를 설계했다. 그 결과 초소에 들어간 군인은 목에 쥐가 날 수밖에 없었다.

나무 감시초소와 그물이 성공을 거두기는 했지만, 솔로몬은 군대의 방식을 제대로 이해하지 못했기 때문에 결국 1916년 3월 말에 위장 부대 지휘관에서 물러났다. 후임으로 육군 공병대의 프랜시스 와이엇 대령이 임명되었고, 부대 전체는 확대되어 더욱 전문성을 띠게 되었다. 솔로몬은 기술 고문이 되었다.

1916년 5월, 솔로몬은 영국으로 돌아와 개발 중인 신형 탱크를 어떻게 위상할지 자문을 해달라는 요청을 받았다. 탱크가 그림자를 드리울 것이라는 이유로 그는 위장이 과연 가능할지 회의적이었다. 떠나기 전에 그는 어떤 이유인지는 모르겠지만 헤이그를 다시 만나서 여기 남아도 되느냐고 물었다. 헤이그는 수수께끼 같은 답변을 했다. "우리는 이 전쟁에서 이겨야 합니다."[22] 8월 1일에 솔로몬은 명예 고문으로만 있으라는 말을 들었다.

솔로몬은 프랑스에서 얼마간 더 지냈지만, 복무기간은 1916년 12월에 끝났다. 그후 그는 자청하여 켄싱턴 가든스에 위장 학교를 설립했다. 그 자신이 위장 분야에 입문했을 때 결국 군인이 되었듯이, 이 학교도 이윽고 군대에 편입되어 정규기관이 되었다.

와이엇의 지휘 아래 솔로몬의 그물은 주요 생산물품이 되었다. 위장의 중요성이 인식되면서 그물을 전선에까지 확대 보급할 좋은 방안을 마련하려는 시도들이 이루어졌지만 사실상 문제점들을 해결하지 못했다. 그보다는 창의적인 이른바 "중국식" 공격이 더 성공을 거두었다. 중국식 공격은 합판을 군인 모양으로 잘라 만든 모형을 지평선을 배경으로 세우고, 그것을 줄로 움직여서 적의 포화를 유도함으로써 적의 위치를 드러내게 하는 수법이었다. 처음에는 합판을 손으로 칠한 모형을 썼지만, 나중에는 "누운 자세와 선 자세 사이의 다양한 모습"[23]을 나타내는 표준 자세 10가지를 판지에 등사하여 썼다.

모형 군인은 1917년 7월 28일에 처음 쓰였다. 그 계책으로 적의 기관총 진지 5곳의 위치를 파악하여 공격을 퍼부었다. 그런 뒤에 다시 일부러 모형 군인을 세워놓았다. 적이 속았다는 것을 알아차리고 "포병대에 포격을 요청하기 전에 다시 살펴봐야 한다"[24]고 느끼도록 말이다. 물론 며칠 뒤 같은 진지에서 진짜 기습공격을 다시 가할 수도 있었다. 육군 공병대의 공식기록에는 1917년 9월 26일에 군인 모형 280개가 "기관총, 소총, 포격으로 무력화되고 산산조각났다"[25]고 의기양양하게 적혀 있다. 군인 모형이 280개였던 이유는 1917년에는 약 300명을 단위로 이루어지는 공격이 일반적이었기 때문이다. 한 독일군 포로는 진짜로 공격해온다고 생각했다고 밝혔다.

영국으로 돌아온 솔로몬은 1917-1918년에 살아 있는 모든 동물에게서 위장을 찾아내려고 한 세이어의 강박적인 욕망의 군사판이라고 할 욕망에 휩싸였다.[26] 속이려는 강박증은 때로 자기기만을 일으킬 수 있다. 조카가 찍은 몇 장의 항공정찰 사진을 유심히 살펴보던 솔로몬은 독일군이 군 수송 장비가 아래로 지나다닐 수 있을 만큼 높은 장대에 넓게 망을 쳐서 군대 전체를 은폐하는 능력을 획득했다고 확신하게 되었다. 위쪽은 관측병이 눈에 보일 것이라고 예상하는 지형에 걸맞게 칠했을 것이다. 이제 그는 당국을 줄기차게 괴롭히기 시작했지만, 계속 외면당했다. 그러다가 1918년 3월 독일군이 대공세를 펼쳤다. 연합군은 2년 전에 있던 곳까지 밀렸다. 그만큼의 영토를 빼앗느라고 희생된 수십만 명의 목숨은 헛된 것이 된 듯했다. 아마 독일군이 위장을 이용하여 기습을 감행했기 때문이 아닐까? 솔로몬은 1918년 7월에 무보수의 명예직이기는 해도 프랑스로 돌아가서 그의 주장이 옳은지 조사해달라는 요청을 받았다.

솔로몬은 강박적으로 조사했지만 아무것도 건지지 못했다. 1918년 11월에 전쟁이 끝날 때까지 연합군은 독일군이 대규모 위장술을 썼다는 개념을 결코 받아들이지 않았다. 솔로몬은 현지에서 증거를 찾겠다며 1919년에 프랑스와 플랑드르 지방으로 돌아왔지만, 독일군이 이미 흔적을 지웠다고 믿었다. 그럼에도 그는 자신이 독일군의 엄청난 위장 속임수를 발견했다는 주장을 상세히 다룬『전략적 위장(*Strategic Camouflage*)』(1920)이라는 책을 펴냈다. 이 책은 영국에서 철저히 외면당했지만, 그는 독일의 간행물들에 실린 몇 편의 서평 덕분에 용기를 얻었다. 「프랑크푸르터 차이퉁(*Frankfurter Zeitung*)」의 부록인 「다스 테크니셰 블라트(*Das Technische Blatt*)」에 실린 서평에는 대규모 위장이 실제로 있었다는 주장이 담겨 있었다. "우리가 후퇴할 때 가장 먼저 파괴한 것이 바로 그것이었다."[27] 그러나 누군가가 당신에게 엄청난 힘을 가진 사람이라고 입에 발린 말을 한다면, 당신은 그 힘이 정말로 있든 없든 간에 반박하지 않고 그냥 넘어가기 쉽다. 마음대로 추측하도록 놓아두자는 것은 결코 나쁜 생각이 아니었다. 독일군의 실질적인 총사령관 루덴도르프가 회고록에서 40-50개 사단을 연합군 모르게 은폐했다고 자랑한 것도 그 논란에 더욱 불을 붙였다. 아직까지 어느 쪽이 진실인지는 결코 확정되지 않았다.

애벗 세이어가 자신의 사촌이자 제자인 벽화가 배리 포크너(1881-1966)[28]를 통해서 위장에 대한 미국의 노력에 그럭저럭 영향을 끼쳤다는 주장이 종종 나온다. 거기에는 어느 정도 근거가 있다. 포크너는 자라면서 세이어를 예술가로 숭배하게 되었고 그의 위장 개념도 받아들였기 때문이다. 그는 세이어가 자신의 학교로 와서 자신의 생각을 이야기하던 때의 일화를 든다. 세이어가 방어피음된 오리를 가져와서 예를 들어 설명을 하는데, "그 눈에 띄지 않는 오리를 피해서 겁에 질린 채 세이어의 다리 사이에 달라붙어 있던 고양이가 갑자기 자신이 볼 수 없는 오리를 향해서 돌진하여 넘어뜨렸다. 애벗 사촌은 고양이가 자신의 이론을 입증하자 아이처럼 기뻐했다."

1917년 미국이 참전하자 포크너와 동료 화가 셰리 프라이는 위장 대원이 되기로 결심했다. 위장 부대가 아직 조직되어 있지 않았기 때문에, 주장하고 나설 사람이 필요했다. 포크너는 위장 부대 창설을 위해서 로비를 펼치려고 워싱턴으로 갔다. 그는 세이어의 이론을 위장에 어떻게 적용할지 명확한 개념을 가지고 있지 못했지만, 세이어와의 연줄 덕분에 마치 자신이 "특권"을 얻은 것처럼 믿었고 그의 비밀 지식이 자신에게 힘을 불어넣는 것 같다고 느꼈다.

마침 군대는 이미 위장 군대의 필요성을 깨달았고 뉴욕 주 플래츠버그의 장교 교육단에서 논의 중이었다. 위장 부대는 제40 공병대라는 공식 명칭으로 창설되었다. 놀랍게도 포크너는 사병으로 그 부대에 들어갔다. 그의 부대는 1918년 새해 첫날 프랑스로 떠났다. 그가 브르타뉴의 브레스트에 상륙할 때 항구의 배들은 "다채로운 분단무늬"로 가득했다. 누군가가 세이어의 원리를 시험하도록 부추겨온 것이 분명했다. 그러나 전쟁이 막바지에 이른 이 무렵에 포크너는 현실이 혼란스럽고 위장의 가능성은 한정되어 있다는 것을 알아차렸다.

위장하려는 우리의 첫 시도는 엉성했으며, 우리에게는 무엇이 잘못되었는지를 보여줄 항공사진이 전혀 없었다. 우리는 코네티컷 계곡의 송풍기들이 담배 밭을 뒤덮은 것과 아주 흡사하게, 기둥에 굵은 밧줄을 연결하여 위장재를 펼쳐서 대포와 포열을 감쌌다. 우리 디종의 공장에서 만든 위장재는 다양한 색깔의 넝마를 붙인 철조망으로 이루어졌다. 제1사단의 냉철한 역전의 용사들은 처음에 위장과 우리 "위장 전문가"에게 야유를 보냈지만 점점 위장을 좋아하게 되었다. 위장은 그들에게 보호를 받는다는 느낌과 비록 거짓이지만 편안함을 제공했고, 여름에 넝마가 빈약한 포도나무 정자 같은 기분 좋은 성긴 그늘을 드리웠기 때문이다.

전쟁의 야만적인 현실은 종종 위장 대원들의 노력을 무위로 만들고는 했다. 그는 한번은 앞서 위장했던 진지를 살펴보러 갔는데 독일군의 맹공격으로 초토화되어 있었다.

대포를 보니 내가 위장했던 것이 갈가리 찢겨져 있었고, 대포 하나는 본래 위치에서 벗어나 버려져 있었다.……나는 서둘러 호머[포크너의 상관인 호머 세인트고든스]와 함께 작은 숲에 잘 숨겨놓은 다른 위장 진지로 향했다. 가보니 어딘지조차 거의 알아볼 수 없었다. 온통 폭파된 나무들로 가득했고 죽은 말과 사람의 잔해가 널려 있었다. 사방에서 악취가 풍겼다. 우리는 악취로 가득한 숲에서 서둘러 빠져나왔다.

끔찍한 광경을 접하고는 하면서도 포크너는 뉴잉글랜드 사람 특유의 순수함을 간직했고, 진흙과 시신이 뒤섞인 폭파된 숲에서도 그럭저럭 목가

적인 면을 찾아냈다. 전쟁이 끝난 뒤 그는 브레스트로 돌아갔다. 그는 그곳에서 마지막으로 체류하던 며칠 동안 몇몇 친구들과 함께 매력적인 두 딸이 있는 한 친절한 프랑스인 집에 머물렀다. 좋은 음식과 포도주를 먹고 마시고, "침대를 수없이 들락거리는" 술잔치가 벌어졌다.

포크너는 1918년 크리스마스에 프랑스를 떠났다. 그는 사촌 애벗의 건강이 나빠진 것을 알았다. 신경증이 악화되고 있었던 것이다. 포크너는 뉴잉글랜드의 화가 친구들과 함께 화가생활로 돌아갔다. 세이어를 그토록 혐오스럽게 한 아머리 쇼와 입체파 같은 것은 전혀 없었다는 듯이 지냈다.

세이어의 전쟁에는 후기가 있었다.[29] 1918년 아들인 제럴드 세이어의 새 서문을 추가하여 『동물계의 은폐색』의 새로운 판을 출간했다.

이것은 "전쟁책"인가?

그렇기도 하고 아니기도 하다.

서문에는 세이어가 1915년 영국을 방문한 이야기가 상세히 실려 있으며 그의 생각이 전시의 위장에 대한 노력에 중요한 영향을 끼쳤다는 주장이 담겨 있다. 뒤에서 우리는 희한하게 논의가 다시 펼쳐지는 과정을 통해서 자연의 보호색이 전시의 위장에 영향을 끼쳤고 전쟁이 자연의 위장에 관한 세이어의 개념이 가진 타당성을 입증한 혹독한 시험대였다는 제럴드 세이어의 주장을 다시 접하게 될 것이다. 그는 "전쟁은 결코 호사가도 하찮은 시험자도 아니다"라고 했다. 전쟁은 세이어의 전쟁연구를 돋보이게 하고 있었다. 1910년 세이어는 이렇게 한탄했다.

내가 노력을 쏟는 내 삶의 본질적인 영역은 예술이며, 조류학에는 그저 발만 걸치고 있을 뿐이다. 그리고 내게 몰아의 경지에서 자연을 숭배하는 대신에 자기과시에 치중하려는 열정 따위는 없으며, 나는 시적이지도 않은 사람들처럼 보이는 조류학자 무리들에게 계속 실망한 나머지 그들과 계속 거리를 두고 이를테면 홀로 숲으로 향하고는 했다.……이런 식의 감정은 때로 자기중심주의를 드러내고는 하며, 나 자신도 그럴 가능성이 아주 높다.[30]

세이어는 군 당국과 실랑이질을 하면서 더욱 마음에 상처를 입었고, 말년에 그는 자신이 실패한 삶을 살았다고 생각했다. 애벗 세이어는 1921년 5월에 사망했다.

전쟁이 끝나고 위장 도색의 원리가 패션 분야에서 지극히 경박스럽게 활용되는 와중에, 동물학과 예술은 서로 갈라져서 각자의 길로 돌아갔다. 군사적 위장 문제는 결말이 나지 않은 채로 남았다. 1926년 영국 공병대가 내놓은 공식자료도 그렇다고 인정한다.

해묵은 이야기나 무언극과 관련이 있어서 수수께끼와 특수한 기술이라는 분위기를 풍기는 위장이라는 단어는 종종 무의식적으로 위장 대원에 대한 무심하고 가벼운 태도를 낳고는 했다. 그러나 그 단어는 오랫동안 벗어나지 못하게 만드는 모든 특징을 가지고 있다.[31]

8

희망의 괴물?

너의 작은 날개에는
검은 반점과 얼룩이 있다—
눈, 새, 소녀, 눈썹 같은.
하지만 너의 무엇이
너를 가볍게 날게 하는 걸까?
무엇이 조각난 얼굴들을
부서진 시간과 공간을
네 모습을 통해서 빛나게 하는 걸까?[1]
—조지프 브로드스키, 「나비」

두 세계대전 사이의 기간에 연달아 많은 괴물들이 출현했다. 파시즘, 나치즘, 스탈린주의가 그 괴물들이었다. 모든 것이 기괴하게 왜곡된 듯한 시기였다. 시각예술에서는 추상주의가 초현실주의에 밀려났고, 상대성과 양자물리학이라는 과학혁명, 자동차와 항공기와 전파기술의 발전이 하나가 되어 사회에 극적인 변화를 일으킨 시기였다. 그리고 제1차 세계대전의 결과로 제국의 붕괴, 경제의 혼란, 정치의 격변으로 가득한 20세기가 실질적으로 시작된 시기이기도 했다.

전쟁은 대량생산이라는 기계시대의 도래를 예고했고, 생물학에서는 의태의 역사에서 중요한 역할을 했던 아마추어 야외관찰이라는 여유로운 빅토리아 시대와 에드워드 시대의 전통이 생명의 과정을 규명하려는 새로운 흐름 앞에 밀려났다. 놀라운 닮음 사례를 더 많이 수집하는 일은 점점 관심에서 멀어졌고, 의태와 위장의 구체적인 사례들보다 패턴 형성 전반을 이해하려는 쪽으로 더 많은 노력이 쏟아졌다. 패턴 형성 개념은 "희망의 괴물(hopeful monster)" 이론이라고 널리 알려지게 되었다. 앞서 멘델 연구의 재발견은 유전 메커니즘을 들여다볼 창문을 열었다. 그 뒤에 모건의 초파리와 기이한 돌연변이가 등장했다. 1920년대에는 자연의 패턴 형성 진화과정을 보여주는 큰 발견이 나비의 날개 분야에서 이루어졌다. "님팔리드 기본 계획(Nymphalid groundplan)"*이라는 것이다.[2]

자연은 어떻게 나뭇잎이나 다른 나비의 무늬를 본뜰 수 있는 나비 날개무늬를 만드는 것일까? 이전의 자연사학자들은 의태의 양상을 기재하고 자연선택이 한 무늬를 서서히 다른 무늬로 변형한다는 설명을 내놓는 데에 만족했다. 그러나 다윈 자연선택은 "블랙박스"나 다름없다. 우리는 그 상자 안으로 무엇이 들어가고 나오는지는 볼 수 있지만, 상자가 어떻게 입력을 출력으로 전환시키는지는 전혀 알지 못한다. 대다수의 사람들에게는 컴퓨터, 텔레비전, 휴대전화, 아이팟도 블랙박스이다. 우리는 그것들을 조작하여 원하는 결과를 얻을 수 있지만, 장치 내에서 그런 결과가 어떻게 처리되어 나오는지 전혀 알지 못한다. 물론 소비자로서는 장치가 잘 작동하면 그만이다. 그러나 일부 생물학자들—베이트슨과 퍼넷 이후의—은 줄곧 그 의문을 붙들고 씨름해왔다. 진화의 블랙박스 안에서는 무슨 일이 일어날까? 이런 무늬를 빚어내는 메커니즘은 무엇일까?

나비 날개의 종합 기본 계획—실제로 나타나는 모든 무늬를 만들 수 있는 한 가지 도안, 즉 띠, 소용돌이, 줄, 빗살, 눈꼴무늬의 무수한 조합을 낳는 기본 안—이 존재한다면 그것이 무늬의 배후에 있는 과정을 규

---

* "님팔리드"는 네발나비과(Nymphalidae)라는 큰 집단을 가리킨다. 네발나비과의 날개무늬는 대부분 기본 계획이 변형된 것이다.

명할 단서가 될 수 있지 않을까? 그것은 실험으로 입증할 수 있을 것이었다. 여기서 자연선택 이론에 동시에 도달한 다윈과 월리스의 사례를 떠올리게 하는 동시 과학발견의 사례가 또 하나 등장한다. 러시아의 과학자와 독일의 과학자가 각자 독자적으로 1920년대에 나비의 무늬의 기본 패턴인 님팔리드 기본 계획을 발견한 것이다.

종합 기본 계획을 찾아낸 이 두 연구자는 러시아 페트로그라드 대학교의 보리스 시반비츠(1889-1957)와 독일 프라이부르크 대학교의 프리츠 쥐페르트(1891-1945)였다. 시반비츠가 1924년에 먼저 연구결과를 발표했지만, 그와 아주 흡사한 쥐페르트의 체계가 대개 더 선호된다. 1924년에 페트로그라드(그전에는 상트페테르부르크였으며, 현재 다시 그 이름으로 바뀌어 있다)에서 나비에 연구의 초점을 맞춘 사람이 있다는 것이 놀랍게 보인다. 시반비츠는 "전쟁과 혁명 때문에"[3] 자신의 연구가 지체되었다고 고백했다.

기본 계획이란 무엇일까? 나비의 날개에는 뿌리에서 가장자리까지 날개맥이 뻗어 있으며, 날개맥은 날개를 여러 칸, 즉 시실(翅室)로 나눈다(그림 8.1). 무늬들은 이 맥과 대강 직각으로 물결치듯이 배열되어 있다. 뿌리 근처에서는 대개 무늬의 띠들이 짙고 속이 꽉 차 있으며, 곡선을 이루며 놓인 시실들 위로 죽 뻗어 있다. 가장자리로 근처로 가면 각 시실에 눈꼴무늬가 있고, 그 양쪽으로 이중의 경계선이 둘러쳐 있다. 더 끝으로 가면 날개 끝을 따라서 미세한 경계선이 보인다.

기본 계획의 모든 구성요소를 갖춘 나비는 거의 없으며, 헬리코니우스 같은 몇몇 나비는 그 무늬를 아예 무시하는 듯하다. 그러나 아주 많은 나비들은 일부 요소를 빠뜨리거나 왜곡시키면서 기본 계획을 부분적으로 채택한다. 기본 계획 자체는 아주 많은 나비들에게 나타나는 공통요소들로부터 추론할 수 있다. 그 계획은 실제로 있으며, 인간이 그저 혼돈 속에 질서를 투영한 것이 아니라는 점은 의심의 여지가 없다.

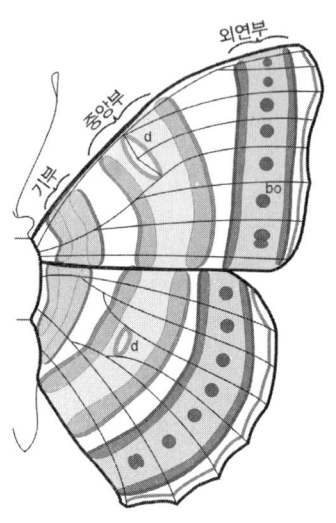

그림 8.1 님팔리드 기본 계획은 많은 나비 날개무늬의 종합 기본 계획이다. 대부분의 나비는 이 구성요소를 전부는 아니지만 일부 가지며, 각 구성요소는 커지거나 줄어들거나 일그러질 수 있다(H. 프레더릭 나이하우트의 그림).

　연구자들은 기본 계획으로부터 곧바로 나비의 날개무늬에 관한 몇 가지 개념 및 한 종이 어떻게 다른 종의 무늬를 모사할 수 있는지를 추론할 수 있었다. 또 기본 계획은 곧바로 새로운 의문들을 낳았다. 퍼넷은 의태 나비들이 이용할 수 있는 무늬의 범위가 한정되어 있을지도 모른다고 말했다. 시반비츠와 쥐페르트의 연구는 거기에서 한 단계 더 나아갔다. 그들은 무늬가 사실상 단 하나뿐이며, 대부분의 실제 무늬는 그 종합 기본 계획의 구성요소들을 빼거나 왜곡시켜서 나온 것이라고 주장했다.

　연구자들은 곧 기본 계획을 가장 놀라운 실제 사례 중 하나에 적용할 수 있었다. 칼리마속의 나비였다. 언뜻 보면 칼리마속 나비의 뒷날개에 난 나뭇잎 무늬만큼 기본 계획과 딴판인 것은 없다. 그러나 1927년에 쥐페르트는 기본 계획의 일부 요소를 억제하고 다른 요소들을 두드러지게 하고, 무늬가 앞뒤 날개로 죽 이어지도록 앞날개와 뒷날개를 배치하면 나뭇잎을 모사할 수 있음을 보여주었다(그림 8.2).[4] 눈에 잘 띄는 눈꼴

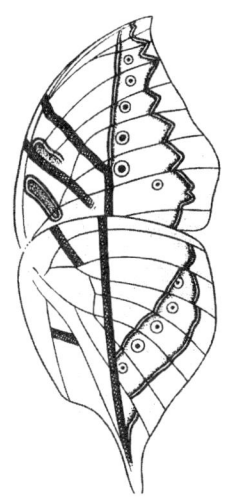

그림 8.2 칼리마속 나비의 나뭇잎 의태 방식. 나뭇잎에서 두드러진 부분은 주맥이며, 칼리마속은 복합적인 방법을 써서 주맥 모양을 만든다. 앞날개에서는 중앙에 대칭을 이룬 부분의 주요 띠 중 하나에서 주맥이 시작되지만 이 띠는 위로 가면서 왼쪽으로 굽으면서 지맥이 된다. 대신 주맥은 크기가 줄어든 눈꼴무늬들의 경계선을 통해서 이어진다. 이 효과를 내기 위해서 기본 계획은 놀라울 정도로 왜곡되며, 기본 계획의 더 많은 구성요소들이 억제되어 전반적으로 부드러운 갈색의 잎과 같은 인상을 풍긴다(H. 프레더릭 나이하우트, 『나비 날개의 발생과 진화[*The Development and Evolution of Butterfly Wing Patterns*]』(1991) 중에서).

무늬는(원래 그런 의도로 나온 것이다), 칼리마속에서는 크기가 줄어서 단지 "곰팡이"가 먹은 얼룩처럼 보이는 역할을 한다. 날개에 작은 "구멍"이 난 것 같기도 하다.

　아마 칼리마속의 위장에서 가장 놀라운 점은 뒷날개의 색깔이 똑같은 나비가 한 마리도 없다는 사실일 것이다. 죽은 나뭇잎이 대단히 다양하므로, 칼리마속 나비의 날개는 "나뭇잎이 마르고 썩는 단계에 따라서 띠는 서로 다른 색깔들과 마찬가지로 연노란색, 붉은색, 황토색, 갈색, 회색" 등 다양한 색깔과 무늬를 띤다. 가짜 "구멍"과 곰팡이 얼룩은 적당히 제멋대로 놓여서 날개를 꾸민다. 자연선택은 나비 날개의 나뭇잎 무늬를 표준화하지 않았다. 모든 나뭇잎은 서로 조금씩이라도 다르기 때문이다.

따라서 나뭇잎을 아주 정밀하게 모방하는 방식은 먹히지 않을 것이다. 포식자는 "너무나 완벽한 잎"은 결코 잎이 아니라는 것을 알아차리고 그것을 찾아다니기 시작할 것이다. 그토록 다양한 잎을 모방하는 능력이 처음에는 경이롭게 보이겠지만, 유전에 대한 지식을 습득하고 다시 살펴보면 그리 놀랍게 보이지 않는다. 잎의 모양과 색깔이 단 한 가지라면, 자연선택은 그것과 일치하지 않는 칼리마속의 나비들은 제거했을 것이다. 그러나 잎이 아주 다양하므로, "엉성하게" 일치하는 정도로도 충분했다. 물론 그것은 그 과정에 어떤 유전 메커니즘이 관여하는지를 알려줄 하나의 단서이기도 하다. 즉 그 유전 메커니즘도 그에 걸맞게 느슨할 것이 틀림없다. 쉬페르트는 칼리마속이 모방하는 잎무늬에 맞도록 기본 계획에 돌연변이를 일으키는 심오한 유전적 과정이 있다는 생각은 전혀 못했지만, 각 나비에서 동일한 구성요소들을 쉽게 알아볼 수 있었다. 그 점에는 의심의 여지가 없었다.

님팔리드 기본 계획이 나비의 날개무늬를 분석하는 데에 어떤 지침을 제공한다면, 그 메커니즘의 탐색을 어디에서 시작해야 할까? 1920년대에는 주요 생물학적 과정들의 화학적 특성이 전혀 알려져 있지 않았다. 단백질이 하나의 물질범주를 이루고 있다는 것은 알려져 있었지만, 너무 복잡하여 화학적 조성은 추론조차 할 수 없었다. DNA도 하나의 물질이라고 밝혀졌지만, 그것이 유전, 조직형성, 세포유지에 중추적인 역할을 한다고는 전혀 생각도 못했으며, 마찬가지로 DNA의 화학적 조성과 구조도 전혀 알지 못했다.

안에서 어떤 일이 벌어지는지 알 수 없는 블랙박스를 조사하려면, 어떻게 시작해야 할까? 간단하다. 입력신호를 바꾼 뒤에 어떤 결과가 나오는지 지켜보면 된다. 안에 무엇이 있는지 모르므로 잘못 해석할 여지가 있는 것은 분명하지만, 출발점 역할은 충분히 할 수 있다. 이것은 일종의 섭동법(攝動法 : 일부 변수를 변화시킴으로써 답을 구하는 방법/역주)이다.

나비의 날개무늬 사례에서 가장 단순한 형태의 섭동은 열 충격이나 저온 충격이다. 번데기를 기간을 달리하여 열이나 저온으로 처리한 뒤에 성체에 어떤 결과가 나타나는지 살펴보는 것이다. 저온 충격 실험을 가장 적극적으로 설파한 생물학자는 독일계 유대인 동물학자 리하르트 골트슈미트(1878-1958)였다.

골트슈미트는 지금은 매우 낯설게 보이는 옛 문화가 낳은 다채로운 인물이었다. 그는 자서전에서 자신의 과학연구를 그저 부록 차원으로 치부했다. 그는 음악과 미술을 애호했고 여러 나라, 특히 일본과 인도를 돌아다닌 별난 여행가였다. 또 그는 옛날 의미의 교수, 즉 권위의식과 자긍심으로 충만한 교수였다. 학생들이 "교황"이라고 부를 정도였다. 그는 호화스럽게 여행을 했고 자서전에는 지금은 그저 헛웃음을 짓게 할 만한 표현이 가득하다. "20세가 넘은 남자는 대개 패션을 전혀 모르므로 세련되게 입고자 하면 재봉사에게 맡기라."[5]

20세기의 전쟁들은 골트슈미트의 인생행로를 매우 비틀어놓았다. 그는 제1차 세계대전이 일어났을 때 미국에 있다가 적국인이라는 이유로 억류되었다. 1935년에는 나치의 박해가 심해지자 오히려 독일에서 미국으로 떠나야 했다. 그의 집안은 조금 유명했는데, 한 벽보에는 그를 헐뜯는 용도로 그의 가계도가 실리기도 했다. 그는 그 고의적인 명예훼손에 대해서 이런 말로 반박했다. "그것은 바람직한 유전형질들이 오랜 선택을 거쳐서 인간 자질의 향상을 가져왔음을 보여주는 도표로 삼을 수도 있다." 미국에서 그는 버클리에 있는 캘리포니아 대학교의 교수가 되었다.

골트슈미트는 나비의 날개무늬가 패턴 형성을 이해하는 모형체계가 될 수 있다고 믿었다는 점에서 베이츠를 상기시킨다.[6] 대다수의 생물학적 패턴이 3차원 구조인 것에 반해서 날개무늬는 단순하고 평면적이며, 유전학적 및 발생학적 실험을 하기도 쉽다고 보았기 때문이다.

그는 저온 충격이나 열 충격 실험이 나비 자체의 생물학과 환경 사이의 관계를 폭넓게 드러낸다고 생각했다. 그는 단순한 환경변화를 통해서 무늬에 큰 변화를 일으킬 수 있었다. 패턴 형성 과정을 추론하고 새로운 실험을 고안하려면 무엇이 더 필요할까?

번데기에 열 충격과 저온 충격을 가하면 계절별로 다르게 나타나는 성체의 형태를 재현할 수도 있다는 점에서 흥미롭다.[7] 녹색으로 충만한 여름에 태어난 나비는 단풍이 들 무렵인 가을에 태어난 같은 종의 나비와 다른 모습을 띠곤 한다. 대개 여름형은 눈꼴무늬가 크고 화려한 색깔이다. 눈꼴무늬로 깜짝 놀라게 하는 것이 포식자를 방어하는 수단에 포함된다.

방어수단으로서의 눈꼴무늬는 앞서 살펴본 기만술을 흥미롭게 변형한 것이다. 주홍박각시 모충의 뱀 머리 무늬처럼, 눈꼴무늬도 일종의 경고 표지판, 위협신호이다. 그러나 자신의 독성을 광고하는 다른 많은 독성을 띤 곤충들이 쓰는 경고표지들과 달리, 눈꼴무늬는 무해한 생물이 놓는 엄포이다. 그것은 어떤 구체적인 의태 대상을 모방하는 것이 결코 아니다. 커다란 눈은 많은 새에게 경고의 효과를 발하는 듯하므로, 커다란 눈꼴무늬를 갑작스럽게 휙 내보이면 새가 깜짝 놀랄 것이고 곤충은 달아날 시간을 벌 수 있다.*

예를 들면 공작나비가 주로 쓰는 포식자 방어전략은 두 가지이다. 날개를 접었을 때는 친척인 인도가랑잎나비인 칼리마속과 아주 흡사하게, 탁월한 나뭇잎 의태자가 된다. 그러나 이 전략이 먹히지 않아 새가 가까이 다가오면, 공작나비는 날개를 활짝 펼쳐서 4개의 커다란 눈꼴무늬가 있는 화려하고 풍성한 날개 윗면의 무늬를 드러낸다. 그리고 소음도 낸다. 따라서 눈꼴무늬는 위장이나 의태가 아니라 광고의 극단적인 형태이

---

* 눈꼴무늬에 정말로 기능이 있는지 확인하기 위해서 2005년에 한 스웨덴 연구진은 공작나비의 눈꼴무늬를 가리는 실험을 했다.[8] "30분 동안 실험을 한 결과 눈꼴무늬를 가리지 않은 나비는 34마리 중 1마리만 죽은 반면, 가린 나비는 20마리 중 13마리가 잡아먹혔다."

다. 독성을 띤 생물의 경고색도 아니며, 눈꼴무늬를 가진 아주 많은 나비는 서로 혹은 다른 대상을 흉내내고 있지 않다. 눈꼴무늬는 나비와 나방에만 있는 것이 아니다. 일부 사마귀에게도 있다.

눈꼴무늬를 가진 나비의 건기형(乾期形, dry season form)은 더 칙칙하고 눈꼴무늬가 훨씬 더 작으며, 가을에는 나뭇잎 의태가 더 흔히 나타난다. 이런 것들은 무늬를 더 밝게 혹은 더 칙칙하게 하는 방법을 곁들여서 기본 계획을 단순하게 변형시킨 것이다. 많은 나비들에게서 눈에 잘 띄는 눈꼴무늬로 놀라게 하는 것은 여름용 전략이다. 죽은 잎 형태로 위장하는 것은 가을용이다.

같은 나비(똑같은 유전자를 가진)에게서 서로 다른 계절형이 나오는 것은 한배의 알들에서 다양한 의태 양상을 띤 호랑나비들이 나오는 것과 조금 비슷하다. 그리고 실험실에서 계절형만 만들 수 있는 것이 아니다. 열 충격과 저온 충격으로 지리적 변이 형태도 만들어낼 수 있다. 남방종의 번데기에 저온 충격을 가하면 때로 북방 형태와 거의 비슷한 형태들이 나오고는 한다. 골트슈미트는 쐐기풀나비(*Vanessa urticae*)에 저온 충격을 가하자 스칸디나비아 아종과 똑같은 형태가 나왔다고 했다.[9] 반대로 스칸디나비아 아종에 열 충격을 가하자 사르디니아 아종과 똑같은 형태가 나왔다. 즉 번데기를 따뜻하게 하거나 차갑게 하는 단순한 방법으로 남북 형태를 오갈 수 있다.

기적처럼 보이는 이런 전환은 유전기구, 그리고 동물이 발달할 때 그 기구가 어떻게 작동하는지에 관해서 놀라운 점을 시사한다. 그 실험은 환경이 유전에 미묘한 영향을 미친다는, 유전자가 언제나 모든 조건에서 똑같은 효과를 낳는 것은 아니라는 초기 증거였다. 이것은 라마르크주의—살면서 획득한 형질이 다음 세대로 전달된다—가 아니라 생물이 성체로 발달할 때 환경이 유전자의 발현에 영향을 미치는 사례이다.

이런 계절형들이 의태와 무슨 관련이 있을까? 나비의 여름형과 가을

형은 큰 도약이라고 할 만큼 차이가 난다. 의태하지 않는 나비가 의태자로 도약하는 것에 맞먹는다. 그리고 계절형은 돌연변이와 무관하게 나타난다. 온도(그리고 빛)의 단순한 변화가 유전자 발현 양상에 변화를 일으키는 것이다. 골트슈미트는 이런 전환이 의태가 다윈주의가 말하는 누적되는 작은 변이들보다는 한 번의 큰 도약을 통해서 진화했다는 퍼넷의 개념을 강력히 뒷받침한다고 보았다.[10]

이 시나리오에 따르면 모든 무늬는 미리 존재하며, 아직 알려지지 않은 메커니즘을 통해서 드러나는 것에 불과하다. 골트슈미트는 주크박스의 기계 팔이 움직여서 이 음반이나 저 음반을 선택하는 것과 흡사하게 미지의 메커니즘이 이 계절형 또는 저 계절형을 고르는 것이라고 묘사했다. 따라서 그의 의태 시나리오는 모든 나비에 들어 있다고 믿는 유전적 무늬 책(님팔리드 기본 계획)에서 의태형을 고르는 거대한 유전적 레버가 하나 있다는 것이다. 마찬가지로 그는 칼리마속의 잎무늬가 나비의 표준 기본 계획에서 한 번의 큰 도약을 통해서 나올 수 있다고 믿었다(쥐페르트는 칼리마속의 무늬가 기하학적으로 기본 계획에서 어떻게 유도될 수 있는지만을 보여주었을 뿐이다. 그는 메커니즘을 제시하지 않았다). 칼리마속은 변덕쟁이가 아니므로—죽은 잎을 모방한 계절형이 많으므로—이 말은 설득력 있게 보였다.

이 열 충격과 저온 충격 실험은 강력했고 동요를 일으켰다. 그것을 자연에 전인미답의 힘이 있음을 시사하는 사례로 받아들인 사람들도 있었다. 그리고 그 개념은 소련의 국정 입안자들에게 와닿았다. 소련에서는 1930년대에 농업학자 트로핌 리센코(1898-1976)의 주도를 통해서 해로운 형태의 새로운 라마르크주의[11]가 나타났다. 라마르크주의는 과학교육을 받지 않은 사람들에게(그리고 앞서 살펴보았듯이 다윈에게조차도) 늘 다소 설득력 있게 와닿는 듯하다. 사는 동안 사용하면 몸이 발달할 수 있다는 것은 분명하다. 그렇다면 왜 미스터 유니버스가 된 뒤에 그

근육을 아이들에게 물려주지 않는가? 불행히도 19세기 말 이래로, 모든 생물은 나중에 자손에게 전달될 유전자를 이미 형성된 형태로 가지고 태어난다는 것이 알려져 있었다. 환경은 다음 세대를 낳는 생식계통에는 전혀 영향을 미치지 못한다. 비록 앞서 살펴본 계절형 사례에서처럼, 수정이 일어난 뒤에 유전자의 발현에 영향을 끼칠 수는 있지만 말이다.

소련은 식량 생산을 늘리기를 원했지만 기후가 혹독했다. 리센코는 혹독한 지역조건에 식물을 순응시킬 수 있으며 이렇게 춘화처리(春化處理)한 식물에서 얻은 씨도 튼튼할 것이라고 스탈린을 비롯한 많은 이들을 설득시켰다. 이 말은 겨울밀을 봄에 뿌려도 자랄 것이라는 의미였다.

이 개념은 이데올로기의 주요 전쟁터가 되었다. 리센코의 개념을 받아들이지 않은 서구의 유전학은 부르주아적이고 반동적이라고 비난받았다. 소련 생물학은 수십 년 동안 파탄이 났고 많은 생물학자들은 직업을 잃었으며, 목숨까지 잃은 이들도 있었다. 리센코의 일화는 우리가 자연에서 원하는 답만을 얻고 그것과 모순될 수도 있는 답에는 귀조차 기울이지 않을 때 어떤 위험이 닥치는지를 잘 보여주었다. 리센코의 동료인 I. V. 미추린(1855-1935)은 말했다. "우리는 자연의 호의를 마냥 기다릴 수 없다. 자연과 싸워서 빼앗아야 한다."[12] 그러나 결과를 위조해서는 그것을 얻을 수 없다.

리센코는 과학의 진정한 이단자이자 사악한 배교자였지만, 1930년대에 리하르트 골트슈미트도 적정선을 넘어선 것처럼 취급되었다. 1930년대는 이념적 충돌의 시대, 적대하는 교조적 견해들의 시대였고, 이 분위기는 과학에도 전염되었다. 당시 생물학의 주된 분위기는 열 충격과 저온 충격 실험으로 얻은 발견은 활용할 여지가 없다는 쪽이었다. 과학자로서의 골트슈미트는 더프리스 및 베이트슨과 같은 맥락에 있었다. 그는 진화발생학(Evo Devo)이 등장한 최근에야 널리 받아들여진 유전학과 진화의 한 측면을 이해했다. 유전자가 화학과정의 속도를 통제함으로써 작동한다는 것을 말이다. 또 그는 중요한 자리에 생기는 돌연변이가 저온 충격과 비슷한 대규모 효과를 일으킬 수 있다는 것도 인식했다.

골트슈미트는 생각을 다듬고 정리하여 "희망의 괴물 가설(hopeful monster hypothesis)"이라는 것을 내놓았다. 그는 자신이 고생을 자초하고 있다는 것을 알아차렸다. "나는 1933년 시카고 만국 박람회 초청강연에서 처음으로 그 주제를 다루면서 반쯤 농담 삼아 희망의 괴물이라는 표현을 썼다."[13] 희망의 괴물은 1) 큰 효과가 나타나고, 2) 이점을 제공하고 집단에 널리 퍼질 긍정적인 유전적 변화를 일으키는 돌연변이에 붙인 도발적인 명칭이었다. 베이트슨이 수집한 생존 불가능한 수많은 "희망 없는 괴물" 돌연변이체들과 상반되는 것이었다. 그 이론은 의태 종이 단번에 운 좋게 다소 완벽한 의태를 이룬 큰 돌연변이를 통해서 출현한다는 퍼넷 개념의 연장선상에 있었다. 그러나 골트슈미트는 거기에 발달과정을 연구하면서 자신이 이해한 발생학 개념을 덧붙였다. 그는 자연선택이 성체에 작용하여 유전자가 자손에 전달될지 여부를 정하는 반면, 생물에서 자연선택이 작용할 수 있는 변화는 모두 배아에서 일어나야 하며, 배아 발생이라는 민감한 과정에 변화가 생기면 성체에 큰 변화가 일어날 수 있다는 것을 깨달았다. 이 희망의 괴물 돌연변이는 발생 시에 유전자들의 발현 시점을 바꾼다. 그렇게 하여 나온 형태들은 대부분 생존하지 못하지만, 이따금 새롭고 흥미로운 형태가 나온다.

이 개념은 복잡한 생물에서 일어나는 유전적 오류가 불행으로 이어질 수밖에 없다는 상식에 반대된다. 오류가 반드시 불행으로 이어지는 것은 아니다. 발생과정은 자동차 생산 라인처럼 고정된 것이 아니기 때문이다. 생산 라인에서는 무엇인가 순서가 어긋나면, 생산과정이 엉망이 된다. 그러나 생물의 발생 라인에서는 여러 과정들이 작용하여 때로 오류를 상쇄시킬 수 있다. 예를 들면 베이트슨의 이중 합지증—양손이 엄지에서 붙은 사람—은 심한 비정상의 사례이지만 생명을 위협하지는 않는다.

골트슈미트는 발생과정의 미묘한 균형이 진화의 주된 제약조건이라고 생각했다. 한 돌연변이가 발생과정이 진행되도록 허용한다면 변화가 가능하지만, 그 체계의 작동을 방해하는 돌연변이는 괴물을 만들 것이다. 골트슈미트는 점진적인 단계를 거쳐서는 거의 진화할 수 없는 큰 진화적 변화의 사례를 제시했다. 가자미와 넙치처럼 바닥에 사는 납작한 물고기는 자신이 사는 해저의 패턴을 모사하는 기이한 의태 능력이 있다. 그들은 또 하나의 놀라운 적응 형질을 가진다. 바로 두 눈이 몸의 같은 쪽에 붙어 있다는 것이다. 진화의 어떤 시점에서 한쪽 눈이 몸의 반대편으로 이동했다. 이동한 뒤에는 이점이 있지만, 한 눈이 절반쯤 이동했을 단계에서는 아무런 이점도 없었을 것이다. 사실 지금도 배아가 발생할 때 그 눈은 물고기의 몸을 돌아서 새 위치로 향해간다.

골트슈미트는 눈 이동이 배아 발생 때 희망의 괴물 도약을 통해서 출현한 것이 틀림없다고 믿었다. 그런 발생 때 눈은 관련된 근육조직과 함께 움직일 가능성이 아주 높으며, 차후에 새 배치를 완벽하게 마무리 짓는 데에는 사소한 돌연변이들만 있으면 될 것이다. 마찬가지로 베이트슨은 기형생물에서 한 기관이 새 위치로 이동했을 때 모든 구성요소들이 함께 움직였다고 관찰했다.

대다수 생물학자는 골트슈미트의 개념에 적대적이었다. 1939년 예일 대학교에서 스틸먼 강연을 하고 그 원고를 『진화의 물질적 토대(*The Material Basis of Evolution*)』(1940)로 출판한 뒤에 그는 혹독한 공격을 받았다. 반응을 지켜본 골트슈미트는 토로했다. "벌집을 들쑤신 것이 분명했다. 신다윈주의자들이 격렬하게 반발했다.* 이번에는 단지 미치광

---

* "현대적 종합"이라고도 하는 신다윈주의는 생물학의 주류 이론이었다. 그것은 다윈 진화와 유전학을 조화시켰고, 누적되는 작은 유전적 돌연변이에 자연선택이 가해짐으로써 진화가 일어난다고 주장했다. 영국의 R. A. 피셔, 줄리언 헉슬리, E. B. 포드, 미국의 테오도시우스 도브잔스키, 수얼 라이트, 에른스트 마이어가 저명한 신다윈주의자였다.

이가 아니라 거의 범죄자 취급을 받았다."[14]

진화에서 큰 도약이 일어난다는 골트슈미트의 희망의 괴물 이론을 앞장서서 반대한 사람은 영국의 생물학자 R. A. 피셔(1890-1962)였다. 피셔는 당대의 가장 저명한 수리유전학자였고, 누적되는 작은 변이를 통해서 진화가 일어난다는 다윈 이론의 확고한 지지자이자 의태를 연구하는 영국 생물학자 계보상의 중요한 인물이기도 했다. 이 계보는 베이츠, 월리스, 풀턴에서 시작하여 피셔를 거쳐서 현대 연구자들로 이어진다. 그의 저서 『자연선택의 유전 이론(*The Genetical Theory of Natural Selection*)』(1930)은 향후 수십 년 동안의 연구 흐름을 규정할 정도로 큰 영향력을 발휘했다.

피셔의 책에는 의태를 다룬 장이 있으며, 거기에서 그는 의태가 왜 그렇게 자연선택의 중요한 시험대—다윈도 베이츠가 아마존에서 의태를 발견한 이야기를 듣자마자 그 점을 알아차렸다—인지 설명한다.[15] 대다수 사례에서는 환경의 어떤 요인이 진화를 이끄는지 알기가 어려우며, 선택이 어느 기관, 패턴, 생리적 특징에 작용하는지도 마찬가지로 알기 힘들다. 그러나 피셔가 강조했듯이, 의태에서는 포식이 환경요인이며 곤충의 날개무늬와 색깔이 자연선택이 작용하는 특징이라고 확신할 수 있다. 과학자들은 주위에서 벌어지는 일과 무관하게 상호작용을 하는 두 연관된 요인들을 찾아내려고 늘 애쓴다. 많은 요인들이 함께 작용하여 복잡한 효과를 빚어내는 곳에서는 결코 나무를 넘어서 숲을 볼 수 없다. 의태는 작용하는 진화를 군더더기를 떨어낸 가장 기본적인 형태로 보여준다.

점진적인 작은 변화들을 통해서 진화가 일어난다고 믿는 다윈주의자인 피셔는 퍼넷 논리의 약점을 지적했다. 호랑나비의 다중 의태 암컷들이 한 유전자의 통제를 받는다는 사실은 그 암컷들이 갑작스러운 큰 도약을 통해서 출현한 것이 틀림없음을 시사한다고 퍼넷이 주장한 부분이었다. 호랑나비속 암컷의 무늬가 다형성을 띠는 것은 맞다. 그 점에서는 성별도 마찬가지이다. 인간이 남성이 될지 여성이 될지도 하나의 유전적 스위치로 결정된다. 그러나 여성이 하나의 돌연변이를 통해서 남성에게서 출현한다고 주장하는 사람은 아무도 없다(「창세기」를 제외하고). 성이 어떻게 기원했는지는 아직 모르지만, 인간 같은 커다란 동물보다 수십억 년 앞서 출현한 것은 분명하다.

현대 영국의 진화생물학자 존 터너는 희망의 괴물 이론을 아주 설득력 있게 반박한다.

> 주요 돌연변이가 아주 드물게 일어나므로 나뭇잎이나 다른 나비로 속일 수 있는 모방을 하는 데에 필요한 돌연변이도 어쩌다가 한번 나타날 것이라는 골트슈미트의 논리는 우리 대포가 약 20킬로미터 떨어진 도시를 아무 문제 없이 포격할 수 있으므로(포격을 하다 보면 포탄에 맞는 집이 몇 채 있을 테니까) 영국 중심가 55번지의 집도 아무 문제 없이 포격할 수 있다는 주장과 같다.[16]

피셔는 더 나아갔다. 그는 한 유전자에서의 큰 도약이 바람직한 신체 부위에서만이 아니라 다른 많은 부위들에서도 늘 효과를 일으킬 것이 거의 확실하며, 그런 도약은 너무 부적합하여 살아남아 번식할 수 없는 생물을 낳을 것이라고 확신했다. 논쟁의 끝이었다.

희망의 괴물 가설 비판자들이 뭐라고 하는지 보기 위해서, 유타 주의 외눈박이 양을 살펴보기로 하자.[17] 1950년대에 그곳의 양 중에서 5-7퍼센트는 외눈증이라는 대개 치명적인 증상을 가지고 태어났다. 호머의 『오디세이아(*Odysseia*)』에 나오는 신화 속 괴물인 키클롭스처럼 눈이 하나였다. 이 형질은 다른 기형들과도 관련이 있었다. 눈과 마찬가지로 뇌도 양쪽 반구로 갈라져 있지 않았다. 머리 전체가 뒤죽박죽 하나의 덩어리를 이루고 있었다. 이윽고 그 원인이 백합과의 베라트룸 칼리포르니쿰

(*Veratrum californicum*)임이 드러났다. 이 식물에 들어 있는 사이클로파민(cyclopamine)이라는 화학물질을 임신한 어미양이 먹으면 10-14일 된 배아에서 체계적으로 이루어지던 발생과정이 교란된다. 이 물질이 발생과정을 방해하면 다양한 기형이 나타난다. 하나의 돌연변이 유발 화학물질이 발생의 여러 단계에서 유전자 활동에 변화를 일으키기 때문이다.

누적되는 작은 변이를 옹호하는 다윈주의 진영과 불연속적인 큰 도약을 내세우는 학파의 논쟁은 스위프트의 『걸리버 여행기(*Gulliver's Travels*)』에 등장하는 리틀 엔디언과 빅 엔디언을 생각나게 한다. 두 사람은 아침에 먹을 삶은 달걀을 놓고 다툰다. 달걀 껍데기의 어느 쪽을 먼저 깨야 할지를 놓고 말이다. 스위프트는 이 대목을 쓸 때 과학의 논쟁이 아니라 교리상의 사소한 문제를 놓고 당파로 갈라지는 경향을 보이는 종교운동이나 정치운동을 더 염두에 두었다. 그러나 쟁점을 꼬치꼬치 따지려는 욕구는 인간정신에 깊이 배인 속성이므로, 불가피하게 과학에도 스며들기 마련이었다.

희망의 괴물이 적어도 한 종류 이상이라는 유력한 증거는 늘 있었다. 뱀의 뼈대는 그저 등뼈가 길게 하나로 뻗은 것이라고 생각해도 무리가 아니다. 뱀의 등뼈는 130-400개의 척추 뼈로 이루어지며, 진화하면서 여러 차례에 걸쳐서 척추 뼈가 더 추가되어왔다. 이 과정은 척추 뼈가 분수 비율로 증가하는 방식으로는 일어날 수가 없다(온전하지 못한 척추 뼈 조각은 척추를 옴짝달싹 못하게 만들어 뱀을 "희망 없는 괴물"로 만든다). 골트슈미트를 가장 심하게 비판하는 후대의 인물인 리처드 도킨스조차도 이렇게 인정한다. "뱀의 진화에서 척추 뼈의 수는 분수보다는 정수 단위로 변했다.……**부모보다 척추 뼈를 6개 이상 더 가진 뱀은 한 번의 돌연변이 단계를 통해서 생겨났을 수 있다고 믿기 쉽다**(강조는 저자)."[18]

그러나 스티븐 제이 굴드가 1977년 「희망의 괴물의 귀환」이라는 글을 쓰면서 골트슈미트의 개념은 재검토되기 시작했다. 굴드는 이렇게 말문을 열었다.

조지 오웰의 『1984』에 나오는 독재자 빅 브라더는 국민의 적인 이매뉴얼 골드스타인에 맞서 매일 「2분간의 증오」라는 방송을 내보낸다. 1960년대에 내가 대학원에서 진화생물학을 공부할 때는 유명한 유전학자 리하르트 골트슈미트에게 공식적인 비난과 조소가 집중되었고, 우리는 그가 미쳤다는 말을 들었다.[19]

그러나 제이 굴드는 이렇게 결론을 내렸다.

> 내 나름의 몹시 편향된 견해로 보면, 거시진화에서 보이는 명백한 불연속성을 다윈주의와 조화시키는 문제는 발생 초기의 작은 변화들이 성장과정에서 누적되어 성체들 사이의 큰 차이를 빚어낸다는 관찰을 통해서 대부분 해결된다.[20]

골트슈미트는 유전자의 행동이 유동성을 띤다는 것을 관찰한 뒤, 유전자가 입자라는 개념 자체를 의심하기에 이르렀다. 여기서도 그는 시대를 앞서 나갔다. 멘델의 유전인자 연구에 이어서 이루어진 초파리를 대상으로 한 광범위한 번식실험들은 각 유전자가 염색체의 정해진 위치에 있다는 것을 시사했다. 그러나 골트슈미트는 유전자가 그보다는 더 유연하다고 생각했다. 그는 "내밀한 염색체 구조의 재조합이나 뒤섞임"[21]을 상상했다. 이것은 우리가 현재 이동 유전인자라고 부르는 것의 존재를 예견한 놀라운 선견지명이었다.* 골트슈미트는 50년 동안 자신의 연구를 외면하게 될 시대의 흐름에 맞서 헤엄치고 있었다.

---

* 추상적인 유전자 관점에 맞서는 증거가 1940년대부터 나오기 시작했다.[22] 미국의 유전학자 바버라 매클린톡(1902-1992)은 옥수수 실험을 통해서 한 식물의 부위별로 돌연변이가 일어날 수 있음을 보여주었다. 그것은 현대적 종합이 설명하는 것보다 유전자가 더 이동성을 띤다는 것을 시사했다.

9
시각유희의 자연사

> 이 모든 해석이 의식적으로 이루어지고 있다면, 우리는 그것을 예술이라고 부르고 싶은 유혹을 느낄 것이다. 아니, 아마도 탁월한 유희의 집합이라고 할 수 있을 것이다. 혹은 양쪽 모두일 수도 있다. 아귀가 어떤 과정을 거쳐 지느러미 가시를 늘여서 발광 미끼로 삼게 되었는지 몰라도, 마르셀 뒤샹이 화랑에 변기를 전시했을 때 벌어진 일이 그것에 가장 가까운 비유라는 점은 명백하다.[1]
> ──리처드 메이비, 『녹색 그늘에서(*In a Green Shade*)』

세이어가 자연세계의 위장에 대한 우리의 지식에 가장 큰 영향을 미친 화가였다면, 의태에 대한 지식에 가장 큰 영향을 미친 작가는 누가 뭐래도 러시아 소설가 블라디미르 나보코프(1899-1977)이다. 나보코프는 어릴 때부터 나비에 매료되었다. "일곱 살 때부터 나는 한 가지 열정에 사로잡혀 있었기 때문에, 직사각형 틀에 비치는 햇빛을 볼 때면 오직 그 생각만 났다.……"[2] 이 열정은 나비 연구가의 야심──그는 새로운 나비 종을 찾아내어 자신의 이름을 붙이고 싶었다──인 동시에 그것을 넘어선 무엇이었다.

나보코프는 고도로 세련된 예술가의 시선으로 나비를 들여다보았고, 그와 주류 생물학자들 사이에 빚어진 갈등은 이른바 "두 문화"라고 하는 과학과 예술의 이야기에서 흥미로운 연구사례이다. 그의 과학은 종을 동정(同定)하고 상세히 기재하며 유사점과 차이점에 따라서 분류하는 전통적 옛날 방식이었다. 그는 작은 해부학적 차이점, 특히 생식기의 특징을 세밀하게 파악하는 전문가가 되었다(모든 나비 종은 독특한 생식기를 가지며, 암수의 생식기는 자물쇠와 열쇠의 역할을 한다. 즉 같은 종의 구성원끼리만 들어맞도록 되어 있어서 같은 종끼리만 짝짓기를 할 수 있다).

1935-1937년에 걸쳐서 러시아어로 집필했고 영어로는 1962년에야 나온 "나비"를 다룬 소설 『선물(Dar)』에서 그는 열 충격과 저온 충격을 언급하는데, 있는 그대로 묘사하는 차원이다.

> 그는 내가 코르시카나 북극 지방에 사는 나비들, 마치 타르에 담갔다가 꺼낸 것처럼 보이고 보드라운 보풀이 달라붙어 있는 듯한 너무나도 특이한 형태의 나비들을 얻을 수 있도록, 내 네발나비의 황금빛 번데기를 다양하게 열 처리나 저온 처리했다.[3]

그는 특히 의태에 매료되었고 놀라울 정도로 섬세하게 다듬은 문장으로써 그것의 매력을 묘사했다. 나보코프는 그저 통상적인 의미로 아름답다고 말하는 차원을 넘어서, 배설물 같은 기발한 대상까지 모방하기도 하는 나비의 의태 체계 전체가 예술적임을 보여줌으로써 의태에 대한 인식 범위를 넓힌다. 새똥을 완벽하게 닮은 모충이나 거미는 주름진 우단의 결을 아름답게 재현하는 네덜란드 정물화가와 비슷하다.

그러나 나보코프는 의태에 대한 예술적인 관심을 옹호하기 위해서 다원주의 과학과 다투는 함정에 빠졌다. 『선물』(1937)은 소설이지만, 소설의 주인공은 나보코프처럼 나비 연구가이다. 나보코프는 주인공을 자기 견해의 대변자로 삼으려는 유혹에 저항하지 못한다.

> 그[주인공의 아버지]는 내게 의태 위장이라는 경이로운 예술적 재능이, 깃털이 났거나 비늘이 달려 있거나 다른 어떤 특징이 있는 우연히 마주치는

포식자(그다지 식성이 까다롭지 않지만 그렇다고 나비를 아주 좋아하는 것은 아닌)를 그저 속이기 위한 것이라고 보기에는 너무나 정밀하다고 했다. 그러므로 생존경쟁(진화의 서투른 힘들이 허둥거리며 벌이는)을 통해서는 설명할 수 없으며 어떤 장난치기 좋아하는 예술가가 인간의 지적인 시선을 염두에 두고 발명한 듯하다고 말했다.[4]

나보코프가 왜 반다윈주의적 태도를 취했는지 의아하지만, 그를 단지 아마추어 나비 사냥꾼으로 치부하고 넘어갈 수는 없다. 20년 뒤 같은 기관에서 일한(나보코프는 1942-1948년에 하버드 대학교 연구원이자 비교동물학 박물관의 비공식적인 인시류[鱗翅類] 큐레이터로 일했다) 스티븐 제이 굴드는 나보코프가 "생물학과 주요 생물 집단의 분류학에서 '세계 수준'의 전문지식을 갖춘 충분한 자격과 탁월한 재능을 겸비한 정당하게 고용된 분류학자"[5]라고 역설했다. 나보코프는 몇몇 소수의 선배 연구자들과 마찬가지로 자연의 의태에서 나타나는 모방 수준이 자연선택을 통해서 생겼다고 하기에는 너무나 극단적이라고 보았다. 비록 명확히 제시할 만한 대안이 전혀 없기는 했지만 말이다. 이상한 점은 그가 자연선택이 의태라는 기적을 이룰 가능성이 적다는 점을 역설하려고 할 때 조금 의심스러운 사례들을 골랐다는 사실이다. 『선물』을 보자.

대황의 뿌리는 기이하게 모충을 닮아 있으며……이럭저럭 하다가 나는 돌 밑에서 이름 모를 나방의 모충을 발견했는데, 그것은 전반적으로 두루뭉술하게가 아니라 지극히 상세하게 그 뿌리와 똑같았다. 흉내내는 것이 어느 쪽인지 그리고 왜 흉내내는지 불분명했다.[6]

독일의 나보코프 전문가인 디터 치머는 이 대목을 탁월하게 풀어냈다.[7] 나보코프가 든 예는 자신의 경험에서 나온 것이 아니라, A. E. 프랫의

『중국을 거쳐 티베트의 눈 속으로(*To the Snows of Tibet through China*)』
(1892)에서 따온 것이었다. 프랫은 이렇게 썼다. "여기서 채집한 약초는
대황(大黃), 뿌리가 모충의 몸과 거의 정확히 똑같은 식물인 동충하초(冬
蟲夏草, *Sphaeria sinensis*), 패모(貝母)이다."[8] 치머가 알아차렸듯이, 나
보코프는 동충하초가 대황의 중국명이라고 착각했다. 프랫의 문장은 사
실 1) 대황, 2) 동충하초, 3) 패모라는 세 가지를 나열한 것이다. 게다가
프랫이 그 식물이 모충을 흉내낸다고 잘못 생각했기 때문에 오류가 겹쳤
다. 치머는 그 동충하초가 식물이 아니라 죽은 박쥐나방의 모충을 먹고
자라서 밖으로 뻗어 나오는 곰팡이라는 것을 알았다. 치머는 그 곰팡이
가 바로 나보코프가 말하는 모충(혹은 그것의 잔해)이라고 말한다.

　이 일화는 나보코프처럼 의태에 매혹된 사람이 어떤 위험에 처하는지
를 잘 보여준다. 풀턴이 빠진 함정, 즉 어디에서나 모방을 보게 될 위험
말이다. 치머는『선물』에서 그런 사례를 두 가지 더 꼽는다. 소설의 등장
인물은 "브라질 숲에 그곳의 새가 날면서 내는 소리를 흉내내는 영리한
나비"[9]가 있다고 말한다. 이 대목은 나보코프가 찬미한 베이츠의 책『아
마존 강의 자연사학자』에서 나왔다는 것을 쉽게 알 수 있다. 베이츠는
꼬리박각시와 벌새가 닮았다고 하면서 이렇게 썼다. "나는 꼬리박각시를
벌새로 잘못 알고 쏜 적이 몇 번 있다."[10] 그는 더 나아가 그 유사성을
논의하면서 원주민들이 괴기스럽게 여긴다고 썼지만, 그것은 두 동물이
꽃의 바로 앞에서 날면서 꿀을 빨아먹는 똑같은 생활양식을 가지고 있기
때문이라고 보았다. 베이츠나 명망 있는 다른 어떤 권위자도 이 행동이
의태라고 주장한 적은 없다.

　치머는『선물』에서 모충이 노란 꽃을 흉내낸다는 또다른 한 사례를
인용하면서 이렇게 결론지었다. "250년에 걸쳐 수집된 많은 식물과 곤충
의 종과 속 표본들을 연구한 끝에, 나는 나보코프가 그 나방(*Pseudo-
demas tschumarae*)과 먹이 식물(*Tschumara vitimensis*)을 둘 다 창작한

것이라고 결론을 내려도 무리가 없다고 느꼈다."*

나보코프가 계속 집착하던 또 하나의 이단설은 의태의 과시가 어떻게든 우리 인간의 눈에 보이려는 의도에서 나온 것이라는 개념이었다. 현재 출간되는 『선물』에는 "아버지의 나비들"이라는 부록이 딸려 있는데, 거기에는 오직 나비와 의태 이야기만 실려 있다. 의태가 연출하는 형태와 몸짓이라는 공연을 보면서 과민반응하고 기뻐한 나머지 나보코프는 그 공연이 그것을 감상할 능력을 갖춘 관찰자 없이 수백만 년 동안 펼쳐질 수 있다는 사실을 믿지 못하게 되었다. 극도의 자기애적 태도였다. 그는 이렇게 말했다.

……예술적 감수성, 상상력, 유머를 갖춘 지명된 관찰자가 없는 세계에서 "보호 의태"를 환상적인 수준으로 다듬는다는 것은 끝없는 사막의 먼지 속에 펼쳐진 채 놓인 작은 셰익스피어 책만큼 쓸모없을(별 의미가 없을) 것이다.[11]

좀더 뒷부분에서는 이렇게 썼다.

그러나 인류가 출현하기 오래 전에 자연은 이미 미래의 찬사를 기대하고 무대를 세웠으며, 벚나무까마귀부전나비(Plum *Thecla*[*Strymonidia pruni*])의 번데기를 이미 새똥과 같은 형태로 만들어냈고, 오늘날 그토록 미묘한 수준까지 완벽하게 펼쳐지는 연극 전체를 연출할 준비를 갖추어왔다. 예견되었으며 불가피하게 도래할 오늘날의 지적 존재인 우리를 마냥 기다리면서.[12]

---

* 나보코프를 위해서 공정하게 말하면, 실제로 노란 꽃을 모방하는 모충들이 있기는 하다. 신클로라속(*Synchlora*)의 자나방류 모충은 노란 꽃잎 뒷면에 달라붙어서 턱으로 노란 꽃잎을 뜯어서 등에 붙인다.

그 주제를 놓고 그가 내놓은 변주곡은 이것이 전부가 아니다. 그런 까다로운 작가의 견해치고는 좀 통속적이지 않은가? 생물이 인간의 용도와 쾌락을 위해서 만들어졌다고 말하는 것은 성서이며, 그런 개념이 우리 자연연구의 한 부분이 될 수 없다는 것은 굳이 과학의 천재가 아니라도 알아차릴 수 있다. 아주 많은 종은 인류가 미처 관찰할 수 있기 전에 사라졌으며, 그중에는 의태를 이룬 종들도 있었을 것이다.

나보코프는 이 의태의 진용이 우리 시대에 완성되어 있는 듯이 보인다는 사실을 중시한다. "오늘날 자연에서 반쯤 혹은 4분의 1쯤 닮은 형태를 보이는 것은 없다."[13] 그러나 그 말은 틀렸다. 자연에는 불완전한 의태에 대한 사례가 풍부하다(317쪽 참조).

뒤에서 나보코프가 제기한 의문으로 다시 돌아가겠지만, 그는 의태의 수수께끼를 푸는 데에는 관심이 없었다. 그의 공헌은 생물들이 의기양양하게 과시하는 의태 양상에 걸맞은 필치로 그 현상의 눈부신 아름다움을 애정을 담아 환기시켰다는 것이다.

나는 의태의 수수께끼에 유달리 흥미를 느꼈다. 그 현상들은 대개 사람이 가공한 것에 붙이는 찬사인 예술적 완벽함을 보여주었다. 날개에 거품처럼 생긴 반점(의사 회절을 통해서 완성되는)이나 번데기에 난 반들거리는 노란 혹에서 독이 스며 나오는 모습을 흉내내는 나비를 생각해보라("나를 먹지 마. 이미 으깨어 맛본 뒤에 버려졌으니까"). 애벌레 때는 새똥처럼 보이지만 허물을 벗은 뒤에는 휘젓는 막시류(膜翅類)의 부속지(附屬肢)와 기괴한 특징들을 가짐으로써, 꿈틀거리는 애벌레와 그것을 덮치려는 듯한 커다란 개미라는 두 배역을 한꺼번에 연기하는(동양의 가극단에서 두 씨름꾼이 뒤엉킨 모습을 연기하는 배우처럼) 별난 녀석인 곡예사 모충(재주나방)*의 묘기를 생각해보라.……다원주의적 의미에서의 "자연선택"은 모방 모습과 모방 행동의 기적적인 일치를 설명할 수 없으며, 보호기구가 의태의 미묘함, 풍성함, 호화로움을 포식자의 인식능력을 훨씬 더 초월하는 수준까지 밀고 나가는 상황에서는 "생존경쟁" 이론에도 기댈 수 없다. 나는 예술에서 추구했던 비실용적인 기쁨을 자연에서도 발견했다. 둘다 일종의 마법이었고, 매력과 속임수가 뒤엉킨 게임이었다.[14]

나보코프는 전문가/아마추어 이분법보다 훨씬 더 흥미로운 방식으로 예술과 과학의 경계선을 지적한다. 굴드가 강조했듯이, 나보코프가 과학과 예술 양쪽에 도입한 것은 세부적인 것에 대한 과도한 존중과 애정이었다. "고급예술과 순수과학에서는 세부적인 것이 전부이다."[15] 이 말은 양쪽 분야에서 모두 논란의 여지가 있다. 예술과 과학에서 세부적인 것이 중요하기는 하지만 양쪽에서 모두 그것만으로는 충분하지 않다. 나보코프는 창작을 할 때는 갈고 닦은 세부 묘사로 인물, 극적 효과, 줄거리 전개를 조율하여 뛰어난 예술작품을 빚어내지만, 생물학 쪽에서는 큰 그림을 그리는 일에 전혀 관심이 없었던 듯하다. 그는 자신이 사랑한 나비의 유전학과 진화사에는 무심했다. 세부적인 것에 열의가 있었었던 그는 시력이 나빠지는 것을 감수하고 수많은 시간을 현미경을 들여다보며 나비 종들을 구별하는 특징인 생식기의 사소한 차이점들을 찾아내는 데에 열중했고, 그 결과 뛰어난 분류학자가 되었다.

그러나 그는 관찰에 열중한 나머지 더 깊이 있는 생물학을 경시하게 되었다. 굴드는 이렇게 평했다. "나보코프는 자신의 비다윈주의적 의태 해석이 문학적 태도에서 곧바로 나온 것이라고 종종 말하고는 했다. '예술에서 추구하는 비실용적인 기쁨'을 자연에서 찾으려고 애쓰다 보니 그렇게 되었다."[16] 다윈이나 리하르트 골트슈미트 같은 과학자는 그런 것을 찾으려고 시도하지 않는다. 나보코프의 미학적 접근법은 과학을 보완

---

* 이 나방은 풀턴이 좋아한 것이며, 매커티도 이 나방의 다양한 의태에 속았다.

한다. 그것은 과학을 인간화하며, 워즈워스와 쿨리지의 말을 빌리면 과학이 "집안의 소중하고 진정한 동거자"가 되도록 허용하지만, 실제 과학연구를 간섭하지 말아야 한다. 그러나 소설『아다(Ada)』에서 한 등장인물의 입을 통해서 그가 "예술과 과학이 한 곤충에서 만나다니 그 얼마나 눈부시고 근친상간적─말 그대로─인가"[17]라고 말할 때, 우리는 그곳이 진정한 만남의 장소라고 느낀다. 그 전율을 과학에서 배제시켜서는 안 된다. 과학연구에 열정적으로 몰입한 장면을 나보코프처럼 잘 묘사하는 과학자는 거의 없다.

> 정확한 윤곽을 만지는 기쁨, 카메라 루시다를 통해서 보이는 고요한 낙원, 분류학적 기재의 세밀한 시적 표현은 문외한에게는 전혀 쓸모없는, 새로운 지식이 그것을 처음 얻은 이에게 주는 전율의 예술적 측면을 나타낸다.……상상 없이는 과학도 없으며, 사실 없이는 예술도 없다.[18]

나보코프는 꼼꼼한 인물이자 명문장가이자 완벽주의를 추구한 곤충학자였지만, 당대의 지적 흐름에서는 벗어나 있었다. 그는 사라진 옛 문화의 향수에 젖은 영원한 망명자였다. 그리고 의태를 선호하는 그의 취향은 자신의 가장 위대한 소설에도 녹아들어 있었다. 『롤리타(Lolita)』는 자신의 진정한 욕망의 대상─딸─을 빼닮은 여성에게 구애하여 혼인하는 한 남성의 이야기이다.

의태에 매료된 예술가가 한 부류만은 아니다. 나보코프에게 의태는 자신의 화려하고 지극히 사실주의적인 문체와 공명하는 자연의 절묘할 정도로 정확한 모사를 뜻했다. 그는 자신이 러시아어의 관용어와 곁말을 영어로 번역하는 것처럼, 자연도 한 세계의 패턴을 다른 세계의 패턴으로 옮기는 꼼꼼한 번역가라고 보았다. 한편 프랑스 작가이자 사상가인 로제 카유아(1913-1978)에게 자연은 초현실주의자였다. 초현실주의는 의태 및 위장과 긴밀한 관련을 맺게 되는데, 그것은 카유아의 작품에서 가장 두드러졌다.

카유아는 1932년에 초현실주의 운동에 합류했고, 의태를 다룬 그의 첫 글은 1934년에 나온 「사마귀(La Mante religieuse)」였다. 살바도르 달리가 진짜 검은 전화기 위에 석고로 만든 바닷가재를 붙여 만든 작품인 「바닷가재 전화기」 덕분에 우리는 초현실주의 하면 으레 바닷가재를 떠올리지만, 초현실주의를 상징하는 애완동물은 사마귀가 더 적격이 아닐까? 카유아뿐만 아니라 앙드레 브르통, 폴 엘뤼아르, 살바도르 달리도 사마귀에 매료되었다. 엘뤼아르는 사마귀를 채집했고, 브르통은 2년 동안 사마귀를 키웠다. 왜? 카유아는 말했다. "형식이나 내용이 특히 더 의미가 있기 때문에 비교적 높은 수준의 서정적인 힘을 가진 특정한 대상이나 이미지가 있다."[19]

사마귀가 바로 그런 대상이다. 카유아는 사마귀가 "놀랍도록 사람을 닮은 모습"[20]이라고 했다. 사실 사람을 쏙 빼닮은 것은 아니다. 삼각형 머리, 쑥 내민 긴 앞다리, 기이하게 불쑥 움직이는 모습은 만화 속 외계 괴물로 더 알맞다. 사마귀는 만화 속 곤충처럼 보인다. 마치 애니메이션 영화 「벅스 라이프」에 출연시키기 위해서 컴퓨터로 그려낸 듯하다.

카유아가 의태에 매료된 것은 인간과 무관한 나름의 법칙을 가진 비밀 세계에 이끌렸기 때문인 듯하다.

마지막으로 사마귀의 의태를 잊지 말도록 하자. 그것은 자연과 하나가 된다는 범신론적 개념에 맞먹는 욕망, 원래의 비이성적인 상태로 회귀하려는 인간의 욕망을 때로 잊을 수 없을 정도로 잘 보여준다.[21]

그는 이어서 사마귀의 의태 사례들을 나열하는데, 거기에는 1890년대에 애넌데일이 처음 간파했던 난초 의태도 있다. "난초사마귀는 단순한 아름다움을 자랑하는 난초와 구분하기가 어렵다."[22]

1935년 카유아는 「의태와 믿어지지 않을 신경쇠약증(Mimicry and legendary psychoasthenia)」이라는 글을 발표했다. 초현실주의자들은 의식/무의식, 잠자는 상태/깨어 있는 상태, 개체/환경이라는 상식적인 구분에 어긋나는 상태에 관심이 있었고, 카유아는 의태가 생물과 환경이라는 정상적인 구분의 병리학이라는 개념을 출발점으로 삼았다. 카유아는 자연의 의태 유형을 잘 알았고 동물학자들의 해석을 거리낌 없이 논박했다. 그는 의태의 생물학적 효용성을 의심했다.

> 포식자들은 동형성(同形性, homomorphy)이나 동색성(同色性, homo-chromy)*에 결코 속지 않는다. 그들은 사람이 맨눈으로 거의 분간하지 못하는 떡갈나무 잎과 잘 뒤섞이는 메뚜기나 작은 돌을 닮은 바구미를 찾아서 잡아먹는다. 대벌레의 일종인 카라우시우스 모로수스(*Carausius morosus*)는 모양, 색깔, 자세를 이용하여 잔가지를 흉내내지만, 탁 트인 곳에는 있을 수 없다. 참새가 즉시 알아차리고 잡아먹기 때문이다.[23]

나보코프처럼 카유아도 의태 현상이 포식자와 먹이 사이의 생존경쟁을 넘어서는 의미를 가진다고 믿었다. "그 객관적인 현상은 그 자체로 흥미롭다. 이것은 특히 스메린투스 오켈라타(*Smerinthus ocellata*)에서 잘 드러난다.** 이 나방은 위험한 그 어떤 대상도 닮지 않았다. 눈꼴무늬만이 역할을 할 뿐이다."[24] 카유아는 자연의 의태를 인간 화가의 작품보다 더 앞서 나온 것으로, 본질적으로 이미지 창작과정이라고 보았다.

---

* 동형성은 "비슷한 무늬", 동색성은 "같은 색깔"이라는 뜻이다.
** 이 나방은 뒷날개가 장밋빛을 띠는데, 아주 크고 눈에 확 띄는 파란색과 검은색의 눈꼴무늬가 있다.

따라서 형태학적 의태는 이미지가 아닌 대상의 차원에서, 모양과 부조의 사진술이 아니라 색깔 의태 방식의 진정한 사진술이라고 할 수 있다. 즉 부피와 깊이를 3차원으로 재현하는 조각 사진술이다.[25]

과학적으로 볼 때 이 말은 무의미하지만—의태는 사진술과 무관하게 진화한 과정이다—그가 말하려고 하는 것은 분명하다. 한 대상의 무늬, 이를테면 나뭇잎이 다른 대상 즉 칼리마속 나비에게 투영된다는 것이다. 카유아는 자연선택을 언급조차 하지 않았다. 그는 오만한 태도로 그 주제를 회피한다. 그의 관심거리는 특정한 생물들이 보이는 그대로가 아니라는 사실이었다. 칼리마속은 나비이지만, 어떤 생물들에게는 때로 나뭇잎이다. 그는 인간사에서 이 이중 특성과 비슷한 점을 찾는 데에 관심이 있었다. 그에게 의태는 기호, 신호, 패턴, 기만이라는 세계의 한 부분이었다. 인간의 그런 세계와 함께 있는 평행 우주였다. 그는 플로베르의『성앙투안의 유혹(La Tentation de Saint Antoine)』에서 주인공이 인간이기를 포기하는 결론 대목을 인용하면서 그 세계로 탈출하려는 욕망을 드러냈다.

나는 날개와 조개껍데기와 나무껍질을 가지고, 연기를 내뿜고, 줄기를 자랑하고, 몸을 비비 꼬고, 나 자신을 산산이 부수어 모든 곳에 있고, 향기를 내뿜고, 식물처럼 자라고, 물처럼 흐르고, 소리처럼 진동하고, 빛처럼 빛나고, 모든 형태 속에 깃들고, 원자마다 침투하고, 물질의 토대까지 내려가서 물질 자체가 되고 싶다.[26]

플로베르의 소설에서 이 욕망은 "식물이 이제 더 이상 동물과 구분되지 않는다"는 의태에 대한 환상을 통해서 첫 징후를 드러냈다. "곤충은 덤불을 장식하는 장미 꽃잎과 똑같다.……그리고 식물은 돌과 혼동된다. 암석은 뇌처럼 보이고, 종유석은 유방 같다.……" 이 초현실주의는 어디에서 온 것일까? 카유아는 살바도르 달리가 1930년경에 그린 그림들을 보고 이렇게 간파했다. "그 화가가 뭐라고 하든 간에, 이 남성, 잠자는 여성, 말, 사자는⋯⋯편집증적 모호함과 다의성보다는 생명을 가진 존재를 무생물의 세계에 의태적으로 동화시킨 결과이다."[27]

초현실주의가 무엇인지는 사람마다 견해가 다르지만, 초현실주의 그림에서 사물이 보이는 그대로가 아니라는 말은 해도 무방하다. 기이한 병치, 맥락과 동떨어진 사물, 본래 형태의 총체적인 왜곡, 생물과 무생물의 구분 모호화가 이 운동의 핵심에 있었다. 초현실주의자들은 19세기 프랑스 시인인 자칭 로트레아몽 백작(1846-1870)의 시 구절을 표어로 채택했다. 그는 아름다움을 "해부대에서 재봉틀과 우산을 만날 가능성"이라고 정의했다.

초현실주의와 의태를 연결하는 핵심 고리는 생물과 무생물의 경계를 흐릿하게 한다는 것이다. 살바도르 달리의 「기억의 지속」을 보면, 시계가 탁자 모서리를 감싸고 시간이 아메바처럼 흘러내리고 있다. 르네 마그리트의 「쾌락 원리」(아마 프로이트의 개념에서 영감을 얻은 제목일 것이다)에서는 머리가 있을 자리에 후광처럼 퍼지는 전구 불빛(전구는 없이)이 놓인 남자가 책상 앞에 앉아 있다. 마그리트는 시각적 의미와 언어적 의미를 대립시킨다. 「단어 사용 1」에서는 에어브러시 양식으로 그린 신사의 파이프 아래에 "이것은 파이프가 아니다"라는 글귀가 적혀 있다. 의태 생물도 사실상 이렇게 말하고 있다. "나는 보이는 그대로가 아니다."

막스 에른스트의 1921년 그림 「셀레베스」에는 기계/동물 잡종이 그려져 있다.[28] 제1차 세계대전에 참전한 쾰른 토박이 에른스트는 1916년 취리히에서 초현실주의와 연관된 다다 운동을 시작한 선구적인 초현실주의자였다. 다다이스트는 전쟁의 잔혹한 불합리성을 무해한 예술적 불합리성으로 되받아쳤다. 「셀레베스」는 대다수의 관람자에게 섬뜩한 느낌을 주는 인위적인 형태이다. 지금 볼 때 특히 놀라운 점은 그것이 헨리 사(社)가 만드는 실린더형 진공청소기를 모방한 듯하다는 것이다. 물론 시기적으로 에른스트는 결코 그런 생각을 할 수가 없었다.* 「셀레베스」의 잡종 형태는 사실 수단의 콘콤바족이 쓰는 커다란 옥수수통에서 유래했다. 흥미로운 점은 그것이 인간의 모습을 흉내낸다는 것이다. 그것은 살진 대식가처럼 불룩한 배에 두 개의 굵은 다리가 붙은 형태이다. 루이스 캐럴의 난센스 시 구절을 선구적인 것이라고 인정하는 초현실주의자들이었으니, 에른스트가 "셀레베스"라는 제목을 학생들의 경박한 시에서 딴 것도 놀랄 일이 아니다. "셀레베스에서 온 코끼리/끈적거리는 노란 바닥 그리스."

에른스트는 "부적절해 보이는 평면에 둘 이상의 관련 없는 현실들의 우연한 혹은 인위적으로 도발된 만남과 이런 현실들에 근접한 번뜩이는 시 구절을 체계적으로 이용한 것"이 그 그림의 특징이라고 했다(로트레아몽의 원리가 다시 등장한다). 시간은 실린더형 진공청소기를 발명함으로써 그 시 구절을 증폭시켜왔다. 이 "인위적으로 도발된 만남"은 만화가가 시각세계와 언어세계를 익살스럽게 결합하여 시각 이미지로 언어 메시지를 증폭시키려고 할 때 동원하는 바로 그것이다. 곰브리치가 간파했듯이, 인간세계와 자연세계에서 의도를 알리는 기호와 몸짓의 체계는 빨강, 노랑, 검정, 하양의 경고기호를 단순하게 이용하는 것에서부터 초현실주의 미술의 모호한 상징주의에 이르기까지 몇 가지 흥미로운 유사점을 보여준다.

카유아의 생각은 당시의 첨단 미학 이론에서 전형적인 것이었다. 흥미로운 점은 개체와 환경의 구분을 모호하게 하는 것이 곧 예술보다는 유희에 가까운 것이 될 무렵에, 몇몇 작가들이 그에게 설득당하여 의태에

---

* 헨리 사가 만든 실린더형 진공청소기는 유달리 사람을 닮은 모습이다. 지금은 노즐을 코로 삼고 눈 두 개를 그려넣어서 마치 얼굴이 있는 듯하다.

관심을 가지게 되었다는 것이다. 예술가들은 곧 자신들이 다시 전쟁을 벌이고 있다는 것을 알아차렸고, 일부는 위장에 관심을 가지게 되었다. 입체파가 제1차 세계대전과 관련이 있었다면, 초현실주의는 제2차 세계대전과 관련을 맺게 된다.

구질서는 종말을 고하고 있었다. 1939년 여름 영국의 초현실주의 화가 롤런드 펜로즈(1900-1984)는 피카소가 자주 들르는 지중해 지역으로 그를 찾아갔다. 재앙이 임박했음을 모른 채 피카소는 가장 많은 생각을 떠올리게 하는 작품 중 하나인 「앙티브의 밤낚시」를 그리고 있었다. 「게르니카」에서 썼던 오려낸 듯한 그로테스크 양식이 적용된 작품으로서, 지중해의 신비와 감수성을 잘 담아냈다. 펜로즈는 앙티브에서 머물 때 독일이 폴란드를 침략했다는 소식을 들었다. 그를 비롯한 많은 이들은 서둘러 집으로 출발했다. 자서전 『스크랩북(*Scrap Book*)』에 그는 이렇게 썼다.

마찬가지로 귀국하던 줄리언 트리벨리언*을 배에서 만났다. 우리는 전쟁에서 싸운다는, 우리에게 너무나 낯선 일에 어떻게 하면 도움이 될 수 있을까 고민하다가, 미술 지식을 위장에 적용할 방법을 찾아보기로 결심했다.[29]

---

* 줄리언 트리벨리언(1910-1988)은 영국의 명문가 출신이었다. 부친은 문화 중심지인 블룸즈버리의 비주류에 속한 삼류시인이었고 삼촌은 역사가 G. M. 트리벨리언이었다. 줄리언은 케임브리지에서 영문학을 공부한 뒤에 화가가 되기 위해서 파리로 갔다. 그는 초현실주의를 영국에 소개한 국제 초현실주의전(1936)을 개최하는 등 여러 가지 일을 했다.

10

카니발과 선실드

은폐와 기만술의 필요성은 자연과 전쟁에서 가장 비슷한 양상을 띠지만, 이 분야에서 동물은 우리가 아주 쉽게 만족해하는 수준의 상대적으로 엉성한 우리의 위장 시도들을 훨씬 더 초월하는 완벽한 체색을 이루었다. 우리는 위장을 시도할 때 수많은 뱀, 모충, 새, 물고기 같은 생물들의 체색에서 드러나는 바로 그 원리를 이용해야 한다는 것을 종종 무시하고는 한다.[1]
—휴 B. 코트, 『동물의 적응색』(1940)

전쟁이 임박하자 초현실주의 화가인 롤런드 펜로즈와 줄리언 트리벨리언은 위장을 전쟁에 기여하는 한 방편이라고 생각하고는 그 일에 뛰어들었다. 그리고 생물학자들에게 전쟁은 다시금 의문을 품게 했다. 자연의 위장 원리를 인류의 전투에 적용할 수 있을까? 해전은 1918년이나 1939년이나 별로 다를 바 없어 보였다. 그러나 제2차 세계대전이 임박하자, 관점에 한 가지 중대한 변화가 일어났다. 제1차 세계대전 중반에 출현한 공중전이 새로운 전쟁에서 주된 역할을 하리라는 인식이 널리 퍼진 것이다. "폭격기는 늘 뚫고 들어올 것이다"라는 말을 누구나 입에 달고 다녔다.

공군력이 우위에 서는 새로운 환경은 위장에 많은 것을 시사했다. 항공기는 전쟁에서 세 가지 역할을 했다. 폭탄을 투하하여 지상시설을 공격하고, 적의 전투기를 파괴하여 공중에서 우위를 점하고, 표적으로 삼을 만한 곳의 상세한 사진을 찍어오는 정찰임무를 수행하는 것이었다. 공중전에서는 기동성과 조종사의 실력이 대단히 중요하지만, 영국과 독일의 전투기는 단순한 위장도 되어 있었다. 영국 항공기는 위쪽은 녹색과 갈색을 써서 큼지막하게 분단무늬를 그리고 아래쪽은 하늘색으로 칠했다. 위쪽 표면의 분단무늬가 과연 효과가 있는지는 의심스러웠다. 위에서 볼 때 항공기가 움직이면 분단무늬는 소용이 없었다. 독일 항공기의 위장은 늘 자신들이 더 높이 날기 때문에 아래쪽이 보인다는 생각을 토대로 한 듯했다. 밑면은 하늘색이었고, 윗면은 하늘색 바탕에 회색과 갈색의 얼룩과 반점이 군데군데 있었다. 땅이 아니라 하늘과 구름이 배경일 때 윤곽이 사라지도록 고안한 것이었다. 미국 항공기는 전쟁이 시작될 무렵에는 전체가 칙칙한 올리브색으로 칠해져 있었지만, 제공권(制空權)이 점점 중요해지자 색칠을 아예 하지 않은 채로 은색의 알루미늄 마감재를 그대로 노출시켰다.

비행장, 공장, 군대 집결지 같은 지상시설, 화포와 보급품은 공중공격에 몹시 취약했기 때문에, 위장 책임자들의 주된 해결과제가 되었다. 공중에서는 경관이 전혀 다르게 보이므로, 지상전에 쓰였던 위장 원리는 새로운 시대에는 맞지 않을 수 있었다. 1930년대에 존 그레이엄 커는 제1차 세계대전 때 해군부가 자신의 위장 개념을 거부했다는 점 때문에 여전히 상심한 상태였지만, 공중전이 새로운 위협이자 기회라는 점을 제대로 간파했다. 이번에는 그에게도 비밀무기가 있었다. 그의 추종자인 휴 코트였다. 코트는 자연의 위태와 위장 분야에서 영국 최고의 전문가가 되었다.

1935년 커는 임박한 전쟁에서의 위장 문제에 몰두하기 위해서 글래스고 대학교 동물학 교수직에서 물러났다.[2] 스코틀랜드 대학교들을 대변하는 국회의원으로서, 그는 자신이 동원할 수 있는 모든 권한을 이용하여 코트를 위장 책임자로 임용하라고 정부와 군을 들쑤셔댔다. 냉대, 군부 내의 뿌리 깊은 경쟁심, 사람을 어르고 달래는 능력의 부족 때문에 일은 순탄하지 않았다. 그러나 영향력이 전혀 없었던 것은 아니다.[3]

1939년 6월에 그는 "스코틀랜드에서의 정치적 업적과 공익에 봉사"한 공로로 기사작위를 받았고 국회의원으로서 의회에서 질의를 할 수 있었다.

휴 뱀퍼드 코트(1900-1987)는 스코틀랜드 교구신부의 아들로서 럭비와 샌드허스트에서 학업을 마친 뒤, 1919-1921년 아일랜드 독립전쟁 때 육군으로 복무했다. 그는 그때 군사적 위장을 처음 접했다.[4] 1922년 신학을 공부하기 위해서 케임브리지 대학교에 입학했지만, 대학생 시절인 1923년에 브라질을 여행하면서 야생생물에 푹 빠져들었고, 귀국한 뒤에 자연과학으로 방향을 바꾸었다. 그 뒤에 다시 브라질로 여행(1925-1926)을 떠나 베이츠가 활동한 파라 지역을 비롯한 곳을 돌아다니며 의태, 경고색, 위장의 수많은 사례들을 접하면서 깊은 인상을 받았다. 그는 풀턴을 떠올리게 하는 어조로 열대의 다산성과 의태 사이의 연관성을 이야기했다.

> 그리고 곤충을 비롯한 생물들에게서 진화한 이런 공격과 방어의 방법들이 유달리 흥미로운 양상을 보여주는 곳은 그토록 생명이 풍부하며 그에 따라서 경쟁이 극심한 바로 열대이다.[5]

브라질에서 그는 베이츠의 헬리코니우스 나비도 보았다. "헬리코니우스 나비는 마치 자신이 역겨운 맛이 난다는 것을 잘 알고 있는 것처럼 공공연히 한가로이 미끄러지듯이 난다."

코트는 1932년부터 글래스고 대학교의 동물학 강사로 일하다가 커를 알게 되었다. 그들은 의태와 위장에 관심이 많다는 공통점이 있었다. 코트는 커에 못지않은 열정을 드러내면서 생물의 위장을 전쟁에 적용할 수 있다고 확신했다.

1930년대에 코트는 자연의 위장과 의태에 관한 방대한 지식을 수집하여 자신의 야외연구와 결합시켰다. 그 과정에서 그는 에드워드 시대에 풀턴과 난투를 벌였던 미국 조류학자 월도 리 매커티와 기나긴 논쟁을 벌였다. 1933년 매커티는 동아프리카의 독 있는 청개구리와 그 먹이를 다룬 코트의 논문을 물고 늘어지는 어리석은 짓을 저질렀다.[6] 매커티는 보호색 이론을 반박하다가 그만 일부 개구리가 경고색을 띤다는 것까지 부정하고 말았다. "개구리들은 흔히 유독한 분비물을 낸다"[7]라는 코트의 말까지도 반박했다. 코트는 독성을 띤 양서류들을 열거함으로써 되받아쳤다. 사실 많은 양서류는 독성이 강하며, 놀라울 정도로 선명한 색깔로 그 사실을 광고한다. 예를 들면 독화살개구리속(*Dendrobates*)의 종은 섬뜩하게 번들거리는 짙은 파란색에서부터 검은 반점이 박힌 노란색이나 검은 반점이 난 붉은색까지 온갖 화려한 색깔을 띠며, 원주민이 화살촉에 바르는 독 역시 거기에서 얻는다는 것이 널리 알려져 있었다. 그럼에도 매커티는 경솔하게 내뱉었다. "개구리가 자신을 잡아먹는 뱀이나 조류 포식자에게 위험한 독성을 띤다는 증거는 전혀 없다."[8]

코트는 이 부분을 결정적으로 논박할 수 있었다. 그럼에도 매커티는 동물학자들, 특히 영국의 동물학자들은 자연선택이 진화를 추진한다고 가정하고 모든 것을 이 가정에 맞추어 해석하면서 거들먹거린다고 혐오감을 드러냈다. 1918년에 제럴드 세이어가 그랬듯이, 코트는 순환논법임에도 개의치 않고 자신의 입장을 옹호했다.

매커티 박사는 분단색체계의 기능을 이해하지 못하거나 이해할 생각을 아예 하지 않는 것이 분명하다. 모든 야외 자연사학자라면 알듯이 분단색은 적들이 자신을 알아보지 못하게 하는 가장 효과적인 방법일 수 있다. 매커티 박사야 이런 위장 유형의 효과를 단번에 부정하겠지만, 세계대전의 경험에 비추어볼 때 이 원리를 적용하지 않기란 쉽지도 않고 유익하지도 않다는 것이 입증되었다. 그것은 잠수함 공격의 방어수단으로서 눈에 띄게 성공한, 배의 이른바 "위장 도색"에 적용되었다.[9]

세이어와 커는 자연에서 얻은 분단색을 배에 적용하는 것이 유용한지를 놓고 논쟁을 벌였다. 지금 코트는 분단색의 효과를 보여주기 위해서 이 논쟁을 자연으로 다시 끌어가고 있었다. 그렇다면 위장 도색은 자연을 통해서 입증되고 자연은 위장 도색을 통해서 정당화되는 셈이었다. 사실 코트의 군용 위장 도색에 대한 주장은 매우 신뢰성이 떨어졌다. 제6장에서 살펴보았듯이 효과가 거의 검증되지 않았기 때문이다. 왕립 발명 심사 위원회는 말했다. "'위장 도색'의 잠수함 공격에 대한 보호 효과는 실제로는 실망스러운 것으로 드러났다." 제1차 세계대전 때의 낡은 논쟁이 전부 재현되려고 하고 있었다.

1938년에 코트는 글래스고 대학교에서 케임브리지 대학교로 옮겨서 동물학 박물관의 무척추동물 큐레이터이자 대학강사가 되었다. 커가 코트를 군사 위장의 책임자로 만들기 위해서 막후교섭을 벌이고 있을 때, 코트는 자연의 위장과 의태에 관한 알려진 모든 지식을 종합한 대작을 쓰고 있었다. 그 책이 바로 『동물의 적응색』이었다. 커와 달리 까탈스럽지 않았던 코트는 자연의 위장에 관한 지식을 양식 있게 당당하게 펼침으로써 서서히 영향력을 얻어서 자신이 무엇을 할 수 있는지를 보여줄 기회를 획득했다. 1938년에 그는 군 기관들을 대상으로 몇 차례 강연을 했다. 3월에 캠벌리 군 간부 대학에서 한 강연이 특히 성공적이었다. 코트는 이렇게 평했다. "이제 이들이 나를 위장의 권위자로 여긴다."[10] "이들"에는 영국 공군의 연구 개발 부서인 팬버러에 있는 왕립 비행대(Royal Aircraft Establishment, RAE)도 포함되었다.

코트의 믿음이 틀린 것은 아니었다.[11] 1939년 4월 그는 서픽 주 밀든홀의 공군기지에서 자신의 위장 원리를 설명할 기회를 얻었다. 시작할 때부터 그는 논란이 빚어지리라는 것을 알았다. 커와 코트는 군대가 제1차 세계대전 때 커의 논적이었던 노먼 윌킨슨을 위장의 최고 전문가로 생각하고 있다는 것을 알아차렸다. 새로운 전쟁을 앞둔 봄과 여름 내내 「타임스」의 지면을 통해서 제1차 세계대전 때의 위장 도색을 둘러싼 옛 논쟁이 다시 불붙었다.

코트가 기고한 긴 기사가 논쟁을 촉발했다. 그는 배에 적용한 분단무늬의 우선권이 커에게 있다고 썼다.[12] 윌킨슨은 당연히 자신이 가진 비장의 패를 내놓으면서 반박했다.

커가 "위장 도색"의 주관자라고 주장하므로, 왕립 발명 심사 위원회에 제출된 "위장 도색"에 대한 청구 가운데 그레이엄 커 씨의 것도 있었으나, 그곳에서 그 문제를 철저히 파헤친 끝에 내 청구가 유일하게 인정을 받았다는 점을 지적하지 않을 수 없겠다.[13]

코트는 윌킨슨의 "위장 도색"과 커의 분단무늬가 광학적으로는 똑같은 것이라고 주장함으로써 친구를 옹호하려고 했다.[14] 그러나 씁쓸한 옛 논쟁이 다시 펼쳐지는 한편으로, 임박한 전쟁에 어떤 유형의 위장이 필요할지를 놓고 새로운 논쟁도 벌어졌다. 코트의 기사는 위장이 "발달 지체로 고생하는 아이"라는 주장으로 끝을 맺었다. 윌킨슨은 "아이는 고비를 넘기고 잘 자라고 있다"라고 응수했다. 이 짧은 말들은 전쟁이 시작된 뒤에 나타난 두 가지 접근 방식의 특징이 된다. 열정적이고 노심초사하고 부산스러운 코트의 방식과 흡족해하며 느긋하게 등받이에 몸을 기댄 윌킨스의 방식이 그것이었다. 전쟁이 터지자 윌킨슨은 공군부에서 공식 직함을 얻어서 활동했다. 윌킨스와 코트는 충돌 직전에 이르렀다.

시급한 문제는 비행장을 보호하는 것이었다. 비행장은 눈에 아주 잘 띄었고, 책임자들은 그런 거대한 시설을 숨기는 대신에 1938년부터 모조 비행기를 갖춘 모조 비행장을 만들어서 적이 그 미끼에 넘어가 폭탄을 낭비하도록 하는 것이 어떻겠느냐고 제안했다. 공군부는 인공현실을 으레 만들어내는 사람들, 즉 영화제작소 사람들이 모조 비행기를 금방 만들어낼 가능성이 가장 높다고 판단했다.

사실 영화산업—착시의 대가—과 전쟁업무가 관계를 맺기 시작한 것은 그보다 더 일찍부터였다.[15] 1937년 1월, 헝가리 망명자이자 영화 제작자로서 「헨리 8세의 사생활」(1933)과 전후인 1949년에 「제3의 사나이」를 감독한 알렉산더 코르더는 자신의 데넘 스튜디오를 군에 다소 백지위임 형식으로 제공했다.

> 위장 부대를 창설할 필요가 있다면, 이곳의 직원, 건물, 작업장은 그런 부대를 만들기에 안성맞춤이다. 이곳 직원들은 눈과 카메라를 둘 다 물리침으로써 "믿게 만들고" 속이는 데에 전문가들이다. 속이기 위한 임시 구조물을 만드는 데에 필요한 일꾼, 재료, 작업장이 다 갖추어져 있다.……투광 조명으로 텅 빈 벌판을 비행장처럼 보이도록 속이는 데에 쓸 만한 전구도 2,000개가 있다.

대위이자 명예소령이라는 근사한 계급의 P. G. 캘버트-존스라는 전투기 부대의 한 장교는 이 제안의 가능성을 검토하러 갔다가 코르더의 열렬한 애국심에 감동을 받았지만, 민간 작업장이 어떻게 하룻밤 사이에 군사시설이 될 수 있다는 것인지 납득하지 못했다.

시민으로서 선의의 자발적 제안을 한 사람이 코르더만은 아니었다. 2년 뒤에 초현실주의자들도 한몫을 하겠다고 나섰다. 1939년 귀국하는 배에서 한 맹세를 지키기 위해서, 초현실주의 예술가인 롤런드 펜로즈와 줄리언 트리벨리언은 1939년 9월 전쟁이 터진 직후에 몇몇 동료와 함께 산업 위장 연구단(Industrial Camouflage Research Unit)[16]이라는 상업회사를 설립했다. 망명 건축가 에르노 골드핑거*가 런던 베드퍼드 스퀘어

---

* 에르노 골드핑거(1902-1987)는 현대 헝가리 건축가로서 1934년부터 영국에 거주했다. 전쟁이 끝난 뒤 많은 사무용 및 주거용 고층 건물을 지었다.[17]

1. 헨리 월터 베이츠의 의태 나방. 맨 윗줄은 다음 줄의 이토미아속 나비를 흉내낸 "흰 나비"(레프탈리스속)이다. 한가운데의 "흰 나비"는 의태자가 전형적인 형태로부터 얼마나 멀리 벗어나 있는지를 잘 보여준다. 세 번째 줄은 헬리코니데과의 다른 형태들(네 번째 줄)을 흉내낸 레프탈리스속 나방들이다.

2. 헬리코니우스 멜포메네(Heliconius melpomene)와 숙주식물인 시계꽃.

3. 우림을 배경으로 의태와 진화에서 그것이 어떤 역할을 하는지를 연구한 선각자들을 배치한 그림. 위에서부터 헨리 월터 베이츠, 앨프리드 월리스, 찰스 다윈.

4. 난초에 꼬이는 파리를 잡아먹는 말레이시아의 난초사마귀.

5. 파필리오 트로일루스(*Papilio troilus*) 모충의 "뱀 머리" 경고 자세.

6. 호랑나비의 일종인 파필리오 다르다누스(*Papilio dardanus*)의 한 배의 알들에서 나온 네 가지 다른 의태 암컷. 위쪽에 홀로 있는 것이 부모이며, 왼쪽 열은 독성을 띤 모델이고 오른쪽 열은 의태 나비.

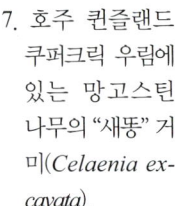

7. 호주 퀸즐랜드 쿠퍼크릭 우림에 있는 망고스틴 나무의 "새똥" 거미(*Celaenia excavata*).

8. 위장 도색된 포함 킬댕건 호, 1918년.

9. 공작이 숲에서 위장이 잘 되어 있
다고 주장하기 위해서 그린 애벗
세이어의 「숲 속의 공작」(1907).

10. 제1차 세계대전 때 위장된 포를 그린 앙드레 마레의 "입체파" 스케치.

11. 예술적 목적으로 형태를 분단시킨 입체파 단계의 그림인 파블로 피카소의 「여인과 배」(1909).

12. 사마귀 슈도크레오보트라 왈베르기(*Pseudo-creobotra wahlbergii*)의 확 띄는 눈꼴무늬 경고 표지.

13. 휴 코트의 사진. 분단색 덕분에 낙엽과 거의 구분이 되지 않는 멧도요 새끼 4마리.

14. 소설가이자 나비 연구가인 블라디미르 나보코프가 나비를 잡으려는 모습.

15. 너도밤나무 잎, 거미, 개미, 집게벌레, 바닷가재 5종을 흉내내는 재주나방 모충.

16. 지구 최고의 나뭇잎 의태자. 칼리마속의 나비는 쉴 때 날개를 접으면 앞뒤 날개가 완벽한 잎 모양이 된다.

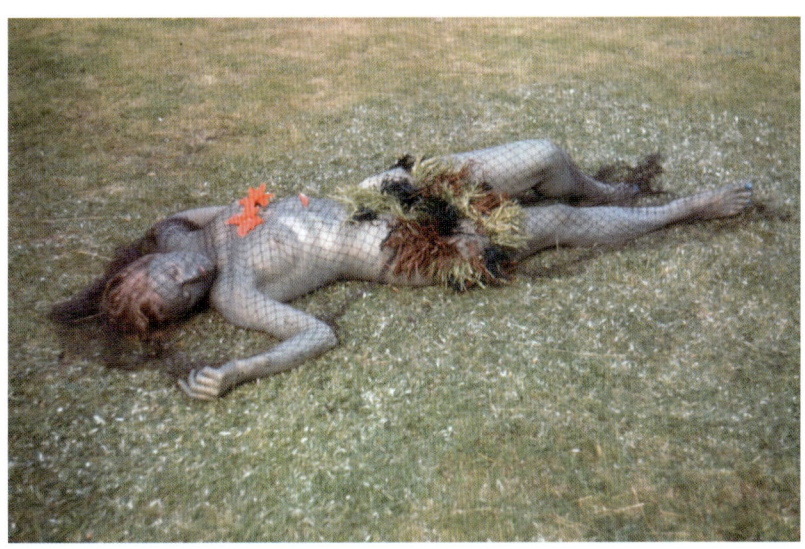

17. 1941년 피터 스콧이 고안한 위장 체계인 웨스턴 어프로치 방식으로 도색된 순양
    함 벨패스트 호가 템스 강에 정박한 모습.

18. 잔디밭에 누운 리 밀러의 위장된 모습을 담은 롤런드 펜로즈의 "깜짝 슬라이드."

19. 이 그림에는 대포가 두 대 있다. 보이는 것은 1940년대 군대의 표준 방식으로 위장된 것이고 다른 하나는 동물학자 휴 코트가 위장한 것이다.

20. 1941–1942년 이집트 미셰이파의 가짜 철도 종점. 재료가 부족하여 모든 것을 3분의 2 크기로 제작했다.

21. 1942년 이집트 서부 사막의 위장된 대피호를 그린 것으로, 뉴질랜드의 공식 전쟁화가 피터 매킨타이어의 그림.

22. 탱크 위장용 선실드. 양쪽으로 나뉘면 그 아래의 탱크가 드러난다.

23. 뜨겁고 유독한 강력한 방어액체를 분사한다고 광고하는, 오렌지색과 검은색의 경고 띠무늬를 가진 폭탄먼지벌레. 팽창하는 방과 사람의 로켓 추진체와 비슷한 화학물질을 이용하여 어떤 방향으로든 뿜을 수 있다.

24. 인간의 경고표지판에는 자연이 위험한 생물임을 광고하는 데에 쓰는 것과 똑같은 색깔—빨강, 노랑, 검정, 하양—이 쓰인다.

25. 실험실의 미리엄 로스차일드. 로스차일드는 의태의 배후에 있는 화학을 파고든 선구적인 연구자이다.

26. 데이지 꽃 위의 하얀 게거미가 꿀벌을 먹고 있는 모습. 사람의 눈에는 보이지 않지만 벌의 눈에는 거미가 없는 꽃보다 거미가 있는 꽃이 더 밝고 더 매력적인 표적이다.

27. 이 헬리코니우스 나비들은 모두 유연관계가 깊다. 처음 두 줄은 호랑이 띠무늬를 가진 변종인 H. 누마타(*numata*)이다. 세 번째 줄은 H. 에라토(*erato*), 네 번째 줄은 그들을 모방한 H. 멜포메네(*melpomene*)이다. 겉모습과 달리 H. 멜포메네는 자신의 "대역"인 H. 에라토보다 H. 누마타와 유연관계가 더 깊다. 하나의 유전자 스위치가 멜포메네의 무늬를 누마타로 바꿀 수 있다고 생각된다.

28. 나비의 날개 무늬가 만들어지는 방식. 프레키스 코에니아(*Precis coenia*)의 눈꼴무
    늬를 만드는 유전자를 활성화하는 형광 단백질 신호.

29. 헬리코니우스의 교잡. 맨 윗줄의 두 나비 헬리코니우스 키드노(*Heliconius cydno*,
    노란 띠)와 H. 멜포메네(붉은 띠)가 부모이다. 잡종인 H. 헤우리파(*heurippa*)는 야
    생에서 발견되며 실험실에서도 교배된다.

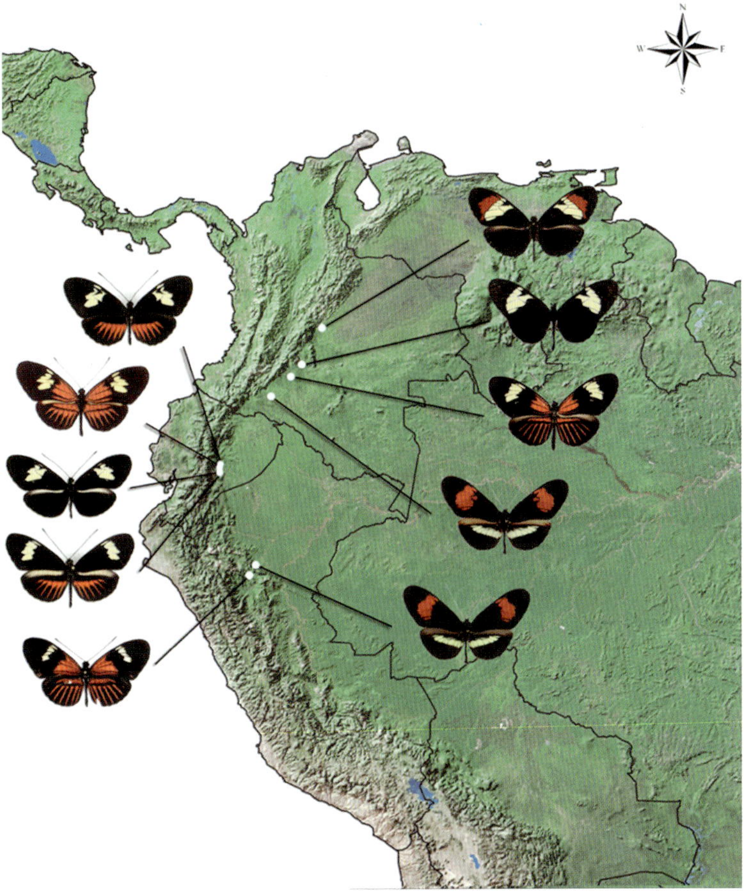

30. 헬리코니우스 키드노와 멜포메네, 그 잡종의 다양한 형태들이 나타나는 콜롬비
    아 동안데스 산맥의 교잡지대.

31. 넙치 의태 양상을 띤 인도말레이시이의 의태 문어(왼쪽). 같은 시역에 사는 넙치
    (오른쪽)와 강한 분단색을 띤 문어(중앙).

32. 배경과 섞이거나 대비되는 바위주머니쥐의 두 가지 색깔 유형.

33, 34. 독성을 띤 산호뱀
(오른쪽)과 그것의 무해
한 의태자인 소노란사
막왕뱀(아래). 모델과 의
태자는 띠의 순서가 뒤
바뀌어 있다. 다음의 짧
은 노래를 통해서 둘을
구별할 수 있다.

빨강 다음 노랑은
동료를 죽이지.
빨강 다음 검정은
독이 없지.

7번지에 있는 자신의 사무실을 빌려주었다. 단명한(1940년 6월에 문을 닫았다) 이 연구단을 통해서 진보적인 예술가들은 전쟁이라는 무대에 깜짝 출연한 셈이었다.

줄리언 트리벨리언은 회고록 『인디고 시대(*Indigo Days*)』에서 자신들의 시도가 분별없는 아마추어주의의 발로라고 했다.

> 이미 전국 곳곳에서 구불구불한 녹색 무늬가 쏟아지고 있었다.……산업 위장단에서……우리는 곧 모조품을 만들고 그것들이 배경과 뒤섞이기를 바라면서 추상적인 무늬로 색칠하느라고 부산을 떨었다.……이 전쟁 초기에 산업 위장은 그것의 적절한 기능, 즉 적의 항공기가 폭격할 표적을 보호한다는 기능과 전혀 무관하게 형식적으로 이루어졌다. 대부분 상호 조율 없이 각자가 자유롭게 일하는 식이었다. 한 주택단지의 구석에 있는 작은 주유소는 금세 구불구불한 선으로 칠해졌고, 세탁소와 심지어 영화관 지붕도 칠해졌다. 사람들은 녹색 줄무늬가 미지의 전쟁 위험을 어떻게든 막아줄 일종의 마법이라고 느끼는 듯했다.[18]

예술가들은 전시 위장을 다른 매체에 그림을 그리는 것이라고 여김으로써 사실상 즐기고 있었다. 그들은 위장한 건물이 항공정찰 사진에 어떻게 보이는지 알지 못했다. 주간 폭격기와 야간 폭격기 중 어느 쪽을 피하기 위해서 위장하는 것일까? 그 연구단의 아마추어 정신에도 개의치 않고 브리스틀의 플레이어스 임페리얼 담배회사는 그들에게 "한 산업도시의 지붕과 굴뚝 전체에 사실상 거대한 추상화를 그리는 구상"[19]을 의뢰했다. 비용은 지불되었지만, 구상이 실현되지는 못했다.

너저분한 행동을 싫어하는 골드핑거는 그 예술가들과 사이가 틀어지고 말았다. 그들은 집세를 제때 내지 않았고 그의 장비를 제멋대로 남용했다. 나중에 골드핑거는 그 연구단이 "내가 본 가장 큰 야바위판"[20]이었다고 고백했다. 연구단은 더 이상 위탁을 받지 못했고 곧 해산했다. 정부는 상업회사가 전쟁 위장 업무를 맡는 것을 금했고, 주역들은 군 위장이라는 공식체제에 흡수되었다.

그러나 그 무렵 휴 코트는 서퍽 주의 밀든홀이라는 다른 지역에서 비행장을 위장하는 일을 하고 있었다. 그는 진행상황을 커에게 편지로 써서 보냈다. 비행장은 커다란 표적이었다. "밀든홀의 격납고는 눈에 잘 띄며, 먼 거리에서 시선을 사로잡는 골이 진 지붕입니다."[21] 코트는 비행이 자기 연구에 절대적으로 필요하다고 생각하고 가능한 한 자주 하늘을 날았다.

코트가 비행장을 얼마큼 위장했는지는 명확하지 않다. 그가 커에게 보낸 편지들에는 탄약고만 언급되어 있을 뿐이다. 햇빛이 비껴들 때 정사각형 무늬가 뚜렷이 보인다고 했다. 탄약고를 위장하기 위해서 코트는 콘크리트 지지대에 망을 설치하는 방안을 고안했다. 그는 인근의 배싱본 비행장에서 경쟁적으로 이루어지는 계획을 "유치한 시도"라고 치부했다. 배싱본에서는 콘크리트 기둥 대신에 "나무 말뚝을 땅에 박고 철망을 쳤다."

1939년 6월 공군부의 존 터너 대령이 결과를 살펴보러 왔다. 터너는 1931년 공병대에서 퇴직한 뒤로 죽 공군부의 토목건축 국장으로 일했다. 그는 공군에서 항공기 조종법을 배우기도 했고 존경받는 인물이었다. 노먼 윌킨슨은 그의 부서에 속한 위장 감독관이었다. 코트는 터너의 반응에 "다소 상심했다."

터너 대령("토목건축" 국장)은 수요일에 공군부의 그레고리와 함께 내 연구 및 경쟁관계에 있는 배싱본의 계획을 시찰하러 왔다.……그는 내게 연구가 "완벽하며" 최고라는 데에는 의심의 여지가 없다고 말했다. 그러나 모든 주둔지에 비상시에 이런 선들을 그리는 작업을 지휘할 예술가가 필요하다고 믿기 때문에 그는 내 연구가 "비실용적"이고 너무 비용이 많이 든다고 여긴다. 그래서 나는 그가 그것이 쓸데없이 너무 훌륭하다고 생각

하는구나 하고 추측했다.[22]

코트는 전적인 찬성을 표하던 기지 사령관으로부터 "공군부 군무원들이 너무나 시샘하고 있어서 심하게 반대할 겁니다"라는 말을 들었다. 그는 자신의 기법이 비용이 많이 들 것이라는 말에 특히 분개했다. 이 시범 사례에서는 비용을 전혀 아끼지 말라는 말을 들은 적이 있었기 때문이다.

그러나 1939년 여름이 지나면서 분위기가 조금 나아졌다. 6월에 코트가 "거물 6명"이라고 부르는 이들이 시찰을 왔다. 공군장관인 킹즐리 우드 경, 내무장관이자 곧 전쟁 때 널리 쓰인 자신의 이름이 붙은 방공호로 유명해질 존 앤더슨 경도 거기에 속해 있었다. 시찰단은 깊은 인상을 받았고[23] 그 결과 앤더슨은 코트에게 신설된 위장 자문 위원회에 합류해달라고 요청했다.[24]

전쟁이 임박해지고 있을 때 코트는 자신의 책 원고를 교정보면서 밀든홀의 최종 결정을 기다렸다. 그는 밀든홀에서 결정을 내리면 왕립 비행대가 자신의 봉사를 요청할 것이라고 꽤 확신했지만, 8월 23일에 나온 결정은 그에게 큰 충격이었다. 공군부의 웰시 소장은 이렇게 통보했다.[25]

……비록 우리는 두 방법의 기본원리에 아무런 차이가 없으며 귀하가 제시한 구체적인 사례가 너무 정교하여 일반적으로 적용하기에는 비용이 많이 들 것으로 우려하지만, 그럼에도 우리는 귀하의 설명 덕분에 공통의 원리라는 테두리 안에서 현재 기법을 개선할 수 있으며, 귀하가 가르쳐준 사항을 제대로 활용할 의향을 가지고 있습니다.

이 말은 사실상 비행장 위장이 내부 업무, 즉 터너 대령의 소관이 될 것이라는 의미였다. 그것은 윌킨슨의 업무가 된다는 말과 다름없었다.

1939년 9월 3일 전쟁이 터졌을 때, 존 앤더슨 경의 위원회는 아직 모임을 가지지 않은 상태였다. 코트가 과학적 중요성과 전혀[별개로 전쟁에도 유용하다고 생각하던 그의 책은 출판이 취소되거나 지체될 위기에 처했다. 그리고 잠수함의 위협에 관한 이야기가 많이 오가자 코트는 커에게 부루퉁한 어조로 편지를 썼다. "우리 친구 N. W.[노먼 윌킨슨]가 이 분야에서 활약할 것이 뻔하군요."[26]

10월 중순에 드디어 위원회가 열렸고, 코트는 사사건건 반대에 직면했다.[27] 그는 팬버러의 공군 비행대 소속 와이엇 대령을 "모든 면에서 가장 도움이 안 되는" 인물이라고 판단했지만, 대령이 자신을 좋게 보고 있다는 느낌을 받았다. 그래서인지 그는 팬버러에서 두 차례 강연 요청을 받았다. 그런데 1월에 취소하겠다는 연락이 왔다.[28] 그의 강연이 필요 없다는 것이었다. 그는 커에게 투덜거렸다. "이러다가는 전쟁 내내 케임브리지에 처박혀 있게 될 것 같습니다." 그는 "N. W.가 원흉"이라고 확신했다. 코트는 당국이 "그 주제를 진정으로 이해하는 이들은 모두 배제시키려고" 한다고 믿었다.

코트의 개념을 실제 비행장 위장에 적용하기를 거부한 터너 대령은 미끼 비행장을 고안하는 쪽으로 관심을 돌렸다.[29] 터너는 셰퍼튼에 있는 고몽 브리티시 촬영소와 사운드 시티 영화사에 페어리배틀, 허리케인, 블렌하임, 웰링턴 같은 폭격기들의 모조품 제작을 의뢰했다. 만든 시제품이 태풍에 쉽사리 망가지는 등 시행착오를 거치고 난 뒤에, 비용이 예상보다 높아졌고 고위층에서 반대하는 의견도 일부 나왔다. 전쟁이 나기 6개월 전에 전투기 부대의 다우딩 공군대장은 호통을 쳤다. "진짜 비행장에 내가 요구한 것들을 가져다놓기 전까지, 한정된 작업 인력을 모조 비행장을 만드는 쪽으로 조금이라도 돌리는 날에는 가만두지 않겠어." 그의 요구는 진짜 비행장에 모조 비행기 수백 대를 만들어 가져다놓으라는 것이었다.

1940년 4월 무렵에는 가짜 비행장을 꾸미는 체제가 자리를 잡았다.

터너 대령은 한 메모를 통해서 프랑스에 주둔한 영국군 공군준장에게 그 원리를 간략하게 설명했다. 모조품은 두 종류로, 주간용 모조품과 야간용 모조품이었다. 야간용 모조품은 단순히 조명효과만을 이용했다. 속이기 게임은 몇 가지 흥미로운 반전을 보여준다. 진짜 비행장은 농장처럼 보이도록 위장했다. 그렇다면 가짜 비행장은 어떻게 보여야 할까? 비행장을 진짜처럼 보이게 하려면 건물이 있어야 하지만, 가짜 건물을 지을 자원은 없었다. 그래서 진짜 비행장과 가짜 비행장 외에 취약한 시기에 주요 비행장으로부터 항공기를 분산시킬 최소 시설을 갖춘 보조 비행장이 해결책으로 등장했다. 품을 아주 많이 들여야 하는 것이 아니라면, 보조 비행장을 흉내낸 모조품을 만들면 되었다.

　가짜 야간 비행장뿐만 아니라 제1차 공습이 있은 뒤에 무해한 위치에 놓은 석유등(스타피시라고 알려졌다)을 켬으로써 후속 공습 때 그곳이 불타고 있는 표적이라고 착각하도록 하는 방법도 고안되었다. 물론 빛은 착시를 일으킨다. 야간용 모조 비행장 자리에는 무연화약 장치로 가동되는 전선을 깔고 헤드라이트를 설치하여 활주로인 것처럼 흉내냈다. 거기에 좌우로 움직이면서 허공을 비추는 헤드라이트도 하나 설치했다. 터너는 좋은 풀밭에는 주간용 모조품을 놓도록 하고 야간용 헤드라이트는 작물 밭에 설치하도록 권고했다.

　작물을 수확할 때는 헤드라이트를 일시적으로 수거해야 하겠지만, 조심하고 주의를 기울인다면 전선을 건드리지 않고서 수확할 수 있을 것이다. 나중에 쟁기질을 하는 계절에는 조명시설 전체를 거두었다가 밭을 묵힌 채로 두지 않는다면 다시 깔아야 하겠지만, 이것은 너무 앞서 나간 이야기이다.[30]

전시에 가짜 비행장을 논의하면서도 농사주기가 지속되도록 배려하는 자세는 아주 감명적이다. 그러나 들판 너머의 야만적인 세계에서는 상황이 급박하게 돌아갔다. 이 메모가 적힌 지 2개월 뒤에 프랑스는 점령당했고, 프랑스의 들판에서 켜지는 불빛은 그 뒤로 5년 동안 스파이 낙하지점이나 레지스탕스를 뜻하게 되었으며 비행장은 독일군의 것뿐이었다.

영국에서 미끼 작전은 성공적이었다. 주간용보다 야간용 모조품이 더 효과가 있었다. 1941년 말까지 야간용 모조 활주로 100군데는 350회 이상 공격을 받았다.[31] 1940년 6-10월의 영국 본토 항공전 때 가짜 비행장은 진짜 비행장보다 2배나 많은 공격을 받았다. 그러나 1940년 12월에 추락한 독일 항공기에서 회수한 지도에는 독일군이 주간용 가짜 비행장의 대부분을 파악했음이 드러나 있었다. 진짜라고 표시된 곳은 3곳뿐이었다. 1941년 4사분기에는 야간용 가짜 비행장들조차 단 한 차례만 공격을 받았을 뿐이었고, 결국 1942년 5월에 가짜 비행장 계획은 폐기되었다.

그 와중에 코트는 자문 위원회에 대해서 점점 실망하고 있었다. 비록 윌킨슨 같은 공무원들이 참석하기는 했지만, 그들은 위원회가 다루는 것이 본질적으로 민방위 문제라면서 정보를 내놓지 않았다. 1940년 3월, 윌킨슨은 "위장의 진척 상황을 어느 수준까지 상세히 알릴 수 있는지 알지 못한다"는 이유를 들어 위원회를 무시했다.[32]

코트는 3월 28일에 마침내 저서가 출간되자 무척 흥분했다. 그러나 4월 5일 그는 앤더슨에게 "제게는 시간 낭비입니다"라고 하면서 위원회에 사직서를 제출했다.[33] 위원회는 실제로 가동되는 기관이 아니라 일종의 유화책에 불과했다. 고국에서 좌절을 겪은 코트는 팔레스타인이나 이집트가 더 나은 기회를 제공하지 않을까 생각하기 시작했다. 코트와 커는 정부의 위장에 대한 노력이 빈약하다는 데에 분개한 나머지 대중의 인식을 높이는 운동을 펼치기 시작했다.

관심을 불러일으키기 위해서 코트는 1940년 6월 22일자 『네이처』에 익명으로 긴 글을 실었다.[34] 기사는 전국에서 조급하게 펼쳐지고 있는

"위장" 시도들, 즉 갈색, 카키색, 회색의 친숙한 마름모꼴 무늬에 비판을 퍼부었다. 냉각탑 같은 대형 공장시설에는 마치 폭격기에서 보면 미약하게라도 은폐의 기능을 한다는 것처럼 나무가 그려졌다. "빛과 그림자 효과 때문에 폭격 범위에 있는 이 무대 풍경은 완전히 무용지물이 된다." 코트는 이 애매한 마름모꼴 위장 학파에 노골적인 불신을 드러내면서도, 다음과 같이 깨달았다. "당국이 이 방법을 너무나 일관되게 채택해왔기 때문에 '위장'이라는 용어가 칙칙한 잡색을 칠한다는 의미가 되었다."

코트는 특히 런던의 5,000대에 달하는 버스들을 위장하는 방식에 조소를 퍼부었다.

> 많은 이층 버스는 현재 지붕이 회색이나 녹색, 갈색으로 칠해져 있다. 그러나 앞, 뒤, 옆—공중에서 비스듬히 볼 때 가장 잘 띄는 부분들—은 새빨간 색이다. 많은 사람을 실어 나르고 눈에 잘 띄어야 한다는 버스의 주된 속성을 그대로 보여주는 색깔 말이다.

위장이라는 단어가 지금까지도 대중의 의식 속에는 흐릿한 마름모꼴 무늬를 떠올리게 한다고 말해도 무리는 아닐 것이다. 전쟁 이후로도 수십 년 동안 공장 벽에는 그런 무늬가 남아 있었다. 서서히 색이 바래고 벗겨지면서 말이다. 그러나 위장의 핵심은 실제 배경 속에서 대상을 간파하기 어렵게 만드는 것이었다. 흙 색조의 불규칙한 마름모꼴 무늬는 페인트가 반짝이면서 자연물이 아님을 드러낸다면 군용장비의 윤곽을 파괴하지 못할 수도 있었다. 색깔보다는 질감이 더 중요했다. 그리고 기존의 녹색, 갈색, 회색의 마름모꼴 무늬 같은 "자연스러운" 분단무늬는 늘 도시 거리 경관을 배경으로 하는 버스에는 아무런 소용이 없을 수 있었다. 코트는 이 모든 것이 "과학적 위장의 예술을 조롱거리로 만든다"면서 혐오감을 드러냈다(흥미롭게도 그는 여기서 위장이 예술이자 과학이라고 주장하고 있다). 코트는 이 모든 창피한 사례들이 "엉뚱한 사람들"이 위장을 책임지고 있기 때문이라고 했다. "기술 담당자 65명[민방위 위장 조직에 편제된] 중에 4명을 뺀 전원이 직업 예술가이거나 징집 당시에 예술학교 학생이었다." 물론 "적합한 사람들"은 생물학자였고, 그중 가장 적합한 인물은 코트 자신을 뜻했다.

코트의 글을 읽고 많은 사람들은 그런 조급한 사례들이 예술가가 아니라 아마추어가 그린 것이며, 방어피음의 원리를 이해한 인물들은 생물학자가 아니라 예술가와 다른 과학자들이었고 사실상 세이어에 앞서 레오나르도 다빈치가 그랬다고 지적하는 투고를 했다.[35] 한 편지는 코트의 주장과 달리 전시 정찰에 쓰이는 가장 중요한 수단인 항공사진이 흑백이기 때문에 색채 효과를 무력화하고 그늘과 질감 변화를 아주 쉽게 포착한다고 지적했다.

『네이처』에 실린 내용에 관한 한, 코트는 마지막 한 수를 남겨놓고 있었다.[36] 그는 8월에(영국 본토 항공전이 한창일 때) 12인치 포 2대가 찍힌 신문 사진을 가리키면서 "각각은 표면의 연속성을 파괴하거나 윤곽을 지우거나 빛과 그늘 때문에 입체적인 모습을 없애는 데에 완전히 실패하며, 몹시 어리석고 비효과적인 기존 위장 무늬를 가진다"고 하면서 그런 오류가 여전히 팽배하다고 반박했다. 코트가 보기에 진정한 대책은 더 많은 반짝이는 마름모꼴 무늬가 아니라 방어피음이었다.

코트의 호통은 세상을 깜짝 놀라게 한 듯했다. 『네이처』에 글이 실린지 며칠 지나지 않아 그는 영국 동해안의 대형 열차포 2대를 위장해달라는 의뢰를 받았다. 코트는 한 문은 녹색과 갈색의 마름모꼴 무늬를 쓰는 표준 방식으로 위장하고, 다른 한 문을 세이어의 방식에 따라서 방어피음을 했다.[37] 8월에 두 포를 공중에서 각도와 고도를 달리하여 사진을 찍었더니 놀라운 결과가 나왔다. 모든 사진에서 코트의 포는 그것이 정확히 어디에 있고 무엇인지 아는 사람이 최대한 세밀하게 살펴보지 않는 한 눈에 띄지 않았다. 다른 포는 늘 눈에 아주 잘 띄었다. 코트는 선언했다. "이 사진들은 방어피음의 효과를 입증하는 가장 설득력 있는 증거이며, 두 방법을 직접 비교할 수 있게 하므로 특히 가치가 있다." 당국도 이번에는 동의하지 않을까? 코트는 평결을 기다렸다.

자칭 위장 전문가 사이의 즉흥적인 시도들과 파벌 싸움이 벌어지던 시대는 1940년 8월, 서리 주 파넘 캐슬에 왕립 공병대 위장 개발 훈련 센터가 설립되면서 끝을 맺었다. 이곳에는 줄리언 트리벨리언과 롤런드 펜로즈(이미 국토방위군 위장 교관으로도 임명되었다) 같은 화가, 마술사 재스퍼 매스컬린, 휴 코트를 비롯하여 다양한 인물들이 모였다. 드디어 생물학자도 직책을 맡게 되었다.

1940년 10월 26일 코트는 직위에 임명되기 전에 1개월간 훈련을 받기 위해서 파넘에 도착했다.[38] 파넘에서의 생활은 즐거웠고 코트는 집에 와 있는 것처럼 편안함을 느끼기 시작했다. 그의 전문성은 인정받았고, 그는 마치 예전 군인 신분으로 돌아간 것처럼 느꼈으며 한편으로는 경청하는 청중 앞에서 강연할 기회를 가졌다. 비록 『동물의 적응색』이 그의 최고의 업적일지라도, 그는 전쟁에 봉사할 기회를 얻은 것이 훨씬 더 중요하다고 생각했다.

당국은 코트의 포 위장의 결과를 여전히 심사숙고하고 있었다. 그들은 그 사진이 "유리한 빛이나 각도에서" 찍은 것이라고 하면서 당황한 기색을 띠었다. 그러나 12월에 들어서 코트는 좌절보다 성취감을 얻기 시작하고 있었다. 그의 책은 파넘에서 그 주제에 접근하는 주된 수단으로 쓰였다. 그 책은 위장에 대한 교육을 받는 장교들에게 널리 읽혔다(그들은 사비로 구입하기도 했다). 와이엇도 마침내 그의 방어피음된 포를 보았고, 한 전쟁화가는 밀든홀에서 코트의 위장 구상이 성공을 거두었다고 전했다. 코트는 발령대기 상태에서 생각했다. '몇 가지 면에서 이집트나 해외의 다른 지역으로 가서 더 다양한 경험을 하는 편이 낫겠어.'

파넘의 모든 이들이 코트를 따른 것은 아니었다.[39] 트리벨리언은 말했다. "우리는 방어피음에 열정적으로 몰두하는 그를 비웃었다." 마술사인 재스퍼 매스컬린은 더욱 통렬하게 비판했다.

6주일 동안 강의를 들어야 했다. 북극 토끼가 눈이 내릴 때 털 색깔을 어떻게 바꾸며, 호랑이가 왜 키 큰 풀 사이에서 서성거리는지 배웠다. 나는 청소년이 거리 구석에서 서성거리는 것과 같은 이유로 호랑이가 키 큰 풀 사이에서 서성거린다고 늘 생각했다. 즉, 한탕 치기 위해서라고 말이다.[40]

파넘에서 트리벨리언은 펜로즈를 다시 만났다. 그는 펜로즈의 새로운 목표의식과 그가 습득한 전문지식에 깊은 인상을 받았다. 펜로즈는 퀘이커교 집안 출신으로서 세이어처럼 어릴 때부터 자연을 사랑했다.[41] 그는 대상의 형태를 파괴하는 예술가의 세련된 접근법을 자연사학자의 동물 위장에 대한 이해력과 결합시켰다. 매스컬린과 달리 그는 코트가 자연에서 얻은 사례들을 폄하하지 않았다. 현재 펜로즈의 기록 보관소에 있는 『동물의 적응색』에는 나뭇잎 의태 메뚜기인 타누시아 픽타(*Tanusia picta*)의 그림엽서가 책갈피로 들어 있는데, 거기에는 그것의 잎 형태를 뒤집은 펜로즈의 스케치가 담겨 있다.

펜로즈는 이제 독특한 위치에 있었고, 다양한 위장의 사례를 설명할 때 초현실주의 기법을 동원함으로써 감탄이 나올 정도로 자신의 역할을 잘 해냈다. 가장 인정받은 기법은 애인인 리 밀러가 녹색의 페인트와 그물로 위장한 채 나체로 잔디밭에 누워 있는 슬라이드를 보여주는 것이었다.[42] 펜로즈는 위장이 리의 매력을 감출 수 있다면 무엇이든 숨길 수 있다고 무표정하게 정당화했다. 사실 강의를 할 때 그 슬라이드를 보여준 목적은 조는 사람을 깜짝 놀라게 하여 깨우려는 쪽에 더 가까웠다.

그가 세운 산업 위장단은 전쟁을 놀이로 삼는 예술적 지식인, 단순한 아마추어 애호가로 이루어졌을지도 모르지만, 펜로즈는 1941년에 위장을 다룬 탁월한 짧은 안내서[43]인 『민방위 위장 교범(*Home Guard Camouflage Manual*)』까지 펴냈다. 여기에서 그는 색깔보다 질감이 더 중요하다고 올바로 역설하면서 바짝 깎은 들판과 풀이 길게 자란 들판이 공중에서 전혀 다르게 보인다고 말했다. "공중정찰은 색깔을 제거하고 명암의 차이를 강조하는 카메라 사진을 토대로 한다." 그는 위장에 쓰는 녹색이 대개 청색을 너무 많이 포함하고 있다고 했다. "자연에는 청록색이 거의 드물다." 따라서 갈색이 섞인 황록색이 필요하다는 것이었다. 그는 초창기 산업 위장단 때 겪은 실수로부터 커다란 대상 중에도 분단무늬를 쓰는 것이 대단히 부적절한 사례가 많다는 것을 확실히 터득했다. 단순히 구불구불한 덩어리로 칠한 트럭과 토치카가 전쟁에서 출현할 가능성이 높은 갖가지 배경에서 보이지 않을 리가 만무했다.

훈련받는 신병들 및 코트와 함께 강의를 한 이들이 적은 기록들은 그의 원리들이 교육과정 내내 빛이 났음을 보여준다. 코트는 동물들이 삶의 매순간 전쟁을 하며 따라서 늘 자신의 환경을 전체적으로 파악하고 있다고 가르쳤다. 반면에 인간은 삶의 대부분을 안심하면서 지낸다. 북아프리카 사막에서 제8군의 위장 책임자가 된 제프리 바커스는 이렇게 말했다.

평균적인 도시주민이 배경에 녹아들고 매복한 채 적을 기다린다는 것이 무엇인지 알까? 그는 모든 것을 눈에 잘 띄고 자명하게 만드는 데에 엄청난 수고를 하는 세계에 산다. 모든 광고, 조명, 입지, 구획장치를 통해서 도시인은 만물이 정확히 무엇이며, 어디에 있으며, 그것을 어떻게 해야 얻는지를 보여준다. 극소수만이 은폐 및 매복과 직접 관련을 맺고 있으며—밀렵자, 덫 사냥꾼, 제물낚시꾼, 대형동물 사냥꾼, 도망자—그들은 뛰어난 위장 전문가가 아닌 한 그리 오래 성공을 누리지 못한다.[44]

많은 군인은 트럭에 덮는 위장망을 일종의 투명 망토라고 믿었다. 그것을 트럭 위에 덮으면 트럭이 보이지 않는다는 것이었다. 나무처럼 보이게 하는 목표라면, 눈에 띄지 않게 땅까지 드리우도록 위장망을 덮은 뒤에 천 조각이나 잎이 달린 가지를 끼워서 꾸몄다. 그런 것들을 배울 필요가 있다는 것이 기이하게 여겨질지도 모르지만, 그들은 배웠다.

적어도 자연에서 얻은 사례들은 다양한 기만술의 생생한 이미지를 떠올리는 한 방식이었으며, 그것들이 없었으면 위장술은 추상적으로 흐릿한 이미지에 불과했을 수도 있다. 파넘의 5번 강의는 다음 범주들을 구분했다.[45]

1. 융화(merging) : 산토끼, 뇌조, 북극곰 등
2. 분단(disruption) : 꼬마물떼새, 얼룩말, 나방 등
3. 가장(disguise) : 자벌레, 나뭇잎벌레, 해마 등
4. 방향 오인(mis-direction) : 나비, 물고기
5. 현혹(dazzle) : 메뚜기, 일부 새
6. 미끼(decoy) : 아귀, 거미
7. 연막(moke screen) : 오징어
8. 모조품(dummy) : 파리, 개미
9. 허세(false display of strength) : 두꺼비, 도마뱀, 새

코트의 『동물의 적응색』은 역사상 유일하게 군인의 배낭에 들어간 동물학 책일 것이다. 또 그 책은 의태 연구에서 기재 위주의 자연사 단계가 정점을 찍었음을 알리는 이정표였다. 비록 코트가 의태와 위장의 효과를 살펴보기 위해서 포식 실험을 한 내용이 들어 있지만, 그 책은 본질적으로 이론에 사례들을 곁들여 서술한 이야기책이었다. 전쟁 이후에는 그 분야에 더 많은 실험기법이 도입되었다.

코트의 책은 내용의 범위가 넓고, 의태와 위장의 이론들을 열정적으로 상세히 설명하며, 예술가와 생물학자가 충돌하던 시기에 양쪽 분야에 다 속한 인물이 썼다는 점에서 오늘날에도 가치가 있다. 코트는 생물학자였을 뿐만 아니라 유능한 삽화가였다. 나보코프의 꼼꼼함과 반다윈주의 없이, 그는 이 현상들에 예술적 감수성을 덧붙였다. 그의 문장에는 이런 적응 양상들을 바라볼 때 느끼는 경이감이 고스란히 담겨 있으며, 영국군이 프랑스 됭케르크에서 필사적으로 철수하기 겨우 2달 반 전에 나온 책답게 인간적인 메시지를 전달하고 있다.

코트는 세이어의 추종자라고 해도 무리가 아니었지만, 세이어처럼 지나치지는 않았다. 그는 자연이 윤곽을 파괴하는 방식을 대가다운 필체로 요약했고, 다음과 같이 불평했을 때는 아마 산업 위장 부대를 염두에 둔 듯하다.

> 탱크, 장갑차, 건물 지붕을 페인트로 칠하여 위장하려는 최근의 다양한 시도들은 표면 연속성과 윤곽 위장의 핵심요소를 이해하는 일을 맡은 이들이 거의 완전히 실패했음을 드러낸다. 그런 업무는 용기와 확신을 가지고 수행해야 한다. 올바로 위장한 대상이라도 근거리에서는 눈에 확 띄기 마련이다. 그러나 그런 대상은 근거리에서 속이기 위해서 칠하는 것이 아니라, 대포 공격과 폭격기 공습이 가해질 가능성이 높은 먼 거리를 염두에 둔 것이다.[46]

코트는 전시에 자연사와 군대 위장을 똑같이 열정적으로 파고들었다는 점에서 독특한 인물이었다. 그는 한쪽이 다른 한쪽의 비유가 될 만큼 둘이 깊이 연관된다고 믿었다. 리처드 도킨스는 『눈먼 시계공(*The Blind Watchmaker*)』에서 "군비경쟁"이라는 말을 생물학에 처음 도입한 사람이 코트라고 썼다. 그는 이 문단을 인용하는데, 이 부분은 사실 100년 전벨트가 한 주장을 다소 표현을 바꾸어 쓴 것이다.

문명사회의 세련된 전쟁에서처럼 정글의 원시전투에서도 거대한 진화적
군비경쟁이 벌어지는 것을 볼 수 있다. 그 결과는 방어하는 쪽에서는 속도,
경계심, 장갑, 가시, 굴 파는 습성, 야행성, 유독물 분비, 역겨운 맛, 보호색
(procryptic), 경계색(aposematic),* 의태색 같은 장치로 나타난다.……완
벽한 은폐 장치는 지각 능력의 강화에 대응하여 진화해왔으며, 많은 포식
동물, 특히 조류의 엄청나게 발달한 지각능력을 보면, 타누시아속(*Tanusia*)
과 칼리마속 같은 열대곤충의 가장 정교한 은폐복조차도 유용한 정도를
넘어서는 수준까지 발달해왔다고 믿을 이유가 전혀 없다.[47]

코트는 때로 나보코프를 떠올리게 하는 어조로, 의태 생물을 통해서 느
끼는 경이감을 표현한다.

이런 생물들의 습성을 관찰한 사례 중에는 거의 동화처럼 들리는 것도
있다. 예를 들면 미끼 달린 낚싯줄을 가진 아귀(*Lophius piscatorius*), 먹이
로 삼을 곤충을 꾀는 꽃처럼 생긴 사마귀 이돌룸 디아볼리쿰(*Idolum
diabolicum*), 곧추선 나무줄기 꼭대기에서 마치 나무줄기가 더 이어져 있
는 것처럼 보이도록 똑바로 선 자세로 알을 품는 포투쏙독새(*Nyctibius
griseus*), 주변에서 뜯어난 바닷말 같은 재료로 몸을 덮는 게인 스테노린
쿠스(*Stenorhynchus*)가 그렇다.[48]

의미심장하게도 이 말은 『동물의 적응색』이 아니라 1938년 그가 위장이
중요하다고 알리기 위해서 벌인 활동의 일환으로 채텀의 공병학교에서

---

* 휴 코트는 전문용어를 쓰고 있다. 보호색은 위장, 경계색은 경고색을 띤다는 뜻
  이다.

한 강연문에 실려 있다. 이 문단에서 그는 청중을 사로잡는 환상적인 사례들을 콕 찍어냈다. 리 밀러의 나체만큼은 아니지만 별난 호소력을 가진 사례들이었다.

위장 대원—예술가이든 생물학자이든 간에—의 능력을 시험하는 가장 힘겨운 도전과제는 북아프리카의 사막전에서 나왔다. 파넘에서 훈련받은 장교 중 상당수가 그곳으로 향했다. 휴 코트는 1941년 1월 파넘의 첫 졸업생들과 함께 북아프리카에 도착했다. 그들이 사막에 온 것은 배울 것이 많다고 생각했기 때문이다. 젊은 화가인 스티븐 사이크스(1914-1999)는 처음에 한 엉성한 위장의 시도를 이렇게 적었다. "부대가 가져온 것은 유럽 경관에 적합한 녹색과 갈색으로 장식한 위장 그물이었는데, 그들은 군기가 바짝 든 군인들답게 장비들이 서 있는 주위의 담황색 모래 위에 말뚝을 박고서 그물을 팽팽하게 당겨 덮었다."[49] 줄리언 트리벨리언은 "사막에서는 어느 것도 숨길 수 없다. 그저 다른 무엇인가로 가장하는 것이 최선이다"[50]라고 간파했다.

가장에 대한 내용이 『동물의 적응색』의 3절 중의 하나를 이루는데, 많은 자연의 사례들을 인간의 전쟁에서 나타나는 비슷한 사례들과 비교하여 싣고 있다. 기만술에서는 착시가 모든 것이다. 다시 말해서 대상은 속이려고 하는 자가 의도하는 그대로 보여야 한다. 겉모습 뒤에 무엇이 있든 상관없다. 코트는 저서에서 이 점을 진지하게 고찰한다.

의태는 구조적이라기보다는 말 그대로 피상적이다. 즉 그것은 대체로 가장 독창적이며 속이는 분단무늬에서 나온다. 그런 분단무늬는 불규칙한 처리와 깊은 간격이라는 시각적 인상을 심어준다. 종종 그렇듯이 나방의 날개나 거미의 빈 복부라는 편평한 캔버스에 칠해졌을 때도 마찬가지이다.……어디에서든 우리는 똑같은 이야기를 본다. 생산방식과 무관한 겉모습이라는 피상적인 특성을 말이다.[51]

코트는 "눈에 보이는 한정된 앞쪽 부위만 셔츠처럼 보이는" 종업원의 가슴 장식이 이 피상성을 잘 보여주는 인간생활에서의 유사한 사례라고 제시한다.[52] 인간생활에서 그런 종업원 가슴 장식 같은 것들을 만드는 것을 전문으로 하는 직업이 하나 있다. 바로 영화 제작자이다. 영화에서는 화면으로 보이는 것이 전부이다. 촬영 세트 뒤쪽에는 표면을 지탱하는 지지대와 죔쇠가 뒤엉켜 있을 것이다. 사막 위장 공작 부대를 지휘한 인물인 제프리 바커스(1896-1979)가 영화 제작자였던 것도 놀랄 일이 아니다. 바커스는 제1차 세계대전 때 중동에서 싸웠고, 양차 대전 사이에는 세계 곳곳을 다니면서 제작자로서 전쟁 다큐멘터리를 찍었다. 많은 이들처럼 바커스도 복잡한 경로를 거쳐서 위장 업무에 발을 들였다.[53] 1937년 영화산업이 침체기일 때, 그는 예술가들의 전설적인 후원자인 잭 베딩턴이 운영하는 셸-멕스앤드비피(Shell-Mex and BP)라는 석유 판매 회사에 들어갔다. 전쟁에 기여하려고 애썼지만 계속 냉대를 받자 그는 베딩턴에게 도움을 요청했다. 마침 베딩턴의 형제 프레디가 파넘에 공병대 위장 부대를 창설하고 있었다.

1941년 11월 바커스는 수석 교관인 휴 코트와 함께 카이로에서 나일강을 따라서 약 30킬로미터 하류에 있는 헬완에 사막 위장 개발 훈련소를 세웠다.[54] 그곳의 분위기는 자유분방한 대학생활 같았던 파넘 캐슬과 달랐다. 줄리언 트리벨리언(초현실주의자)은 휴 코트(동물학자)를 이렇게 파악했다.

학교에서 코트는……이 황량한 모래벌판과 초라한 군대 막사 사이에서 조금 오락가락하는 듯한 모습이다. 휴지통으로 쓰라고 놓아둔 휘발유통 중에서 몇 개를 들여다보면 기대한 휴지 대신에 코트가 키우는 뱀, 딱정벌레, 도마뱀을 볼 수 있다.[55]

그러나 트리벨리언 같은 교활한 예술가가 이른바 두 문화라는 영국 전통의 관점을 유지하면서 코트를 계속 비웃고 있던 반면에, 많은 정규군은 세계를 보는 새로운 방식을 받아들였다. 밥 드와이츠 부사관은 나는 결코 속지 않는다고 허세를 부리면서 그 훈련과정에 참가한 전형적인 군인이었다.[56)]

처음에 교관과 인사를 나눌 때 우리는 시큰둥했다. 그가 영국의 가장 저명한 자연사학자 중 한 명이라는데, 조류 탐조대에서 억지로 끌려 나와 어느 눈먼 재봉사가 지어서 이집트의 마디로 보낸 지휘관 군복을 입힌 듯한 모습이었다.

머리가 벗겨지고 있는 중년의 남자였는데, 군인 자세를 취한 것을 보니 샌드허스트를 해안 휴양지쯤으로 생각했을지도 모른다는 생각이 들었다.

그러나 드와이츠와 대원들은 결국 굴복했다. 코트는 동물들에게는 주변 환경을 인식하는 불가사의한 능력이 있다고 가르쳤고 정찰 사진에서 교회를 보고 몇 시인지 알아내는 관찰기법을 전해줌으로써 깊은 인상을 심어주었다. 많은 교회는 동서축을 따라서 세워지며, 동쪽 끝에 제단이 있으므로, 사실상 그림자를 통해서 시간을 알려주는 해시계와 같다. 물론 사막에는 교회가 그리 많지 않지만, 펜로즈의 누드 사진처럼 이 사례도 시각적 충격을 주는 역할을 했다. 그들은 카우보이 재킷 끝부분에 아메리카 원주민의 복장처럼 길게 너덜거리는 가죽 띠들이 달린 이유를 비롯하여 많은 새로운 지식을 습득했다. "납작 엎드려서 먹이나 적을 향해서 몰래 다가갈 때, 가죽 띠들은 어깨와 팔에서 바닥까지 늘어짐으로써 몸의 그림자를 은폐하여 시각적으로 보호가 더 잘 되도록 한다."

코트는 세이어의 원리에 충실했을 뿐만 아니라, 방어피음된 연어를 보여주는 세이어의 조명상자도 가지고 있었다. 덥고 모래가 흩날리는 사막의 군대에게 연어가 사라지는 광경은 별난 인상을 심어주었을 것이 분명하다(차라리 먹게 했으면 더 좋았을 테지만).

코트는 동물 이야기도 많이 했다. 그가 즐겨 예로 들었던 위장 동물 중의 하나인 알락해오라기는 그의 핵심교리 중 하나인 위장이 재료뿐만 아니라 행동의 문제라는 것을 보여주는 완벽한 사례였다. 알락해오라기는 목을 수직으로 길게 뺀 채로 갈대밭에 앉아 있다. 코트는 갈대밭에 꼼짝하지 않고 앉아 있는 알락해오라기에게 다가가서 부드럽게 부리를 잡아당긴 일화를 이야기했다. 부리를 놓아주자 그 새는 갈대의 움직임에 맞추어 목을 흔듦으로써 완벽하게 대응했다. 위장망은 차량 위를 그냥 덮는 것이 아니라 주변환경에 맞추어 덮어야 한다는 것을 잊을 법한 군인을 위한 이상적인 일화였다.

코트는 그들을 군대 쓰레기장으로 데려가서 유용한 위장 재료를 회수하는 방법을 보여주었다. 드와이츠의 말을 들어보자.

> 그리하여 우리는 믿게 만들며 흥분되는 새로운 세계에 살고 있음을 알았다.……교육과정이 끝날 무렵 우리는 위장에 푹 빠진 상태가 되었다. 현역의 임무에서 벗어나 잠시 편히 휴식을 취한다고 생각했던 일부 군인들은 관찰하고 즉시 판단을 내림으로써 이제 세계를 새로운 마음과 다른 눈으로 보게 되었다. 난생 처음으로 수평 사고를 함으로써 말이다.

제2차 세계대전 때의 가장 저명한 영국 시인 키스 더글러스는 헬완("신이 버린 곳")이 그다지 마음에 들지 않았다.[57] 더글러스는 싸우기 위해서 중동에 왔는데, "더 이상 이동하지 않고 카이로 인근의 위장 교육과정에 배치되었다." 헬완에서 그는 아침식사가 "불결하기 그지없다"고 투덜거렸고, 고충 신고서에 소위 "신랄하지만 건설적인 제안들"을 가득 적어넣었다. 더글러스는 저녁때면 으레 카이로에서 아리따운 딸 5명이 있는 한 프랑스 이집트계 유대인 가족과 시간을 보냈다. 1942년 2월에 그는 "비록(물론) 내 자격증이나 위장 문제에 최소한이라도 관심을 가질 사람이 아무도 없겠지만"[58] 자신이 이제 위장 전문가라고 썼다. 더글러스의 태도는 "나는 전투원이야, 당장 여기서 내보내줘!"라는 말과 같았다. 그는 일부러 게으름을 피움으로써, 결국 그곳을 떠나 탱크 연대에 다시 배속되어 엘알라메인에서 벌어지는 최종 전투에 참여했다. 그는 『알라메인에서 젬젬까지(*Alamein to Zem Zem*)』라는 저서에 사막에서 벌어진 탱크 전을 흥분되는 어조로 기술했다.[59]

사막의 위장 부대는 군인뿐만 아니라 동물학자와 예술가도 뒤섞인 별난 혼성부대였다. 그러나 그 집단 중에서 한 사람은 좀더 언급할 만한 가치가 있다.[60] 바로 현란한 마술사 재스퍼 매스컬린(1902-1973)이다. 그가 다양한 위장과 기만에 관한 계획에 얼마나 기여했는지는 논란거리이다. 핵심적인 역할을 했다는 측(그의 말과 그의 전기작가를 믿는다면)도 있고, 부수적인 역할을 했다는 측(공식 기록과 더 최근의 연구를 믿는다면)도 있다. 그러나 2004년 채널 4에서 방송된 「전쟁에서의 마술」이 잘 보여주듯이, 그는 여전히 상상을 계속 자극하고 있다(그리고 할리우드에서 톰 크루즈를 주연으로 하여 그의 전기영화가 나올 것이라는 끊이지 않는 소문도 그런 상상을 부추긴다).

매스컬린은 유서 깊은 무대 마술사 계보에 속하며, 논란이 분분하기는 하지만 자신이 18세기의 유명한 왕립 천문학자인 네빌 매스컬린의 후손이라고 주장했다. 매스컬린 집안에는 마술사뿐만 아니라 발명가도 있었다. 그의 할아버지 존 네빌 매스컬린은 동전을 넣고 이용하는 화장실을 발명했다. 그 화장실은 사라졌지만 "화장실에 가다(spend a penny)"라는 표현은 살아남았다. 매스컬린이 위장 부대에 고용되었다는 점에는 논박의 여지가 없으며, 그의 주된 임무는 속임수에 통달한 마술사로서의 전문지식을 토대로 탈출과 위조에 쓰일 장치들을 만들어내는 것이었던 듯하다. 매스컬린의 가방에는 크리켓 방망이로 위장한 도구, 빗 안에 든 톱날, 뒷면에 지도가 그려진 책과 카드 등이 있었다.

　매스컬린 자신의 태도도 그가 창조적인 재능을 가졌다는 전설을 계속 부추겨왔으며, 아마 그 스스로 그렇다고 믿었다는 점도 한몫했을 것이다. 대필작가가 쓴 회고록 『마술—일급기밀(Magic-Top Secret)』(1949)에는 그가 도시를 사라지게 하고, 군대를 재배치하고, 모조품을 대량생산하는(심지어 잠수함까지) 일을 했다는 엄청난 주장이 담겨 있다. 그 모두가 그의 마술 지식의 산물이라고 했다.

> 그리하여 우리는 다시 일을 시작하여 모조 인간, 모조 강철 헬멧, 1만 개에 달하는 모조 총, 모조 탱크, 백만 개의 모조 수류탄, 모조 비행기를 만들었다. 그리고 진짜 탱크를 트럭처럼 위장하고, 보포스 대공포를 트레일러로 위장하고, 세계에 유례없을 정도로 엄청나게 다양한 착시 물품과 위장 물품들을 만들었다.[61]

매스컬린의 현란한 설명은 나중에 그 마술사의 주문에 사로잡힌 것이 분명한 데이비드 피셔가 쓴 『전쟁 마술사(The War Magician)』(1983)를 통해서 더욱 윤색된다.[62] 피셔는 군대가 엘알라메인으로 진격할 때 몽고메리 사령관이 매스컬린에게 권고했다고 썼다. "마술 지팡이를 가져왔기를 바라네. 그게 필요할 거야."

　어쨌거나 매스컬린이 정확히 어떤 기여를 했는지는 수수께끼라고 말하는 편이 정확할 듯하다. 그는 진짜로 기여했을까, 아니면 사기였을까? 1942년 2월 28일에 나온 공식 위장 보고서에는 그가 아바시아에서 소규모 위장 실험반을 이끈 뒤에 "복지부서로 전과되었다"[63]고 나온다. 즉 마술 묘기를 고안하여 군대를 흥겹게 하는 일을 맡았다는 것이다. 그러나 손을 한번 휘두름으로써 군대와 장비를 위장시키고 사라지게 하고

212

다시 나타나게 함으로써 엘알라메인 전투를 승리로 이끈 마술사, 위장 대원의 전설을 거부할 사람이 과연 누가 있겠는가?

코트가 사막에서 수평 사고를 가르치고 있을 때, 그의 스승인 커는 심란했다. 커는 울적한 마음에 그저 점점 넋두리만 해대는 상황에 빠져들었다.[64] 그는 코트가 중동에 가 있는 것이 "심각한 불명예"라고 생각했고, 부수상인 애틀리에게 자신의 심정을 담은 편지를 썼다. "이 나라에서 훈련하고 지휘하는 일을 맡기지 않고 해외의 전쟁터로 보냈더군요." 그러면서 국방부가 왜 "당장 모든 화포를 코트의 화포처럼 칠하는 조치를 취하지" 않고 있는지 물었다. 그는 이어서 군의 여러 고위 인사들에게 코트를 본국으로 데려오라고 요구하는 편지를 보냈다. 그러나 코트가 사막에서 가치 있는 일을 하고 있으므로 그럴 수 없다는 답변을 받았다.

커가 고국에서 분개하고 있었다면, 사막의 군대는 정신을 온전히 유지할 방안을 찾아야 했다. 그 일에는 당연히 유머가 동반되기 마련이었다. 제프리 바커스는 위장 대원을 위한 소식지인 『포트나이틀리 플루어 (Fortnightly Fluer)』를 발간했는데, 가벼운 시로 코트를 골려댔다. 연재되는 시와 「말 못하는 동물들」이라는 만화는 위장 대원인 자신들이 엄격한 위장술을 이용하여 "자연을 모방하라"고 재촉을 받고 있지만, 많은 동물은 그런 기술 없이도 그렇게 하는 듯하다는 점을 간파했다.[65]

올빼미를 봐, 깃털이
위로 갈수록 환해지지.
태연하게 강조하는 거야,
음영의 뚜렷한 효과를.
가엾지 않아?
……
이들은 별난 동물과 한 무리야.

역방어피음 영원과

그들이 어디서 왔는지는 논란거리이지.

자연이 코트에게 응답한 것이라고

보는 이들도 있지.

이런 시구는 풍자이기도 하지만 한 가지 중요한 점을 지적하고 있다. 잘 모르는 사람은 때로 자연의 다양성을 받아들이기가 쉽지 않다. 자연에는 생물들만큼 많은 생존전략들이 있으며, 한 생물이 위장을 이용하지 않는다고 해서 다른 생물이 위장한다는 사실이 거짓이 되는 것은 아니다. 위장 부대는 생물학이 예외로 가득한 과학이라는 것을 깨달았다. 휴 코트는 하사관들과 회의적인 예술가들에게 수평 사고를 가르치는 한편으로 그럭저럭 동물학자로서의 연구도 하고 있었다. 1941년 10월, 그는 나일 강 연안의 베니수에프에서 일주일 동안 휴가를 보내면서 새의 표본을 채집했다.[66] 그는 말벌들이 버려진 물총새와 웃는비둘기(palm dove) 사체들에 몰려 있는 것을 보았다. 그런데 말벌들은 물총새의 사체는 놓아두고 비둘기만 파먹는 듯했다. 그 광경을 본 그의 머릿속에 척추동물, 특히 새가 맛이 없고 경고색으로 보호를 받든 그렇지 않든 간에 곤충을 먹는다는 통상적인 시나리오를 뒤집은 착상이 떠올랐다. 맛이 없으며 경고색으로 그 사실을 알리는 새도 있지 않을까? 전쟁이 끝난 뒤에 코트는 이 주제에 강박적으로 매달리게 되었고, 전쟁 이전에 했던 의태 연구로는 돌아가지 않았다.*

---

* 케임브리지 동물학 박물관에 소장된 코트의 자료를 보면 그가 『동물의 적응색』 개정판을 내기 위해서 계속 틈틈이 집필해왔음이 드러난다. 그러나 개정판은 나오지 않았다. 그는 음식에서 베이츠 의태에 상응하는 것을 찾을 수 있다고 보는 등, 사람과 비교한 몇 가지 흥미로운 사례도 적었다. 마가린은 버터와 같은 색으로 염색하며, "젤리는 비슷한 맛을 내는 과일과 같은 색으로 물들이면 더 시선을 끈다"는 것이었다. 책에 실린 종업원의 가슴 장식 사례 외에 그는 눈을 속이는 복장

근무지로 복귀한 코트는 항공정찰 사진을 보고서, 눈부신 사막에서는 그물을 이용하여 화기의 위치를 위장하려는 여러 시도들이 오히려 위치를 더 뚜렷이 드러내는 역할을 한다는 것을 알아차렸다.[67] 하얀 캘리코 그물을 쓰자 상황이 나아졌다. 예상한 것보다 더 밝은 색깔의 그물을 써야 된다는 것이 핵심이었다.

그러나 더 중요한 점은 명령이 떨어지면 위장과 미끼 제작을 그때그때 후닥닥 해내야 하는 상황이 잦았다는 것이다. 1941년 가을, 배에서 내린 보급품을 미셰이파의 군대에 보내기 위해서 약 110킬로미터에 걸쳐 새 철도를 깔라는 대규모 작전명령이 떨어졌다.[68] 열차가 빠르게 선회하여 오갈 수 있도록 철도 끝은 원형으로 놓을 계획이었는데, 그러다 보니 면적이 엄청났다. 스티븐 사이크스는 회의 때 작전 지휘관과 나눈 이야기를 자세히 설명했다. "그런데 넌 뭐하는 녀석이야?" "위장 대원입니다." "대체 이 커다란 걸 어떻게 숨길 예정이지?" "제 생각에는 미끼 철도 종점을 만드는 것이 유일한 방법입니다." 사이크스는 철도 종점에서부터 서북서 방향으로 모조 철도 15킬로미터를 더 놓고 그 종점에 가짜 측선들을 더 깔고서 미끼 탱크와 기타 장비들을 놓자고 제안했다.

진짜 철도는 뉴질랜드 철도 건설회사가 깔았다(사막전은 영국 연방의

의 사례를 몇 가지 인용한다. 여성이 다리 뒤쪽에 눈썹연필이나 마스카라로 줄을 그어서 스타킹을 입은 듯한 착시를 일으키는 "의태 스타킹"은 제2차 세계대전 때 널리 알려진 사례였다. 그러나 가장 환상적인 사례는 『인간의 어리석음의 역사 (*The History of Human Stupidity*)』라는 책에서 따온 "의태 임신"이다. "마리 앙투아네트가 아들을 출산하기 전에, 궁정에서는 임신한 모습이 널리 유행했다. 왕비의 시녀들은 임신한 듯이 보이도록 쿠션을 넣어 불룩하게 만든 치마를 입었다." 자연과 전쟁이라는 유추에 더 잘 들어맞는 사례를 들기 위해서 코트는 대공 일제 사격은 사실상 새들이 발명한 것이라고 했다. 솜털오리 수컷처럼 몇몇 새들은 한데 무리지어 일제히 물을 뿜어냄으로써, 급강하하면서 공격하는 도둑갈매기를 방어한다. 코트는 1987년에 사망했으며, 1990년 케임브리지에서 그의 동물 펜화 회고전이 열렸다.

성격이 아주 강했다. 뉴질랜드인뿐만 아니라, 남아프리카 위장 부대도 있었고, 인도군도 많았다). 으레 그렇듯이, 위장 부대는 남는 철도 설비를 활용할 수 있었다. 그러나 사막에서 활용할 수 있는 것들을 가지고 철도를 15킬로미터 연장하고 선로, 기관차, 화차, 창고 등을 만든다는 것은 만만찮은 도전과제였다. 이런 어려움 때문에 결국 모조 철도 전체는 규모를 3분의 2로 줄인 형태가 되었고(그들은 온전한 크기의 진짜 화차도 몇 량 포함시켰으면서 독일군이 알아차리지 못하기를 바랐다), 마지막 선로 몇 킬로미터는 휘발유통을 두드려 펴서 만들었다. 기관차가 내뿜는 연기는 요리 스토브를 이용했다. 화차는 주로 사막에서 흔한 재료인 야자나무 잎으로 만들었다.

폭탄이 떨어졌을 때 파괴된 것처럼 착각하도록 화염을 내뿜는 장치도 준비했다. 방어시설인 것처럼 착각하도록 가짜 대공포도 만들었다. 1941년 11월 중순, 위장 부대는 공습을 기다렸다. 제프리 바커스는 말했다. "제정신이면서 폭격을 갈망하는 이들은 위장 대원밖에 없을 것이라고 생각한다."[69] 11월 22일 모조 철도 종점이 공격받았다. 폭탄은 9발쯤 떨어졌는데, 그 즉시 화염을 내뿜는 장치 11곳에서 전부 불길이 치솟았다. 과잉반응이었다. 12월 1일, 위장 부대는 생포된 독일군이 가지고 있던 지도에 가짜 철도 종점이 진짜라고 표시된 것을 알고 안심했다.

한참 뒤인 1942년 4월 2일 줄리언 트리벨리언은 스티븐 사이크스와 함께 모조 철도 종점을 둘러보았다.

저녁 불빛에 보니 모조 철도 종점도 아주 장관이다. 살아 있는 사람은 아무도 없다. 그러나 가짜 군인이 가짜 참호를 파고 있었고, 가짜 무개화차가 가짜 탱크를 내려놓고 있었고, 모조 기관차가 적의 눈에 보이도록 가짜 연기를 내뿜고 있었다.[70]

다음 날 트리벨리언의 차가 고장이 나서 서 있다가 비행기 3대의 총격을 받았다. 그는 모조 철도 종점을 빼고 그 지역의 모든 것이 총격을 받았다는 소식을 들었다. 발각되었다는 뜻이었다. 나중에 그는 독일군이 경의를 표하는 차원에서 종점에 나무 폭탄을 하나 떨어뜨리고 갔다는 이야기를 들었다. 인도에서 방문한 위장 부대 장교인 스티븐스 소령은 더 깊은 인상을 받았다. 그는 첩보 보고서에 모조 철도 종점이 이렇게 적혀 있다고 알려주었다.

> 상당한 비중의 적의 폭격을 유도하는 데에 가장 성공을 거두었다.……진짜 철도 종점에 못지않게 많은 폭탄이 모조 철도 종점에도 떨어졌다는 것을 볼 때 일부 적의 항공기가 속아 넘어갔다는 것은 명백하다.……생포된 적의 첩보지도는 적이 모조 철도 종점을 진짜라고 간주하고 있다는 것을 보여주었다.[71]

모조 철도 종점은 스티븐 사이크스의 상상을 자극했다. 그가 떠올린 위장 방식은 본래 자연에 뿌리를 두고 있지만 그는 그 사실을 몰랐던 듯하다. 바로 "양쪽 기관차"[72]였다. 적의 조종사들은 열차에서 취약한 기관차가 좋은 표적이라는 것을 알고 공략했다. 따라서 물이 담긴 탄수차(거의 기관차만큼 긴)를 기관차로 위장하고 기관차를 탄수차로 위장하여, 조종사가 정반대편을 공격하도록 한다는 착상이었다. 그의 창의적인 고안은 실제로 시도된 적은 없었지만, 만일 실현되었다면 그 기관차에는 "눈꼴무늬"라는 이름을 붙여야 했을 것이다. 취약한 부위에서 덜 취약한 부위로 포식자의 주의를 돌린다는 원리는 나비가 물려도 치명적이지 않을 날개에 눈꼴무늬를 가진 이유와 똑같기 때문이다.

자연의 책에서 얻은 또 한 가지 교훈은 토브룩의 증류시설을 위장하는 데에 쓰였다.[73] 사막에서는 민물이 대단히 중요하므로 증류시설은 반드시 보호해야 했다. 어떻게 해야 지킬 수 있을까? 이미 공격을 받은 듯이 꾸미면 되었다. 1941년 4월 공습을 무사히 넘긴 뒤, 위장 부대는 피해를 입은 것처럼 꾸미는 작업에 착수했다. 먼저 석유를 써서 커다란 구멍이 입을 벌리고 있는 것처럼 칠하고서, 석탄 먼지를 뿌려서 햇빛에 빛나지 않게 함으로써 커다란 구멍이 난 듯이 착각하도록 했다. 그 주위에는 폭탄이 터진 듯한 구덩이를 파고 잔해를 흩뿌렸고, 벽에는 폭탄이 터져서 생긴 듯한 구멍을 그렸다. 여기서 위장 대원들은 나보코프가 탄복한 자연의 책략을 모방하고 있었다. "날개에 거품처럼 생긴 반점(의사 회절을 통해서 완성되는)이나 번데기에 난 반들거리는 노란 혹에서 독이 스며나오는 모습을 흉내내는 나비를 생각해보라('나를 먹지 마. 이미 으깨어 맛본 뒤에 버려졌으니까')"[74]

이 모든 책략은 어떤 의미에서는 위장을 대공격의 한 주축으로 삼아서 최초로 종합적으로 이용하기 위한 준비단계, 예행연습이었다. 1942년 초 알람하이파에서 독일의 로멜 육군원수(1891-1944)와 맞서 싸우고 있던 제8군은 대규모 공격을 가하기 위해서 빠르게 전력을 보강하고 있었다. 영국 블레츨리 파크의 암호해독가들은 울트라라는 기계로 독일의 에니그마 암호를 해독했고, 덕분에 로멜에게 향하는 보급선의 상당 비율을 침몰시킴으로써 영국군이 장비 면에서 우위에 설 수 있었다.

몽고메리 육군원수(1887-1976)가 제8군 사령관으로 부임하면서 상황은 빠르게 전개되었다. 그는 엘알라메인에서 로멜에게 대공세를 펼치는 라이트풋 작전의 개시일을 1942년 10월 23일로 잡았다.[75] 공격 6주일 전인 9월 14일, 더들리 클라크 대령(1899-1974)이 보르그엘아랍에 있는 몽고메리의 사령부를 방문하여 어떻게 속일지를 논의했다.[76] 클라크는 제2차 세계대전 때의 모든 기만술을 총괄한 영국의 드러나지 않은 영웅이었다. 그는 가면무도회에 대한 열정을 전쟁이라는 무대, 특히 북아프리카에서 벌어지는 춤사위 쪽으로 돌린 무대 체질의 인물로서, 여장을 한 죄로 스페인 경찰에 체포되고서도 아랑곳하지 않는 등 흥미진진한 삶을 살았다.[77] 그는 특공대를 창설했고 온갖 기만술을 전개하는 그림자 부대인 에이포스(A Force)의 책임자였다. 클라크는 첩보원을 보내고, 역정보를 흘리고, 위장 기만계획을 총괄했다. 그와 몽고메리는 에이포스가 곧 벌어질 전투를 위한 전략계획을 맡아서 수립하기로 합의했다. 전략은 독일군이 11월 6일 남쪽을 공격할 것이라고 예상하도록 하면서, 10월 23일 보름달 밤에 북쪽을 공격한다는 것이었다.

제프리 바커스와 부관인 토니 에어턴은 9월 17일 사령부로 불려와서 한 달 내에 계획을 짜라는 명령을 받았다. 클라크는 연합군의 튀니지 상륙작전을 짜기 위해서 이미 미국으로 떠난 뒤였고, 몽고메리의 참모총장인 프레디 드 권간드(1900-1979)가 그 일을 총괄했다. "버트램(Bertram)"이라는 암호명이 붙은 기만계획의 제1차 안은 그날 바로 나왔다. 바커스는 이렇게 회고했다.

에어턴과 나는 눈부시게 새하얀 모래밭을 터벅터벅 걸으면서 도청당할 걱정 없이 자유롭게 대화를 나눌 수 있을 만한 곳을 찾았다.……대화 소리가 장비의 굉음에 묻히도록 한 모래언덕 꼭대기에 올라간 우리는 상황을 균형 있게 보려고 애썼다.……두 시간이 지나지 않아 에어턴과 나는 모래알이 낀 낡은 타자기와 한바탕 씨름한 뒤에 보고서를 들고 드 권간드 준장(제8군 작전참모)에게 다시 갔다.[78]

버트램 작전은 요약하면 다음과 같았다.[79]

목표 :

1) 우리의 공격의도를 가능한 한 오래 적에게 숨긴다.

2) 더 이상 은폐할 수 없을 때는 우리의 주공격이 이루어질 지점과 날짜를 잘못 알도록 만든다.

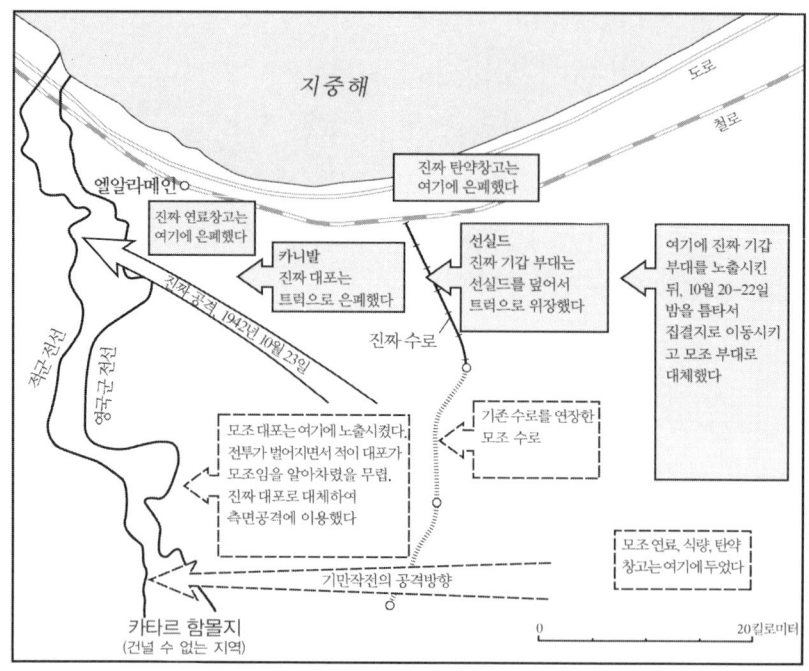

지중해

도로

철로

엘알라메인O

진짜 탄약창고는
여기에 은폐했다

진짜 연료창고는
여기에 은폐했다

카니발
진짜 대포는
트럭으로 은폐했다

선실드
진짜 기갑 부대는
선실드를 덮어서
트럭으로 위장했다

여기에 진짜 기갑
부대를 노출시킨
뒤, 10월 20~22일
밤을 틈타서
집결지로 이동시키
고 모조 부대로
대체했다

진짜 공격 1942년 10월 23일

진짜 수로

적군 전선

영국군 전선

모조 대포는 여기에 노출시켰다.
전투가 벌어지면서 적이 대포가
모조임을 알아차렸을 무렵,
진짜 대포로 대체하여
측면공격에 이용했다

기존 수로를 연장한
모조 수로

모조 연료, 식량, 탄약
창고는 여기에 두었다

기만작전의 공격방향

카타르 함몰지
(건널 수 없는 지역)

0   20킬로미터

그림 10.1 버트램 작전 : 이집트 서부 사막에서 1942년 10월 23일에 시작된 엘알라메인
전투를 위한 기만계획. 남쪽의 카타를 함몰지 근처에는 모조 군대가 있고 실제 공격이
이루어지는 북쪽에는 위장된 군대가 있다(NA/WO 201 2024에 실린 지도를 토대로
한 것).

사막은 탁 트여 있고, 군대의 위치도 뻔히 드러나 있기 때문에, 위장 대
원들은 배운 내용을 총동원하여 미끼를 많이 만들기로 했다. 전략에 따
르면 남쪽으로는 카타르 함몰지라는 건널 수 없는 사막지대의 바로 북쪽
에 모조 군대를 만들고, 북쪽에 있는 진짜 군대는 은폐해야 했다(그림
10. 1). 일을 진행하는 또 한 가지 방법은 허구에 맞추어 사실을 조작하는
것이었다. 북쪽의 군대는 「맥베스」에서 맬컴의 군대가 한 것처럼 공격하
기로 했다. 버넘 숲이 던시네인으로 다가가야 했다.

바로 여기에서 자연의 보호 유사에 상응하는 것이 사용되었다. 첫 공
격에 쓰일 25파운드 곡사포는 창의적으로 트럭으로 위장했다. 곡사포를

운반 차량에 올려서 천으로 덮으면 사륜 트럭으로 쉽게 위장할 수 있었다. 대원들은 두 장비를 하나로 묶어서 천을 덮은 이것에 "카니발(Cannibal)"이라는 별명을 붙였다. 탱크는 "선실드(Sunshield)"라는 덮개를 이용하여 마찬가지로 트럭으로 위장했다.

선실드는 사막에서 가장 성공적이고 가장 의욕을 북돋은 의태 기만술의 사례였다.[80] 그것들은 중동 총사령관 웨이벌 장군의 시선을 한눈에 사로잡았다. 전쟁부에 있는 자료를 보면 그는 1941년 4월 23일에 이렇게 적었다. "가벼운 캔버스로 가림으로써 공중에서 탱크가 화물차로 보이도록 할 수 있다니 정말 기발하지 않은가? 쓸모가 있을 것이다. 단체행군을 할 때 등에 고려했으면."

위장 실험 분대는 이 임무를 맡아서 나무로 틀을 짜고 캔버스를 붙여서 덮개를 만들었다. 2주일이 채 지나지 않은 1941년 5월 3일, 첫 선실드가 선을 보였다. 3톤짜리 트럭처럼 보이게 하려면 아직 해결해야 할 문제가 몇 가지 있었다. 코트가 종종 말했듯이, 사막에는 모델처럼 보이는 것이 부족하기 때문에 의태자가 모델처럼 행동해야 한다. 탱크는 트럭과 다른 흔적을 남긴다. 이 문제를 해결하기 위해 부대원들은 탱크 뒤쪽에 드래그라인(흙을 얇게 긁어낼 때 쓰는 기계)을 달았다. 선실드 뒤에서 끌리는 이 드래그라인은 뒤쪽에 생기는 탱크 자국을 매끄럽게 긁어서 지웠다. 선실드의 최종형태는 덮개가 한가운데에서 양쪽으로 열리면서 5초 사이에 선실드가 탱크로 변신하도록 되어 있었다. 즉시 400대 분량의 선실드를 제작하라는 명령이 떨어졌다. 그리고 선실드는 곧 닥친 전투에서 핵심적인 역할을 했다.

실제로 독일군은 사막에 트럭의 수가 늘어나자 놀랐을지도 모른다. 식량들도 모아서 트럭 모양으로 묶고 천을 덮어서 트럭으로 변신시켰기 때문이다. 25파운드 곡사포, 셔먼 탱크와 크루세이더 탱크, 식량 등 본래 여러 종류였던 것들이 이윽고 모두 한 종류가 되었다. 이것도 트럭, 저것도 트럭, 전부 다 트럭이 되었다. 버트램 작전의 핵심은 대규모 기만술을 성공시키는 것이었다. 수많은 선실드와 카니발은 적을 속이도록 고안된 것이었다. 총 선실드 722대, 카니발 360대, 모조 탱크 500대, 모조 대포 150대, 모조 차량 2,000대가 만들어졌다.

버트램 작전 공식기록에는 휴 코트가 그 계획에 어떤 기여를 했는지에 대해서 전혀 언급이 없지만, 선실드 탱크와 모조품을 바꿔치기 한다는 착상은 아마 그에게서 나왔을 것이다. 그의 책 "가장" 절에는 이렇게 적혀 있다. "많은 동물은 으레 주변환경에서 빌린 의상을 입고 가장무도회를 벌인다. 정착한 종은 바로 주변의 재료를 이용하는 반면, 여러 돌아다니는 종들은 본능적으로 더 다양한 의상으로 시시때때로 바꿔 입는다."[81]

이것을 임의 체색(adventitious coloration)이라고 한다. 유럽푸른자나방(*Comibaena bajularia*) 모충이 전형적인 사례이다. 이 모충은 알에서 나오자마자 잎 조각을 등에 난 센털에 붙여서 잎으로 변장한다. 나중에 겨울잠을 자고 난 후에는 참나무 턱잎을 몸에 붙인다. 코트가 언급하지 않은 더욱 놀라운 사례가 있는데, 자나방의 일종인 신클롤라속(*Synchlora*)의 모충이다. 이들은 턱으로 꽃잎을 잘라서 등에 붙인다. 신클롤라 성체는 선명한 녹색을 띠지만, 모충은 색깔이 더 화려하다. 종마다 사용하는 꽃잎이 다르지만, 미역취 같은 국화류의 노란 꽃이 널리 쓰인다. 모충은 등에 가시가 있어서 꽃잎을 비단조각처럼 꽂을 수 있다. 그리고 많은 해양동물은 바닷말이나 조개껍데기, 돌을 몸에 걸친다.

코트는 책 전체에 걸쳐 가능할 때마다 인간의 사례를 비유로 들었는데, 여기서는 집을 감시하기 위해서 상인의 화물 자전거를 끌면서 자신을 숨기는 수사관들을 사례로 든다. 더 나아가 이 원리가 고대의 전쟁에서 쓰인 가장 유명한 사례를 인용한다.

그런 전술은 평시에든 전쟁 때에든 기만적인 공격 분야를 바라보는 폭넓은 시야를 제공하며, 누구나 알다시피 트로이에서 그리스 영웅들이 이 전술을 이용하여 속이 빈 거대한 목마 속에 숨어서 도시로 잠입함으로써 유명해졌다.[82]

1943년 파념 강의록에는 자연의 가장과 엘알라메인의 선실드 기만술이 관련있다고 적혀 있다.

자연에서 많은 동물은 주변의 재료로 몸을 덮음으로써 들키지 않은 채로 먹이에게 다가갈 수 있다. 많은 게가 으레 주변에서 빌린 바닷말로 몸을 감싸서 가장하는 것이 대표적인 사례이다.

또 적이 미끼를 이용하여 먹이를 꾀는 사례도 있다. 어떤 거미는 새똥을 쏙 빼닮음으로써 새똥을 먹으러 오는 곤충을 잡아먹는다. 열대의 어떤 사마귀는 꽃을 쏙 빼닮음으로써 꽃을 보고 오는 먹이를 손쉽게 잡는다.

대기 지역으로 줄지어 이동하는 탱크들을 일종의 일반 차량인 것처럼 속여서 마지막 순간까지 정체를 숨길 수 있다면, 기만술은 대단히 가치 있는 성과를 올릴 것이 분명하다.[83]

그러나 버트램 작전의 진수는 한 대상을 다른 대상으로 변형시키는 것이 아니었다. 그것은 체스 판에서 허를 찌르고 거기에 다시 허를 찌르는 복잡한 방식을 쓰는 것처럼, 위장한 무기를 모조품으로 바꿔치기하는 것이었다.

북쪽에서는 나중에 탱크가 자리를 잡을 자리에 먼저 빈 선실드를 쳐서 은폐할 준비를 했다. 10월 21일 밤, 영국군은 탱크를 이동시켜서 몰래 선실드 아래에 숨겼다. 탱크가 있던 자리에는 모조 탱크를 옮겨놓았다. 다음 날 독일의 정찰부대는 달라진 것이 전혀 없다고 생각했을 것이다. 그러나 영국 주력군은 이미 준비를 마친 상태였다. 선실드 옆에는 일제

포격을 가할 카니발도 와 있었다. 남쪽에서는 모조 탱크, 대포, 창고, 기타 장비로 이루어진 가짜 군대가 진을 치고 있었다.

적의 공격 준비가 다 끝났을 때까지도 로멜은 북쪽 군대와 남쪽 군대 중 어느 쪽이 진짜인지를 확신하지 못했다. 그래서 그는 양쪽 모두 진짜일 경우를 대비하여 이미 부족한 군대를 둘로 나누었다. 그것이 첫 번째 실책이었다. 또 영국군은 공격 일자를 실제 일자보다 한참 나중이라고 착각하도록 단서를 뿌려놓았다. 영국군은 북쪽에서 남쪽의 부대까지 가짜 수로를 건설했다. 수로는 공격 일자보다 한참 후에나 완공되도록 했다. 수로가 건설되는 속도를 매일 살펴보는 적은 완공 일자를 계산할 수 있을 것이고, 그에 따라서 공격 일자도 한참 후가 될 것이라고 추정할 것이었다. 로멜은 여기에 속아 넘어간 듯하다. 그는 편도염을 앓고 있었는데, 당분간 공격이 없을 것이라고 믿고서 치료를 받으러 독일로 향했다.

1942년 10월 23일 오후 21시 40분 "카니발"이 일제히 불을 뿜었다. 호전적인 몽고메리는 흥분하여 소리쳤다. "1914/1918년 대전 때의 공격과 흡사한 경이로운 광경이었다. 고요한 달밤이었다. 너무나 조용했다. 그러다가 갑자기 전선 전체에서 화포들이 불을 뿜었다. 대단히 시의적절했고, 결과는 엄청났다."[84]

이 거북한 대목은 몽고메리의 호전성을 잘 보여주고 있다. 그는 전쟁에서 기만술이 아주 중요한 역할을 한다고 믿었다. 전략과 전술, 양동작전, 의표 찌르기와 이중 기만술을 써서 적을 이길 수 있다고 보았다. 그러나 결국 그는 경이로울 정도로 호전적인 인물이라는 것이 드러났다. "이 전투에서 치고 빠지는 전술 따위는 결코 없을 것이다. 죽고 죽이는 전면전이 될 것이다. 독일군은 뛰어나며 그들을 물리치는 방법은 오직 전투에서 죽이는 것이다."

셔먼 탱크도 선실드 아래에서 튀어나오면서 전투에 참여했다. 비록 전술적인 기습은 성공했지만, 다음 상황은 그렇게 간단하지 않았다. 영국군은 지뢰밭을 건너야 했는데, 하루쯤 걸릴 것이라고 예상했지만 실제로는 며칠이 걸렸다. 그러나 로멜의 장비가 크게 부족한 상황에서 북쪽 전선과 남쪽의 모조 군부대 전선으로 분산되어 있었기에, 제8군은 전력상으로 우세했다. 로멜은 10월 25일에야 남쪽에 배치되어 있던 두 기갑 사단을 북쪽 전투지역으로 이동시켰지만, 때는 이미 늦었다.

엘알라메인 전투를 승리로 이끄는 데에 위장이 얼마나 기여를 했는지에 대한 논쟁은 결코 완전히 해결될 수 없겠지만, 처칠은 하원에서 위장에 대한 노력에 찬사를 보냈다.

놀라운 위장 체계를 통해서 사막에서 완벽한 전술적 기습을 달성했습니다. 적은 공격이 임박했다고 추측했고, 사실상 알아차렸지만, 언제 어디에서 어떻게 이루어질지는 몰랐습니다.……적의 공중정찰 때 후방 80킬로미터에 있었던 제10군단은 밤을 틈타서 조용히 공격지점으로 이동했고, 원래 있던 자리에는 똑같이 만든 가짜 탱크를 가져다놓았습니다.[85]

그 위장 작전을 담당한 제프리 바커스는 이렇게 결론을 내렸다.

비록 우리 중에서 막대기, 끈, 캔버스로 적을 속임으로써 승리했다고 생각할 정도로 어리숙한 사람은 아무도 없었지만, 우리는 적어도 자기 몫은 해냈다고 실감할 수 있었다. 위장 임무를 맡은 대원들이 꿈꾸던 일이 실현된 것이다.[86]

11

또 한번의 디데이를 위한
위장 도색

열두 살 소년이었을 때 나는 위장을 다룬 세이어의 화보집을 살펴보면서 많은 시간
을 보냈고, 그 책으로부터 깊이 영향을 받았습니다. 나중에 뛰어난 오리 사냥꾼이
되었을 때 나는 오리 사냥용 배를 세이어의 역음영 원리에 따라서 위장했지요. 더
나중에 북대서양의 구축함에서 복무할 때는 독일 유보트의 호송함 야간공격 전술에
대처하는 데에도 같은 원리가 적용되며, 호송선단을 연한 색깔과 역음영을 통해서
눈에 훨씬 덜 띄게 만들 수 있다고 확신했습니다.[1]
　　　　　　　　　─피터 스콧 경이 메리 F. 보인턴에게 보낸 편지, 1950년

자연의 보호색 원리가 전시에 배를 위장하는 데에 적용될 수 있다는 애
벗 세이어와 존 그레이엄 커의 생각은 제1차 세계대전이 끝날 무렵에는
거의 외면을 받았던 듯하다. 노먼 윌킨슨이 고안한 위장 도색체계는 널
리 쓰였지만, 결과는 모호했다. 전쟁이 끝나자 배의 전체를 회색으로 칠
하는 방식으로 돌아갔다. 제2차 세계대전이 시작될 때는 선박의 도색을
어떻게 할지에 대한 명확한 방침이 없었고, 몇몇 배의 선장들이 몇 가지
임시로 도색체계를 내놓는 수준이었다. 그러나 전쟁이 끝날 무렵에는 영
국과 미국의 해군전함에 세이어와 커의 원리가 널리 쓰이고 있었다. 무
엇이 이런 변화를 일으켰을까? 어찌된 일일까?

　제1차 세계대전 때 해군 당국이 자연사학자의 구상을 경멸했다는 점
을 생각할 때, 제2차 세계대전 때는 같은 구상이 너무나 쉽사리 받아들

였다는 사실이 놀랍기 그지없다. 아마 자연의 위장이 군대에 무엇인가를 가르쳐줄 것이라는 개념이 처음에는 너무나 도발적이어서 받아들여지지 못했고, 세이어와 커가 성가시고 까탈스럽고 독단적이며, 여러 면에서 현실을 잘 모르는 최악의 대변자였기 때문일지도 모른다. 이유가 무엇이든 간에, 제1차 세계대전 때 외면당했던 분단색, 방어피음, 가시성 감소 개념은 제2차 세계대전 때 영국과 미국에서 채택되었다.

그러나 영국과 미국의 해군이 위장을 서로 다르게 해석하는 바람에 문제가 조금 복잡해졌다. 제1차 세계대전 때 배를 보이지 않게 한다는 가능성을 외면한 채, 잠수함이 표적을 가늠하기 어렵도록 혼란시키기 위한 노먼 윌킨슨의 위장 도색체계에 치중했던 영국 해군은 제2차 세계대전 때는 비가시성을 지지하게 된 반면, 미국 해군은 다소 윌킨슨의 원리에 따라서 공격 표적을 혼란시키는 쪽으로 기울어졌다.

이런 전면적인 방향 전환을 공개적으로 인정한 일은 없었다. 제1차 세계대전의 주역들은 퇴역한 뒤였다. 세이어는 오래 전에 세상을 떴다. 제2차 세계대전이 일어나기 전에 윌킨슨은 더 이상 위장 도색 선박은 없을 것이므로 해군 위장을 위해서 자신에게 도움을 요청하는 일은 없을 것이라는 말을 들었다. 배 전체를 회색으로 칠해도 충분하다는 것이었다. 커는 코트를 통해서 자신의 위장 원리가 받아들여지도록 애쓰고 있었지만, 해군이 아니라 육군과 공군에 초점을 맞추었다. 커가 해군 위장에 여전히 관심이 있었다고 하더라도, 그것은 오직 자신이 1914년에 제안한 위장 체계가 공식적으로 받아들여지도록 하는 데에 목적이 있었다.

새 술은 새 부대에 담아야 하듯이, 실제로 새롭게 위장 체계를 주장하고 나선 이는 새로운 인물이었다. 마침내 세이어의 개념이 받아들여지도록 하는 데에 성공한 인물은 영국의 자연사학자인 피터 스콧(1909-1989)이었다. 해군 위장에 관여한 두 인물 사이에는 흥미로운 유사점이 있었다. 제1차 세계대전 때의 노먼 윌킨슨처럼 피터 스콧도 화가이자 전시에 실제로 널리 쓰인 위장에 대한 구상을 내놓은 수병이었다. 유사점이 있으면 차이점도 있기 마련이었다. 평시에 월킨슨은 해양의 풍경과 배를 그린 화가이자 열정적인 아마추어 요트 항해자였다. 그가 위장에 흥미를 가진 것은 결코 자연에 영감을 받아서가 아니었고, 그는 "비가시성"을 목적으로 한 위장 체계에 단호히 반대했다.

피터 스콧은 남극대륙 탐험으로 유명한 스콧 선장의 아들이었다.[2] 아버지가 1912년 남극점에서 귀환하다가 사망했을 때 피터는 두 살이었다. 피터의 어머니는 조각가였다. 피터는 자랄 때 자연, 특히 야생조류와 그들을 그리는 일에 푹 빠져 있었다. 그는 스케이트 챔피언, 글라이더 조종사, 올림픽 요트 선수로 활약한 귀공자였고, 케임브리지에서 자연과학을 공부하다가 마지막 해에 예술 및 건축사로 전공을 바꾸었다. 대학생 때 이미 그는 야생조류를 그린 그림을 팔았다. 제2차 세계대전 이후에는 자연사학자, 자연 보호론자, 텔레비전 뉴스 진행자로서 유명해졌고, 글로스터셔에 슬림브리지 습지 보전 센터를 설립하기도 했다. 그는 대중이 야생생물에 관심을 가지도록 하는 데에 지대한 공헌을 했고, 1973년에 기사작위를 받았다.

요트 타기에 푹 빠져 있던 그는 1939년 해군에 입대하여 용감한 갑판사관으로 공적을 쌓은 뒤, 다윈처럼 바다에 나가면 몇 주일 동안 끔찍한 뱃멀미에 시달리고는 하면서도 구축함과 포함의 부함장이 되었다. 월킨슨과 달리 스콧은 어릴 때 세이어의 책을 읽고서 그의 이론을 현실에 적용하겠다는 마음을 먹었다.

1940년 7월, 스콧은 자신의 배인 구축함 브로크 호를 위장 도색했다.[3] 그는 배의 양쪽을 다르게 칠했다. 우현은 평범한 청회색으로 칠하고 그림자가 지는 부분은 흰색으로 칠했다. 좌현은 "낮에는 형태를 분단하고 밤에는 형체를 숨길 수 있을 만큼 희미하게 유지하기 위해서 밝고 옅은 색깔"로 칠했다. 상부에는 그림자를 없애기 위해서 흰색을 칠했다. 그가 분단 그리고 비가시성이라는 세이어의 원리를 모두 달성하려고 했다는 점은 흥미롭다. 나중에 날짜 미상의 한 문서에 그는 이렇게 적었다. "위장 계획에서 타협은 대개 치명적이다. 야간의 비가시성이 유일한 목표가 되어야 한다."[4] 따라서 그의 생각에 다소 혼동이 있었거나, 아마도 생각을 바꾼 듯싶다.

세이어와 마찬가지로 스콧도 밤에 하얀 배가 더 잘 보이지 않는다는 원리를 믿었다. 자신의 배를 칠할 구상도 담겨 있는 그의 스케치들은 연한 파란색과 녹색을 띠고 있기는 해도 분단색이라고 말할 수 있는 형태를 분명히 수반하면서, 뚜렷한 위장 도색은 아닌 무늬들을 보여준다. 그는 모든 조건에서 비가시성을 빚어낼 수 있는 구도는 없다는 것을 잘 알았다. 그는 "특정한 어둠" 속에서 "최대의 비가시성"을 달성하는 것이 목표임을 강조했다.[5] 그 말은 보름달이 환한 밤이 아니라 전형적인 밤을 기준으로 삼아야 한다는 뜻이었다.

스콧의 도안은 다른 배의 함장들에게 호평을 받았고, 배 몇 척이 비공식적으로 같은 방식으로 칠해졌다. 1941년 5월, 런던데리 해군 책임자는 웨스턴 어프로치스 해역(북대서양)에 있는 모든 배를 스콧의 구상에 따라서 위장해야 한다는 취지의 보고서를 냈다. "해군 의용 예비군 스콧 대위가 도안한 브로크 호 구축함의 위장은 아주 성공적이라는 것이 입증되었다. 모든 배는 다음에 기회가 생기면 다음 보고서에 적힌 대로 위장해야 한다."[6] 이어서 "어떤 한 도안이 모든 날씨 조건에서 완벽하게 성공할 수는 없으므로, 북서 어프로치스의 주된 밤 조건에 맞게 위장해야 한다"는 타당한 조언을 비롯하여 그 원리를 항목별로 간결하게 정리해놓았다.

스콧의 도안—웨스턴 어프로치스 체계(Western Approaches Scheme)라고 알려지게 된다—은 세이어의 체계가 얻지 못했던 인기를 얻었다. 세이어가 까탈스럽고 몹시 불안정한 정신상태였던 것과 달리 스콧이 매력적이고 인맥이 좋은 뛰어난 대변자였다는 점은 의심의 여지가 없다.

웨스턴 어프로치스 체계는 살아남았다. 효과가 너무 뛰어나서 스콧 자신의 배를 비롯하여 영국 함선끼리 몇 차례 충돌을 일으켰다는 주장까지 나왔지만, 그래도 이 위장 기술은 남아 있었다. 세이어가 절망한 채 세상을 뜬 지 20년 뒤에 스콧은 세이어의 것과 비슷한 원리에 따라서 배 수십 척을 칠하는 데에 성공했다.

스콧은 세이어의 원리를 자신의 경험을 토대로 적용했다. 선박을 위장하는 문제의 과학적 해답은 1941년 11월, 레밍턴 위장 센터의 해군 분과에서 실험을 통해서 얻었다. 그들은 광도계 검사를 통해서 세이어와 스콧이 옳았음을 밝혀냈다. 흐린 날씨에는 흰색이나 아주 연한 색이 짙은 색보다 눈에 더 띄지 않았다. 차이는 현격했다. 낮에 가시거리가 32킬로미터일 때, 흰 배는 검은 배보다 10킬로미터 더 다가와야 눈에 들어왔다.

위장 센터는 영국 해역에서는 밝은 색을, 지중해에서는 그보다 짙은 색을 쓰도록 권고했다. 비록 그 실험은 명도 대비에 비해서 색깔은 상대적으로 덜 중요함을 시사했지만, 연한 색으로 칠한 몇몇 분단무늬가 두 가지 다른 양상에서 작용할 수 있다는 스콧의 개념을 뒷받침했다.

흐린 날에 맞는 도안을 고려하는 곳에서는 똑같은 밝은 계통의 색깔들을 써서 무늬를 만들 수 있는 한 색깔도 유용할 수 있다. 그런 무늬는 아주 가까운 범위에서(색깔이 눈에 띄어서 색 대비를 빚어내는) 분단을 일으키면서 더 먼 거리에서는 단일한 밝은 색조로 융합될 수 있다.[7]

이 연구는 세이어와 커가 줄곧 옳았다고 해군부를 납득시켰다.[8] 1943년에 해군부는 「바다에서 선박의 위장」이라는 제목의 보고서에서 제1차 세계대전 때 받은 제안서들을 언급했다. "이 제안서 중 가장 옳았으며, 핵심요점들이 현재의 위장 행위에 통합되어 있는 것은 미국 화가 애벗 세이어와 영국 생물학자 그레이엄 커 교수(현재 존 경)가 제출한 것이다." 보고서는 "흰 배"라는 세이어의 요점을 스콧이 재현했고 레밍턴에서 입증되었다고 하면서 "이 비정통적인 결론"이 "예술가의 상상력"(세이어)과 "현실적인 자연 관찰자의 눈"(스콧)에서 비롯되었다고 썼다. 안타깝게도 이 평결이 커에게 전달되었다는 증거는 전혀 없다. 1942년에도 그는 해군부에 자신의 위장 도색 우선권 주장을 재고해달라고 청원하고 있었다.[9] 그는 해군부의 공식명령 계통에서 자신을 "의회와 대중을 속인" 죄를 저지른 사람이라고 보는 것은 아닐까 우려했다. 자신이 막다른 궁지에 몰려 있는 것처럼 보였다.

제2차 세계대전이 벌어지는 동안 미국 해군은 당혹스러울 정도로 다양한 선박 위장 방법을 썼다.[10] 공식 도안이 33가지나 되었을 뿐만 아니라, 그것들을 변형한 형태와 실험적인 형태까지 있었다. 희한하게도 전쟁이 시작되고 일본군의 레이더가 아직 별 역할을 못할 때는 가시성을 떨어뜨리는 방식이 추구되었다. 12번이라는 좀더 많은 음영 조건을 충족시키는 최상의 타협안인 다단계 위장 체계가 선호되었다. 그럼으로써 제1차 세계대전 때 결말이 난 듯했던 낮은 가시성 대 표적 혼동이라는 논쟁은 제2차 세계대전 때 새롭게 부활했다.

우리의 관점에서 볼 때, 제2차 세계대전 초기의 미국의 도안 중 가장 흥미로운 것은 16번이었다. 세이어의 원리를 보여준다는 사실이 인정되어 세이어 체계(Thayer System)라고도 불린다. 양차 대전 때 해군 위장 대원이었던 화가 에버렛 워너는 이렇게 말했다.

그는 밤과 흐린 날씨에 가시성을 줄이는 밝은 즉 "흰" 배를 옹호한 최초의 인물 중 한 사람이었다. 제2차 세계대전 때 북부 해역에서 사용 승인을 받은 흰색과 연한 파란색을 이용하는 도색체계 중 하나에 붙일 이름을 찾던 비팅어 대령과 나는 그것을 세이어 체계라고 부르기로 했다.[11]

타이타닉 호의 재앙이 일어나고, 세이어가 흰 빙산은 밤에 눈에 띄지 않으며 따라서 흰 배도 그럴 것이라고 지적한 지 30년이 지난 뒤였다.

미국 세이어 체계는 공식승인을 받았고, 피터 스콧이 도안한 영국 웨스턴 어프로치스 도안과 비슷하다. 웨스턴 어프로치스는 3가지 색(흰색, 밝은 군청색, 밝은 청록색)을 쓰는 반면 세이어 체계는 2가지 색(흰색과 세이어 파란색)을 쓴다. 웨스턴 어프로치스 도안처럼 세이어 체계도 일반적으로 안개가 낀 북대서양에 맞게 도안되었지만, 더 밝은 날씨에도 침로 혼동을 일으킨다는 주장이 있었다.

1943년, 영국의 위장체계는 단순화한 표준무늬로 정리되고 있던 반면, 미국 해군은 목적별로 세 가지 새로운 무늬를 선보임으로써 선박 위장의 양상을 더욱 다양화했다. 31번 무늬는 해안지역에서 항공기에 맞서 은폐하는 정글 무늬로 분단한 도안이었다. 대조적으로 32번은 대잠수함 위장 도색체계였다.

1944년, 일본과의 전쟁이 격화되고 있었다. 일본으로 진격할수록 함선 사이의 해상전투는 최소로 줄어들고 공중과 잠수함을 이용한 공격이 극심해지고 있었다. 배의 종류와 침로를 혼동시키는 것이 가장 중요해졌고 태평양 함대의 배는 전함을 빼고 거의 다 공공연히 위장 도색 무늬인 32번으로 칠해졌다. 제1차 세계대전 때 노먼 월킨슨이 제시한 위장 도색 무늬보다 훨씬 더 억제된 그 무늬는 장거리에서 가시성을 떨어뜨리려는 의도도 담고 있었다. 즉 화해시키기 어려운 목표들을 화해시키려고 한 것이었다.

1944년 10월, 전쟁이 막바지에 이를 때 영국과 미국의 해군은 배의 위장이 얼마나 표적을 혼동하게 할 수 있는지를 알아보기 위해서 합동 위장 시험을 했다.[12] 공식 보고서를 보면 양쪽이 시험 결과를 해석할 때 객관성이 부족했으며 서로 경쟁의식에 사로잡혔다는 사실이 뚜렷이 드러난다. 영국 해군은 제1차 세계대전 때 비가시성 개념에 노골적으로 적대감을 보였음에도, 1944년 공식 방침은 비가시성을 추구하는 것이 되었다. "'은폐'를 위한 위장은 통상적으로 인식하는 것보다 훨씬 더 효과적이며 시험이나 실험실의 실험에서 측정되는 것보다 훨씬 더 큰 효과가 있다."

영국과 미국의 위장의 목표가 서로 달랐던 것은 어느 정도는 전쟁터가 서로 달랐기 때문일 수 있다. 미국은 무수한 섬이 있는 태평양에서 일본과 싸우고 있었고, 앞바다에서 식생을 배경으로 위장하는 방안을 추구했다. 영국의 위장은 장거리 가시성 감소가 요구되는 대서양과 지중해를 무대로 했다.

미국은 큼직하게 무늬를 나누는 분단색을 선호했다. 그러면 앞바다에서 위장이 가능해지고 전투 때는 표적을 심하게 혼동시킬 수 있을 것이라고 기대했다. 시험해보니 미국 함선이 영국 함선보다 그 점에서는 더 나았다. 영국의 위장 체계가 현혹 효과를 의도한 것이 아니므로 그리 놀랄 일은 아니었다. 그럼에도 영국은 미국의 결과에 콧방귀를 끼면서 침로를 착각시킨 효과가 실제로는 미국이 제시한 결과보다 못하다고 주장했다.

이쯤에는 레이더 때문에 시각적 위장이 별 효과를 보지 못하지 않았을까 생각할지도 모르지만, 당국은 그렇게 보지 않았다. 레이더는 적군의 배인지 아군의 배인지, 가장 큰 항공모함인지 그보다 더 작은 배인지 식별할 수 없다. 일단 레이더가 선박을 찾아내면, 눈으로 확인하는 것이 중요해진다. 해군부는 레이더의 유무 여부를 떠나서 모든 배는 어떻게든 도색을 해야 한다고 강조했다. "위장이 되지 않은 배 같은 것은 사실 있을 수가 없다."[13]

미국은 이 합동 시험의 결과에 관대한 평결을 내렸다. "각 유형은 주된 목표를 달성하고 있다. 그것은 영국 해군부의 체계에서는 배의 가시성 감소, 우리의 체계에서는 배의 사거리, 침로, 정체 혼동이다." 영국 해군부는 좀더 퉁명스러웠다. 미국의 체계가 너무 복잡하여 실행할 때 "행정상의 어려움"을 야기할 것이라고 했다.

전쟁이 끝난 지 5년 후에도 연합군의 두 해군이 선박 위장에 대해서 의견의 차이를 보였으므로, 증명된 것이라고는 위장 기술이 정확하지 않다는 것뿐이라고 말하는 편이 안전하겠다. 비록 1941-1943년에는 어느 정도 합의가 이루어졌을지라도 말이다.

1944년 레밍턴 위장 센터에서 이루어진 이 흥미로운 연구는 아마 세이어와 커의 가슴을 뭉클하게 했을 것이다.[14] 제1차 세계대전 때 해군부는 방어피음―배의 그림자가 지는 부분을 흰색으로 칠하고 햇빛이 비치는 밝은 부분은 검게 칠하는 것―은 바다에서 금방 지저분해질 것이므로 비실용적이라고 거부했다. 그러다 제2차 세계대전 때 방어피음은 영국과 미국의 위장 체계에서 쓰이는 표준 방식이 되었다. 그러나 1944년 실험 때 영국 해군 위장 대원들은 방어피음이 더 개선될 수 있다고 주장했다. 흰색 영역을 실제 그늘의 영역보다 더 넓게 칠할 필요가 있다고 했다. 방어피음의 목적은 갑판 위쪽, 함교, 포탑, 기타 설비가 드리우는 그림자의 세부 이미지를 흩트리는 것이다. 수평선에 있는 배를 맨 처음 알아볼 때 쓰는 것이 바로 이 이미지이다. 시험을 해보니 새로운 방어피음 방식이 균일한 회색 윤곽처럼 보이게 한다는 이상에 근접하는 데에 훨씬 더 효과적이었다. 그러나 전쟁은 끝나가고 있었다. 바다에서는 더욱 그랬다. 초방어피음 선박은 필요하지 않았다.

육지에서는 전쟁의 상황이 프랑스 진격이라는 결정적인 사건을 향해서 나아가고 있었다. 엘알라메인의 영웅인 몽고메리는 다시 한번 핵심적인 역할을 했지만, 이때쯤에는 미군에 밀려서 보조하는 차원이었다. 엘알라메인에서 성공한 기만술이 여기에서는 더 대규모로 재현될 필요가 있었다. 연합군의 핵심 군사행동은 노르망디 상륙작전이었다. 이 무렵에는 엘알라메인 방식의 기만술이 일상적으로 쓰이고 있었다. 기만전술 사령부의 명칭치고는 놀라울 정도로 밋밋한 이름의 런던 지휘부(London Controlling Section)가 내놓은 계획은 버트램 작전과 아주 비슷했다. 적군을 묶어둘 요량으로 대규모 미끼 군대를 집결시킨다는 것이었다. 공격은 노르망디에서 이루어질 예정이었고 공격군은 서식스의 뉴헤이븐과 콘월 사이의 영국 남해안을 따라서 집결했다. 한편 "포티튜드(Fortitue)"라는 암호명 아래, 노르웨이로 진격한다는 착각을 심어주기 위해서 스코틀랜드에 미끼 군대를, 그리고 주된 공격이 프랑스 파드칼레를 향할 것이라고 착각하도록 영국의 동부와 남동부에 미끼 군대를 집결시킨다는 계획도 마련되었다.[15] 불굴의 용사인 존 터너 대령(영국 본토 항공전 때 처음 비행장을 위장한 인물로서 그의 부서는 이제 단지 터너 대령과라고 불렸다)는 그 작전의 핵심을 짧게 요약했다. "랜즈 엔드와 템스 강 어귀 사이에 보호용 미끼를 놓고 에식스와 서퍽에는 기만용 미끼를 놓는다는 계획이다."[16] 미끼는 모조 항공기(이제는 상륙정도 포함)와 조명이라는 충분한 시험을 거친 원리들을 이용하여 대규모 군대 집결지 옆에 설치하기로 했다.

영국 남부의 방위계획은 세 부문으로 나뉘었다. 1구역은 실제 군대가 모일 콘월에서 뉴헤이븐에 이르는 지역을 다루었다. 여기에서는 1940년 이래로 해왔듯이, 폭격이 이루어진 후에 미끼 지역에 스타피시 불길을 일으키는 장치를 포함하여 가짜 상륙정과 조명으로 미끼 시설을 설치했다. 그 지역의 풍부한 자연요소들도 새로운 용도로 쓰이게 되었다. 터너는 이렇게 썼다.

메너빌리는 소설 『레베카(Rebecca)』*의 무대인 시골집과 가까운 계곡에 자리했다. 계곡에 댐을 설치하여 물을 가두고 많은 조명을 설치하여 수면

---

* 대프니 듀 모리에의 낭만소설인 『레베카』(1938)는 많은 연극, 영화, 텔레비전 드라마를 낳았다.

을 비추어서 항구처럼 보이게 했다. 우리는 선박으로 가득한 포이 항구 대신 이곳에 공습이 가해지기를 바랐다.[17]

3구역은 에식스의 콜른 강에서 야머스까지였고, 그곳에서는 파드칼레 기만작전을 일부 포함하여 전적으로 가짜 활동만이 수행되었다. 뉴헤이 븐에서 콜른 강까지의 2구역은 중간지대로서 기본적으로 보호구간이었 다. 들어선 군대는 진짜였지만, 그 구역의 기능은 3구역이 얼마나 잘 작 동하느냐에 달려 있었다.

빅밥(Bigbob)과 웨트밥(Wetbob)이라는 모조 상륙정은 사막의 선실드 와 카니발의 사촌 격이었다. "빅밥"은 특수 강관과 캔버스로 만든 탱크 운반용 모조 상륙정이었다. 부표를 이용하여 물에 뜨도록 만들었고, 짧 은 거리의 육지와 물을 오갈 수 있도록 바퀴를 많이 달았다. "웨트밥"은 돌격대용 모조 상륙정으로서, 고무로 만들었고 약 15분이면 펼쳐졌다.

빅밥과 웨트밥은 사막의 사촌들에 비해서 덜 성공적이었다. 미끼 조명 과 화염을 관장하는 명목상의 책임자 차원을 넘어서 일의 진행에 관심을 기울였던 터너 대령은 야머스에서 지역 주민들이 모두 보고 있는 가운데 빅밥이 만들어지고 있음을 알았다. 독일 간첩이 있다면 아마 동부 구역 전체가 미끼라는 점을 알아차릴 만했다.

그러나 빅밥과 웨트밥이 실패한 진짜 이유는 그것들이 허약했다는 것 이다. 그것들은 북해의 바람에 날려서 해변으로 밀려올라갔고, 공격군이 움직일 준비를 한다는 착각을 계속 일으킬 수가 없었다. 공교롭게도 이 시기에는 독일군이 정찰활동을 거의 하지 않았다. 오히려 간첩들이 퍼뜨 리는 소문과 통신 같은 다른 기만술책들이 독일군이 공격지점을 혼동하 도록 하는 데에 더 성공적이었다.[18]

미끼와 모조품을 준비하는 데에는 디데이(D-day)에 앞서 거의 1년이 소요되었다. 디데이인 1944년 6월 6일에는 새로운 형태의 기만술책이 시도되었다. 선박 위장이 레이더의 등장으로 다소 위축된 반면, 전자기술은 기만술의 새로운 가능성을 열었다. 적이 진군한다는 사실을 맨 처음 간파하는 것이 레이더 신호라면, 가짜 레이더 신호를 만들 수 있다면 대단히 유용할 것이었다. 거기에 착안하여 디데이에 영국군은 프랑스로 향하는 가짜 함대를 만들었다.[19]

군은 원래 항공기에서 떨어뜨려서 적의 레이더를 혼란시키기 위해서 개발된 금속 파편을 뜻하는 윈도(Window)를 체계적으로 방출하면, 레이더상에 대규모 함대가 이동하는 착각을 일으킬 수 있다는 것을 알고 있었다. 그런 착각을 일으키려면 항공기가 4대씩 두 편대로 타원형 궤도를 그리면서 점점 더 해안 가까이 날면서 윈도를 서서히 더 많이 떨어뜨려야 했다. 타원을 그리는 것은 진격하는 "함대"의 전방처럼 보이기 위해서였다. 7분에 걸쳐서 궤도를 그리면 폭이 약 25킬로미터에 걸친 함대처럼 보일 것이었다. 한 궤도를 난 뒤에는 1.1킬로미터 더 앞쪽에서 다시 궤도를 그리며 날았다. 함대가 전진하는 것처럼 보이도록 말이다. 이 임무는 독일의 댐을 많이 파괴함으로써 댐버스터스(Dambusters)라는 별명을 얻은 617 비행중대가 맡았다.

군은 윈도를 떨어뜨리는 한편으로 다른 양동작전들도 펼쳤다. 진짜 배를 몇 척 투입하여 레이더를 방해하는 열기구를 끌도록 했다. 이런 술책들이 적절히 균형을 이루도록 함으로써, 적이 진짜 함대가 자신을 숨기려고 하지만 제대로 못해서 정체를 드러낸다고 착각하도록 했다.

가짜 함대의 작전은 두 가지였다. 택서블(Taxable)은 당티페르 곶에서 페캉에 이르는 해안을 목표로 삼았다. 글리머(Glimmer)는 부르고뉴가 목표였다. 대단히 야심적인 기만전술이었지만, 아마 너무 섬세하고 복잡했을지도 모른다. 이 기만전술은 열기구들이 앞바다에 계류하는 상륙의 준비단계에서 대단원을 맺을 예정이었다. 그 시점에 맞추어 소음을 아주 크게 증폭시키고 연막을 터뜨려서 적군이 밀려들 것이라고 착각하게 만든다는 것이었다. 결코 오지 않을 군대가 말이다. 그러나 군대라는 허상을 빚어내려고 했던 이 신호의 조합은 그다지 강력한 효과를 일으키지 못했고—아니면 그조차 알아차리지 못할 만큼 독일군의 경계가 너무 허술했거나—적은 그런 기만전술이 있었는지조차 모른 채 넘어갔다.

그러나 더 큰 규모의 기만작전—여기에 속아 독일군은 연합군이 노르망디에 상륙한 후에 후속공격을 할 군대가 있다고 믿었다—은 의기양양하게 성공했다.[20] 독일군은 실제 노르망디 공격이 시작된 지 한참 후까지도 연합군이 파드칼레를 공격할 것이라고 굳게 믿고서 그곳을 지켰다. 그리고 연합군은 디데이로부터 한 달 후까지도 두 번째 대규모 공격을 준비하고 있다고 믿도록 간첩들에게 가짜 통신문과 정보를 흘려댔다. 그 결과, 중요한 예비 기갑사단을 포함하여 독일군의 강력한 19개 사단이 결코 이루어지지 않을 공격에 대비하면서 상륙작전이 벌어지는 날에 발이 묶여 있었다. 그들이 노르망디에 있었다면 연합군은 몹시 불리한 상황에 처했을지도 모른다. 엘알라메인에서와 똑같은 상황이 벌어진 것이다. 독일군 최고 사령부는 노르망디 공격이 일어난 지 거의 두 달 동안 대규모 예비병력을 그곳에 묶어두었다. 연합군이 상륙거점을 확보하지 못하도록 막겠다며 병력을 방어의무에서 풀어주기를 거부하면서 말이다.

이 이야기의 주역 중 몇 명은 디데이 때 현장에 있었다. 노먼 윌킨슨은 전쟁화가로서 공격 장면을 그렸다. 스티븐 사이크스는 그곳에서 저격병들을 위장시키는 한편으로 스케치를 그렸다. 시인인 키스 더글러스는 군인으로 참전했고 공격 3일째에 박격포 공격으로 사망했다.

노르망디 작전은 대규모 군대가 위장복을 입은 첫 사례였다. 위장복의 대량생산은 1930년대에 독일에서 시작되었다.[21] 독일의 울창한 숲에 영감을 얻어 도안한 것이었다. 가장 효과가 뛰어난 위장복은 나치 엘리트 무장 친위대용으로 개발된 것인데 특허를 받았고, 일반 군대는 사용할 수 없었다. 그것은 세 가지의 숲 무늬를 토대로 한 것이었다. 그 무늬들은 평범한 나무껍질, "야자나무"(실제로는 물푸레나무 잎에 더 가까웠다), 참나무 잎 무늬였다.

제2차 세계대전 때 영국과 미국에서도 디데이까지 위장군복은 엘리트 군대에만 지급되었다. 영국에서 낙하산병은 데니슨 스모크(Denison smock)라는 나뭇잎과 비슷한 분단무늬의 의복을 지급받았고, 이 군복은 1960년까지 쓰였다. 미국에서는 원예학자이자 원예잡지『베터 홈스 앤드 가든스(Better Homes and Gardens)』의 편집장 노벨 길레스피가 최초로 대량생산될 미국 군복을 개발했다. 그 군복은 개구리 피부(frogskin)라고 불렸으며, 뒤집어서 입을 수도 있었다. 한 면은 여름 무늬(녹색이 더 많은), 반대 면은 겨울 무늬(갈색이 더 많은)였다. 이 군복은 천이 두 겹이라서 입으면 덥기 때문에 군대에서 인기가 없었다.

제2차 세계대전 때의 모든 위장복은 몇 가지 공통점이 있었다. 모두 잎 크기만 한 자연색조의 얼룩을 통해서 잎과 융화되도록 시도했다. 그보다 더 작거나 큰 얼룩은 쓰이지 않았다. 이렇게 비슷비슷한 위장복들은 전투지역에서 문제를 야기할 수 있었다. 노르망디 전투 때 미군의 위장복은 독일 무장 친위대의 위장복과 구분하기가 어려웠다. 따지고 보면 적으로부터 자신을 은폐하기보다는 적을 적으로서 인식할 수 있는 편이 더 나았다. 위장복은 제2차 세계대전 때 큰 믿음을 주지 못했다.

전쟁의 전환점이 된 1942년의 엘알라메인 전투와 디데이에 맞춘 위장 작전은 위장이 연합군의 승리에 핵심적인 역할을 했음을 입증했다. 사막전에서 상황에 맞추어 그때그때 벌어지던 위장활동은 의태성 카니발과 선실드로 탱크와 포 같은 전쟁장비를 위장하여 숨김으로써 창의성의 정점을 보여주었다. 디데이 무렵에는 거짓 첩보를 흘려서 의도를 대규모로 속이는 쪽으로 위장의 초점이 옮겨진 상태였다. 이제 1942년 북아프리카 서부의 사막에서처럼 자연, 예술, 전쟁이 하나로 모이는 일은 두번 다시 없을 듯하다.

디데이는 1944년 8월 25일의 파리 수복으로 이어졌다. 파리가 수복된 날, 롤런드 펜로즈의 아내인 리 밀러(벌거벗고서 위장의 시범을 보인 당사자)는 영국판『보그(*Vogue*)』에 실을 사진을 찍는 임무를 띠고 연합군과 함께 그 도시로 들어갔다.[22] 그녀는 다시 피카소와 기쁜 해후를 했다. 흥분이 가라앉은 뒤에 그들은 그동안 있었던 일들을 주고받았다. 피카소는 롤런드의 위장 작업에 대한 소식을 듣고 즐거워했으며, 그것을 막스 형제(Marx Brothers, 미국의 희극 영화 배우 4형제/역주)의 어릿광대 촌극이라는 관점에서 생각했다. 롤런드의 아들 앤서니는 이렇게 말한다. "피카소는 아버지가 가스탱크를 코끼리나 다른 무엇으로 바꾼다고 상상했을 것이다. 위장이라는 개념은 변형을 좋아하는 피카소의 장난기 많은 성격에 와닿은 듯했다."[23]

피카소가 "신은 예술가에 다름 아니다. 그는 기린, 코끼리, 고양이를 창조했다. 예술양식 따위는 가지고 있지 않다. 끊임없이 새로운 것을 시도할 뿐이다.……"[24]라고 선언했을 때, 피카소는 베이트슨과 골트슈미트의 계보에 서 있었다. 토니 펜로즈는 이렇게 말한다. "그들은 모두 똑같은 것을 다른 방식으로 시도했다. 사실 동물학자들은 코끼리의 뼈대가 생쥐의 뼈대와 같은 개수의 뼈로 이루어지기 때문에 굳이 이 말이 참임을 입증할 필요를 느끼지 않는다." 단지 뼈대 수준이 아니다. 그것은 그보다 더 깊은 차원을 가진다. 다시 평화로운 시대가 돌아왔다. 이제 생물학으로 돌아갈 때이다.

12

나비에서 아기로,
아기에서 다시 나비로

자연의 법칙이 모든 생물들에 똑같이 작용할 것이 분명하므로, 이 곤충집단이 내놓는 결론은 생물세계 전체에 적용될 수 있어야 한다. 따라서 나비—공허함과 경박함의 상징으로 선택된 동물—연구는 경멸을 받는 대신에 언젠가는 생물학의 가장 중요한 분야 중 하나로 평가될 것이다.[1)]
—헨리 월터 베이츠, 『아마존 강의 자연사학자』(1863)

『아마추어 곤충학자 협회보(*Bulletin of the Amateur Entomologist*)』 1952 년 10월 호에 약 15년 후 극적으로 유익한 의학적 결과를 빚어낼 작은 광고가 하나 실렸다. 그 광고는 나비의 의태를 연구하는 데에도 대단히 중요한 역할을 했다. 도서관에서 그 잡지를 뒤지면 지금도 그 광고를 볼 수 있다. 광고는 거친 타자지에 인쇄하여 표준 방식으로 인쇄된 잡지에 붙인 것이다. 내용은 다음과 같다.

옥스퍼드 대학교 박물관 동물학과 유전학 연구실의 P. M. 셰퍼드 박사 (291)가 유전 연구에 쓸 대륙산 산호랑나비(*Papilio machaon*)의 살아 있는 알이나 애벌레나 번데기를 구하고 있습니다. 구매하거나, 살아 있는 영국산 산호랑나비나 남아프리카의 P. 데몬디쿠스(*demodicus*)와 교환하고 싶습니다.

필립 셰퍼드(1921-1976)는 1946년부터 옥스퍼드 생태유전학파의 괴짜 지도자 E. B. 포드 휘하의 떠오르는 샛별로 인정받았다. 포드는 영국에서 나비와 나방을 어느 누구보다도 잘 아는 유전학자였다.[2] 그가 쓴 콜린스 신진 자연사학자 시리즈에 속한 대중서 두 권—『나비(*Butterflies*)』(1945)와 『나방(*Moths*)』(1955)—은 지금도 읽힌다.

1950-1960년대에 포드의 학과는 의태 연구를 이끌고 있었고, 아주 많은 연구자들이 그 학과를 나와서 전 세계에 관련 학과를 설치하게 된다. 포드의 연구는 생태학과 유전학을 결합했다는 점에서 독특했다. 포드의 스승인 R. A. 피셔는 의태는 생물학 전체의 문제를 단순화시킨 형태라며 의태의 중요성을 강조했다. 2차원에 펼쳐진 날개무늬는 3차원 신체기관보다 유전학적으로 더 단순할 가능성이 높고, 나비의 삶은 주로 포식자를 피하고 짝짓기를 하는 것으로 이루어진다(성체 때 전혀 먹지 않고 짝짓기만 하는 나비도 많다). 포드는 이 집중화한 접근법을 결코 버리지 않았다.

과학의 모든 학파들이 그렇듯이, 포드의 학과도 나름대로 비빌 구석을 찾아서 싸워야 했다. 자신의 접근법을 정당화하고, 연구비를 받아내고, 경쟁관계에 있는 파벌들의 비판을 물리쳐야 했다. 우리는 이미 이 이야기에서 많은 사적인 불화를 살펴보았는데, E. B. 포드를 언급하면 또 하나의 논쟁 이야기가 따라나올 수밖에 없다. 포드의 이름 E. B.는 에드먼드 브리스코의 약자이지만, 친구들은 몹시 격식을 차리는 이 사람을 "헨리"라고 불렀다(미리엄 로스차일드는 심지어 그에게 바치는 헌정 논문집에 실릴 자기 논문의 제목을 「헨리 포드의 의태에 관한 고찰」이라고 적었다). 그는 관대한 스승이었으며, 그의 곁에는 제자들 및 우호적인 공동 연구자가 많았다. 그러나 포드 학파의 일원이 아니거나, 아니 적어도 진화생물학에서 그가 대체로 지향하는 바를 지지하지 않는 사람은 그의 신랄한 독설에 직면하기 쉬웠다고 말해야 공정할 것이다. 그의 적수였던

J. B. S. 홀데인*(홀데인은 마르크스주의자였고 포드는 전통 보수주의자였지만 그들은 마지못해하면서도 서로를 존중했다)은 포드의 『생태유전학(*Ecological Genetics*)』서평에서 포드가 생물학계의 가장 중요한 인물 대다수에게 싸움을 거는 듯하다고 썼다.[3] 그러면서 다가오는 모든 사람들을 상대로 자신의 한정된 영토를 수호하는 포드의 태도 때문에 "아마 그를 '이교 지도자이자 사이비 교주(heresiarch and pseudopontiff)'(롤프의 어구를 빌린 것)**로 치부할 독자의 수가 늘어날 것"이라고 결론지었다. "나는 거기에 속하지 않는다. 나는 포드가 자신의 더 논쟁적인 결론들에서는 대체로 옳다고 본다."

포드는 고상한 옥스퍼드 특유의 예절을 찬미한 고위직에 있는 세련된 신사이자, 틀에 박힌 습관을 늘 지키는 근엄한 올빼미 안경을 쓴 키 작은 인물이었다. 대학원생만 받는 올소울스 칼리지의 교수진이었던 그는 설령 점심식사 때라고 해도 여성의 출입을 금지해야 한다고 결사반대했다. 그는 동료 교수들에게 이런 쪽지를 돌렸다.

3월 11일 대학회의에 참석하여, 여성이 본 대학에 들어와 점심식사를 할 수 있도록 하자는 운동에 반대하는 쪽에 투표를 하는 것을 호의적으로

---

* J. B. S. 홀데인(1892-1964)은 유전학 분야의 논란 많은 인물이었다. 거의 평생을 확고한 공산주의자로 보낸 그는 1950년까지도 리센코를 지지했다. 자신을 대상으로 생리학 실험을 함으로써 위태로운 지경에 빠지기도 했다.

** 홀데인의 이 악의적인 조롱은 정확한 표현이었다. 고대에 헤러지아크(heresiarch)는 이교 종파의 지도자를 뜻했다. 이 어구는 프레더릭 롤프(코르보 남작으로 더 잘 알려져 있다)의 책 『하드리아누스 7세 : 환속한 사제의 승리와 비극(*Hadrian the Seventh: The Triumph and Tragedy of a Spoiled Priest*)』에 실려 있다. 사생활을 드러내지 않고 옥스퍼드의 가장 고상한 형태의 허례허식을 애호한 포드는 사실 "환속한 사제"나 다를 바 없었다. 그는 자신의 나비가 핀에 꽂힌 채 옛 모습을 간직하고 있는 것처럼 옛 관습에 붙박여 꿈틀거리고 있었던 것이 틀림없다.

검토하시기를 간절히 바라마지 않습니다. 여성이 들어오면 올소울스의
독특하고 가치 있는 체계가 완전히 바뀔 것이며……[4]

그러나 포드는 진지한 진화유전학자이기도 했다(비록 다소 추세에 역행
하는 경향이 있었지만). 그가 한 연구의 전반적인 흐름은 특정한 형질에
대해서 서로 다른 유전자를 가진 생물들의 생존 적응도를 관찰하여 진화
가 작용함을 보여주는 것이었다. 이렇게 한 형질의 유전자가 다양성을
띠는 것을 다형성이라고 한다. 포드는 다형성의 전문가였으므로 이 주제
를 더 살펴보기로 하자. 다형성을 돌연변이와 혼동하지 말자. 돌연변이
는 일회성의 우연한 사건으로서, 그렇게 생긴 돌연변이는 유용하다면 집
단 전체에 퍼질 수 있다. 한편 다형성은 변이 유전자가 집단에 늘 어느
정도의 비율로 존재하는 것을 뜻한다.[5] 한 사례로 남성과 여성도 어떤
의미에서는 다형성이다. 표준 인간이란 없다. 인간의 약 50퍼센트는 남
성이고 약 50퍼센트는 여성이기 때문이다. 포드는 다형성을 "가장 희귀
한 형태가 단지 반복되는 돌연변이를 통해서는 유지될 수 없는 비율로,
같은 서식지에서 한 종의 둘 이상의 불연속적인 형태가 함께 존재하는
것"이라고 간결하게 정의했다. 이 정의는 인간 남녀와 호랑나비에 분명
히 들어맞는다.

　1936년 포드는 윌리스, 트리먼, 풀턴의 감탄을 자아낸 나비인 파필리
오 다르다누스를 다형성 의태의 진화 연구에 쓸 모델 생물로 삼은 논문
을 발표했다.[6] 당시까지 아프리카 바깥에서는 그 나비의 잡종 교배실험
이 이루어진 적이 없었지만, 포드는 독성을 띤 다른 나비를 흉내내는 여
러 암컷 형태 사이의 우열관계를 이해하기 위해서, 거기에 어떤 정보가
담겨 있는지 조사했다. 후속 연구를 하려면 지원자가 필요했다. 1952년
필립 셰퍼드는 그 일을 이어받았다.

　『아마추어 곤충학자 협회보』의 광고에 응한 사람은 리버풀에 있는 데

이비드 루이스 노던 병원의 자문의이자 열정적인 아마추어 나비 연구자인 시릴 클라크(1907-2000)였다. 그는 어릴 때 노퍽 브로즈에서 호랑나비를 처음 본 이래로 그것에 푹 빠져 있었다.

클라크는 오스트레일리아에서 해군으로 6년을 복무한 후, 어릴 때 그토록 좋아한 나비를 단순히 취미로 기르기 시작하는 것으로써 전후에 일상생활로 복귀했음을 축하했다.[7] 나비는 "포획된" 상태에서는 대개 짝짓기를 거부하므로, 클라크는 손으로 교미를 시키는 방법을 완성했다. 왼손에 암컷을 쥐고 오른손에는 수컷을 쥔 뒤에 손톱으로 수컷의 교미기관을 벌리면, 짠! 그들은 교미를 했다. 여기서 "클라크는……완성했다"고 한 것은 논문에 그렇게 실려 있기 때문이다. 그러나 손 교미의 진짜 전문가는 클라크의 아내인 페오였던 듯하다.

클라크는 전 세계의 나비 교배자들과 서신을 주고받기 시작했다. 1952년 9월 그는 미국 조지아의 한 나비 애호가가 보낸 검은 호랑나비를 받았다. 그는 "어느 일요일 오후, 한가할 때 나는 그 암컷을 영국의 노란 종 수컷과 손 교미를 시켰다."[8] 교미는 성공했고 자손은 모두 검은색이었다. 그것은 미국의 검은 형태가 영국의 노란 형태보다 우성임을 뜻했다.

클라크는 그 잡종을 영국의 노란 부모 종과 역교배시켰다. 그러자 자손의 절반은 노란색, 절반은 검은색이었다. 고전적인 멘델 교배 양상이었다. 1대 교배의 자손은 검은색 유전자 하나와 노란색 유전자 하나를 받으며, 검은색이 노란색보다 우성이므로 모두 검은색이다. 그러나 그 잡종에게는 노란색 유전자도 하나 있다. 따라서 노란 부모 종과 역교배를 하면, 자손 중 절반은 노란색 유전자를 두 개 가짐으로써 노란 형태가 다음 세대에 다시 나타난다.

이것은 초보적인 내용이지만, 요지는 멘델의 법칙을 다시 보여주었다는 것이 아니다. 그 교배가 증명한 것은 이 전혀 다른 두 파필리오 종의 색깔 무늬가 두 형태 모두에 존재하는 한 유전자의 통제를 받는 듯하다는 것이었다. 즉 다형성이었다. 그 실험을 토대로 클라크는 1953년에 나비에 대한 첫 논문인 「잡종 호랑나비」를 발표했다.[9] 그사이에 클라크는 셰퍼드의 광고를 보았다. 그들은 서신을 주고받기 시작했고, 클라크는 나중에 셰퍼드의 부고문 기사에서 "마이터 호텔의 술집에서 그 문제를 논의하기 위해서 처음 만났을 때 필립은 낡은 영국 공군 외투를 입고 있었다"[10]고 회고했다.

셰퍼드는 쾰른에 제1차 폭격기 1,000대 공습이 이루어질 때 항법사로 일하고 있었다. 1942년 7월 27일, 16번째 임무 수행 중 그의 비행기는 북해에서 피격당했다. 그 뒤로 그는 3년을 포로 수용소에서 보냈고, 제정신을 유지하고 탈출계획에 참여하기 위해서 원예 통신교육 과정을 들었다. 그는 유명한 스탈라크 루프트 제3수용소에서 목마 탈출계획을 도왔다. 이 목마는 지금껏 인간세계에서 만들어진 가장 훌륭한 미끼였다. 목마란 매일 같은 지점에서 운동을 하는 무모한 영국인 포로들이 가져다놓은 뜀틀을 뜻했다. 스탈라크 루프트는 탈출하려는 시도를 예방하도록 설계되어 있었다. 땅굴을 파려고 시도하면 고스란히 드러나도록 막사는 지주 위에 세워졌고, 파낸 흙을 처리하기 아주 어렵도록 모래 위에 회색 흙을 깔았다. 포로들은 매일 뜀틀 밑으로 굴을 팠다. 막사에서 뜯어낸 널빤지로 터널 벽을 지탱했고, 파낸 흙은 바지 주머니에 구멍을 뚫어서 처리했다. 걸으면 모래 섞인 흙이 조금씩 흘러나와서 겉흙의 색깔을 변화시키지 않은 채로 흩뿌려졌다(이 실화를 소재로 영화 「대탈주」가 만들어졌다/역주). 셰퍼드는 전쟁이 끝난 뒤에 "수용소 식단으로는 하루에 6시간씩 뜀뛰기를 할 만한 체력이 되지 않아서 굴에서 흙을 운반하는 일을 도왔다"[11]고 말했다.

클라크와 셰퍼드는 공동연구를 시작했다. 처음 몇 년은 리버풀과 옥스퍼드라는 멀리 떨어진 곳에서였다. 그러다가 1956년 셰퍼드가 동물학과의 유전학 선임강사로 임용되어 리버풀로 오며 두 사람은 함께 호랑나비를 연구했다. 클라크는 셰퍼드의 전문지식이 나비 유전학 이외에 의학에도 적용될 수 있다는 점을 알아차렸다. 그러나 어떤 형태로? 클라크는 "어느 날 노퍽 브로즈로 차를 타고 가다가 나는 그의 견해를 물었다. 그는 '혈액형'[12]이라고 말했고, 그 말은 옳았음이 드러났다"고 회고했다. 나중에 자신들의 연구를 회고하면서 그는 말했다. "날개무늬의 유전과 사람 혈액형의 유전 사이에 놀라운 유사성이 있음을 주목하지 않을 수 없었다."[13]

다형성은 나비에만 국한된 것이 아니다. 1900년 오스트리아 의사 카를 란트슈타이너는 현재 우리에게 친숙한 A, B, O 혈액형을 발견했다. 혈액형은 다형성이다. 표준 인간 혈액형 같은 것은 없다. 모든 사람은 어느 한 가지 혈액형을 가진다. R. A. 피셔와 E. B. 포드도 나비 다형성이 혈액형을 이해하는 데에 기여할 수 있지 않을까 하고 생각했다.

파필리오 나비와 혈액형의 두 번째 유사성은 나비에게 수컷의 의태 유전자 발현을 간섭하는 무엇인가가 있다는 점이다. 즉 그 유전자 스위치를 끄는 무엇이다. 클라크가 해결하려고 한 의학 문제는 Rh 혈액형에 관한 것이었다. Rh 혈액형은 1937년에 발견된 별도의 혈액형으로서, Rh 인자가 관여한다. 이 인자는 여성에게만 문제를 일으킨다. 따라서 파필리오 나비와 Rh 혈액형의 문제는 둘 다 반성유전(伴性遺傳, 유전자가 성염색체에 있어서 유전현상이 한쪽 성에 주로 나타나는 유전/역주)과 관련이 있었다.

Rh 혈액형은 Rh 양성인 태아(Rh 양성은 Rh 인자를 가진다는 뜻이고 Rh 음성은 그것이 없다는 뜻이다)의 피가 Rh 음성인 엄마의 혈액으로 흘러들 때 문제를 일으킨다. 그러면 모체는 태아의 Rh 양성 혈구에 대항하는 항체를 만들기 시작하며, 이 항체는 모체의 피에 남는다. 그렇다고 해도 첫 임신 때는 아무 문제가 없다. 그러나 두 번째 임신 때는 상황이 달라진다. 모체는 첫 아기의 피에서 모체의 혈액으로 흘러든 Rh 양성인자의 항체를 이미 가지고 있다. 태아의 피는 드물게 누출될 때만 모체로 흘러드는데, 대개 출산 때 그런 일이 일어난다. 반면에 모체의 피는 늘 태아로 흘러든다. 그리고 첫 임신 때 Rh 인자 부적합 반응을 경험한 모체에 생긴 Rh 항체는 태아의 적혈구를 파괴한다. 제2차 세계대전 이전에 이런 태아는 대개 출산 직후에 사망했다. 그러다 전쟁 때 Rh 양성 아기에게 수혈을 하는 방법이 개발됨으로써 수혈로 종종 아기의 생명을 구할 수 있었다. 그러나 더 나은 무엇인가가 필요했다.

클라크와 셰퍼드는 다형 유전학 지식을 그 문제에 적용할 길을 찾기 시작했다. 클라크의 말에 따르면, 그가 엄마와 아기를 이 재앙에서 벗어나게 하는 문제를 붙들고 씨름하고 있을 때였는데, 어느 날 아내가 꿈을 꾼 뒤에 일어나 그를 깨워서 소리쳤다고 한다.[14] "그들에게 Rh 항체를 주면 돼." Rh 항체는 태아의 Rh 양성 피가 엄마의 Rh 음성 피와 만날 때 생기는 항체이다. 클라크는 이렇게 회상했다. "나는 발끈하여 대꾸했다. 'Rh 항체는 만들어지지 못하게 막아야 하는 거라고.'" 그러나 그 순간 그는 이런 식으로 모체에 항체를 주입함으로써 모체 자신의 항체기구가 생산을 시작하기 전에 부적합 반응을 일으키는 Rh 양성혈구를 제거하는 것이 타당한 전략일 수 있음을 깨달았다. 태아의 피가 모체의 혈액으로 누출될 가능성이 문제가 되는 것은 출산 때뿐이므로, 항체는 그 시점에만 투여하면 된다.

곧 모체에 Rh 항체를 투여하여 민감한 시점에 Rh 양성혈구를 무력화하는 실험이 시작되었다. 1964년 3월 4일자 「타임스」에 첫 치료가 이루어졌다는 기사가 실렸고, 클라크 연구진은 임상시험을 시작했다. 첫 치료 때의 상황은 조금 기묘했다.[15] 의사의 부인인 한 미국 여성이 북런던의 바넷 병원에 나타나서는 그 치료를 요구했다. 「타임스」 기사는 이러했다. "영국에 그 여성이 혈청을 가지고 도착하자 바넷 병원은 깜짝 놀라서 리버풀에 조언을 요청했다. 그녀는 그 분야에서 일하는 한 미국인의 친척인 모양이다." 기사는 영국의 선구적인 연구를 인정하면서 결론을 맺었다. "새 보호방법의 개념은 리버풀 대학교 의학과에서 나왔다. 투여한 혈청은 그 학과가 개발한 혈청을 개량한 것이다.”

1950년대 초에 시릴 클라크의 단순한 나비 교배로부터 나온 개념은 1963년 11월 7일 리버풀 대학교가 너필드 재단으로부터 그 연구를 총괄할 전담기관을 설치할 25만 파운드의 연구비를 받음으로써 가시적인 인정을 받았다. 그렇게 하여 너필드 의학유전학 연구소가 설립되었다. E. B. 포드는 연구비가 확보되도록 힘썼다.

1965-1966년에 이루어진 임상시험 결과, 치료를 받은 78명 중 6개월 뒤에 Rh 항체를 가진 사람은 한 명도 없었던 반면, 대조군은 78명 중 19명이 항체를 가진 것으로 나타났다.[16] 다음 해에 나온 보고서에는 실패한 사례가 몇 건 기록되었지만, 클라크 연구진은 이제 대조군 실험 없이 원하는 모든 임신 여성에게 치료를 해도 괜찮다는 확신을 얻었다. 1970년이 되자 이 치료는 으레 쓰이는 의료기술이 되었다. 영국 유아 사망률을 보면 어떤 결과가 나왔는지 알 수 있다.[17] 1950년에는 Rh 혈액형 문제로 인한 유아 사망률이 1,000명당 1.6명이었다. 1970년에는 여전히 1,000명당 1.2명이었지만, 1980년대 초에는 0.1명으로 떨어졌다.

공허하고 경박스러운 나비가 인류의 복지에 기여를 한 것이다. 적어도 이것이 말썽 많은 나비 세계에서 나온 논란의 여지없는 선행이라는 점은 분명하다. 2009년 1월 요절할 때까지 케임브리지 대학교 진화학 교수로 있었던 마이클 매저러스에게 물었더니, 그는 자신이 어릴 때 클라크와 셰퍼드의 연구로부터 어떤 영향을 받았는지 떠올렸다.

나는 열 살 때인 1964년에 그 이야기를 알았어요. 당시 부모님이 쉬운 나비 책인 줄 알고 책을 사주셨는데, 알고 보니 유전학 책(포드)이었어요. 6개월 뒤에 나는 용돈을 모아 그의 『나방』 책을 샀어요. 그때 할머니가 물으셨어요. 넌 왜 나비를 채집하는 거니? 이렇게 알 껍질을 여기저기 어질러놓으면서 말이야. 나는 뭐라고 대답해야 할지 몰랐어요. 그러다가 리버풀의 Rh 혈청주사가 이 호랑나비로부터 비롯되었다는 것을 알았어요. 할머니께 대답할 말이 생긴 거죠.[18]

셰퍼드는 그 대학교에서 연구를 계속하면서 클라크가 소장으로 있는 너필드 연구소에서도 겸직했다. 클라크는 의사이자 나비 전문가로서의 다른 능력을 발휘할 새 건물을 지을 계획에 착수했다. 새 건물을 짓는 계획은 상당히 지연되었지만, 1967년 3월 1일에 클라크는 포드에게 이렇게 편지를 썼다.[19] "너필드 연구소 건물의 기중기가 해체되었고 우리는 거의 입주한 상태입니다." 그 건물은 지금은 헐렸지만 지주 위에 세워졌고, 한 면의 3분의 2가 정육면체들을 모은 덩어리처럼 지어진 1960년대의 멋진 건축물이었다.

그런 거대한 콘크리트 건물이 눈에 띄지 않는 작은 광고에서 출발했다는 말은 종종 비방을 받던 옥스퍼드 생태유전학 학파에 바치는 헌사이기도 하다. 클라크-셰퍼드 협력관계의 한쪽을 배출했다는 점에서, 그리고 포드가 너필드 연구비가 확보되도록 막후에서 힘을 썼다는 점에서도 말이다.

포드-클라크 협력관계의 정점은 1967년 5월 26일에 이루어진 새 건물의 준공식이었다. 클라크와 포드 사이에 오간 즐거운 편지를 보면 포드가 세세한 부분까지 지나치게 격식을 따졌음이 드러난다.[20] 그는 주빈이었음에도 행사에 칵테일 파티가 포함되어야 한다고 주장했고, 복장 규정에도 많은 관심을 쏟았다. "물론 다른 기관에서 한 대학교의 예복을 결코 입어서는 안 되는 것이 일반적인 전제이므로 나는 평소처럼 예복을 입지 않을 겁니다. 리버풀에서는 모든 사람들이 예복을 입는다고 해도 말입니다." 그러나 그는 이제 리버풀 대학교의 명예박사였다. "학교 당국이 예복과 학사모를 내게 빌려줄 수도 있지 않을까요?"

행사는 대성공이었고(포드는 클라크에게 말했다. "이런 준공식은 본 적이 없다고 모두가 말하더군요") 포드는 클라크의 집에 머물렀다. 그는 클라크가 기르는 나비들을 구경했고, 나중에 클라크의 아내인 페오에게 이렇게 편지를 썼다. "어제 아침에 나비를 구경할 멋진 기회를 주셔서 감사합니다. 언젠가는 제 머릿속에서 모두 잊히겠지만, 아직은 아닙니다." 호랑나비가 혼란스럽다는 점을 포드가 알아차리지 못한 것이 다행이다. 클라크와 셰퍼드의 논문들은 대단히 복잡했던 반면, 포드는 1930년대에 그 주제를 다룬 논문 단 한 편으로 그 분야를 열었으니까 말이다!

클라크와 셰퍼드가 파필리오로 무엇을 하려고 했는지 이해하려면 지금까지의 내용을 개괄할 필요가 있다. 다윈은 베이츠의 의태 발견을 자연선택의 주요한 사례로 받아들였지만, 그것이 어떤 메커니즘을 통해서 나타나는지를 놓고 고심했다. 1872년에 나온 『종의 기원』 제6판에서 그는 이렇게 추정했다.

> 몇몇 서로 다른 집단에 속한 오래된 구성원들이 현재 수준으로 분화하기 전에, 미미하게라도 보호를 받을 만큼 어떤 보호되는 집단의 구성원을 우연히 닮았을 것이라고 가정할 필요가 있다. 이것이 그 뒤에 가장 완벽한 의태를 이루는 토대가 되었다.[21]

이것은 의태의 관찰 가능한 사실을 자신의 이론과 조화시키려는 다소 필사적인 시도였다. 그는 이를테면 배추흰나비와 베이츠가 관찰한 헬리코니드과처럼 나비들이 서로 심하게 달라지기 전에 자연선택이 작용하여 궁극적으로 의태상의 수렴을 빚어낼 수 있도록 하는 어떤 유사점이 있었을 것이 분명하다고 말했다.

다음 세기에 걸쳐서 논쟁은 격화되었다. 의태가 누적되는 작은 변이를 통해서 완성될 수 있을까? 아니면 불연속적인 큰 도약(희망의 괴물)을 통해서 이루어졌을까? 1915년에 이미 퍼넷은 몇몇 사례에서는 하나의 유전자좌가 의태를 통제한다고 추측했다. 그는 그것이 한 번의 단계를 통해서 진화한 것이 틀림없다고 판단했다. 1930-1940년대에 골트슈미트도 그렇게 추측했다. 그러나 생물학의 주류 학파인 신다윈주의라고 알려진 현대적 종합의 주창자들은 모든 진화적 변화가 점진적인 작은 돌연변이들을 통해서 일어난다고 주장했다. 1953년 무렵 포드는 그 사실이 대단히 모순적이라는 것을 알아차렸다. 의태 다형성은 모델을 충실히 모방하기 위해서 날개의 모양과 색깔에서 일어나는 수많은 개별적인 변화들을 수반한다. 그러나 다형성에서 전체 무늬는 하나의 유전적 스위치 메커니즘을 통해서 통제된다. 다형성의 개별 형태들은 해당 유전자좌에서 일어나는 하나의 돌연변이를 통해서 생기는 것이 분명하다. 그런 갑작스러운 하나의 돌연변이가 어떻게 그 모든 필요한 변화를 낳는 것일까? 이 물음은 한 진부한 오래된 질문을 떠올리게 한다. 한 원숭이 부족이 셰익스피어 작품 전체, 혹은 「햄릿」한 편만이라도 타자로 치려면 얼마나 오래 걸릴까? 답은 결코 치지 못한다는 것이다. 나비의 사례 쪽이 확률이 약간 더 높기는 하겠지만, 포드가 말했듯이 하나의 돌연변이를 통해서 완벽한 의태가 이루어진다는 것은 받아들이기 어렵다.[22] 하물며 다형성 의태의 많은 사례들을 접하면서 그 시나리오를 보면 포드가 1953년에 한 말마따나 "믿을 수가 없다."

그럼에도 다형성 의태는 일어났다. 따라서 불완전한 것은 우리의 유전 메커니즘 이해 수준이었다. 그 문제를 해결하기 위해서 포드는 과정이 2단계로 이루어진다고 주장했다. 운이 꽤 좋은 제1차 적중(희망의 괴물에 한참 미치지 못하는)이 일어난 뒤, 그것이 자연선택을 통해서 서서히 다듬어진다는 것이다. 의태 과정은 내부에서는 대다수의 종이 서서히 변하도록 허용하고 경계 바깥에서는 변화가 없는 소용돌이와 같다. 그러나 별난 유사점이 나비를 의태 소용돌이의 궤도로 끌어들이는 것이라면, 그 의태를 꾸준히 완벽하게 다듬는 것은 자연선택이다. 다시 말해서 나보코프가 자연선택의 능력을 넘어선다고 생각했던, 지나치게 완벽하게 닮은 모습은 의태 과정이 일단 시작되면 예상할 수 있는 것에 불과하다.

　1953년 포드는 골트슈미트의 교리 중 적어도 하나가 분명히 틀렸다고 지적함으로써 또 한번 기여했다.[23] 골트슈미트는 가능한 무늬의 범위가 한정되어 있기 때문에 의태자가 모델의 무늬를 쉽게 모방할 수 있다는 퍼넷의 개념을 받아들였다. 그는 그 개념을 더 확장하여 모델과 의태자가 **정확히** 똑같은 유전적 경로를 이용하는 것이 틀림없다고 주장했다(그 결과 의태와 전문형 유사의 거리는 크게 벌어졌다. 골트슈미트는 칼리마속 나비와 나뭇잎의 유전 메커니즘이 똑같다고 주장하지는 않았다). 골트슈미트가 몇몇 사례에서는 아마도 옳았겠지만, 포드는 일부 독성을 띤 호랑나비와 그 의태자 나비의 빨간색이 화학적으로 다른 색소의 산물이라는 결정적인 증거를 지적했다. 일부 노란색과 흰색도 마찬가지이다. 코트의 피상성(superficiality) 원리를 입증하는 사례이다. 즉 겉모습이 모든 것이며, 어떤 수단으로 그 겉모습을 달성하는지는 중요하지 않다는 것이다.

　1954년 무렵에 클라크와 셰퍼드는 불연속적인 큰 도약 대 누적되는 작은 변이라는 문제를 판가름할 대규모 호랑나비 잡종교배 계획에 착수할 만한 자신감을 얻었다. 포드는 검사의 기준이 될 만한 것이 있다고 주장했다. 모델이 분포영역의 전체에 걸쳐서 변이—아종이나 변종을 통해서—를 보이는 곳에서는 의태자도 그 변화를 충실히 모방하면서 변이를 보인다. 골트슈미트는 호랑나비에게 나타나는 주요 의태 무늬들과 마찬가지로 그런 변화가 하나의 다형 유전자를 통해서 생길 것이라고 성급하고도 경솔하게 예측했다.[24] 포드는 그럴 가능성이 거의 없으며 교배실험을 하면 호랑나비에서 그렇듯이 무늬가 이 유형이나 저 유형으로 언제나 똑 부러지게 나타나지는 않을 것이라고 예측했다. 대신에 다양한 중간 형태들이 나타날 것이라고 했다.

　셰퍼드와 클라크가 아프리카와 아시아의 여러 지역에서 구한 나비 수천 마리를 대상으로 무수히 잡종교배를 한 끝에 내린 결론은 파필리오 다르다누스 암컷의 주요 의태 형태들―다른 속의 독성을 띤 꼬리 없는 종들을 본떠서 무늬들이 전혀 다른―이 한 유전자의 통제를 받는다는 것이었다. "색깔과 무늬는 명백히 단 하나의 유전자좌가 담당하며, 뒷날개의 꼬리 유무는 다른 유전자가 결정한다."[25] 따라서 이것은 다형성의 극단적인 사례였다. 그 유전자좌는 약 11가지 형태로 존재하는 듯했다. 11가지 각각은 계층적인 우열관계를 이루고 있었다. 우성 단계가 높은 것들은 더 최근에 진화한 듯하며, 가장 열성인 형태가 최초에 진화했다고 생각되었다. 어디에서나 볼 수 있는 개별 호랑나비 종들과 똑같은 꼬리 달린 수컷의 무늬는 조상 무늬이며 거기에서 꼬리 없는 의태 형태가 진화했다고 보았다.

이런 일이 어떻게 일어날 수 있었을까? 그것은 한 집의 스위치 하나로 각 방의 전등을 상황에 맞게 조도를 조절하여 켤 뿐만 아니라, 커튼을 교체하고 현관문을 새로 칠하고 문에 새 문패를 달 수 있다는 말과 같다. 꼬리를 달거나 없애거나 하는 일만 해도 적어도 하나의 유전자가 있어야 한다! 의태 무늬와 꼬리의 유무라는 두 변화가 어떻게 이루어지는지는 흥미로운 수수께끼였다. 클라크와 셰퍼드의 연구는 분자생물학의 시대에 본격적으로 들어서기 전에 이루어진 것이기는 했지만, 1953년 왓슨과 크릭이 DNA 구조를 발견한 이래로 과학자들은 각 유전자가 하나의 단백질을 만든다고 믿고 있었다. 그렇다면 단 하나의 유전자에 일어난 변화―하나의 단백질만을 변화시킬 수 있는―가 어떻게 이 모든 강력한 무늬 변화를 빚어낼 수 있다는 것일까? 클라크와 셰퍼드의 유전자는 일종의 주(主)스위치(master switch)인 듯했다. 그들은 그것을 "슈퍼 유전자 (supergene)"라고 했고 이 "슈퍼 유전자"의 불가해한 특성이 의태 수수께끼의 핵심에 놓이게 되었다.

슈퍼 유전자는 수상쩍게도 골트슈미트의 희망의 괴물 중 하나처럼 보였지만, 클라크와 셰퍼드는 이렇게 주장했다. "이 유전적 결정 양상은 반드시 한 돌연변이의 결과로 각 무늬가 완성된 형태로 출현할 것을 요구하는 것이 아니라, 그저 다양한 대립 유전자(allelomorph)*가 '스위치 메커니즘'으로 작용할 것을 요구할 뿐이다."[26] 실제 무늬는 스위치 메커니즘의 통제를 받기는 하지만, 그 뒤로 자연선택하에서 내가 소용돌이 원리(whirlpool principle)라고 부른 것에 작용하는 변경 유전자를 통해서 서서히 개선되어왔을 것이다. 퍼넷이나 골트슈미트와 달리 클라크와 셰퍼드는 슈퍼 유전자가 단 한 차례의 돌연변이를 통해서 단번에 진화했다고는 믿지 않았다. 그것을 만드는 데에 다른 유전자들이 관여했다는 것이다.

포드의 검사기준은 어떨까? 클라크와 셰퍼드는 비록 호랑나비의 주요 형태들이 한 강력한 스위치 유전자의 통제를 받기는 하지만, 국지적 변종 중에는 서로 교배시킬 때 다양한 중간 형태들이 나오는 것들도 있다는 것을 알았다. 즉 여기에서는 몇몇 유전자들이 관여한다는 뜻이었다. 그들은 포드가 옳고 골트슈미트가 틀렸다고 결론지었다.

논지를 보강하려던 그들은 의태를 계속 정확히 유지하려면 다른 유전자들이 필요하다는 것을 알아차렸다. 이 점을 뒷받침하는 최고의 증거는 마다가스카르에서 나왔다.[27] 일찍이 1860년대에 휴이슨이 지적했듯이, 그곳의 파필리오 다르다누스는 암수의 모습이 비슷한 단일 형태로 존재한다. 꼬리가 달려 있는 형태이다. 1959년 클라크와 셰퍼드는 마다가스카르를 여행하는 동료에게 그 나비의 알과 애벌레를 가져다달라고 부탁했다. 그들은 그 나비를 남아프리카 변종들과 교배시켰다.

이 실험에서 나온 나비들의 표본은 런던 워즈워스에 있는 한 창고의 차가운 지하실에 관련 논문들에 쓰인 자료들과 함께 지난 몇 년 동안 방치되어 있었다. 사우스켄싱턴의 자연사 박물관에 새 다윈 센터 건물을 짓느라고 임시로 옮겨놓았기 때문이다.

---

* 대립 유전자는 한 유전자가 다형성을 보이는 것, 즉 두 가지 이상의 형태를 가진 유전자를 말한다.

내가 찾아갔을 때도 그 표본들은 아직 윈즈워스에 있었다. 나는 전직 인시류 큐레이터였던 딕 베인 라이트의 안내를 받아, 이빨을 드러내고 웃고 있는 포유동물 박제들이 가득한 방을 지나서 호랑나비 의태자와 모델을 살펴보러 그곳으로 향했다. 시릴 클라크 경이 일지에 적었듯이, 이 표본들은 본래의 완벽한 형태를 유지하고 있지 않다. 이 나비들은 기르던 것이었고 또 암컷은 알을 낳은 뒤에 금방 너덜너덜해지기 때문이다.

그러나 이 표본 중 일부의 초라한 모습은 더 큰 의미를 담고 있었다. 마다가스카르와 남아프리카의 나비를 교배시켜서 얻은 자손들은 많은 것을 시사한다. 자손 1세대에서는 남아프리카 부모의 의태 무늬가 고스란히 나타나기는 하지만, 마치 흐릿하게 복사한 것처럼 선명하지 않다. 그래도 꼬리는 남아 있으며 날개 전체에 반점들이 무작위적으로 퍼져 있다. 따라서 의태라고는 전혀 없던 먼 마다가스카르의 나비에도 주된 의태 유전자가 작용하기는 하지만, 남아프리카 종에 있는 몇 가지 세밀함이 마다가스카르 종에게는 누락되어 있었다. 잡종 2세대 이후에는 의태가 더 엉성해졌다. 의태가 해체되는 양상은 그것이 처음에 어떻게 출현했을지를 시사했다. 그것은 하나의 유전자가 무늬의 대부분을 통제하지만, 모방할 모델이 있는 집단에서는 다른 변경 유전자들이 의태를 정확히 유지하는 데에 도움을 준다는 것을 보여주었다. 모델이 없으면 무늬는 곧 흐릿해졌다. 마다가스카르에서는 무늬를 소용돌이의 중심으로 끌어들여서 완벽하게 만드는 유전적 소용돌이가 없었다.

그러나 1975년 부부 진화생물학자인 브라이언 찰스워스와 데버러 찰스워스(현재 둘 다 왕립협회 회원)는 포드, 클라크, 셰퍼드가 틀렸음을 보여주는 연구결과를 내놓았다.[28] 의태를 완성시키는 서로 별개의 변경 유전자들은 그들이 가정했던 것처럼 연관이 이루어지면서 슈퍼 유전자로 통합될 수가 없다는 것이었다. 찰스워스 부부는 이른바 한 슈퍼 유전자에 관여한다는 여러 유전자좌가 **패턴 형성 돌연변이**가 일어나기 전부터 이미

연관되어 있었던 것이 틀림없음을 이론적으로 보여주었다. 이것은 유일하게 설득력 있는 것으로 받아들여져 있던 다형 의태 진화론에 엄청난 타격을 입혔다. 완벽한 의태가 단 하나의 희망의 괴물 돌연변이를 통해서 진화할 수 없고 의태를 완성시키는 유전자들이 서로 연관되어 하나의 스위치 유전자를 만들 수 없다면, 막다른 골목으로 몰린 셈이었다. 그런 화려한 의태를 자랑하는 호랑나비들이 대체 어떻게 진화했단 말인가?

그리고 파필리오속은 찰스워스 부부의 이론이 옳다는 것을 입증했다. 호랑나비 무늬를 통제하는 유전자가 둘이라는 점을 기억하자. 하나는 날개무늬 대부분을 담당하고 다른 하나는 꼬리를 담당한다. 의태가 이루어지려면 꼬리가 없어야 한다는 점을 생각할 때, 두 유전자는 연관이 이루어져야 한다. 그러나 찰스워스 부부는 이런 연관 형성이 일어날 수 없음을 보여주었다. 그들은 어느 한 장소에 의태형뿐만 아니라 비의태형도 있느냐의 여부에 따라서, 파필리오의 암컷이 모두 꼬리를 가지거나 전부 다 꼬리가 없어야 한다고 했다. 다시 말해서 파필리오의 의태형과 비의태형이 함께 날아다닌다면 의태형은 꼬리를 잃을 수 없다는 것이다. 실제로 그렇다. 아프리카 사하라 이남 지역에서는 모든 파필리오가 의태형이며, 꼬리가 달린 암컷은 한 마리도 없다. 반면에 에티오피아에서는 60-80퍼센트가 비의태형이며 모든 파필리오 나비에게 꼬리가 있다.

클라크와 셰퍼드의 엄밀한 실험과 찰스워스 부부의 역시 엄밀한 이론 연구로 드러난 이 역설이 마침내 해명이 된 것은 분자생물학 시대가 도래한 뒤였다. 즉 DNA의 화학 염기 수준까지 유전자를 상세히 조사할 수 있을 때까지 기다려야 했다. 반면에 1975년 당시에 그 문제는 도저히 이해할 수 없는 것처럼 여겨졌다. 언젠가는 전혀 다른 나비의 무늬를 빚어낼 유전자들이 왜 의태가 시작되기 오래 전부터 준비를 다 끝내고 기다리면서 심지어 연관된 채로 숨어 있는 것일까? 그것은 진화론에는 재앙 같았다. 포드 학파의 졸업생인 존 터너도 이런 문제가 있음을 인정했다.

많은 사람들은 특별한 창조가 느닷없이 일어나지 않는 한 유전자좌들이 우연히도 적절하게 연관되는 것이 불가능하다고 생각할 것이다. 그것은 정말로 있을 법하지 않다. 그것이 바로 나비에게 현란한 다형 의태가 그토록 드물고, 날개무늬 기능을 통제하는 유전자좌 집단을 우연히도 가지게 된 종이 극소수에 불과한 이유이다. 우리의 관심은 다형성을 드러내는 후자에 쏠린다. 어떤 의미에서 우리는 편향된 실험을 하고 있다.[29]

더 나아가 터너는 다형성을 빚어낼 수 있는 선적응된(pre-adapted) 연관 유전자 집단을 가진 나비들만이 의태자가 될 것이라는 개념을 내놓았다. 이 개념은 퍼넷이 1915년에 제기한 의문, 즉 의태자가 되면 이점이 있을 텐데도 많은 나비가 의태를 하지 않는 이유가 무엇인가라는 의문에 답할 수 있었다. 쓸 준비가 된 선적응된 연관 유전자 집단을 가지고 있지 않기 때문이라고 말이다. 이것은 현대 진화발생학의 시대가 등장하기 이전의 견해였다. 1984년 터너가 그 글을 쓸 때 그 시대는 막 시작되려고 하고 있었다. 그러나 그 수수께끼가 해결되려면 20여 년을 더 기다려야 했다.

파필리오를 주연으로 한 대작을 끝낸 뒤에 필립 셰퍼드는 존 터너와 함께 헬리코니우스 의태의 배후에 놓인 유전자를 규명하려는 더욱 원대한 작업에 착수했다. 그러나 그는 그 일을 마무리할 수가 없었다. 1976년 그는 백혈병에 걸렸고, 방대한 헬리코니우스 논문[30]을 끝내지 못한 채 1977년 세상을 떠났다. 그 논문은 셰퍼드와 터너, 다른 공동연구자들의 이름으로 「헬리코니우스 나비에서 뮐러 의태의 유전학과 진화」라는 제목으로 1985년에 나왔다(터너는 "거의 책" 수준이라고 했다). 논문심사를 의뢰한 지 3년 만이었다. 헬리코니우스 색깔 무늬에 관여하는 유전자좌들을 상세히 분석한 이 연구는 20년 뒤에 이루어질 분자생물학 연구의 토대가 되었다.

13

의태의 향기

……서리의 날카로움을 따끈한 빵의 달콤한 향내로 상쇄시키고, 보충하는 집 안
냄새, 나른하면서도 마을 시계처럼 언제나 때가 되면 풍기는, 방랑하면서도 붙박여
있고, 부주의하면서도 신중한 냄새, 리넨 냄새, 아침 냄새, 경건한 냄새……[1]
—마르셀 프루스트, 『스완네 집 쪽으로(*Du côté de chez Swann*)』

필립 셰퍼드 이후에 포드 학파에서 가장 의태를 깊이 연구한 인물은 미
리엄 로스차일드(1908-2005)였다. 그녀는 옥스퍼드 대학교의 공식연구
원은 아니었지만, 포드가 지극히 존중한 극소수의 여성 중 한 명으로서
그의 측근 집단에 속했다.[2] 그녀는 아마추어 과학자라는 오래된 전통을
21세기 초까지 이어온 인물이다. 여기서 "아마추어"는 어떤 대학교나 기
업체에도 소속되지 않고 독자적으로 연구를 한 로버트 보일, 헨리 캐번
디시, 찰스 다윈 같은 과학자들을 뜻한다. 유명한 은행가 가문의 일원인
로스차일드는 재력이 충분했으므로 피터버러 인근의 애시튼월드에 있는
자택에 좋은 연구실을 마련했다. 그녀는 몇몇 연구기관에서 일한 적도
있는데, 1930년대에는 플리머스의 해양생물학 연구소에서 일했다. 그러
나 본질적으로 그녀는 독립 연구자였다.

　20세기의 나비 연구자 중에 미리엄 로스차일드만큼 과학과 시를 결합
시킨 사람은 없다. 그녀에 맞먹는 사람은 나보코프밖에 없다. 둘의 입장
은 묘하게 정반대이다. 나보코프는 진지한 곤충학자이기도 한 저명한 작

가인 데에 반해서, 로스차일드는 나보코프보다 훨씬 더 과학자다웠지만 시적인 감수성으로 가득했다.

제2차 세계대전 때 로스차일드는 블레츨리 파크에서 독일의 에니그마 암호를 해독하는 일을 했다. 그녀는 지식 탐구열이 대단했고 동물을 무척 사랑했다. 그녀는 탐구적이며 학제 간 융합적 입장에서 자연을 대했으며(그런 접근법이 유행하기 한참 전에), 유약하기 그지없는 도시인인 프루스트를 "역사상 최초이자 가장 위대한 도시 자연사학자"라고 본 것은 그녀의 독창성을 보여주는 한 단면이다. 그녀와 마찬가지로 프루스트도 냄새, 분위기, 날씨에 지나치게 민감했다.

로스차일드가 주로 연구한 대상은 가장 보잘것없어 보이는 생물이었다. 그것은 바로 벼룩이었다. 그녀는 세계 유일의 벼룩 전문가가 되었다. 그러나 그녀는 의태에도 관심이 많았고 그쪽으로도 깊은 통찰력을 보여주었다. 포드는 초창기에 그녀의 안내자 역할을 맡았다. 포드의 주위에서는 나비 및 나방과 관련된 모든 것이 새로운 삶을 얻기 마련이었다. 어느 날 포드가 들러서 함께 점심식사를 하고 있었는데, 로스차일드의 일곱 살 된 아들의 붉은 머리 위에 노랑날개밤나방이 내려앉았다.[3] 그녀는 그 나방이 거의 완벽하게 위장되어 있다는 것을 깨달았다! 곧 두 사람은 위장과 의태를 주제로 대화를 시작했고, 그녀는 그 주제에 푹 빠져들었다.

미리엄 로스차일드는 어디에서나 의태를 보았고, 그것이 그저 겉모습의 문제만은 아니라는 것을 깨달았다. 그녀는 많은 동식물이 화학물질을 이용하여 다른 생물을 유혹하거나 물리치는 방식에 늘 관심을 가지고 있었는데, 의태는 한 종이 다른 종을 모방하면서 시작되는 것이 아니라는 사실이 무시되어왔음을 알아차렸다. 의태는 곤충이 먹이 식물로부터 유독한 화학물질을 모아서 저장하는 능력이 진화하면서 시작된다. 로스차일드는 곤충의 화학적 상호작용 연구의 선구자였다. 그녀는 어떤 생물의 특징이 바로 그 생물이 가진 화학물질에서 나온다고 보았다. 즉 개별 화학물질이 사실상 각 식물이나 나비나 다름없다는 것이다. 그녀는 피라진(pyrazine)을 특히 좋아했다. 피라진이라는 이름은 들어본 적이 없을지라도 누구나 그 냄새 중 몇 가지는 안다.

무당벌레를 아주 살짝 부드럽게 누르면, 손가락에서 독특한 향내가 날 것이다. 그냥 놓아두면 며칠 동안 지속된다. 그 물질이 바로 피라진이다. 피라진은 수십 종류, 아니 아마 수백 종류는 될 것이며, 조합되어 소변에서부터 초콜릿, 나비, 나방, 많은 식물에 이르기까지 다양한 것들의 냄새를 만든다. 피라진은 경이로우면서 보편적이다.[4]

나는 이 피라진 냄새 목록에 신선한 토스트의 냄새를 덧붙이고 싶다. 때로 독성을 띠기도 하는 화학물질들과 그것들이 식물과 곤충에서 어떤 역할을 하는지를 연구하는 과학은 범위가 대단히 넓고 매우 흥미롭다. 미리엄이 의태의 이해 분야에서 가장 훤히 드러난 골짜기 중 하나를 탐험하기로 결심한 것은 이 멋진 화학의 유혹에 넘어갔기 때문이다.

경고색과 의태의 이론들에서 흥미로운 측면 중 하나는 베이츠(1862), 뮐러(1878-1879), 월리스(1889)가 내놓은 명석하고 직관적인 일반화가 이루어진 시기, 그리고 특정한 경계색을 띤(aposematic)* 곤충—모델—이 먹이 식물로부터 직접 얻은 독소를 모아서 저장한다는 것을 입증하는 실험들이 이루어진 시기가 한 세기나 차이가 난다는 것이다.[5]

로스차일드는 폴란드 태생의 유대인이며 노벨 화학상 수상자인 타데우

---

* 애퍼시맨티즘(aposematism)은 독성 같은 위험한 속성을 광고하는 경고색을 뜻하는 전문용어이다.

시 라이히슈타인(1897-1996)과 공동으로 의태에 관여하는 독성 화학물질을 조사함으로써 이 상황을 바로잡는 일을 시작했다. 스위스에서 일하는 라이히슈타인은 천연물 화학의 대가였다.[6] 1962년부터 로스차일드는 애벗 세이어처럼 맛을 보는 식이 아니라 나비로부터 독소를 추출하고 화학적으로 분석하여 새에게 먹임으로써 경고색을 띤 종의 독성을 규명하는 일에 나섰다. 이 연구에 쓴 모델 나비는 아프리카 끝검은왕나비(*Danaus chrysippus*)의 친척인 제왕나비(*Danaus plexippus*)였다. 독성을 띤 제왕나비는 유액식물인 아스클레피아스속(*Asclepias*)의 종들로부터 독소를 얻는다. 이 시점에 또다른 연구자인 미국의 링컨 브라워가 등장한다. 브라워는 한마디로 제왕나비광으로, 그 멋진 나비를 연구하는 일에 평생을 바쳤다.

제왕나비는 아주 크고 오래 살며 놀라울 정도로 화려한 색깔의 독나비이다. 대중의 상상 속에는 북아메리카 동부에서 멕시코까지 갔다가 되돌아오는 장거리 이주를 하는 나비로 잘 알려져 있다. 로스차일드처럼 링컨 브라워도 이 독나비의 모든 것을 알고 싶었고, 그는 그녀에게 제왕나비를 제공했다.

로스차일드는 제왕나비의 독소가 무엇인지 알아내기 위해서 한 약물학자와 공동연구를 시작했다. 이 독소는 1785년에 윌리엄 위더링이 발견한 뒤로 지금까지 쓰이고 있는 유명한 심장약인 디기탈리스(digitalis, 디곡신)와 비슷한 심장 독소로 추정되었다. 생물학적 검사의 결과 제왕나비 추출물에 정말로 디곡신과 비슷한 특성(카르데놀리드류[cardeno-lides])이 있는 물질이 들어 있는 것으로 드러났다. 추출물에 대한 독성 검사는 다소 놀라웠다. 찌르레기에게 구토를 일으켰다.

흥분을 불러일으키는 놀라운 결과였지만, 더 정밀한 화학 분석이 필요했다. 여기서 라이히슈타인이 등장한다. 그는 복잡한 생명분자를 전공한 화학자였다. 초기에는 커피의 맛을 내는 성분을 연구했는데, 그것은 함질소 고리 화합물로, 의태에 관여하는 화합물 중에도 비슷한 것이 많다. 그는 1933년에 비타민 C를 합성하기도 했다. 그 물질을 발견한 영예를 얻은 연구진과 무관하게 독자적으로 해낸 것이다. 그는 특히 스테로이드(steroid)를 연구했는데, 스테로이드류는 아주 다양한 기능을 하며 모두 똑같은 네 개의 고리로 이루어진 화학구조가 변형된 형태이다. 1950년 라이히슈타인은 스테로이드의 일종인 코르티손(cortisone)의 구조를 밝혀내고 그것이 류마티스 관절염 치료에 효과가 아주 좋다는 점을 보여준 공로로 공동연구자들과 함께 노벨 생리의학상을 받았다.

디기탈리스를 비롯한 식물 카르데놀리드는 화학구조가 스테로이드와 비슷하며, 라이히슈타인은 제왕나비에 많이 들어 있는 카르데놀리드가 5종류라는 것을 밝혀냈다. 두꺼비 이외의 동물에게서 디기탈리스 유사 독소가 발견된 것은 이때가 처음이었다.[7]

로스차일드와 라이히슈타인은 1966년 5월 12일, 왕립협회 간담회에서 연구결과를 발표했다.[8] 라이히슈타인은 나비 성충과 번데기에는 독소가 1.8배 더 많다는 것을 알았다. 고양이에게 치명적인 수준이었다. 그러나 생물학은 예외 사례로 가득한 과학으로, 이 강력한 독소에 면역이 된 생물도 있었다. 쥐가 그랬다. 로스차일드는 실험에 쓸 나비를 기를 때 벌어진 한 일화를 적었다. "들쥐가 피터버러 애시튼의 온실을 습격했다. 그곳에 끝검은왕나비가 자라고 있었는데, 반쯤 자란 애벌레의 50퍼센트를 잡아먹었다." 쥐는 나비 모충이 먹는 유액식물도 먹을 수 있었다.

이 연구는 의태의 토대를 훨씬 더 단단히 다졌다. 사실 의태는 독성 화학물질을 모으고 저장하는 것보다도 더 일찍 시작된다. 나비는 식물의 잎에 알을 낳으므로, 알과 모충은 식물을 뜯어먹는 초식동물에 취약하다. 롤런드 트리먼은 일찍이 1860년대에 이 점을 간파했다.

식충동물의 입맛에 맞지 않게 하는 맛없는 특성과 별개로, 끝검은왕나비가 널리 퍼진 주된 이유는 그 애벌레가 초식 포유동물이 거의 먹지 않는 아스클레피아스속의 식물을, 그것만 먹는 것은 아니더라도 주로 먹는다는 사실 덕분이라는 점에는 의심의 여지가 없다.[9]

독성을 띠지 않는 식물을 먹는 모충은 초식동물에게 많이 먹힌다. 그러나 초식동물이 피하는 유독식물에 나비가 알을 낳고 그 모충이 독소가 있는데도 잘 자랄 수 있다면, 알과 모충은 식물의 독이라는 우산 아래에서 어느 정도 보호를 받을 것이다. 따라서 대다수 종에게 유독한 식물을 모충이 먹을 수 있도록 한 돌연변이가 바로 의태의 첫 단계라고 할 수 있다. 이제 모충은 먹이(다른 어느 누구도 먹을 수 없는)와 보호수단(어느 누구도 접근하지 않는) 양쪽으로 그 식물을 독점한다. 일단 이 관계가 확립되면, 곤충이 식물의 독소를 흡수하여 견딤으로써 식물이 하는 것과 똑같이 자신을 보호하는 단계로 나아가는 것은 그보다 더 쉽다. 그리고 일단 독소로 보호를 받게 된 곤충은 포식자가 많이 잡아먹지 않고서도 알아차릴 수 있도록 경고색을 통해서 그 사실을 광고하는 쪽이 상당히 유리하다. 그렇게 하여 흔히 있는 선명한 경고색이 뒤따른다. 로스차일드는 이렇게 말한다.

> 담배 식물을 먹는 메뚜기, 나방, 딱정벌레가 칙칙한 색깔을 띠고 눈에 띄지 않게 행동하는 것이나, 아스클레피아스와 협죽도를 먹는 곤충의 대다수가 화려하고 시선을 사로잡으며 자신을 광고하는 것은 모두 새의 뛰어난 시력 때문이라는 것이 거의 확실한 듯하다.[10]

로스차일드는 당시 막 싹트기 시작한 곤충과 식물 사이의 화학적 상호작용 분야를 개척한 인물이다. 화학생태학의 권위자인 코넬 대학교의 토머스 아이스너는 1960년에 한 곤충 심포지엄에서 로스차일드를 만났을 때,

그녀를 "화학적 의태의 개념을 도입했으며, 여기에 모인 우리 모두를 합친 것보다 더 많은 착상을 이 모임에 가져왔을 것"[11]이라고 환영했다.

아이스너는 곤충의 무수한 상호작용의 배후에 놓인 화학을 연구했는데, 그가 주력을 쏟은 대상은 폭탄먼지벌레였다. 이 곤충은 검은색과 노란색의 경고색을 띠며, 그 경고색 뒤에는 자연의 복잡한 기술이 숨어 있다.

아이스너는 1955년 매사추세츠 렉싱턴에서 박사논문을 쓰던 중에 폭탄먼지벌레와 마주쳤다.[12] 당시 그는 생물학을 택할지 화학을 택할지 고민 중이었다. 폭탄먼지벌레는 방해를 받으면 폭발음을 내면서 악취가 나는 물질을 분사했다. 아이스너는 전에도 이 냄새를 맡은 적이 있었다. 그는 그것의 화학적 조성을 알아내야겠다고 느꼈다. "이 작은 곤충과의 만남은 노다지를 발견한 것과 같았다. 폭탄먼지벌레야말로 내가 찾고 있던 바로 그 화학적 최고봉이었다." 다윈이 케임브리지 대학교의 학생일 때 입에 넣었다가 뱉은 곤충 역시 폭탄먼지벌레였을지도 모른다. 이 곤충은 분명히 역겨운 물질을 분출하니까 말이다.

이 곤충이 분사하는 물질은 벤조퀴논(benzoquinone)이며, 아이스너는 이 분사가 이루어지는 과정을 수십 년에 걸쳐서 조금씩 점점 더 상세히 밝혀냈다. 이 분사제는 거의 섭씨 100도에 달할 정도로 뜨거우며, 1초에 500-1,000발을 쏘는 기관총에 맞먹는 빈도로 분사된다. 고속촬영 사진으로 보면 폭탄먼지벌레는 포병이라기보다는 로켓처럼 보이며, 발사체계도 기이할 정도로 로켓과 비슷하다. 먼저 효소를 촉매로 삼아서 반응실에서 두 연료를 섞는다. 연료 중 하나는 인간 기술의 세계에서도 로켓 연료로 흔히 쓰이는 과산화수소이다. 다른 하나는 하이드로퀴논(hydro-quinone)이다. 두 가지가 반응하면 열과 폭발력이 생기면서 하이드로퀴논이 벤조퀴논으로 산화된다. 이제 분사 노즐을 움직여서—로켓 분야에서는 이런 방향 조정을 가리킬 때 짐벌(gimbal)이라는 용어를 쓴다—공격자를 겨냥하면 된다. 노즐은 거의 어떤 각도로든 움직일 수 있다.

폭탄먼지벌레의 메커니즘이 기술적으로 너무나 완벽하게 짜 맞추어져 있기 때문에, 지적 설계를 주장하는 쪽은 이것을 자신들의 논리를 옹호하는 사례로 들고는 한다. 그들은 그 메커니즘이 너무나 정밀하고 잘 조율되어 있어서 자연선택을 통해서는 진화할 수 없다고 말한다. 그러나 그들은 분사제를 담아두었다가 노즐로 보내는 대신에 벤조퀴논 거품을 그냥 흘려내보내는 더 원시적인 폭탄먼지벌레들이 지금도 존재한다는 사실을 숨긴다. 분사 메커니즘은 이렇게 더 엉성한 방식으로 시작되어 관을 통해서 분사되는 방향으로 나아갔을 것이 분명하다. 관을 통해서 물질을 분비하는 방식은 생물에 흔하다. 예를 들면 많은 동물의 수컷은 정자를 암컷에게 직접 주입하는 대신에 알이 놓인 주변의 환경으로 그냥 방출한다. 그러나 그렇지 않은 동물들도 있다. 한 사례로 문어는 촉수 중 하나를 음경으로 이용한다.

폭탄먼지벌레의 교훈은 그런 메커니즘이 진화에 의구심을 일으킨다는 것이 아니라, 곤충세계에서 시각적 의사소통이 화학적 상호작용을 위해서 이용되고는 한다는 것이다. 우리는 시각 및 언어 지향적인 종이기 때문에, 곤충세계에서 시각이 아주 중요하더라도 화학적 의사소통이 그보다 훨씬 더 중요할 때가 많다는 사실을 잘 받아들이지 못한다. 폭탄먼지벌레의 경고색은 화학적 보호라는 훨씬 더 강력한 체계에 딸린 부수적인 것이다.

독을 분사하는 곤충은 아주 강력하게 자신을 보호할 것이 분명하며, 그 점에 이끌려서 독특한 방식으로 그런 종을 모방하는 의태자가 있다.[13] 베이츠 의태는 대개 아주 비슷한 생물 사이에 일어난다. 나비가 다른 나비를 모방하는 것이 가장 흔한 사례이다. 그러나 파리가 말벌을 모방하거나, 심지어 거미가 개미를 모방하는 사례도 있다. 이론상 베이츠 의태는 전혀 비슷하지 않은 종 사이에서도 얼마든지 이루어질 수 있다. 터무니없는 극단적인 사례를 생각해보자. 혹독한 사막 환경에 사는 작고 무해한 도마뱀이 대단히 위험한 딱정벌레를 모방할 수 있을까? 도마뱀이 그런 의태로 혜택을 보고 포식자들을 속일 수 있을 만큼 딱정벌레의 겉모습을 모방할 유전기구를 가진다면, 이 있을 법하지 않은 의태도 일어날 수 있다. 그것은 코트의 피상성 원리를 보여주는 놀라운 사례가 될 것이다.

이런 의태는 몹시 터무니없게 여겨진다. 열정이 과한 애벗 세이어나 에드워드 풀턴이 제시했을 법한 착상이다. 그러나 터무니없게 보이더라도, 아프리카 남부의 칼라하리 반사막에서 실제로 이런 의태의 사례를 찾아볼 수 있다. 에레미아스 루구브리스(*Eremias lugubris*)가 바로 그 도마뱀이다. 이 도마뱀의 성체는 사막 환경에 걸맞게 연한 붉은색이 감도는 황갈색으로 위장하고 있다. 그러나 독을 분사하는 우그피스터(oog-pister) 딱정벌레와 크기가 비슷한 가장 취약한 어린 시기에, 이 도마뱀은 그 딱정벌레와 비슷한 흑백의 색깔을 띠고 등을 굽히고 꼬리를 늘어뜨린 채 뻣뻣하게 걸음으로써 도마뱀 성체보다는 그 딱정벌레를 훨씬 더 닮은 쪽으로 진화했다. 딱정벌레와 비슷해짐으로써 생존의 기회를 높이려는 것 같다. 게다가 정체를 드러낼 수도 있는(딱정벌레는 꼬리가 없으므로) 어린 도마뱀의 꼬리는 흑백이 아니라 사막의 모래 같은 황갈색이다. 이렇게 위장한 채 땅에 늘어뜨린 꼬리는 거의 눈에 띄지 않기 때문에, 이 도마뱀은 흑백색을 띤 딱정벌레처럼 보인다. 따라서 이 동물은 경고색과 위장을 겸비하고 있다.

도마뱀과 딱정벌레가 함께 가지는 이 형질들 하나하나를 보면 우연의 일치처럼 여겨질 수도 있지만, 조합된 전체 모습은 그것들이 결코 우연이 아님을 설득력 있게 강변한다. 어린 도마뱀은 더 자라서 딱정벌레보다 커지면, 새로운 위장 전략을 채택한다. 더 이상 딱정벌레를 흉내낼 필요가 없다.

도마뱀이 딱정벌레를 흉내낼 수 있다면, 일부 모충이 채택한 듯한 기이한 동물 형태들은 어떨까? 풀턴은 뱀 머리와 악어 머리를 흉내내는 이 작은 곤충들에 열광한 탓에 남들의 비웃음을 샀다. 이런 유사성을 지나가는 구름이 잠시 동물이나 유명인의 얼굴 모습을 띠는 것처럼 그저 우연이라고 보는 사람들도 있었지만, 그것들은 사실 진화유전학적 우연을 통해서 모충의 형태로 고정된 것이다. 그런데 작은 곤충이 훨씬 더 큰 무시무시한 동물의 모습을 모방하는 것이 어떤 이점이 있을까? 과연 어떤 포식자가 속을까?

　로스차일드는 답을 내놓았다. 바로 새라는 것이다.[14] 그녀는 새가 겁 많은 포식자이며, 놀라면 날아서 달아난다고 지적했다. 새를 놀라게 하여 날아오르게 하는 것은 무엇이든 간에 곤충에게 달아날 시간을 벌어줄 수 있다. 그녀의 말대로, 새를 놀라게 하기 위해서라면 그 새를 겁먹게 하는 동물을 굳이 똑같이 모방할 필요는 없다. 새에게 겁나는 동물의 기억을 순간적으로 떠올리게만 하면 된다. 따라서 대다수 동물이 말벌에게 공포 반응을 일으킨다는 사실 덕분에, 검은색과 노란색의 띠무늬를 가진 많은 무해한 곤충은 그 일반적인 두려움을 이용하여 자신을 보호할 수 있다. 그녀는 개략적인 형태가 놀라는 반응을 일으키는 이 능력을 "기억 자극 의태(Aide-memoire mimicry)"라고 했다.

　미리엄 로스차일드는 의태에 대해서 한 가지 아주 명확한 개념을 가지고 있었다. 그것은 1974년 포드에게 쓴 편지에 상세히 나와 있다.

　　낮에 나는 인시류의 색깔은 전 세계 동물들의 색각(色覺)이 강요하는 것입니다. 색깔 무늬/구도의 수렴은 주로 첫째는 조류 포식자의 선택, 둘째는 나비 수컷의 선택이라는 두 요인 때문이지요.……지금 저는 의태를 세 상황 집합의 결과로 봅니다. 유전이……새와 곤충의 색각을 통해서 특수한 선적응에 작용하여 다양한 의태를 가능하게 한다는 것이지요.[15]

선적응 논리는 대다수의 나비가 필요한 선적응을 가지고 있지 않기 때문에 의태를 하지 않는다고 본다. 이 개념은 1년 뒤에 찰스워스 부부가 수학적으로 입증하게 된다. 그리고 의태를 위한 색깔 무늬의 선택과 같은 무늬와 성선택 사이의 관계는 최근 나비 연구의 핵심을 이룬다. 로스차일드의 글은 그 문제 전체를 탁월하게 요약한다. 그것은 세 요인과 그들의 상호작용을 이해하기 위해서 고안된 현재 진행 중인 대규모 계획을 개괄하고 있다.

로스차일드에게 영감을 준 사람은 포드였지만, 그녀는 훨씬 더 대담하게 연구범위를 더 넓혔다. 그녀는 호기심이 강했고 지켜야 할 지위 따위도 없었다. 반면에 포드는 모든 반대자에 맞서 자신이 창설한 분야인 생태유전학을 지키기 위해서 싸워야 했다. 포드의 자기 분야 중심의 협소한 견해는 19세기 옥스퍼드 베일리얼 대학 학장인 벤저민 조웨트를 두고 한 빈정거리는 말을 떠올리게 한다. "나는 이 대학 학장이야/내가 모르는 건 지식이 아니야." 포드에게는 대다수 과학자가 생물학의 미래로 여기던 분자유전학도 "지식이 아닌 것"에 포함되었다. 제자인 필립 셰퍼드에게 보낸 편지에서 그는 강의 때 "학생들에게 분자유전학 이야기를 조금 많이 하고……유전학 연구 내용을 너무 많이 집어넣는다"고 점잖게 훈계했다.[16] 분자생물학의 황금기가 도래함을 예고하는 유전암호가 해독된 지 3년이 지난 1968년 6월의 일이었다.

포드의 반대파는 1971년, 그에게 헌정하는 논문집 출간에 맞추어 보복을 했다. 포드의 제자 대부분(셰퍼드만 빠졌다. 그는 마땅한 논문이 없다고 변명했다. 그는 이렇게 이상하게 빠졌다고 해도 이해해주실 것을 잘 안다는 내용의 편지를 포드에게 보냈다)이 기고를 했고, 논문집 출간을 기념하여 미리엄 로스차일드가 파티를 열어서 분위기는 화기애애했다. 그러나 영국의 손꼽히는 과학 잡지 『네이처』는 서평을 미국의 분자생물학자 리처드 르원틴에게 맡겼다. 그 결과 미국의 과격한 마르크스주의자가 이른바 썩어빠진 영국 관습을 맹공격한 장문의 서평이 실렸다. 르원틴은 다윈(르원틴은 다윈이 영국인이기는 해도 진지한 생물학자라고 인정했다) 이후에 영국의 진화 연구가 나아온 방향이 영국 계급의식 때문에 왜곡되었다고 주장했다.

대체로 이 분야[포드의 생태유전학 분야]는 영국식 취미활동이었으며, 거슬러올라가면 아주 많은 영국 과학자들을 배출한 전쟁 이전의 상위 중산계급이 새와 정원 그리고 나비와 달팽이에 푹 빠져 있던 시절로 이어진다. E. B. 포드는 사회적 및 과학적으로 그 전통에 속한 전형적인 인물로서, 자연선택의 예증 사례에 관심을 집중한 최초의 인사 중 하나였다. 『생태유전학과 진화(*Ecological Genetics and Evolution*)』는 그에게 헌정한 논문집이며, 앵초, 달팽이, 무당벌레, 흐린얼룩가지나방(Pale Brindled Beauty Moth)에 대한 내용이 가득하다.[17]

이 말이 "앵초, 달팽이, 무당벌레, 흐린얼룩가지나방"이 생물학 법칙에 따르지 않는다는 의미일까? 포드 학파가 한 일이 좋은 과학이 아니라는 뜻일까? 나비와 나방이 아무것도 모른 채 다른 나라들뿐만 아니라 영국에도 살고 있기 때문에 저주받은 실험대상이 된다는 것일까? 진화가 다른 어느 곳보다도 나비의 날개에 더 명확히 적혀 있을 것이라는 베이츠의 생각이 틀렸다는 것일까? 과학은 연구자의 개인적 성향과 전혀 무관한 기준으로 판단되는데, 르원틴은 포드의 사회적 지위가 포드 과학과 무슨 관계가 있다고 생각해서 포드의 사회적 지위를 혐오하는 말을 한 것일까? 포드의 한 자료에는 르원틴이 "개인적인 억측에 따른 서평"을 했다고 불평하는 반박문이 연필로 적혀 있다.

포드의 유령은 곤충학 분야에 지금도 계속 떠돌고 있다. 그는 주디스 후퍼의 회색가지나방을 다룬 책 『나방과 사람(*Of Moths and Men*)』에서 반영웅으로 등장했다. 그는 손쉬운 표적이다. 르원틴은 1974년 저서『진화적 변화의 유전적 토대(*The Genetic Basis of Evolutionary Change*)』에서 다시 그 논쟁을 제기했고, 후퍼는 포드의 옥스퍼드 학파를 "나비 채집망을 든 어리석은 멋쟁이 신사들"[18]로 치부했다.

　　그러나 욕설을 퍼부으면서도 홀데인과 르원틴은 클라크와 셰퍼드의 연구가 탁월하다는 것을 인정했다.

　　클라크와 셰퍼드의 연구가 1936년에 포드의 이론들이 제기했던 것을 대부분 입증해왔다는 점에는 의심의 여지가 없다.……그것은 유전학자들이 다소 혼란스러워 보이는 상황을 설명하기 위해서 무엇을 할 수 있는지를 잘 보여준 아름다운 사례이다.[19]　　　　　　　　　　　　　　　　(홀데인)

　　예를 들면 브라워와 필립 셰퍼드가 그토록 탁월하게 연구한 뮐러 의태와 베이츠 의태 쪽으로는 대성공을 거두었다.……자연선택은 작동할 뿐만 아니라, 맛있는 나비를 역겹게 보이도록 하고, 역겨운 나비를 서로 닮아 보이게 하는 일도 한다.[20]　　　　　　　　　　　　　　　　(르원틴)

르원틴, 홀데인, 포드 자신이 포드 학파가 어느 쪽으로 성공을 거두었나 하는 문제에 의견이 일치한다는 점을 생각하면, 르원틴의 언쟁을 개인적인 편견 외의 다른 무엇이라고 보기 어려워진다. 포드가 분자생물학이라는 흐름에 저항할 정도로 편협했다는 것은 분명하지만, 클라크와 셰퍼드의 연구를 이어받은 현재의 연구자들은 포드가 받아들였을 모든 방법들에 분자생물학까지 추가한다.

14

땜장이의 팔레트

신은 예술가에 다름 아니다. 예술양식 따위는 가지고 있지 않다. 끊임없이 새로운
것을 시도할 뿐이다.[1]
—파블로 피카소, 프랑수아 질로,『피카소와의 삶(*Vivre avec Picasso*)』에서 인용

자연이 한 생물로부터 다른 생물로 복사하는 무늬에 경이로움을 느끼다
가 어느 시점에 이르면, 그런 닮음이 어떤 과정을 통해서 일어날까 하는
궁금증이 일게 마련이다. 과학은 해결 가능성을 보여주는 분야이다. 그
러나 살아 있는 무늬가 어떻게 생성되고, 어떻게 다양해지며, 어떻게 유
전되는가 하는 핵심적인 질문들은 최근까지도 어떤 식으로 규명해야 할
지 감조차 잡을 수 없는 수수께끼였다. 다윈은 갈라파고스 여행과『종의
기원』출간 사이의 20년 동안 꼼꼼히 모은 증거들을 앞에 두고서도, 살
아서 진화하는 것들을 빚어내는 육체적인 과정들이 무엇인지 감을 잡을
수 없어서 사변적인 개념을 붙들고 있었기 때문에, 그에게 그 문제는 수
수께끼로 남았다.

자연선택은 어떤 실물도 실체도 아니며, 중력처럼 일관성 있게 측정할
수 있는 힘도 아니다. 그러나 사람의 마음이 본래 그렇게 구성된 탓에,
우리는 무엇인가에 어떤 이름이 붙고 나면 늘 그 이름 뒤에 어떤 대상이
있다고 가정한다. 물리학자 리처드 파인만이 자신의 교육에 대해서 아버
지가 한 일에 감사를 표하면서 한 말처럼 말이다. "아버지는 내게 이름을

말해주지 않으셨다. 아버지는 무엇인가를 아는 것과 무엇인가의 이름을 아는 것이 다르다는 사실을 알고 계셨다."[2] 진화와 자연선택을 논의할 때면 늘 이 점을 염두에 두어야 한다. 어떤 대상이나 어떤 종류의 설명을 생각하기 위해서 이름이 반드시 필요하다는 것은 착각이다.

짝을 짓고 적어도 부모 세대를 대체할 만큼 생존 가능한 자손을 낳아 기를 수 있을 정도까지 오래 살기 위해서 경쟁한다는 점으로부터, 우리는 생존경쟁이 어떤 형태를 다른 형태들보다 더 선호한다고 추론한다. 자연선택은 엄청난 세월 동안 존재해왔던 수많은 생물집단들로부터 추론한 개념이다.

다윈의 개념은 추상적이라서, 생명체 내에서 일어나는 과정들이 빠져 있었다. 즉 화학적 및 물리적 상호작용을 다루지 않았다. 그리고 그것은 그의 시대에는 전혀 알려지지 않은 내용이었다. 살아 있는 물질은 무정형의 접합제가 아니다. 다윈은 생체조직이 무엇으로 이루어졌는지 전혀 몰랐지만, 우리는 살아 있는 세포의 DNA, 단백질, 유전자, 기타 성분을 꽤 많이 안다. 다윈의 요리법—어떤 미지의 원형을 취해서 35억 년 동안 자연선택을 거치게 하면 생물 전체가 나온다는 것*—에는 무엇인가가 빠져 있었다. 진화는 추상적인 과정이 아니다. 진화는 바다, 산, 갖가지 육지와 구름이 있는 세계에서 시작되었다. 진화가 시작되자 탄생한 각 생명체는 환경 및 다른 생명체들과 상호작용하여 다른 생명체들을 낳았다. 그리고 생명체는 독특한 화학과정들도 갖추고 있었다. DNA와 단백질은 순수한 화학적 상호작용 논리를 토대로 다양한 패턴을 빚어내며, 자연선택은 거기에 작용한다.

실제 사례들은 추상적인 변이와 진화의 개념보다 더 흥미롭게 와닿는다. 온갖 의태 생물들을 대하다 보면 한 가지 의문이 떠오른다. 과연 분

---

* 물론 다윈은 생명의 역사가 35억 년이라는 사실을 몰랐다. 이 문장은 그의 요리법을 수정한 것이다.

자유전학이라는 새로운 지식이 이 모든 생물이 어떻게 출현했는지를 밝혀낼 수 있을까? DNA가 친자관계, 범죄자, 혈통을 밝혀내는 데에 도움을 주므로 법의학적으로 유용하다는 점은 널리 알려져 있다. DNA는 진화의 과정을 재구성하는 데에도 도움을 준다. 파필리오속 암컷이 독성을 띤 한 모델에서 다른 모델을 본뜨는 쪽으로 날개무늬를 바꿀 때 어떤 유전적 변화가 수반될까? 님팔리드 기본 계획으로부터 칼리마속의 잎무늬를 만들어내려면 어떤 유전자들을 잠재워야 할까? 꽃사마귀, 새똥을 흉내내는 거미, 생석화의 형태, 색깔, 행동은 어떤 식으로 만들어지며, 물질적 구성이 전혀 다른 대상의 무늬를 어떻게 재현할 수 있는 것일까? 나비는 나뭇잎과 아무 관계가 없고, 생석화는 광물인 돌과 무관하며, 거미는 새가 노폐물로 배설한 형태 없는 세포 찌꺼기 덩어리와 전혀 상관이 없다. 그저 겉보기에 닮았다는 것뿐이다. 그렇다면 대체 어떤 심오한 유전적 과정이 이렇게 닮은 겉모습을 빚어내는 것일까? 닮은 겉모습을 빚어내기도 하고 다시 없애버리기도 하는 유전적 과정은 대체 어떤 것일까? 그리고 우리가 보고 있는 무늬는 단 한 번만 진화한 것일까? 몇 차례 진화한 것일까? 잊혔다가 다시 발견되고는 한 것일까? 일부에서 추측하듯이, 생물들의 유전체에 원형무늬가 숨어 있다가 생태적 필요성과 어떤 돌연변이가 우연히 들어맞을 때 다시 출현하는 것일까?

생물학에서 패턴 형성을 연구하는 분야는 진화발생학(evolutionary developmental biology)이다. 줄여서 이보디보(Evo Devo)라고 한다.[3] 150년 전에 이루어진 다윈의 연구와 그의 경이로운 개념에 최근 많은 관심이 기울여져왔고, 그 점은 타당하다. 그러나 지금 일어나고 있는 이보디보 혁명이라는 새로운 생물학적 종합은 상대적으로 잘 알려져 있지 않다.

이보디보는 1953년 왓슨과 크릭의 DNA 구조 발견이라는 획기적인 성과와 1965년에 이루어진 유전암호의 해독으로부터 배태되었다고 할 수 있다. 그러나 그런 성과로부터 곧바로 생물의 체제와 날개무늬 같은 것들에 관해서 많은 사실을 알아낼 수 있었던 것은 아니다. 왓슨과 크릭은 DNA 구조가 생명에 핵심적인 두 가지 일을 할 수 있다는 것을 보여주었다. 단지 4개의 염기를 조합하여 생물을 만들고 유지하는 데에 필요한 모든 단백질(그리고 단백질을 통해서 다른 모든 화학물질)을 생산하는 암호를 담을 수 있다는 것과 두 개의 상보적인 DNA 가닥으로 서로 꼬인 이중나선이 생물에게 자신을 빼닮은 자손을 낳을 수 있는 능력을 제공한다는 것이었다. 그러나 이런 단백질들이 어떻게 모여서 세포를 만들고, 어떻게 그 세포들이 모여서 기관을 만들며, 어떻게 기관들이 모여서 먹고 싸우고 배설하고 번식하는, 소란스럽고 냄새나고 헐떡이고 움직이는 생물을 만들어내는지는 전혀 알려지지 않았다.

　DNA의 주된 기능이 개별 단백질을 만드는 것이라면, DNA는 어떻게 팔이나 다리나 눈을 만들거나, 혹은 다른 생물의 특징을 모방하도록 명령을 내릴 수 있는 것일까? 각각 수천 개의 단백질을 가진 세포 수십억 개로 이루어진 구조물을 말이다. 이 세밀하기 그지없는 메커니즘들을 조립하여 조화롭게 움직이는 하나의 통합체를 만드는 주된 스위치는 어디에 있을까? 그리고 염색체를 이루는 "실에 꿴 구슬" 모양―당시 전자 현미경으로 본 DNA 가닥이 그런 모습이었다―의 DNA 가닥에는 몇 가지 수수께끼가 더 있었다. 하나는 생물의 세포마다 그 생물의 모든 유전자를 다 갖추고 있다는 점이었다. 이 말은 몸의 어떤 부위에서든 세포 하나를 떼어내어 새로운 생물개체를 만들어낼 수 있다는 의미였다. 그리고 모든 유전자가 끊임없이 단백질을 생산한다면 우리를 비롯한 모든 생물은 형태 없는 단백질 죽 같은 것이 되고 말 텐데, 왜 그렇지 않은 것일까? 첫 세포, 즉 수정란은 분명히 한 생물에게 있어야 할 모든 유전자를 가질 필요가 있다. 그러나 왜 눈 세포가 혈액 세포와 똑같이 모든 유전자를 가지고 있어야 할까? 그리고 세포는 자신이 눈 세포인지 혈액 세포인지, 아니면 나비의 날개 세포인지를 어떻게 알며, 몸 전체의 기관들을 유지하려면 다른 세포들과 협력해야 할 텐데 그런 일을 어떻게 할 수 있는 것일까?

연구자들은 오랫동안 아무런 답도 내놓지 못했다. 왓슨과 크릭 이후에 연구자들이 밝혀낸 생명의 그림은 분명히 과거보다 훨씬 더 세밀하고 일관성을 띠었지만, 세포가 어떻게 분화하는지를 알려줄 단서는 전혀 발견되지 않고 있었다. 그러나 어떤 일이 일어나야 하는지 추측은 할 수 있었다. 눈이 눈, 손톱이 손톱, 신경이 신경으로 남아 있다는 사실은 각 신체부위에서 유전자의 대다수가 꺼져 있어야 한다는 의미이다. 그렇지 않다면 각 기관은 미분화한 세포 덩어리처럼 변할 것이다. 그런 일은 가끔 일어나는데, 우리는 그런 덩어리를 암이라고 부른다.

그렇다면 유전자에게 언제 어디에서 켜지거나 꺼지도록 말해주는 것은 무엇일까? 유전자가 생물을 만드는 궁극적인 암호라면, 배후에 숨어서 그들에게 이렇게 저렇게 하라고 말하는 또다른 주(主)암호 같은 것이 있을 리가 없지 않겠는가?

그러나 그런 것은 없다. 살아 있는 세포 안의 DNA는 자신이 속한 생체의 세포환경이 부추기는 대로 계속 춤을 출 수밖에 없다. 매 순간 유전자가 켜지고 꺼지는 과정은 앞서 이루어진 과정을 통해서 촉발된다. 지금은 형광물질로 유전자를 "염색"하여 유전자들이 켜지고 꺼지는 발현 양상을 색깔 무늬 변화를 통해서 지켜볼 수 있다. 시간이 흐르면서 DNA 곳곳에 띠무늬가 나타났다가 사라지면서, 몸을 구성하는 유전자들의 활동 양상을 보여준다.

이 과정을 텔레비전 광고주들이 몹시 애호하는 도미노가 쓰러지면서 만들어내는 복잡한 무늬라고 생각해보자. 도미노뿐만 아니라 책 등 온갖 물체들이 앞에 놓인 물체가 쓰러지면 연달아 쓰러지면서 다음 물체까지 넘어뜨리고, 이윽고 끝에 놓인 물체까지 쓰러진다. 마찬가지로 유전자들도 성체 형태가 만들어질 때까지 연달아 다른 유전자들을 켜고 끌 수밖에 없다. 때때로 그 기구가 차단될 때를 제외하고 말이다. 나는 몇몇 집 나방의 알을 부화시켜 번데기 때까지 키운 뒤에 절반은 성체가 되지 못하게 했다. 1년 동안 발생을 계속하지도 부패하지도 않게 보관한다면, 다음 해에 적당한 시기가 왔을 때 환경의 단서를 포착하여 유전기구가 발생을 재기하지 않을까 하고 기대했다. 그러나 아니었다. 도미노는 어딘가에서 엉키는 바람에 멈춘 채로 남았다. 35억 년 동안 째깍거리던 시계가 그들의 몸에서는 멈추었고, 그들이 물려받은 유전적 조성은 제아무리 특별한 것이었던 간에 영구히 사라지게 되었다.

처음에 도미노를 밀어서 쓰러뜨린 것은 무엇일까?[4] 외래 DNA를 이를테면 초파리의 알에 넣어서 형질을 전환시키려면, 도미노 뒤쪽의 알맞은 부위에 삽입해야 한다. 그 DNA의 첫 번째 행동은 세포의 그 특정한 부위에 있는 기존 유전기구의 활동에 좌우되기 때문이다. 그리고 수정란에서는 새롭게 조성된 자손의 유전자들이 발현을 시작하려면 먼저 그 수정란에 든 어머니의 유전자들이 발현되어야 한다.

이렇게 비대칭적으로 시작하여 세포는 분열을 거듭하며, 그러면서 위치에 따라서 세포마다 서로 다른 유전자들이 발현된다. 처음에 앞뒤와 위아래로 분열한 뒤에 단계적으로 각 부위를 세밀하게 형성하면서 복잡한 체제를 빚어내는 이 과정은, 처음에 연필로 타원을 3-4개 그려서 윤곽을 정한 뒤에 그 대강의 윤곽 내에서 몸통, 다리, 머리의 선을 점점 상세히 다듬어가면서 동물을 그리는 방식을 떠올리게 한다. 이것은 이를테면 제2차 세계대전 때의 선실드를 만들 때 쓴 방법과 전혀 다르다. 선실드와 칼리마속의 나비는 모두 의태물이지만, 선실드는 엄밀한 조립과정을 통해서 제작된다. 반면에 처음에 깨알보다 한참 더 작은 수정란에서 서서히 세세한 부분들이 만들어지는 과정은 생명체에 관해서 많은 것을 설명해준다. 현대시인 앤 스티븐슨이 "영혼은 너무 무딘 도구"라고 했듯이, 생명은 가장 모호한 어줍은 몸짓에서 시작한다.

이 아기를 만들기에는

영혼은 너무 무딘 도구.

인간의 열정은 너무 서툴러서

정밀함을 요하는 복잡하고 세세한 것을

결코 다룰 수 없어.……

보렴,

저 뚜렷한 속눈썹과 초승달 같은 손톱을.

고둥 껍데기처럼 복잡한 귀를.……[5]

유전자는 가장 역설적인 실체이다. 그것은 한편으로는 언어나 문화에 비견될 만큼 놀라운 항구성을 드러낸다. 한 예로 귓속말 놀이를 생각해보라. 당신은 옆 사람에게 "쉬 마려워. 도저히 못 참겠어!"라고 말한 뒤에 다음 사람에게 전달하라고 한다. 전달 내용은 몇 사람 지나지 않아 이런 식으로 변형될 것이다. "쉽지 않아! 도망쳐, 모차르트!"[6] 영어는 지난 1,000년 사이에 "Syle us todæg urne daeghwamlican half(오늘 우리에게 일용할 빵을 주시옵고)"에서 "Hey man, what's the shit that guy's laying down(이봐, 저 녀석 뭐하자는 거야)?"로 바뀌었다. 그러나 우리를 계속 째깍거리게 하는 유전자들—살아 있는 모든 세포에 있는 약 500개의 항존 유전자(house-keeping gene)—은 약 30억 년 전에 단세포 생명체가 진화한 이래로 변함없이 존속해왔다.

따라서 유전자는 상상도 못할 긴 세월 동안 믿기 어려운 항구성을 보여준 것이다. 그러나 다른 면에서 보면 유전자는 믿어지지 않을 정도로 불안정하다.* 각 개인의 유전자 전체에는 다른 모든 사람의 것과 다른

---

* 유전자가 대단히 불안정하다는 사실은 점점 더 명확해지고 있다. 1940년대에 바버라 매클린톡이 처음 발견한, 지금은 트랜스포존(transposon) 또는 도약 유전자

작은 변이가 있다. 표준, 즉 플라톤식의 인간 유전체의 이상적인 형태 같은 것은 없다. 세계의 정부들을 대변한 공식연구진과 맞서 인간 유전체 서열을 분석하는 경주를 벌였던(결과는 비겼다) 크레이그 벤터는 2007년에 유전체가 해독된 세계 최초의 인물이 되었다.[7] 두 번째는 DNA 연구의 선구자이자 때로 벤터와 맞서기도 했던 제임스 왓슨이었다. 그 뒤로 여러 사람의 유전체 서열이 밝혀지면서, 현재 우리는 인간 유전적 다양성의 진정한 범위가 어느 정도인지 배우고 있다. 어느 두 사람 사이에서든 모든 유전자가 조금씩 변이를 보인다는 것을 말이다. 누구를 고르든 두 사람은 유전자 서열의 95퍼센트만 공유한다. 이 비율은 예상보다 5배 더 높으며, 어떤 의미에서 두 사람은 평균 인간과 평균 침팬지 사이보다 서로 덜 비슷하다.

라고 불리는 이동성 유전인자는 놀라운 특성이 있다.[8] 이 도약 유전자의 상당수는 숙주의 유전체에 자신을 삽입하는 레트로바이러스(retrovirus)라는 바이러스에서 유래했다. 이것은 라마르크식의 획득형질 유전이 아니라 외래 유전인자가 생식계통에 유입되는 것이다. 인간 유전체의 약 8퍼센트는 트랜스포존이다. P-인자가 좋은 사례인데, P-인자는 20세기 중반에 한 초파리에게 처음 출현하여 현재 모든 야생 초파리 집단에 널리 퍼진 트랜스포존이다. 원래 이 트랜스포존은 한 가지 치명적인 효과를 가지고 있었지만, 그것이 제거되어 중립성을 띠게 되었다. 진화유전학자 게이브리얼 도버는 말한다. "본질적으로 자연선택은 도약 유전자들을 억제하는 체계들의 공진화를 촉진해 왔다.……억제체계들은 세계 각지에서 정확히는 아니지만 거의 선착순 방식으로 확립되어왔다." 트랜스포존의 한 가지 핵심 특징은 자신을 복제한다는 것이다. 트랜스포존은 이동할 때 자신의 사본을 뒤에 남긴다. 이것은 DNA의 재능이다. DNA는 틈새를 혐오하며, 이중나선의 상보적인 암호체계 덕분에 사본 복제는 쉽게 이루어진다. 컴퓨터 화면의 문서를 상상해보자. 한 줄에서 한 단어가 갑자기 빠져서 다른 위치에 제멋대로 삽입된다. 새 위치에서 그 단어는 한 글자씩 재형성된다. 이 과정은 반복하여 이루어진다. 트랜스포존은 패턴 형성에 관여할지도 모를 새롭게 발견된 유전 기구이다. 염색체 곳곳으로 도약하다가 트랜스포존은 새로운 조절 유전자로 쓰일 수 있는 곳에 끼워질지도 모른다. 이런 자기복제가 가능한 이동성 유전인자는 자신의 효과를 수 배, 수십 배 증폭시킴으로써 선택에 쓰일 새 패턴을 제공할 수 있다.

이 사실을 잘못 해석하지 말기를 바란다. 그런 일은 대다수 유전자가 유전암호가 조금 바뀌어도 제 기능을 정확히 수행할 수 있기 때문에 일어난다. 반면에 엉뚱한 장소에서 염기 하나가 치환되면 심각한 질병이 나타날 수 있다. 낫적혈구 빈혈이 그런 사례이다. 이 증상은 혈액에서 산소를 운반하는 색소인 헤모글로빈의 유전암호에 돌연변이가 하나 있음으로써 나타난다. 이 돌연변이는 한편으로 말라리아에 내성을 띠게 하기 때문에 아프리카 사람들에게 높은 빈도로 나타난다.

다윈이 현재 드러난 변이의 범위를 알았다면 기뻐했을 것이다. 변이는 진화의 원료이기 때문이다. 유전자의 이 양면적인 특성—어떤 면에서는 항구적이고, 다른 면에서는 유달리 가변적인—은 패턴 형성의 한 열쇠이다. 초파리와 인간처럼 전혀 다른 생물들에서 똑같은 유전자들이 발견되어왔지만, 그 유전자들은 때로 전혀 다른 일에 동원되기도 했다. 자연은 손재주꾼이다. 이보디보 연구자인 션 캐럴은 자연을 "땜장이"라고 했다. 새로운 기능을 하는 유전자를 아예 처음부터 새로 만드는 대신에, 늘 기존 유전자를 돌연변이를 거쳐서 새 과제에 맞게 적응시켜 이용하는 방법을 쓴다.

2000년 초파리를 대상으로 처음 해낸, 유전체(한 생물에 든 DNA 전체)의 서열을 분석하는 능력 덕분에, 설령 아직 유전자와 형태 사이의 모든 단계를 전부 이해하지는 못한다고 하더라도 지금은 유전자의 변화를 형태 변화와 일치시키는 것이 가능하다. 땜질 방식 중 일부가 드러나고 있는 것이다.

의태의 진화도 진화 전반과 전혀 다르지 않지만, 그것은 해결된다면 진화의 가장 큰 수수께끼 중 몇 가지가 덩달아 명쾌히 해명될 수 있는 아주 특수한 사례이다. 의태의 선구자인 풀턴은 이렇게 표현했다. "의태를 설명하는 가설은 진화를 설명할 것이다."[9]

그렇다면 파필리오 다르다누스의 슈퍼 유전자 하나가 어떻게 한배의 알들로부터 몇 가지 다른 형태의 암컷들을 만들어내는 것일까? 기존 유전학 연구는 이 문제에서 막다른 골목에 이르러 있었다. 해결책을 내놓은 것은 이보디보 혁명이었다. 지금 달라진 점은 우리가 어떤 생물에게서든 아무도 본 적이 없는 크거나 작은 도약을 더 이상 이야기하지 않는다는 것이다. 우리는 일부 생물의 유전체 구조 전체를 DNA 염기 수준에서 파악하고 있으며, 유전자와 그 구조도 지도에 담고 있는 중이다. 원래의 왓슨-크릭 모형에서는 DNA의 암호로 만들어지는 단백질이 초파리, 인간, 흰긴수염고래 사이의 차이를 설명한다고 생각되었다. 동물이 보여주는 엄청난 크기 범위를 모두 포괄한다는 것이다. 그러나 모든 포유동물의 유전자들은 아주 비슷하다(한 예로 인간 유전자의 99퍼센트는 생쥐에게도 있다). 인간은 곤충과도 많은 유전자를 공통으로 가진다.

그렇다면 차이는 어디에서 빚어지는 것일까? 현재 우리는 체형이 유전자의 종류보다는 유전자가 언제 어디에서 활동하는가에 의해서 결정된다는 것을 안다. 예를 들면 당신의 손이 발과 다르게 생긴 것은 서로 다른 유전자가 활동하여 만들기 때문이 아니라, 똑같은 유전자들이 서로 다른 위치에서 서로 다른 시간에 서로 다르게 조합되기 때문이다. 70년 전 골트슈미트의 통찰력이 옳았다는 것이 입증되고 있는 것이다. 유전자는 "생물의 이 부분을 만들어라"라고 정해진 명령문이 아니다.

유전자에게 언제 어디에서 활동하라고 말해주는 것은 유전자의 단백질 암호를 담은 영역 옆에 자리하면서 그 유전자의 발현을 강화하거나 억제하는 DNA 부분이다. 이 강화 영역과 억제 영역도 다른 유전자가 만드는 전사 인자(transcription factor)라는 단백질의 작용으로 켜지거나 꺼진다. 사람과 침팬지의 뼈대를 생각해보자. 둘 다 같은 위치에 있는 뼈의 수는 같지만, 각각의 길이와 굵기에 따라서 어느 한쪽의 독특한 형태가 만들어진다. 팔을 바닥에 끌면서 어슬렁거리며 걷는 침팬지의 형태나 다리뼈가 크게 길어지고 상대적으로 팔이 훨씬 더 짧아진 사람의 모습이 만들어지는 것이다. 이런저런 형태를 빚어내는 것은 유전자들의 활동시기의 차이이다.

때로 한 유전자의 활동 여부는 많은 전사 인자들이 가하는 입력의 총합에 달려 있다. 이 점에서 유전자는 한 뉴런이 연결된 다른 뉴런을 발화시키느냐의 여부가 입력신호의 총합에 달려 있는 우리 신경계의 망과 비슷해 보인다. 이런 과정을 거쳐서 유전자는 연쇄적으로 다른 유전자의 반응을 이끌어낸다. 전자회로에 비유할 수도 있다. 유전자들은 출력을 증가시킬지 감소시킬지, 예를 들면 침팬지나 사람의 뼈 길이를 늘일지 줄일지를 끊임없이 계산하는 제어요소들로 이루어진 거대한 그물이다. 이런 의미에서 진화는 아이의 뇌가 경험을 통해서 신경들을 연결하는 방식과 약간 비슷한 과정이다. 여기서 경험은 자연선택에 해당한다.

패턴 형성의 원리 중 많은 것은 생물학의 노병이라고 할 만한 초파리에서 찾아볼 수 있다. 일찍이 1910년부터 생물학의 방향을 바꾸었던 곤충 말이다. 초파리의 유전체 서열은 인간 유전체보다 바로 앞서 2000년에 해독되었다. 그러나 그보다 한참 전인 1980년대부터 초파리를 만드는 명령문은 대부분 밝혀져 있었다. 1990년대 초 위스콘신-매디슨 대학교의 션 캐럴은 초파리로부터 얻은 방대한 지식을 이용하여 나비의 날개무늬를 조사하기 시작했다.

캐럴은 이보디보의 주역 중 한 명이다. 그는 창조론의 조류에 맞서 진화를 옹호하면서 새 생물학을 열정적으로 설파한다. 그는 자신의 발견을 세상에 널리 알리는 것이 중요하다고 믿는 과학자이며, 지금까지 이보디보를 가장 잘 설명한 책인『이보디보 생명의 블랙박스를 열다(*Endless Forms Most Beautiful*)』(2005)와 다윈 진화를 유려하게 설명한『한 치의 의심도 없는 진화 이야기(*The Making of the Fittest*)』(2007) 같은 대중 과학서를 냈다.

이보디보의 한 가지 주요 발견은 유전자가 전혀 다른 기능에 동원될 수 있다는 것이므로, 캐럴은 일부 초파리 유전자가 나비의 날개무늬 같은 새로운 장소에서 출현할지도 모른다고 추론했다. 캐럴 연구진은 초파리에서 날개의 가장자리를 담당하는 디스탈리스(distal-less, dll)라는 유전자의 발현 양상을 살펴보았다.[10] 이 유전자에 돌연변이가 생기면 날개의 가장자리 부분(distal)이 사라지기 때문에 디스탈리스라는 이름이 붙었다. dll은 나비의 날개 가장자리에서도 발현되며, 초파리의 날개에서와 똑같은 일을 하는 것으로 드러났다. 그러나 캐럴 연구진은 dll이 프레키스 코에니아(*Precis coenia*) 나비의 눈꼴무늬의 중앙에서도 발현된다는 것을 발견했다. 그들은 마침내 발견한 것이었다. 최초로 나비 무늬 유전자를 말이다! 옛 유전자가 다시 새로운 용도로 쓰이고 있었다. 자연은 땜장이였다.

또 캐럴 연구진은 나비 날개무늬의 기본 단위인 날개 비늘이 초파리 날개의 미세한 털과 유전적으로 아주 비슷하다는 것도 보여주었다.[11] 날개 비늘은 의태의 기본 구성단위이다. 날개의 각 세포는 한 가지 색깔만 띠므로, 모든 날개무늬는 서로 다른 색깔을 띤 비늘들의 모자이크이다. 따라서 연구진은 초파리 유전자와 나비 무늬 사이에 또다른 연관성이 있지 않을까 하고 기대를 품었다. dll은 눈꼴무늬의 중앙만 담당한다. 곧 눈꼴무늬의 다른 부위들에서 초파리의 다른 유전자들이 발견되었다.

션 캐럴을 비롯한 연구자들은 눈꼴무늬를 조사하는 한편으로 다른 나비들, 특히 헬리코니우스속에서 초파리 무늬 유전자의 친척들을 찾으려고 애썼다. 당시 이 노력은 성공하지 못했으며, 그것은 오랫동안 추측해왔듯이 헬리코니우스속이 프레키스속과 달리 님팔리드 기본 계획의 산물이 아니라는 것을 시사했다. 그 무늬 메커니즘은 별개인 것처럼 보였다.

캐럴은 나비 날개의 더 복잡한 무늬를 빚어내는 메커니즘을 규명하려면 이보디보 기법이 더 발전할 때까지 기다려야 한다는 것을 깨닫고, 먼저 초파리의 날개무늬를 가능한 한 많이 밝혀내기로 결심했다.

화려하고 다채로운 측면에서 볼 때, 초파리는 나비에 비해서 초라하기 그지없다. 그러나 초파리도 나름의 무늬를 가진다. 캐럴은 구애 때 날개의 바깥 가장자리에 난 검은 반점을 이용하는 초파리 종의 체색을 연구했다(무미건조한 생활을 하면서 빨리빨리 번식하는 초파리가 구애 의식을 한다니 흥미롭다).[12] 날개의 이 검은 반점은 날개 가장자리에서 검은 색소가 발현되도록 DNA에 새 결합 자리가 출현함으로써 형성되었다. 어떻게 이런 일이 일어났을까? 새 결합 자리에 결합하는 것은 기존 조절 인자에 쓰이던 조절 단백질이었다. 그러나 조절의 체계는 이보다 더한 유연성도 가질 수 있다. 캐럴은 한 조절 유전자를 무력화하면(분자생물학자들은 특정한 유전자를 무력화하는 기술을 정교하게 다듬어왔다), 활동하지 않고 무시되어오던 한 정크 DNA 조각이 종종 대역을 맡아 조절 유전자로서 제 기능을 하기 시작한다는 것을 발견했다.[13] 마치 축구 경기에서 한 선수가 다쳤을 때 벤치에 있던 선수와 교체하는 대신에 관중석에서 아무 배불뚝이 남자나 골라서 집어넣었는데, 놀랍게도 그가 완벽하게 그 역할을 해내는 것과 같다. 은밀한, 즉 숨은 유전자가 있다는 이 개념은 놀랍기 그지없다. 그것은 지금 당장은 유용한 일을 전혀 하지 않는 숨은 유전자에 패턴을 형성하는 잠재력이 들어 있다는 말처럼 보인다.

제2차 세계대전 때 위장 대원들이 재료를 찾아 사막의 쓰레기장을 뒤진 것과 흡사하게, 자연은 여기저기 뒤져서 유전자를 찾아내어 새로운 용도로 적응시켜서 쓴다. 이것이 가능한 이유는 유전자의 행동이 전적으로 화학적인 것이기 때문이다. 화학물질은 대개 한 가지가 아니라 여러 가지 기능을 하므로, 한 화학물질에 아주 작은 변화가 일어나서 새로운 목적에 맞게 적응하는 것도 가능하다. 남극해의 어류에서 유전자 재활용의 탁월한 사례를 볼 수 있다. 현재의 남극대륙 빙하는 약 1,000-1,400만 년 전에 출현했다(물론 그 이전 시대에도 얼어붙고는 했다). 빙점 이하로 계속 머물러 있는 물에서 사는 물고기들은 일종의 동결 방지제를 개발하든지 아니면 죽든지 해야 했다. 동결 방지제를 만드는 유전자는 소화효소인 트립시노겐(trypsinogen)을 만드는 유전자가 변이된 것이다. 그 유전자가 복제된 사본이 돌연변이를 일으켜서 "동결 방지" 유전자가 되었다. 이것이 바로 진화가 새 기능을 개발하는 데에 쓰는 한 방법이다. 먼저 기존 유전자를 복제한다. 복제된 사본은 기존 기능에 굳이 쓸 필요가 없으므로, 그것에 돌연변이를 일으켜서 다른 일에 쓴다.

2007년, 다른 초파리 연구진은 기존 다윈주의의 누적되는 작은 변이 대 불연속적인 큰 도약이라는 논쟁을 해결함과 동시에 1975년에 찰스워스 부부가 제기한 수수께끼도 풀었다. 프린스턴 대학교의 데이비드 스턴 연구진은 초파리를 대상으로 패턴 형성의 다른 측면을 연구했다. 날개의 강모는 다양한 패턴을 보인다. 수북하게 날 때도 있고 전혀 나지 않을 때도 있다(초파리의 강모가 나비의 날개 비늘보다 진화적으로 더 앞서 나타났다는 점을 기억하자). 스턴 연구진은 강모 상실을 담당하는 유전자를 추적했다. 셰이븐 베이비(shaven baby, Svb)가 바로 그 조절 유전자였다. 2007년 8월 『네이처』에 실린 그들의 논문에는 이렇게 적혀 있다.

Svb는 위쪽의 패턴 형성 유전자들과 아래쪽의 작동 유전자를 연결하는 위치에 있기 때문에, 강모 패턴을 정하는 유전적 상호작용의 망에서 독특한 역할을 하는 듯하다.[14]

이 말은 연결지점에 자리를 잡음으로써 Svb 유전자가 몸의 다른 부위들을 변화시키지 않으면서도 원하는 영역을 크게 변화시킬 수 있다는 의미이다. 이것이 바로 희망의 괴물 문제와 선적응 문제(즉 복잡한 의태에 관여하는 유전자들이 의태 무늬를 만들어내기 전에 미리 연관되어 있을 필요가 있다는 것) 양쪽의 해답이다. 기존 신다윈주의자들은 괴물이 결코 희망적이지 않으며, 큰 돌연변이는 언제나 해로울 것이라고 주장했다. 많은 유전자들은 여러 가지 효과를 미친다. 따라서 날개무늬의 의태라는 측면에서는 희망의 괴물이 나올 수도 있지만, 그 날개는 펼쳐지지 않거나 나비가 불임이거나 눈이 멀 수도 있다. 그러나 이 핵심지점에 자리한 유전자는 그것에 언제 어디에서 켜질지를 결정하는 변경 유전자들을 통해서 나머지 계통에 해를 끼치지 않은 채, 이 커다란 "희망의" 변화를 일으킬 수 있다.

스턴 연구진은 셰이븐 베이비 유전자가 그 지점에 있어야 하는 이유가 이 지점 앞쪽에서 일어나는 큰 변화는 다양한 해로운 효과를 낳을 것이기 때문이라고 말한다. 연구진은 진화론에 엄청난 여파를 가져올 결론을 내린다. "우리의 연구결과는 미시 돌연변이주의와 거시 돌연변이주의라는 상충되는 견해가 사실은 같은 분자 메커니즘을 서로 다른 해상도로 관찰한 것이라는 실험 증거를 제공한다."[15] 이 말은 1900년대 초의 베이트슨과 더프리스와 퍼넷의 시대로부터 1930-1940년대의 골트슈미트와 피셔를 거쳐서 1950년대의 포드, 1980년대의 도킨스와 제이 굴드로 이어지는, 이 책 전체를 관통하는 논쟁을 해결한다. 그것은 진화의 빅 엔디언과 리틀 엔디언 이론에 답한다. 둘 다 맞다는 것이다. 생물에서 큰 도약(거시 돌연변이)처럼 보이는 것은 유전자 조절 패턴의 작은 변화(미시 돌연변이)가 빚어낸 결과였다. 리하르트 골트슈미트가 예측한 바로 그대로였다.

션 캐럴과 데이비드 스턴의 실험은 의태 나비의 패턴 형성 유전자에서 앞으로 무엇을 보게 될지를 알려주는 모델이지만, 나비는 연구하기가 더 어려울 것이다. 나비 연구가 더 까다로운 몇 가지 이유가 있다. 초파리는 염색체가 4개뿐인 반면, 나비는 21개이다. 또 나비는 초파리보다 번식이 훨씬 더 까다롭고 기간도 더 길며, 나비의 유전체 서열은 아직 다 해독되지 않았다. 유전체 서열 분석을 위해서 2004년에 기구가 설립되었지만 나비 연구자들이 서열 분석 후보인 나비 두 종을 놓고 서로 의견이 갈리는 바람에 실패했다.[16] 최근의 연구는 대부분 아프리카의 네발나비인 비키클루스 아니나나(*Bicyclus anynana*)와 헬리코니우스를 대상으로 이루어졌다. 둘 중 하나를 선택하는 것은 어려운 문제였다. 비키클루스는 여러 연구에 이용되는 눈꼴무늬 유전자를 가지고 있지만, 의태자가 아니다. 의태의 수수께끼를 푸는 데에 유망한 나비는 헬리코니우스였다. 그래서 나비 연구학계는 양쪽을 모두 연구하겠다고 계획을 짜서 연구비를 신청했지만 거부당했다. 그런데 그 뒤로 유전체 서열 분석에 드는 비용이 급감해왔다. 처음에 사람 유전체 계획에 거의 달 탐사에 맞먹을 정도의 비용과 국제적인 협력이 필요했다는 점을 생각하면 격세지감이 들 정도이다. 그러나 이런 연구에서 흔히 그렇듯이, 급속한 발전은 종종 초기의 영웅적인 노력을 보잘것없게 만들고는 한다.

유전체 서열 분석은 컴퓨터 성능이 개척한 길을 따른다. 아직 나름의 무어 법칙(Moore's Law : 컴퓨터의 성능이 1968년 이래로 거의 2년마다 2배로 증가한다는 것)을 가지고 있지 않지만, 454 서열 분석[17]이라는 새 분석기술 덕분에 아마 곧 가지게 될 것이다. 연구자들은 한 유전체당 분석의 비용을 1,000달러까지 떨어뜨리는 것을 목표로 삼고 있다. 2008년에 나비 연구학계는 문득 서열 분석계획이 비용 면에서 실현 가능해진 것을 깨달았고, 현재 헬리코니우스, 비키클루스, 끝검은왕나비 세 종류의 서열 분석이 진행되고 있다.

그 일을 하는 데에 필요한 모든 유전도구를 다 갖추면 우리는 실제로 나비를 가지고 무엇을 할 수 있을까? 단서는 큰가시고기를 다룬 놀라운 연구에서 나왔다. 큰가시고기는 위장보다는 장갑을 써서 방어한다. 그것은 모조 철도 종점이라기보다는 8군단의 탱크 같은 것이다.[18] 원양을 오가는 종류의 큰가시고기는 몸 옆에 앞부터 뒤까지 32-36개의 장갑판이 붙어 있다. 큰가시고기는 1-2만 년 전 사이의 마지막 빙하기 때 얼음이 녹아 형성된 호수와 하천에서 민물 형태도 반복하여 진화하고는 했다.

민물에서는 무거운 장갑이 부담이 되므로, 모든 민물 형태는 장갑의 대부분을 잃었다. 이런 일은 수십 차례 독자적으로 반복하여 일어난 것이 틀림없다. 장갑판을 잃은 이유를 놓고 몇 가지 가설이 제기되어왔다. 진짜 이유가 무엇이든 간에, 모든 민물 형태는 장갑이 적은 쪽을 채택해왔으므로, 그것이 적응적 이점을 가지는 것은 명백해 보인다.

2005년 스탠퍼드 대학교 의과대학의 데이비드 킹즐리 연구진은 고전적인 기법을 통해서 유전자의 위치를 찾아냈다. 그 기법은 아마 그런 유전자를 찾아내는 데에 앞으로도 수없이 쓰일 것이다. 큰가시고기의 해양 형태와 민물 형태는 여전히 상호교배가 가능하며, 토머스 헌트 모건의 유서 깊은 연관 지도도 그런 교배를 통해서 작성되었다(이 "오래된 유전학" 기법은 DNA 시대에도 여전히 핵심적인 역할을 한다). 이 지도는 거슬러올라가면 장갑의 변화가 하나의 유전자에서 비롯된 것일 수도 있음을 보여주었다. 그 유전자는 두 가지 형태로 존재한다. 다시 말해서 변화의 원인은 우리가 파필리오 나비에서 본 것과 같은 다형성이다.

그다음에 분자생물학 기법을 써서 해당 DNA 서열을 분석할 수 있었다. 분석해보니 그 유전자의 장갑이 적은 형태가 해양 개체군에서 늘 낮은 비율로(3.6퍼센트) 존재한다는 것이 밝혀졌다. 그것은 그 환경에서는 열성이므로, 그 유전자를 하나만 가진 큰가시고기는 정상적인 장갑이 있다. 반면에 장갑이 적은 형태의 유전자를 쌍으로 가진 물고기는 바다에서 오래 살아남지 못하여 유전자를 후대로 전달하지 못할 것이다. 그러나 민물에서는 장갑이 적은 형태가 금세 집단 전체로 퍼져서 이윽고 집단 전체가 장갑이 적은 형태가 된다.

그렇다는 것을 어떻게 확신할 수 있을까? 유전공학을 이용하여 장갑이 적은 배아에 장갑을 완전히 갖춘 형태의 유전자를 삽입하여 장갑을 복원한다면 중요한 시험 사례가 될 것이다. 킹즐리 연구진이 이 과제를 해낸 방법은 이보디보의 가장 놀라운 측면 하나를 잘 보여주었다. 그들이 찾아낸 장갑판을 담당하는 유전자(Ectodysplasin-Eda)는 큰가시고기 에만 있는 것이 아니다. 그것은 사람을 포함하여 모든 포유동물에게 있는 잘 알려진 신호 전달 유전자로서 피부, 비늘, 이빨, 땀샘에 다양한 영향을 미친다(여기서 유전자는 같지만 활동시기와 장소가 다르다는 원리가 다시 등장한다). 킹즐리 연구진은 생쥐의 에다(Eda) 유전자를 큰가 시고기 배아에 집어넣었다. 그러자 형질전환된 큰가시고기 중 일부에서 추가 장갑판이 자랐다. 이것은 에다가 장갑판의 유무를 결정하는 주요소 임이 분명하다는 점을 입증했다. 그러나 형질전환된 물고기는 해양 형태의 완벽한 복사본이 아니었다. 세밀하게 다듬는 다른 요소들이 있을 수도 있고, 비록 효력을 발휘하기는 하지만 생쥐 유전자가 어류 본래의 유전자가 가진 효과를 그저 정확히 모사할 수 없기 때문일 수도 있다. 어쨌든 그것이 작동했다는 것이 놀랍다. 그것은 일을 잘 해내지는 못하기는 해도 그 메커니즘을 미묘하게 조절하여 장갑판을 만들어낸다.

킹즐리의 논문은 이렇게 말한다. "우리의 연구결과는 야생에서 척추동물의 뼈대 형태에 일어나는 큰 변화가 비교적 단순한 유전적 메커니즘을 통해서 생길 수 있음을 보여준다."[19] 여기에서도 작은 유전적 변화와 생물의 큰 신체적 변화 사이의 연관성이 드러난다. 큰가시고기를 대상으로 한 접근법은 의태와 위장을 비롯한 다른 아주 많은 적응 사례들에도 들어맞아야 한다.

따라서 의태에서는 한 나비 모델을 모방하는 것에서 다른 모델을 모방하는 쪽으로 나비 날개무늬를 바꾸는 유전자를 찾아내는 것이 목표이다. 이 방법으로 의태를 낳았을 가능성이 높은 진화적 변화를 추적할 수 있다. 먼저 나비의 의태 유전자를 찾을 필요가 있다. 현재 그 사냥이 이루어지고 있으며, 남아메리카의 헬리코니우스 나비가 그 대상이다.

15

헬리코니우스의 변이

그런 색깔은
무에서 얻을 수 없어.
말해보라,
너의 색깔을 놓고 누가 뭐라고 하는가?
내가 웅얼거리는 것은 단어 더미일 뿐
색소가 아닌데
너의 색조가 어찌
내 상상의 산물일 리가 있는가?[1]
—조지프 브로드스키, 「나비(The Butterfly)」

헬리코니우스 나비는 뮐러 의태자이다.[2] 즉 포식자에게 맛이 없다는 표준화한 경고를 보내기 위해서 같은 무늬를 가진 다른 종—때로는 몇 종이 무리를 지어 의태 고리를 형성하기도 한다—이다. 그들의 날개무늬는 복잡하다. 기하학적인 규칙성을 띠지 않고 예술적으로 자유분방하게 색깔을 흩뿌리고 있다. 대담하게 노랑, 검정, 하양, 파랑 그리고 빨강을 날카롭게 대비시킨 마티스의 그림 「재즈」를 생각해보라. 제1차 세계대전 때 위장 대원이었던 생물학자 앨리스터 하디 경(1896-1985)은 나비의 날개무늬가 일종의 예술형식이라고 강력하게 주장했다.

내 생각에 열대 나비 표본들이 들어 있는 서랍장보다 더 멋진 추상미술 화랑은 없을 것 같다. 그 화랑의 "작품" 하나하나는 감성이 아니라 생생한 삶을 담은 상징이다. 그 무늬들은 굶주려 사냥하는 포식자들이나 우리 같은 척추동물에게 위험하다고 경고하는 시선을 끄는 표지판이거나, 수컷이 짝을 유혹하고 구슬려 굴복시키기 위해서 과시하는 눈부신 구혼의 색이다. 나는 열렬한 인시류 연구가가 생물학에 대한 흥미나 자연을 사랑하는 마음에 못지않게 이 추상적인 색깔과 디자인의 매력 때문에 나비류에 매료될 때도 종종 있다고 믿는다. 물론 양쪽이 함께 작용할 수도 있지만 말이다. 현대의 미술 애호가들이 마티스나 벤 니컬슨의 작품에 대해서 그렇듯이, 인시류 연구가도 자신이 애호하는 나비 속을 모으며, 큰멋쟁이나 비속과 모시나비속의 종에 흠뻑 빠져든다.[3]

이 헬리코니우스 무늬들은 말로 묘사하기가 어렵지만, 나비학계는 기쁘게도 그중 몇 가지에 근사한 애칭을 붙였다. 첫 번째로 가장 구별하기 쉬운 무늬는 호랑이 줄무늬(tiger stripe)이다. 우리 탐구의 주요 대상 중 하나인 헬리코니우스 누마타는 이 무늬를 가진 방대한 의태 종 무리에 속한다. 호랑이 줄무늬는 예상하겠지만 누런 주황색과 갈색을 띤다. 누마타는 최대 7가지 형태로 나타나는 다형성을 띤 종으로서, 한 지역에서 둘 이상의 의태 고리에 참여하기도 한다.[4]

그리고 집배원(postmen)이 있다. 집배원 헬리코니우스 나비는 앞날개에 빨간 막대무늬가 있고 뒷날개에 이따금 검은 바탕에 노란 띠가 나 있다. 집배원이라는 별명은 트리니다드 우체국에 쓰이는 색깔에서 유래되었다. 집배원의 고전적인 형태는 헬리코니우스 멜포메네와 헬리코니우스 에라토로서, 그들은 30가지 형태가 있지만 늘 두 무늬가 짝을 이루고 있다. 그것은 붉은 반점이 있는 검은색으로서, 이따금 빗살무늬나 노란 띠가 섞여 있다. 에라토는 지역마다 날개무늬가 다르다. 그러나 에라토가 어떤 무늬를 띠든 간에, 멜포메네는 늘 충실히 그것을 모사한다. 에라토가 멜포메네보다 더 먼저 출현했고 종 수가 더 많으므로, 에라토가 아니라 멜포메네가 에라토를 흉내낸다고 생각된다.

집배원 무늬 중 일부는 만화 주인공 개구쟁이 데니스의 이름을 따서 데니스(Dennis)라고 한다. 개구쟁이 데니스는 원래 1950년대에 헬리코니우스 연구의 중심지였던 트리니다드의 심라에 있는 연구소에서 윌리엄 비브(1877-1962)가 한 교배실험으로 나온 나비를 가리켰다.[5] 그 무늬에 붙은 이름은 영국 만화 「비노(Beano)」의 주인공인 데니스가 아니라 미국 만화 주인공(개구쟁이 데니스는 원래 영국 만화 「비노」의 주인공 이름이 었는데, 공교롭게도 거의 같은 시기에 미국에서 「개구쟁이 데니스」라는 만화가 나왔다/역주)의 이름이다. 미국의 데니스가 「비노」에 등장하는 "나는 유독해"라고 소리치는 듯한 모습을 한 개구쟁이 데니스에 비해서 유순하다는 점을 생각하면 조금 이상하다. 아무튼 헬리코니우스 멜포메네에서 종종 보이는 검은 앞날개에 빨간 점이 박힌 무늬가 바로 "데니스"이며, 일부 뒷날개의 아름다운 빗살 줄무늬는 "데니스 빗살무늬(Dennis-rayed)"라고 한다.

헬리코니우스 키드노(*Heliconius cydno*)는 더 차분한 흑백색이다. 이른바 옵 아트 나비이다. 이따금 옅게 빨간 기운이 드리우기는 하지만, 흑백에 노랑이나 파랑 얼룩이 있는 변이 형태가 주로 나타난다. 마티스의 작품처럼, 「재즈」처럼 말이다.

헬리코니우스 의태 날개무늬가 현대예술의 인상적인 작품이라면, 그것은 어떻게 칠해진 것일까? 그것들은 우리가 시각예술에서 늘 흡족하게 느끼는 포기와 절제의 혼합물이다. 이보다 더 규칙적인 무늬는 너무 기하학적이라서 미적 쾌감을 줄 수 없다. 한편 그보다 더 방만해지면 시선을 사로잡을 수 없다. 날개무늬가 캔버스 위로 신명나게 물감을 떨구는 잭슨 폴록의 원리를 통해서 생긴 것이 아님은 분명하다. 물론 자연도 그렇게 할 이유가 있다면 그처럼 잘 해내겠지만 말이다.

생물학적 화가는 사람의 손을 인도하는 규칙과는 분명히 다른 규칙을 사용한다. 그런데 그 규칙은 어디에서 찾아야 할까? 물론 초파리의 무늬는 원시적이지만, 초파리의 유전자들—생물학적 과정, 체형, 무늬의 유전자들—은 다른 생물에 비해서 잘 알려져 있다. 여기저기를 뒤져서 찾아낸 것을 새로운 용도로 쓰는 것이 유전자라는 점을 기억하면, 나비의 패턴 유전자가 그저 그런 초파리 유전자를 가져다가 헬리코니우스 날개라는 섬세한 캔버스에 의태 무늬를 칠하는 새로운 용도로 쓴 것뿐이라는 말도 설득력이 있어 보인다.

그림은 유용한 비유이다. 자연은 나비의 날개에 자연선택이라는 보이지 않는 손으로 색칠을 한다. 나비의 날개무늬에 관해서 우리가 밝혀낸 사실들은 자연의 패턴 형성 과정에 그림의 두 가지 측면이 관여한다는 것을 시사한다.

그림을 그리고 싶을 때, 당신은 그냥 칠하면서 붓질을 한 가장자리가 그대로 윤곽이 되도록 놔둘 수도 있고, 먼저 윤곽을 스케치할 수도 있다. 스케치를 먼저 한다면, 거기에 맞추어 가장 엉성하게 칠하는 것은 색칠 연습이나 다를 바 없다. 그것은 그냥 윤곽을 채우는 것으로, 단순한 일이다. 아이들도 할 수 있다.

스케치를 먼저 하고 싶지 않다면, 어디에서 칠을 멈추어야 원하는 무늬가 나오는지를 알기가 아주 어렵다는 문제에 봉착한다. 20세기 초에 패턴 형성을 연구하던 생물학자들은 생물이 발생할 때 날개에 화학물질 물감이 번지다가 다 떨어지면 멈춘다는 식으로 상상했다. 혹은 농도 기울기가 서로 다른 두 화학물질이 만나 상호작용을 하면서 무늬가 만들어진다고 추측했다. 그러나 미리 무늬를 그린 스케치가 있고 거기에 그냥 색깔을 채워넣는 것은 아닐까? 나중에 색칠할 영역이 미리 흑백으로 표시되어 있는 것은 아닐까? 이 문제는 최근까지도 알아낼 방법이 없었다.

헬리코니우스 나비의 의태 무늬가 어떻게 진화했는지를 알아내려는 연구자들은 무늬와 색깔이 서로 별개라고 보아왔다. 이 접근법은 스케치더하기 색칠 가설이 옳다는 어떤 가정이 아니라, 그저 패턴의 유전학과 색깔의 화학을 따로 연구할 수 있다는 것에 토대를 두었을 뿐이었다.

패턴 형성 연구는 역사가 깊다. 1960-1970년대에 필립 셰퍼드와 존 터너는 멘델과 모건의 고전적인 방법을 이용하여 종 사이의 무늬 전환 지도를 작성했다. 수천 번의 고생스러운 교배실험이 이루어졌고, 결과는 단 몇 개의 "주요 효과" 유전자가 헬리코니우스를 이 무늬에서 저 무늬로 바꾸는 데에 관여한다는 것을 보여준다. "주요 효과"란 그것들이 희망의 괴물이 아니지만 미시 돌연변이도 아니라는 뜻이다. 파필리오와 달리, 헬리코니우스에는 슈퍼 유전자―날개무늬 전체를 통제하는 하나의 유전자―가 없는 듯했다.

이 핵심 유전자들은 헬리코니우스 특유의 표지들, 예를 들면 앞날개의 빨간 막대, 뒷날개의 노란 띠, 빨간 빗살무늬 등을 만들거나 없앴다. 이 유전자들 중 일부는 연관되어 있기 때문에, 이를테면 앞날개의 빨간 띠와 뒷날개의 막대와 빗살무늬로 이루어진 데니스 무늬처럼 한 무리의 무늬가 반복되어 나타나고는 한다.

이것은 옛 방식의 유전학이었다. 실제로 어떤 유전자가 관여하는지 전혀 알지 못하고, DNA에 관해서도 전혀 모른 채 이루어진 연구였다. 각 무늬 요소가 염색체의 어디에 있으며, 어떤 요소가 다른 요소와 연관되어 있는지의 여부만을 파악할 수 있는 실험이었다.

분자생물학 시대에 들어와서도 그런 교배실험은 여전히 이루어진다. 그러나 지금은 이런 무늬 바꾸기에 관여하는 DNA 영역이 어디에 있는지 알아낼 수 있다. 전 세계에서 서로 긴밀하게 협력하고 있는 대규모의 헬리코니우스 연구진은 현재 실제로 일어나는 의태를 살펴보는 야외실험을 통해서 패턴 유전자의 이보디보에 이르기까지 헬리코니우스의 모든 측면을 연구하고 있다. 이 연구의 중심에는 크리스 지긴스가 있다. 지긴스의 나비 탐사는 케임브리지 대학교에서 시작되었다. 그는 대학생 때 마이클 매저러스와 함께 첫 나비 논문을 발표했다. 그는 2007년 케임브리지로 돌아와서 나비 유전학 그룹(Butterfly Genetics Group)이라는 야심적인 연구 계획의 책임자가 되었다. 그의 아내인 콜롬비아 출신의 나비 연구자 마르가리타 벨트란도 그의 연구진에 속해 있다. 이 연구진은 주로 집배원 무늬를 띠면서 함께 의태를 하는 두 종인 헬리코니우스 에라토와 멜포메네에 연구의 초점을 맞추고 있다. 셰퍼드와 터너의 연구를 토대로 하지만, 단순히 날개무늬를 관찰하는 대신에 교배실험에 분자 표지를 이용하여 패턴 유전자를 찾고 있다. 2006년, 연구진은 에라토와 멜포메네의 색깔-무늬 유전자가 각 유전체의 똑같은 위치에 있다는 것을 발견했다.[6] 이것은 골트슈미트의 가장 논란 많았던 개념 중 하나가 옳다는 것을 입증했다. 즉 의태에 모델과 의태자 양쪽에서 똑같은 유전적 과정이 관여한다는 것이었다. E. B. 포드는 이 생각이 틀렸다고 굳게 믿었다. 모델과 의태자에서 빨간색을 만드는 화학색소가 다르다는 등의 사례를 알고 있었기 때문이었다. 그러나 로마로 가는 길은 결코 하나가 아니다. 때로는 유사한 유전적 메커니즘이 의태 무늬의 원천이 될 수도 있다.

아직 나비 유전체 서열이 다 밝혀지지는 않았지만, 나비와 나방의 유전자 서열들을 담은 엄청난 데이터베이스가 구축되어 있다. 누에나방의 유전체 서열은 중국과 일본에서 전부 해독했으며, 모든 생물들에는 공통의 유전자가 많으므로, 누에나방과 나비의 유전체는 아주 비슷하다. 유전자의 서열은 그저 ATCGGTACCGATATCGCGTAACTGACAGCTACACTG 같은 DNA의 염기 서열로 나타낼 수 있는 암호를 담은 문자들의 집합일 뿐이다. 이것은 그 자체로는 무의미하지만, 컴퓨터 프로그램을 이용하면 문서 파일에서 단어를 검색하거나 구글에서 단어를 검색할 수 있는 것과 같은 원리를 통해서 기존의 알려진 유전자 서열 중에서 새 유전자 서열과 일치하는 것들을 찾아낼 수 있다.

처음에는 초파리 유전자들이 나비 무늬의 스위치임이 드러날 것이라고 모든 사람이 낙관했다. 그러나 아니었다. 일치하는 서열은 없었다. 1960-1970년대에 이루어진 셰퍼드와 터너의 연구와 지긴스 연구진의 후속연구 덕분에 무늬 전환 유전자가 대충 염색체의 어디쯤에 있는지는 알려져 있다. 그러나 유전체의 해당 영역에서 실제 유전자를 찾는 연구는 이제야 막 시작된 상태이다. 유망 후보는 키네신(kinesin) 유전자이다.[7] 키네신은 힘을 일으키는 단백질 분자로, 세포 안에서 분자를 여기저기로 움직이는 데에 널리 쓰인다. 나비 무늬에 왜 그런 모터 단백질이 관여하는지는 불분명하지만, 아마 여기에서도 땜장이가 일하는 듯하다. 즉 한 유전자가 원래 하던 일과 전혀 다른 기능을 하도록 전용된 것이다.

패턴 유전자를 탐구하는 것과 전혀 별개로 색깔 유전자를 탐구하는 연구도 이루어지고 있다. 나비의 색깔은 한 가지 색깔만을 가진 세포 하나하나가 모여서 모자이크를 이룬 것이다. 헬리코니우스의 비늘이 띨 수 있는 색깔은 빨강, 주황, 노랑, 하양, 검정으로 한정되어 있다. 이 색소들의 화학과 그것이 만들어지는 생화학 경로 중 일부는 오래 전부터 알려져 있었지만, 어떤 유전자가 만드는지는 알지 못했다. 지금까지 나온 설명 중 가장 설득력 있는 것은 로스앤젤레스 남쪽 어빙에 있는 캘리포니아 대학교의 밥 리드 교수가 내놓은 것이다. 이보디보의 유명인사인 션 캐럴의 제자인 리드는 헬리코니우스 에라토를 연구하고 있다.

패턴 유전자를 연구하면서 리드는 이미 알려진 초파리의 유전자들이 나비의 몸에서 새로운 목적에 전용되었는지 알아보려고 했다. 2005년에 그의 연구진은 초파리의 붉은 눈 색소가 헬리코니우스 나비의 날개에 화려하게 퍼져 있는 붉은 색소와 같다는 것을 밝혀냈다.[8] 즉 자연은 땜장이이자 재활용 전문가라는 것이 다시 입증되었다. 여기서 우리는 1910년에 유전학을 새로운 방향으로 튼 돌연변이인 토머스 헌트 모건의 흰 눈 초파리(제4장 참조)로 돌아가게 된다. 그 초파리에게는 붉은 색소 유전자가 없었다. 자연은 헬리코니우스에게서 흰 눈 초파리를 낳는 단순한 돌연변이를 한 단계 더 넘어서 색칠할 새로운 캔버스를 발견했다. 모든 나비가 이 붉은 색소를 이용하는 것은 아니다. 포드가 지적했듯이, 다른 붉은 색소들도 있다.

리드가 보기에 붉은 비늘이 생기려면 시나바(cinnabar)와 버밀리온(vermilion)이라는 두 유전자가 함께 작용해야 하는 듯했다.[9] 여기에서 착안하여 그는 헬리코니우스의 노랑/빨강 스위치가 버밀리온 유전자의 발현을 조절하는 조절 유전자가 아닐까 하고 추측했다. 그것이 시나바와 함께 작용하면 노란색이 되고, 함께 작용하지 않으면 날개 비늘은 빨간색이 된다고 생각했다.

유전자 발현이 겹치는 양상이 앞날개의 막대 무늬를 만드는 데에 필요하다는 리드의 발견은 진화의 측면에서 한 가지 중요한 의미를 담고 있다. 그것은 이따금 유전자들이 전혀 겹치지 않는 곳에서 발현될 것이고, 그럴 때는 가시적인 효과가 전혀 나타나지 않을 것이라는 의미이다. 자연선택은 그런 유전자 발현 영역에는 작용하지 않을 것이다. 그런 영역은 숨겨져 있다. 그러나 겹침 영역을 갑작스럽게 늘리거나 줄이는 돌연변이로 새로운 무늬가 나타날 수 있다. 그러면 "숨은 유전자"는 갑작스럽게 나타나 활동할 것이다.

숨은 무늬라는 개념은 흥미롭다. 숨겨진 유전자의 발현이 겹치는 영역에서 가시적인 무늬 아래에 보이지 않는 잉크로 다른 잠재무늬가 그려져 있다고 생각해보라. 돌연변이나 때로는 환경의 신호를 받아서 그 스위치가 켜질 수도 있다.

리드의 연구를 토대로 지긴스 연구진은 헬리코니우스 에라토의 의태자인 멜포메네를 연구하는 일에 착수했다.[10] 두 종에서 같은 유전자들에 의해서 같은 색깔이 생기는지 알아보기 위해서이다. 헬리코니우스 멜포메네는 에라토를 모방한다. 과학자들은 DNA 연표로 볼 때 멜포메네가 비교적 더 새로운 종이므로 그렇다고 확신한다. 멜포메네는 150만 년 전에 출현한 반면 에라토는 약 1,000만 년 전에 출현했다.

둘 사이의 의태는 완벽하지 않다. 아마존에서 데니스 빗살무늬를 가진 에라토 변종들은 빗살무늬가 날개맥 사이에만 한정되어 있다. 반면에 멜포메네의 빗살무늬는 날개맥의 경계를 넘는다. 에라토에서는 앞날개의 붉은 띠의 경계가 뚜렷하지만, 멜포메네에서는 때로 경계가 흐릿하다. 지긴스는 리드가 발견한 시나바와 버밀리온 유전자의 겹침이 멜포메네에서는 일어나지 않으며, 멜포메네의 띠무늬 경계가 더 흐릿한 것이 그 때문일 수도 있다고 말한다. 이 말이 옳다면 정확한 무늬를 만들기 위해서는 형태를 통제하는 유전자가 하나일 때보다 두 개일 때가 더 낫다는 뜻이 된다.

그러나 헬리코니우스 연구진은 에라토와 멜포메네의 사소한 차이점들을 찾아내는 차원을 넘어서, 패턴 형성 유전자들이 어떻게 색깔 유전자들과 연결되어 어디에 어느 색을 칠할지 알려주는지에 대해서 전체적인 그림을 그리고 싶어한다. 현재 이 두 가지 연구 흐름은 서로 별개이다. 지긴스와 리드는 색깔 유전자가 무늬 유전자의 뒤쪽에 있어서 발생 때 더 나중에 발현된다고 믿는다. 그러나 그 과정의 두 측면을 하나로 엮는 것이 앞으로의 과제이다. 모든 과학에서 그렇듯이 우리는 답이 있다는 것을 안다. 무늬 유전자는 분명히 색깔 유전자와 상호작용을 한다. 그러나 색깔 유전자는 무늬를 담당하는 스위치 유전자와 같은 유전자 자리에 있지 않다. 둘이 같은 것이라면 산뜻하게 정리되겠지만, 둘은 다르다. 우리는 거기에서 빠진 고리를 찾아야 한다.

헬리코니우스 멜포메네와 에라토는 진화적으로 최근에 의태를 통해서 수렴되어왔다. 의태는 분기(分岐)도 일으킬 수 있다. H. 멜포메네는 약 150만 년 전에 H. 키드노로부터 갈라져 나왔다고 생각된다. 멜포메네는 붉은색이 많은 집배원 무늬인 반면, 키드노는 흑백의 옵 아트 나비이다.

모습은 전혀 다르지만, 둘은 여전히 상호교배가 가능하다. 그리고 둘 사이의 잡종은 의태의 과정을 새롭게 이해하는 데에 기여한다.

키드노와 멜포메네는 생물학적으로 아주 비슷하다.[11] DNA, 특히 미토콘드리아 DNA*를 보면 알 수 있다. 헬리코니우스 나비는 모두 공통 조상에서 진화했다. 키드노와 멜포메네는 아마 150만 년 전에 갈라졌을 것이다. 에라토는 더 일찍이 1,000만 년 전에 갈라져 나왔다. 키드노와 멜포메네는 어떻게 그렇게 서로 전혀 다른 모습을 띨 정도로까지 갈라진 것일까?

이 질문에는 헬리코니우스의 종들이 지역의 주된 자경단인 의태 고리에 "포획되어 있는 것"이라는 개념이 나와 있다. 한 특정한 서식지에서 주된 무늬가 무엇이든 간에, 자연선택은 나비에게 그 무늬와 맞추라고 강요할 것이다. 뮐러 의태자가 되라고 말이다. 뮐러 의태자는 같은 경고

---

* 우리에게 진화의 증거는 한때 화석 기록밖에 없었다. 그러나 세계의 모든 DNA는 최초의 DNA에서 유래하며, 비록 삭제하고 그 위에 끊임없이 다시 기록되는 컴퓨터 디스크처럼 DNA도 진화의 과정에서 계속 무수히 수정하여 재기록되고는 했지만, 그래도 과거의 핵심 증거를 가지고 있다. 특히 모든 생물에는 두 종류의 DNA가 있으며, 둘은 유전되는 양상이 다르다. 나비의 진화사와 유연관계는 미토콘드리아 DNA를 분석하여 찾아낼 수 있다. 미토콘드리아는 모든 생물의 모든 세포에 있는 에너지를 생산하는 작은 구조물이다. 모계로만 유전되면서 자체 DNA를 가진 준자율적인 존재이다. 미토콘드리아가 독립성을 띤 이유는 원래 자유생활을 하던 세균이었다가 단세포 생물에 융합되었기 때문이라고 생각되며, 오늘날의 모든 다세포생물은 그 융합의 산물이다. 미토콘드리아 DNA는 새로운 무늬를 만드는 유전적 변화에 관여하지 않는다. 그것은 자연선택과는 무관하게 다소 일정한 속도로 시간이 흐름에 따라서 비기능적인 돌연변이를 계속 독자적으로 축적한다. 이 점에서 미토콘드리아는 우리가 암석의 연대를 측정하고 화석의 나이를 알아내는 데에 쓰는 붕괴하는 방사성 동위원소와 다소 비슷하게 행동한다. 미토콘드리아 시계라고 할 수 있는 것이다. 따라서 세포핵 DNA에 일어나는 변화는 어떤 변화가 새로운 형태를 빚어내는지를 보여줄 수 있는 것에 반해서, 미토콘드리아 DNA에 일어나는 변화는 두 종이 언제 갈라졌는지를 알려줄 수 있다.

색을 띰으로써 포식자에게 자신은 맛이 없으니 그냥 내버려두라고 말한다는 점을 기억하자. 이 "포획"은 대단히 중요하다. 그것은 운명이다. 그들은 어느 쪽으로 나아갈까? H. 멜포메네는 집배원 고리에, 키드노는 옵 아트 고리에 합류했다.

상황을 지휘하는 것은 자연선택이지만, 마치 나비가 서로 닮을 쪽을 "선택하는" 듯한 효과가 나타난다. 헬리코니우스 나비로서는 누구를 모방하고 누구와 짝짓기를 하는지가 중요한 "결정"이다. 미리엄 로스차일드는 말했다. "색깔 무늬/구도의 수렴은 주로 첫째는 조류 포식자의 선택, 둘째는 나비 수컷의 선택이라는 두 요인 때문이지요."[12] 콜롬비아의 우림에서 연구자들은 키드노와 멜포메네에서 이 과정이 어떻게 전개되는지를 살펴보고 있다.

1990년대에 콜롬비아 안데스 동부산맥에서 몇 가지 기이한 사실들이 발견되기 시작했다.[13] 멜포메네처럼 보이는 헬리코니우스 나비 표본 두 가지의 DNA를 조사해보니 그것들이 키드노임이 드러났다. 즉 그것들은 겉으로만 멜포메네였고, 실제로는 의태자였다. 이상한 일이었다. 알려져 있는 바에 따르면, 키드노와 멜포메네는 서로를 모방하는 의태자가 아니었기 때문이다. 더 많은 표본을 통해서 그것이 사실임을 입증할 수 있다면, 빠진 연결 고리가 바로 여기에 있는 셈이었다.

왜 그들이 의태자라고 예상하지 않았던 것일까? 표준적 설명은 그들이 속한 두 의태 고리의 무늬가 서로 너무나 다르다는 것이다. 둘 사이에는 개념상 의태 "계곡"이 있다. 멜포메네와 조금 비슷해 보이는 키드노 그리고 키드노와 조금 비슷해 보이는 멜포메네는 기존의 확립되어 있는 의태 고리의 무늬와 너무나 달라서 금방 포식자에게 잡아먹힐 것이므로, 한 봉우리에서 다른 봉우리로 넘어가는 것이 불가능하다고 생각되었다.

콜롬비아 보고타에 있는 안데스 대학교의 나비 연구가 마우리시오 리나레스는 그 지역이 헬리코니우스의 의태와 종 분화를 규명할 열쇠를 쥐고 있다고 강하게 확신했다. 멜포메네와 키드노 사이의 빠진 연결 고리가 바로 여기에 있다고 본 것이다. 보고타에서 대학생이던 시절, 그는 한 강의를 듣고 자극을 받아 자국의 풍부한 나비들의 진화를 연구하는 일에 나섰다. 그는 오스틴에 있는 텍사스 대학교에서 헬리코니우스 연구의 대가인 로런스 길버트 아래에서 박사학위를 받음으로써 목표를 이루었다.

마우리시오는 눈에 잘 띄지 않는 멜포메네처럼 생긴 키드노를 찾아서 콜롬비아 빌라비센시오 남부의 산맥을 뒤졌다.[14] 그러다가 그만 그는 지역 분쟁에 휘말리고 말았다. 2005년 그는 카케타 주 푸에르토리코(나라가 아닌 콜롬비아의 한 도시) 인근에서 "빠진 연결 고리"를 찾던 중에 갑자기 "콜룸나 테오필로 포레로"라는 게릴라 부대에 포위되었다. 그들은 그에게 자신들을 따라서 깊은 숲으로 가서 사령관 조반니를 인터뷰해야 한다고 고집했다. 그 게릴라들은 앞서 수백 명을 인질로 잡은 적이 있으므로, 상황은 아주 위험해 보였다. 마우리시오는 무릎이 다쳐서 치료를 받아야 한다고 꾸며댔다. 3시간 동안 "대화"를 나눈 끝에 그들은 그에게 푸에르토리코에 있는 호텔로 돌아가도 좋다고 허락하면서, 다음 날 아침 8시에 다시 만나자고 했다. 그는 운전사와 함께 푸에르토리코로 돌아와서 "그런 모험을 했으니 긴장을 풀기 위해서 아구아르디엔테 한 병을 모두 마신 뒤, 새벽 4시에 첫 택시를 잡아타고 보고타로 떠났다."

이런 사건 때문에 나비를 추적하는 일은 다소 지연되었다.[15] 2007년, 유니버시티 칼리지 런던의 헬리코니우스 연구자 제임스 맬릿은 1998년에 한 콜롬비아 학생이 안데스 산맥이 아마존과 만나는(석유, 마약, 테러도 공존하는) 콜롬비아 지역인 추룸벨로스를 탐사[16]할 때 채집한 헬리코니우스 표본들을 살펴보기 위해서 보고타를 방문했다. 그 학생은 현재 런던 자연사 박물관의 나비 큐레이터로 근무하는 블랑카 우에르타스*

---

* 추룸벨로스 탐사는 블랑카 우에르타스에게 인생의 전환점이 되었다. 새 다윈 센터가 완공되어 나비 표본들이 그 박물관으로 옮겨진 현재, 그녀는 영국에서 나비

였는데, 블랑카의 "멜포메네" 표본 중 일부가 맬릿의 흥미를 끌었다. 맬릿은 그것들이 빠진 연결 고리가 아닐까 하고 생각했다. 즉 멜포메네를 닮은 키드노라고 말이다. 그는 그들의 미토콘드리아 DNA를 분석했다. 그리고 그것은 키드노형임이 드러났다.

마우리시오는 다시 살아 있는 나비 표본을 찾아나섰다. 게릴라와 얽힌 뒤로, 그는 여전히 그 위험지대에 살고 있는 운전사에게 나비를 잡게 하여 표본을 보고타로 보내도록 하는 방편을 썼다. 그렇게 온 표본 중에 플로렌시아 인근에서 잡힌 것으로, 앞날개에 빨간색과 노란색의 아름다운 데니스 빗살무늬를 가진 나비가 한 마리 있었다. 겉모습은 분명히 멜포메네였지만, 미토콘드리아 DNA는 그렇지 않음을 보여주었다. 연구결과는 2008년 "같은 옷을 입은 두 자매"라는 제목으로 발표되었다.[17] 이제 멜포메네와 키드노 사이에 놓인 의태 계곡을 건널 수 있다는 것이 명확해졌다. 키드노는 멜포메네의 색깔로 자신을 꾸밀 수 있다. 그러나 어떻게? 그 유전적 스위치는 어디에 있을까? 그것이 희망의 괴물 돌연변이일 수 있을까? 아니면 상호교배가 가능하므로, 그저 잡종 형성을 통해서 나온 것일까? 키드노의 멜포메네 색깔 무늬가 멜포메네로부터 직접 유래한 것은 아닐까? 헬리코니우스 연구진은 바로 이런 의문들을 연구하기로 결심했다.

오래 전부터 키드노/멜포메네 잡종이라고 추측되어왔던 또 하나의 헬리코니우스 나비인 헬리코니우스 헤우리파(*Heliconius heurippa*)는 2006년에 신문의 머리기사를 장식함으로써("실험실에서 신종을 합성하다")[18] 그 속의 광고 모델 격에 해당하는 존재임을 입증했다. 그 지역의 많은 다양한 형태 중 하나인 헬리코니우스 헤우리파는 의태자가 아니지만, 헬

의 대변인이다. 새 다윈 센터는 다윈 탄생 200주년이자 생물학 연구의 중요한 이정표가 된 『종의 기원』 출간 150주년을 기념하는 의미로 2009년 9월에 문을 열었다.

리코니우스 나비가 얼마나 다양한 모습으로 진화해왔는지를 실감하게 했다. 이 나비는 앞날개에 키드노의 노란 띠와 멜포메네의 붉은 띠가 있어서 날개무늬로 판단할 때는 두 종 사이의 잡종임이라는 것이 분명해 보인다. 2001년 크리스 지긴스는 키드노와 멜포메네가 유연관계가 깊고 상호교배가 가능하지만, 수컷이 암컷을 선택할 때 날개무늬를 토대로 자기와 같은 유형을 짝짓기 상대로 선택한다는 단순한 사실 때문에 서로 격리되어 있다는 것을 알았다. 따라서 종으로서의 격리는 (대부분이) 단순히 날개무늬가 "다른" 상대와 짝짓기를 거부함으로써 이루어지는 것일 가능성이 높다.[19] 흥미롭게도 150년 전에 다윈은 유사한 종들이 한 장소에서 공존하면서도 정체성을 유지하는 현상이 "짝을 짓는 강력한 편향[을 드러냄으로써]"[20] 때문이 아닐까 하고 생각했다.

크리스 지긴스와 마우리시오 리나레스는 헬리코니우스 헤우리파가 잡종에서 유래했다는 이론을 실험실에서 교배를 함으로써 확인하기로 했다. 연구진은 자손 나비를 부모 세대와 역교배시킴으로써(1세대 잡종들끼리는 불임이 되는 문제를 피하기 위해서) 단 3세대 만에 실험실에서 H. 헤우리파와 똑같은 나비를 만들어낼 수 있었다. 야생에서는 이런 역교배의 비율이 낮다는 점을 생각하면 헤우리파가 자연에 출현했다는 사실은 매우 놀랍다.

실험실에서 헤우리파를 교배시켰다는 소식은 2006년에 세계를 깜짝 놀라게 했다.[21] 그러나 진짜 흥미로운 이야기는 그다음부터이다. 2008년 크리스 지긴스는 이 "인위적인" 나비가 겨우 어제 진화한 것이나 다름없음에도 짝짓기를 할 때 자신과 똑같이 생긴 나비를 선호한다[22]는 것을 보여주었다. 지긴스의 말처럼 "쟤가 너무 멋져!" 하면서 말이다. 그는 날개무늬를 정확히 본떠서 만든 종이 모형으로 실험함으로써 이 나비들이 오직 날개무늬로 짝을 선택한다는 것을 확증했다(냄새는 고려 사항이 아니었다). 그들에게는 종이 모형도 진짜 나비만큼 매력적이었다. 그것은 헤우리파 무늬에 대한 선호가 그 무늬와 더불어 유전적으로 대물림된다는 의미였다.

사람으로 말하면 갈색 피부에 붉은 눈에 빨강머리라는 특정한 외모를 빚어내는 유전자들이 그런 외모를 선호하는 성향도 빚어낸다는 말과 같다. 자식이 여자라면 그런 외모를 물려받을 것이고, 남자라면 **자동적으로 그런 외모의 여자를 선호할 것이다.** 물론 이것은 그저 비유일 뿐이다. 사람의 성적 선호에는 자유의지, 문화적 조건 형성, 그리고 온갖 복잡한 요인들이 관여하기 때문이다. 그러나 나비에게는 "선택"의 여지가 전혀 없다. 그들의 행동은 유전적으로 프로그램되어 있다. 헤우리파는 유전자에 새겨진 대로 짝을 택하라는 유전적 명령에 복종해야 한다. 그것은 완벽한 소형 시스템이다. 그렇다면 새로운 무늬와 그 무늬에 대한 선호를 연관 짓는 유전 메커니즘은 어떤 것일까? 지금으로서는 알지 못하지만, 그것을 찾는 흥미로운 탐색이 벌어지고 있다.

이 연구는 새로운 의태 나비 종의 형성에 여러 가지 의미를 가진다. 교잡을 통해서 생존 가능한 새로운 나비 무늬가 나올 수 있다면—그리고 이 종에서 생존 가능하다는 말은 대개 다른 화려한 나비를 모방하여 화려한 색깔을 통해서 자신이 독성을 띤다고 강조함을 뜻한다—그 집단은 설령 상호교배와 무늬의 희석이 기술적으로 가능하다고 해도 그 날개무늬를 이런 식으로 자동적으로 선호함으로써 금방 부모 집단과 격리될 것이다. 지금은 적어도 헬리코니우스 나비에게서는 그런 교잡이 신종으로 나아가는 한 경로라는 것이라고 합의가 이루어져 있다.

그것은 헬리코니우스가 패턴 유전자의 툴킷(tool-kit)을 가지며(골트슈미트의 말이 다시 떠오른다) 교잡을 통해서 유전자가 한 종에서 다른 종으로 전달될 수 있다는 의미이다. 새로운 생태적 기회가 생기면, 고대 유전자는 재부상하여 알맞은 무늬를 빚어낼 수 있다. 아마 특정한 지역에 들어온 새로운 종을 모방하거나 그 지역에서 옛 종이 죽으면 의태 고리를 바꿀 수도 있을 것이다.

현대의 헬리코니우스 종 가운데, 20퍼센트만이 교잡을 하고 그럼으로써 새로운 날개무늬 유전자를 획득할 수 있다고 알려져 있다.[23] 이미 만들어진 무늬 유전자를 물려받는 편이 돌연변이를 기다리는 것보다 훨씬 더 효율적인 메커니즘이다. 무늬는 진화과정에서 몇 번이라도 나타나거나 사라지면서 오락가락할 수 있다. 션 캐럴을 비롯한 이보디보 연구자들은 이 개념을 지지해왔으며, 그들은 초파리에 바로 그런 일이 일어나왔음을 보여주었다.

그러나 두 종이 짝짓기를 하고 교잡을 통해서 신종을 만들 수 있다면, 종의 정의는 과연 어떻게 해야 할까? 풀턴은 종이 "하나의 형성된 번식 공동체"라고 말했다. 유연관계가 먼 종끼리는 아예 교배를 할 수 없다. 그러나 헬리코니우스 나비는 꽤 최근에 급속히 진화했다고 생각된다. 다윈이 베이츠의 책을 논의하면서 말했듯이, 우리는 여기에서 작용하고 있는 진화를 본다. 그런 사례들에서는 종 사이의 장벽이 아직 굳어지지 않았으며, 짝 선택이 종을 가르는 수단이 된다.

그러나 의태가 아주 정확하다면, 그것이 짝 선택을 방해하지는 않을까? 어떻게 헬리코니우스 에라토와 헬리코니우스 멜포메네라는 두 뮐러 의태 종이 서로 짝짓기를 하지 못하게 막을까? 일부 종은 이 문제를 피하기 위해서 냄새를 짝짓기 단서로 삼지만, 에라토와 멜포메네는 미리엄 로스차일드가 잘 설명했듯이 나름의 과감한 전략을 쓴다. 에라토를 보자.

수컷은 곤충세계에서 거의 찾아볼 수 없는 성적인 열정을 과시한다. 수컷은 아마도 어떤 미묘한 냄새를 통해서 깨어나지 않은 암컷의 번데기에 끌리는 듯하다. 번데기 옆에 간 수컷은 암컷이 깨어날 때까지 꼼짝하지 않고 앉아서 기다린다. 암컷은 번데기에서 나오자마자 기다리던 두세 마리의 수컷들에게 가장 격렬하고 왕성하게 성폭행당한다. 암컷이 아직 번데기에 있을 때 교미하는 편이 더 낫겠다는 욕구를 이기지 못하고 수컷이 번데기를 찢고 들어가는 일도 드물지 않다.[24]

앞서 보았듯이, 멜포메네는 그렇지 않다. 그들은 수컷의 선택을 거치는 더 점잖은 짝짓기를 하며, 따라서 혼란도 없다.

헬리코니우스 키드노, 멜포메네, 에라토는 자신들의 비밀을 조금씩 드러내고 있지만, 그 무리의 진짜 조커는 헬리코니우스 누마타이다.[25] 셰퍼드와 터너는 이미 1985년의 논문에서 멜포메네와 누마타가 유연관계가 깊고 상호교배가 가능하다고 말했다. 그들은 멜포메네가 앞날개의 붉은 띠를 획득하기 전에 진화상으로 갈라진 것이 분명하다고 주장했다. 지긴스 연구진은 2006년에 멜포메네와 에라토의 스위치 유전자 지도를 작성할 때, 전혀 다른 주황색과 갈색의 호랑이띠 무늬를 가진 헬리코니우스 누마타의 유전자 지도도 작성했다. 여기에는 아주 놀라운 점이 하나 있었다. 누마타의 전체 무늬를 켜는 유전자를 뒷날개의 노란 막대만을 통제하는 멜포메네의 유전자와 비교해보니, 분자 수준에서 누마타가 멜포메네의 가까운 친척이라는 것이 드러났다. 바로 여기에 유전자 진화의 수수께끼가 있었다. 멜포메네의 노란 막대 유전자가 어떻게 누마타의 전체 무늬를 통제하게 된 것일까?

지긴스 연구진은 누마타의 호랑이 무늬로의 엄청난 도약이 "특별한 '팔방미인' 같은 유연성을 시사한다"고 했다. 그것은 마치 당신의 전등 스위치가 기이하게도 중심가의 크리스마스 조명들과 연결되어 전원 전체가 켜지는 것과 같다. 헬리코니우스 누마타는 마찬가지로 하나의 슈퍼 유전자가 통제하는 파필리오속 날개무늬를 떠올리게 한다. 그러나 파필리오속 나비들의 무늬들에 비해서, 누마타의 무늬는 멜포메네의 무늬와 더 많이 다르다.

이 강력한 패턴 유전자가 밝혀지는 것은 시간문제일 뿐이다. 다음 단계는 큰가시고기 실험을 반복하는 일이 될 것이다. 누마타 무늬 유전자를 복제하여 키드노나 멜포메네의 난자에 삽입하는 것이다. 그 유전자의 변이 형태—원양을 돌아다니는 장갑 형태나 민물 호수에 사는 장갑 없는 형태—를 통해서 큰가시고기 장갑을 켜고 끄는 것처럼, 누마타 무늬도 켜질 것이라고 예측된다.

헬리코니우스 나비는 여러 가지 이유로 큰 관심거리이다. 그들은 지구의 대다수 생물들보다 더 빨리 진화하고 있다. 그리고 H. 누마타 슈퍼 유전자를 가지고 있다. 새 날개무늬가 생기는 동시에 그 무늬를 가진 짝을 선호하는 성향도 나타난다. 그들의 DNA를 분석하려면 헬리코니우스를 야생으로 돌려보내어 이런 형질들이 실제 세계에서 어떻게 나타나는지 살펴볼 필요가 있다. 그토록 창의적으로 완벽히 다듬어져온 이런 의태는 얼마나 효과가 있을까?

생물학의 위대한 꿈은 자연을 두루 이해하는 것이다. 유전자가 어떻게 생물의 형태와 행동을 만드는지뿐만 아니라, 그것들이 생태계에서 어떻게 기능하는지 알아내는 것이다. 나비 세계가 하나의 소우주라는 점은 나비 온실을 찾은 사람이라면 확연히 알 수 있다. 물론 나비 온실의 나비는 사로잡힌 것들이다. 그 안에는 포식자도 없다. 밖으로 나가는 것도 안으로 들여오는 것도 없다. 그러나 나비 온실 안에는 알을 낳을 수 있는 숙주식물들이 있다. 서랍 안에는 번데기들이 안전하게 보관되어 있으며, 30분마다 새로운 나비가 깨어난다. 구애하는 나비들도 있다. 이 모든 것들을 야생으로, 이를테면 남아메리카 서식지로 옮기면 진짜 나비의 세계가 된다. 의태가 늘 시험을 받는 세계이다. 각 종 집단은 미시 서식지에서 살아간다. 즉 모충에게 알맞은 먹이 식물이 있는 자그마한 한 뙈기의 식생이 있으며, 어떤 의미에서는 헬리코니우스의 생명줄이라고 할 독소를 가진 시계꽃도 있다.

큰가시고기에서처럼 헬리코니우스 나비 한 종을 다른 종으로 유전적으로 형질전환할 수 있다면, 우리는 새로운 무늬를 창조할 수 있을 것이다. 그러면 우리는 베이츠가 나비의 의태를 처음으로 언뜻 보았던 우림으로 돌아가서, 이제 자연의 과정을 파악한 상태에서 무늬가 어떻게 형성되고 나비의 삶이 어떻게 무늬를 빚어내는지를 관찰할 수 있다. 시계꽃 먹이 식물과 식충 새 사이에서, 한 의태 고리에서 다른 의태 고리로 뛰어넘으면서, 마티스 걸작의 축소판 같은 색칠된 날개무늬를 진화시키면서 살아가는 나비들을 말이다. 유전자, 체색 무늬, 생활사 그리고 그것들이 함께 진화하는 방식이 마침내 일목요연하게 파악될 것이다. 생명의 책의 첫 장이 마침내 처음으로 완성될 것이다.

16

변동하는 스펙트럼

이 동물들도 카멜레온처럼 체색을 바꾸는 놀라운 능력을 통해 검출을 피한다. 그들은 자신들이 지나가는 바닥의 특성에 맞게 색조를 바꾸는 듯하다. 깊은 물에서는 대개 자갈색을 띠지만, 육지나 얕은 물에 놓으면 이 거무스름한 색조는 황록색 계열로 바뀌었다.[1]
—찰스 다윈, 『비글 호 항해기(*The Voyage of the Beagle*)』

베이츠에서부터 코트에 이르기까지, 의태는 주로 자연에서 관찰되고 기술되었다. 이론은 그 뒤에 나왔고, 미리엄 로스차일드가 말했듯이 실험은 놀라울 정도로 훨씬 더 나중에야 이루어졌다. 약 100년쯤 지난 뒤였다. 최근의 연구들은 옛 나비 이야기를 새로운 방향으로 펼치기도 하고 반전을 도입하기도 한다. 생명은 살아남아 번식하는 것 이외의 다른 목적은 전혀 가지지 않는 기회주의적인 존재라는 사실—피카소의 말처럼 생명은 언제나 "새로운 것을 시도한다"—은 많은 의태와 위장의 이야기가 원래 생각했던 것보다 더 복잡함을 뜻한다. 우리는 1850년대 베이츠와 월리스의 의태와 위장 이야기에서 출발하여 현재에 이르렀다. 위장 연구는 동물의 감각을 이해하는 현대 전자기기를 이용하고 야외에서 의태를 시험하는 새로운 실험을 고안함으로써 옛 사례 연구들을 다시 하고 있다. 때로는 놀라운 결과가 나오고는 한다.

1917년, 프랑스군은 전투 부대에 최초로 위장 부대를 창설하면서 자연에서 은폐의 대가로서 가장 잘 알려진 동물을 상징으로 삼았다. 바로 카멜레온이었다. 사회에서 카멜레온은 배경과 잘 섞이는 체색 변화를 가리키는 의미로 널리 쓰인다. 2006년 영국에서 보수당 지도자 데이비드 캐머런을 공격하는 한 정치 선전물에는 데이브 카멜레온이라는 주인공이 등장하는 만화가 실렸다. 거짓 색깔로 위장하고 속임수를 쓴다는 의미였다. 그런 대중매체를 이용한 선전은 어떤 이미지가 이미 대중의 의식에 널리 퍼져 있을 때만 가능하다.

비록 대다수의 사람들은 카멜레온이 위장을 잘하고 배경에 맞추어 색깔을 바꿀 수 있다고 "알고" 있지만, 전문가들은 그렇다는 것을 확신하지 못한다. 카멜레온의 색깔이 위장과 무관한 다른 기능을 가진다[2]는 것은 오래 전부터 알려져 있었다. 짝짓기 때와 수컷 사이에 영토 싸움을 할 때 수컷들은 위장과 정반대의 목적을 가지고 가장 선명한 색을 과시한다. 과시와 대비와 선명함을 최대로 드러내는 것이다.

카멜레온의 체색 변화가 어떤 식으로 이루어지는지는 최근에야 연구가 이루어졌다. 동물은 시각계가 우리와 다르며, 자외선을 볼 수 있는 동물도 있다. 카멜레온에게는 밝기를 조절하는 체계와 색깔을 조절하는 체계가 따로 있다. 가장 최근의 연구에서는 카멜레온을 유명하게 만든 극적인 색깔 변화가 그저 신호 전달용이라고 본다. 특히 수컷들이 서로 공격성을 과시하는 용도라는 것이다. 체색과 배경의 일치는 일어나지 않는 듯하다. 명도 대비는 어느 정도 은폐용으로 쓰일 수도 있지만, 기이하게도 카멜레온은 자신이 눈에 띄지 않으려고 애쓰는 중이라는 착각에 빠져서 화려한 색깔을 숨기는 듯하다. 표준 체색일 때 카멜레온은 꽤 잘 위장되어 있다. 그러나 대중의 속설과 정반대로 그들이 색깔을 바꾸는 것은 환경에 있는 무엇인가와 더 잘 뒤섞이거나 색깔을 일치시키려고 하는 것이 아니다.

바다의 카멜레온은 문어이다. 다윈은 처음 문어를 보았을 때 바로 이 표현을 썼다. 사실 문어는 모든 면에서 카멜레온을 능가하는 체색 변화

능력을 보여준다. 게다가 문어는 정말로 배경에 맞추어 색깔을 바꾼다. 문어가 알려진 모든 위장과 의태 기법의 살아 숨 쉬며 헤엄치는 결정판임이 밝혀진 것은 겨우 10년밖에 되지 않았다. 태어난 모습을 간직한 채 위장의 효과를 최대화하고 윤곽을 최소로 드러낼 시간과 장소를 찾아야 하는 다른 위장 생물들과 달리, 문어와 오징어는 거의 어떤 환경에서든 놀라울 정도로 주변환경에 녹아들 수 있다.

이들은 왜, 어떻게 이런 위장 능력을 가진 것일까?[3] 문어와 오징어는 모든 대형 해양 포식자에게 아주 구미가 당기는 표적이다. 문어는 몸이 부드러우며 껍데기도 없을 뿐만 아니라, 양도 푸짐한 먹이이다. 시각을 현혹시키는 기술이 없다면 그들은 살아남지 못할 것이다. 문어의 피부는 살아 있는 텔레비전 화면과 조금 비슷하다. 컬러 텔레비전 화면이 빨강, 초록, 파랑 점으로 이루어지듯이, 문어도 세 종류의 색소포(色素胞, chromatophore)라는 색깔 세포를 가진다. 색소포의 색깔은 검정, 빨강, 노랑이며, 거기에 몇 가지 구조색(색소가 아니라 표면의 구조에 따라서 나타나는 색/역주)이 추가됨으로써 세포는 색깔을 전부 드러내거나 일부 드러낼 수도 있고, 완전히 숨길 수도 있다. 그뿐만 아니라 피부에는 돌기가 나 있으며, 이 돌기는 길고 뾰족하게 또는 짧고 둥그스름하게 만들거나 매끄럽게 변형시킬 수 있다. 그 결과 3차원 질감이 나타나므로, 문어는 따개비로 뒤덮인 돌이나 산호초나 물고기의 매끄러운 피부도 얼마든지 흉내낼 수 있다.

현존하는 저작을 남긴 최초의 자연사학자라고 할 아리스토텔레스(기원전 384-322)는 문어의 위장 실력을 알고 탄복했다. 지중해에서 그는 연구할 문어를 풍족하게 얻었고, 『동물의 역사』에 자신이 발견한 내용을 실었는데, 그중에는 19세기까지 받아들여지지 않은 내용도 있었다. 바로 문어 수컷의 촉수 중 하나가 수정을 담당한다는 것이었다. 그 촉수는 사실상 거대한 음경이다. 그것은 자연이 기존 재료를 이용한다는 전형적인 사례이다.

이 변신하는 동물은 알면 알수록 새롭다. 놀라운 점은 문어와 오징어가 주변과 색깔을 일치시키는 놀라운 능력을 가지고 있으면서도, 색맹이라는 사실이다. 매사추세츠 우즈홀 해양 연구소의 로저 핸런은 비록 오징어가 흑백의 체커보드에 맞게 체색을 띨 수 있다고 해도 칸이 노란색이나 파란색이면 어떤 무늬도 보지 못한다는 것을 보여줌으로써 그들이 색맹임을 입증했다. 오징어는 광 수용체가 하나뿐이며, 그 수용체는 녹색 빛에 가장 잘 반응한다. 언뜻 생각하면 기이해 보이지만 그것은 사실 자연선택의 강력한 증거이다. 문어와 오징어의 강력하면서도 융통성 있는 위장 체계를 빚어낸 것은 포식자들의 감각기관이다. 문어의 체색은 신경의 직접 통제를 받는다. 문어는 색맹이지만 예리한 눈으로 환경을 감지한다. 그런 뒤에 뇌세포의 신호에 따라서 포식자의 신경계를 속일 무늬가 만들어진다.

문어의 피부는 경이로울 정도로 잘 조율되는 기관이다. 화학색소를 가짐으로써 색깔을 띠는 색소포가 있고, 그 밑에 자체로는 색깔이 없지만 광학 효과를 일으키는 구조물이 있다. 첫째는 광택소포(iridophore)이다. 단단한 뿔 같은 물질이 층층이 쌓인 것으로서, 콤팩트디스크 표면이 무지개 색깔로 빛나듯이 무지개 색깔을 띠며, 주된 색깔은 청록색이다. 그러나 가장 흥미로운 요소는 가장 깊이 자리한 백색소포(leucophore)이다. 백색소포는 밝은 빛이 비칠 때 어떤 색깔이든 간에 도달하는 빛을 되돌려보내는 반사판이다. 문어는 색맹이라는 단점을 이 방법으로 보완한다. 즉 백색소포는 어떤 빛이 오든 간에 단순히 반사시킴으로써 주변환경과 같은 색을 띠게 된다.

색깔을 일치시킬 뿐만 아니라, 문어는 질감도 감지하여 반점, 얼룩, 분단무늬를 취한다. 문어가 기괴할 정도로 정확히 온갖 해양환경에 녹아들 수 있기는 하지만, 핸런은 문어가 환경에 동화될 때 세 가지 양상만을 이용한다고 믿는다. 대비를 최소화한 균일색(uniform coloration), 짙고 엷은 작은 반점이 있는 얼룩색(mottled coloration), 색깔을 띤 넓은 영역으로 나뉘는 분단색(disruptive coloration)이 그것이다. 마지막으로 배경의 질감이 아주 거칠면 피부에 돌기가 솟아나고, 그렇지 않으면 매끄러워진다.

문어는 위장 기법의 전 범위를 아우른다. 우선 그들은 배가 고프지 않을 때는 동굴에 숨어 지낸다. 먹이를 찾아나설 때는 "움직이는 바위" 같은 특수한 전략을 쓴다. 주위의 돌이나 바위와 비슷한 얼룩무늬를 띤 채 다리를 몸 아래쪽으로 집어넣고 발끝으로 걷는다. 문어는 위장뿐만 아니라 나비의 눈꼴무늬와 똑같은 가짜 눈 모양 반점을 띠어서 상대를 놀라게 하기도 한다. 그리고 다른 모든 수단이 실패하면 먹물 구름을 내뿜을 수 있다. 자연의 연막탄이다.

최근 들어 문어의 의태자로서의 능력이 새롭게 밝혀지고 있다.[4] 1998년 인도네시아 술라웨시에서 생물학자라기보다는 사진작가에 가까운 사람들이 의태 문어(*Thaumoctopus mimicus*)를 발견했다. 과학자들이 도착하기 전에 그 문어는 이미 텔레비전 다큐멘터리의 스타가 되어 있었다.* 이 시대가 본래 그런 것이다. 의태 문어는 그 지역환경에 사는 많은 어류와 해양생물(모두 독성을 띤)을 모방하는 듯하다. 이 의태 형태 중 대부분은 아직 추정 수준이지만, 로저 핸런은 의태 문어가 넙치를 모방한다는 설득력 있는 증거를 내놓았다. 의태 문어는 노출된 곳에서 헤엄을 칠 때면 촉수를 모아서 한 덩어리로 만드는데, 그러면 넙치와 똑같은 모습이 된다. 그보다 입증이 덜 되기는 했지만, (흑백의 띠무늬를 띤 촉수들을 불가사리처럼 펼침으로써) 쏠배감펭과 (띠무늬를 한 촉수 두 개를 한 줄로 길게 뻗어서 뱀 모양을 함으로써) 바다뱀도 흉내낸다. 이 잠정적인 의태 모델들은 모두 독성을 띠므로, 이것은 호랑나비와 마찬가지로 베이

---

* 의태 문어를 포함하여 이 장에서 설명하는 의태 생물들을 찍은 동영상은 대부분 유튜브에서 찾을 수 있다.

츠 의태이지만, 한배의 형제들 사이에서만이 아니라 한 개체 내에서 다양한 의태자가 나오는 셈이다.

문어는 1940년 휴 코트가 백과사전식으로 기술한 모든 위장 기법들을 강력하게 뒷받침하는 증거를 제공한다. 아마 이중에서 가장 논란이 되는 것은 분단색일 것이다. 시어도어 루스벨트는 세이어와 논쟁할 때 이 점을 가장 통렬하게 비판했다. 그러나 문어는 배경과 뒤섞이는 것뿐만 아니라 분단색도 사용한다. 문어는 밝은 색깔이 몸 전체로 파도를 타는 것처럼 흘러가게 할 수 있다. 때로는 전혀 문어가 아닌 것처럼 보이게 하는 것도 중요하며, 문어는 아주 밝고 고도로 대비되는 무늬를 통해서 그렇게 할 수 있다. 또 문어는 방어피음도 할 수 있다. 세이어와 코트는 경의를 표할 것이다. 핸런은 문어의 시각 일치 무늬—반점, 얼룩, 분단—가 동물계에 나타나는 위장 범위 전체의 주형이라고 주장한다.

초기의 의태와 위장 연구들이 가지는 결함은 해당 동물들이 우리가 보는 것을 다소 똑같이 본다고 당연시했다는 것이다. 우리가 난초 꽃을 감상하다가 갑자기 난초처럼 생긴 사마귀임을 알아차리거나 꽃대를 보며 전율을 느끼다가 갑자기 곤충 무리임을 깨닫는 것처럼, 동물들도 그렇게 본다고 전혀 의심하지 않고 받아들였다. 그러나 이제 우리는 동물의 시각계를 조사할 수 있으며, 그들이 우리보다 나은 점도 있고 못한 점도 있다는 것을 안다. 예를 들면 대다수의 포유동물은 우리처럼 3색 색각을 가지고 있지 않다. 사실 우리의 동료 영장류만이 3색 색각을 가진다. 그러나 새와 곤충은 종종 스펙트럼에서 우리가 볼 수 없는 범위인 자외선도 볼 수 있다. 이것이 의태와 위장에 어떤 영향을 미칠까?

게거미는 좋은 시험 사례이다.[5] 먹이를 꾈 목적으로 특정한 의태를 택한 놀라운 사례라는 점을 염두에 두지 않고 보면 게거미는 아주 단순해 보인다. 몸 전체가 흰색이나 노란색을 띤 거미가 흰색이나 노란색 꽃에 앉아서, 거미가 있다는 것을 모른 채 꿀을 찾아 꽃으로 다가오는 벌을 잡는 광경을 보라. 이보다 단순한 사례가 있을 수 있을까? 그러나 더 많이 알수록 우리는 자연이 그런 단순한 방식으로 작용하지 않는다는 것을 더 많이 발견하게 된다.

꿀벌과 게거미와 꽃에 관해서 물어야 할 명백한 질문이 하나 있다. 그 생물들 자신에게는 세상이 어떻게 보일까? 우리는 주인공이 아니라 그저 관객일 뿐이다. 런던 퀸메리 대학교의 라스 치트카는 곤충, 특히 꿀벌의 시각을 연구하는 전문가이다. 우리의 시각과 곤충 및 새를 비롯한 다른 많은 동물의 시각이 다른 점은 그들의 눈이 반응하는 파장이 빨강에서 파랑 쪽으로 더 치우쳐 있다는 것이다. 사실 그들은 가시광선의 범위를 벗어난다. 그 스펙트럼의 파랑 쪽의 가장 어두운 끝(자주색) 너머는 자외선이다. 우리는 자외선을 볼 수 없지만, 곤충은 볼 수 있다. 대신에 단점도 있는데, 예를 들면 곤충은 붉은색을 전혀 볼 수 없다.

2003년, 치트카 연구진은 커다란 흰 국화꽃에 숨어 지내는 오스트레일리아의 흰게거미가 자외선에서는 사실상 눈에 확 띈다는 것을 발견했다. 이 말은 게거미가 꽃에 앉아 있으면 꿀벌이 평소보다 꽃을 더 환하게 잘 보게 된다는 의미이다. 따라서 꽃에서 단순히 거미를 본다는 차원을 넘어서, 꿀벌은 거미가 있는 꽃에 특히 더 끌린다! "거미-꽃"은 텔레비전 광고에 나오는 경이로울 만큼 하얗게 세탁하는 세제와 흡사하다. 아주 비현실적으로 밝고 현혹시키려는 의도를 가지며, 꿀벌은 그것에 저항할 수 없다. 적어도 기본 줄거리는 그렇다. 그리고 연구를 통해서 이야기에 살이 붙을수록 더욱 놀라워질 것이다.

오스트레일리아는 게거미의 주요 서식지 중 하나이며, 시드니에 있는 매쿼리 대학교의 마리엘라 허버스타인은 게거미 이야기에서 더 미묘한 사항들을 밝혔다. 곤충은 온갖 감각 정보가 사방에서 아주 작은 감각 중추로 쏟아져 들어오는 멀티미디어 환경에서 살며, 어느 한 감각을 따로 떼어내어 살펴보는 것은 현명하지 않다. 로스차일드가 강조했듯이 냄새는 곤충에게 아주 중요한 감각이며, 꿀벌과 게거미 모두 냄새를 통해서 특정한 꽃에 끌리는 것으로 드러났다. 냄새 없는 꽃은 게거미도 꿀벌도 끌어들이지 못할 것이다. 아마도 꿀벌은 냄새를 꽃의 적응도 지표로 삼을지도 모른다. 꿀벌은 꿀이 거의 없는 건강하지 못한 꽃에 들르느라 시간을 낭비하고 싶지 않으며, 그럴 때 판단기준으로 삼는 것이 바로 냄새이다. 한편 거미도 향기가 풍부한 꽃이 자신이 올라가기에 가장 알맞은 꽃이라고 "추론한다." 그런 꽃이 가장 많은 꿀벌을 끌어들이기 때문이다.

그러나 허버스타인의 발견 중 가장 기이한 것은 게거미와 공진화한 오스트레일리아의 토종 벌이 그런 현실을 깨닫고 있다는 점이다.[6] 꿀벌은 여전히 더욱 새하얀 꽃에 끌리기는 하지만, 어쩐 이유인지 몰라도 가까이 다가가면 흥미를 잃는다. 허버스타인은 말한다.

> 게거미와 토종 꽃가루받이 벌 사이의 공진화 군비경쟁에서 현재 토종 꽃가루받이 벌이 이기고 있는 듯하며, 그에 따라서 거미는 가시성을 줄이거나 다른 감각 양상을 이용하여 토종 먹이를 꾐으로써 이런 포식자 회피 적응에 대응할 것이다.

꿀벌과 게거미의 싸움은 코트와 도킨스가 말한 군비경쟁의 하나이다. 한쪽이 우위에 서면, 상대는 대응책을 진화시켜야 한다. 자연과 인류문화에서 속임수와 대응수단은 같은 법칙을 따른다.

따라서 진화가 여기 우리 눈앞에서 일어나고 있으며 거미가 더 이상 오스트레일리아 꿀벌을 잡아먹지 못한다면, 그들은 어떻게 아직까지 생존해 있는 것일까? 그들은 무엇을 먹고 살까? 오스트레일리아에는 토종 벌 외에 유럽 벌이 아주 많으며, 유럽 벌은 아직 게거미의 꾐에 넘어간다. 허버스타인은 평한다. "나는 이 게거미가 오스트레일리아 원주민이 유럽 정착민의 혜택을 본 극소수의 사례 중 하나라고 본다."

150년에 발견된 베이츠 의태라는 현상(무해한 종이 포식자를 피하기 위해서 유독한 종을 흉내내는 것)에서 지금도 놀라운 발견이 이루어지고 있는 것이다. 가장 복잡한 사례는 독사인 산호뱀과 독성이 없는 의태자인 왕뱀이다.[7] 산호뱀 의태는 대담하다. 산호뱀이 크므로 의태자도 크다. 산호뱀은 빨강, 노랑, 검정의 선명한 띠무늬로 이루어진 전통적인 경고색을 띤다. 독사인 산호뱀은 너무나 자신을 뚜렷이 광고하기 때문에, 사는 곳마다 그 뱀을 모방하는 독이 없는 의태자들도 존재한다. 놀랍게도—그리고 우리에게는 편리하게도—의태자는 색깔은 일치시킬 수 있지만, 색의 순서는 일치시키지 못한다. 비록 소수의 예외가 있기는 하지만(조심하기를!), 다음의 동요를 이용하면 독사와 무해한 뱀을 구별할 수 있다.

빨강 다음 노랑은
동료를 죽이지.
빨강 다음 검정은
독이 없지.

자연이 산호뱀의 무늬를 흉내내면서 색깔 띠의 순서는 그대로 본뜨지 않았다는 점은 기이하다. 아마 그 차이를 간파할 만큼 정교한 시각을 갖춘 동물은 없는 듯하다. 어릴 때부터 산호뱀을 채집한 노스캐롤라이나 대학교의 데이비드 페니그는 말한다. "모델과 더 충실히 일치하도록 의태자에게 강한 자연선택이 가해지지 않았을지 모른다. 그 정도로도 이미 완벽하게 작동하는 듯하기 때문이다."[8]

페니그의 산호뱀과 왕뱀 의태자 연구는 베이츠 의태의 복잡성을 새롭게 인식시키고 있다. 두 뱀은 베이츠 의태를 연구하기에 알맞다. 산호뱀이 너무나 독성이 강하므로 포식자는 실수를 저질러서는 안 된다. 그런데 모델인 독성을 띤 산호뱀과 독성이 없는 왕뱀 의태자의 서식범위는 또다른 수수께끼를 안겨준다. 예를 들면 독성이 없는 주홍왕뱀의 서식범위는 모델인 동부산호뱀보다 수백 킬로미터 더 넓다. 우리는 모델이 없는 곳에서는 의태도 없을 것이라고 예상할 수 있다. 의태 무늬는 동물을 눈에 잘 띄게 하는 것인데, 보호를 전혀 받지 못한 채 눈에 잘 띈다면 포식자에게 날 잡아먹으라고 하는 것과 다를 바 없기 때문이다.

페니그는 독이 없는 뱀만 사는 지역에서는 정말로 의태가 해체된다는 것을 알았다. 그런데 이 뱀은 처음에 어떻게 그 지역으로 진출한 것일까? DNA 분석 결과 암컷이 아니라 수컷들이 의태자와 모델이 함께 살던 지역으로부터 그곳으로 이주했다는 것이 드러났다.

그러나 여기에서 또 한 가지 흥미로운 현상이 벌어진다. 모델의 서식범위를 넘어서는 곳에 사는 의태자가 의태 무늬를 잃어간다면, 모델의 개체수가 많은 지역에서 모델이 전혀 없는 지역으로 향할수록 의태가 서서히 해체된다고 예상할 것이다. 그러나 페니그는 실제로는 모델의 개체수가 극히 적은, 서식범위의 **가장자리**에서 최고 수준의 의태가 나타난다는 것을 발견했다. 이것은 실험을 통해서도 입증되었고, 이유는 쉽게 추론할 수 있다. 모델의 개체수가 많은 곳에서는 완벽한 의태가 필요하지 않다. 모델은 아주 위험하므로, 모델이 흔한 곳에서는 모델과 조금이라도 비슷해 보이면 포식자는 피한다. 그러나 모델이 드문 서식범위의 가장자리에서는 포식자가 모델을 완벽하게 닮지 않은 것은 건드려보려는 경향을 보일 수 있다. 어쨌거나 좀더 멀리 가면 이렇게 모델을 덜 닮은 독이 없는 의태자들은 보호해줄 모델이 아예 없어진다. 따라서 이곳의 왕뱀들은 정확히 의태를 해야 한다.

산호뱀 이야기가 아직 진화하는 중이라면, 자연의 위장 이야기 중에서 가장 오래된 것—산업오염과 회색가지나방(*Biston betularia*)의 사례[9]—은 한 바퀴 돌아 원점으로 회귀했다. 19세기 말부터 이 고전적인 이야기는 두 번에 걸쳐서 유명세를 탔다. 한 번은 진화가 현재 일어나고 있다는 탁월한 사례로서, 또 한 번은 생물학자와 창조론자 사이의 논쟁의 대상으로서였다. 첫 번째 시기에는 문제가 아주 단순해 보였다. 많은 종―이를테면 퓨마―은 몸이 새까만 종류도 낳을 수 있다. 꽤 단순한 유전적 메커니즘을 통해서 세포의 대부분이 검게 변함으로써 그 동물이 원래 가졌을 표면의 무늬를 모두 지워버린다. 이것을 흑색증이라고 한다. 밝은 무늬를 가진 개체와 검은 개체는 배경에 따라서 포식자에게 전혀 다르게 지각될 것이 분명하다. 회색가지나방은 영어 이름이 뜻하는 것(영어명을 직역하면 후추나방이다/역주)처럼 밝은 바탕에 후추를 뿌린 듯한 섬세한 무늬를 가진 나방으로서 나무껍질, 특히 지의류로 덮인 나무껍질의 무늬를 배경으로 삼으면 완벽하게 위장이 된다. 그러나 19세기 중반에 맨체스터 같은 산업지역의 나무들이 오염 때문에 지의류가 죽으면서 검게 변하자, 검은색을 띤 회색가지나방의 수가 증가했다. 나방이 "검게 변한" 것은 아니었다. 생존의 기회가 적어서 본래 늘 적은 비율로 있던 검은 나방(다형성이다)이 갑자기 상황이 변했음을 알아차린 것이었다. 이제는 검은색이 위장이 더 잘 되었다. 검은 나방의 수는 늘어나기 시작했고 보통 무늬를 가진 나방의 수는 줄어들기 시작했다.

이 단순한 그림을 조금 훼손하는 몇 가지 비정상적인 현상들이 있었다. 오염이 적은 시골 지역에서는 일반적인 형태가 여전히 우세할 것이며 대부분이 그 무늬를 띨 것이라고 예상되었지만, 산업이라고 할 만한 것이 전혀 없던 이스트앵글리아에서도 검은 나방이 90퍼센트 이상을 차지했다. 과학자들은 영국 중부지방에서 산업오염 물질이 바람에 날려 왔기 때문이라고 보았다.

어쨌거나 일반적인 양상은 뚜렷했다. 산업지역에서는 검은 형태가 급격히 증가했고, 검게 된 나무에서는 밝은 색의 나방이 새의 눈에 잘 띄고 연한 색 나무에서는 검은 나방이 눈에 잘 띈다는 것이 가장 설득력 있는 설명이었다. 1953년 옥스퍼드 대학교의 E. B. 포드가 속한 학과의 연구자 버나드 케틀웰은 이 가설을 검증하는 일에 나섰다.

베이츠와 월리스, 클라크와 셰퍼드가 운명처럼 만났듯이, 케틀웰도 우연히 한 인시류학자와 운명처럼 만나게 되었다. 서리 주 크랜리 출신으로 의사이자 열정적인 아마추어 인시류 연구가로 지내던 그는 1937년, 서른한 살 때 스코틀랜드 래녹의 블랙우드로 나비 채집을 갔다가 E. B. 포드와 마주쳤다. 그 뒤로 둘은 편지를 주고받았고, 14년 뒤에 케틀웰은 옥스퍼드 대학교의 포드의 학과로 연구를 하러 왔다. 포드가 너필드 재단에서 연구비를 따내는 솜씨를 다시 한번 발휘한 덕분이었다. 그들은 기이한 짝이었다. 케틀웰은 너저분하며 이론에 약하고 전공교육을 덜 받은 현장 연구자였다. 반면에 포드는 생태유전학계의 교황이라고 할 만했다. 그러나 케틀웰은 곤충학 방면에서 타의 추종을 불허하는 손재주를 가지고 있었다. 그는 포드의 유전학 이론에 현실을 덧씌웠으며, 포드의 장엄한 설계 중 일부를 맡아서 완성시켰다.

케틀웰은 두 지역에 회색가지나방의 검은 형태와 얼룩무늬 형태를 풀어놓았다. 한쪽은 산업도시인 버밍엄 근처의 숲이었고, 다른 한 곳은 시골인 도싯의 숲이었다. 예상대로 버밍엄에서는 검은 형태가 우세했고 도싯에서는 얼룩무늬 형태가 더 많아졌다. 너무나 깔끔한 결과였고, 케틀웰은 명성을 얻었다. 포드는 클라크와 셰퍼드의 연구 못지않게 이 연구를 자랑스러워했다.

주디스 후퍼는『나방과 인간』(2002)에서 비록 부정적인 입장에서이지만 케틀웰과 회색가지나방의 이야기를 상세히 다룬다. 케틀웰의 결론이 옳다는 것은 거의 확실하지만, 사실 그 실험은 여러 면에서 엉성했다. 사실 자연의 가장 유명한 위장의 사례인 회색가지나방은 환경이 생물에게 무늬를 그려넣는 이 능력(전체를 검게 칠하는 간에)의 배후에 있는 유전적 메커니즘을 밝혀내는 선두주자가 되었어야 마땅했다. 그런데 정반대로 아주 최근까지도 이 나방은 숱한 의구심의 대상이었다.

케틀웰의 뒤를 이어서 회색가지나방과 흑색증을 다룬 다양한 연구들이 이루어졌다.[10] 당시에는 새의 선적응 외에 다른 요인들이 이 나비 집단의 차이를 빚어내는 데에 관여하는 것처럼 보였다. 많은 나방은 자신이 태어난 곳을 떠나는 일이 거의 없다. 회색가지나방은 대다수 나방들보다 더 멀리 움직인다. 그런 이주로 유전자는 뒤섞인다. 1982년 『네이처』에 회색가지나방 집단의 변화를 일으킨 주된 원인이 포식이 아닐 수도 있다는 논문이 실렸다. 연구진은 산업시대에 포식자가 전혀 없는 고양이와 비둘기 같은 종들을 포함하여 많은 동물 종이 검어졌다는 사실을 증거로 들면서, 산업오염이 아마도 돌연변이를 일으킴으로써 나방에 직접 변화를 일으켰을 것이라고 주장했다.

　제2차 세계대전 이후로 공기가 점점 맑아졌다. 그것은 회색가지나방 이야기가 반대 순서로 진행될 것임을 시사했다. 검은 형태로부터 원래의 밝았던 전형적인 형태로 돌아가는 것이다. 해가 지날수록 많은 지역에서 검은 나방은 수가 줄어들고 얼룩무늬 나방은 불어났다. 모든 사람이 그것을 사실이라고 받아들였지만, 『네이처』의 논문은 검은 나방이 포식 가설로 설명할 수 있는 것보다 더 빨리 쇠퇴하고 있다고 주장했다. 본래의 형태는 지의류에 앉을 때 위장되는데, 그 형태는 자신을 숨겨준다고 추정되는 지의류가 복원되는 속도보다 더 빠르게 수가 늘어났다. 논문은 "아직 알려지지 않은 자연의 비시각적인 선택 힘들"을 고려해야 하며 "검은 나방의 삶도 결코 교과서에 실린 것처럼 단순하지 않다"고 결론을 내렸다. 자연에서 가장 단순하고 대표적인 위장의 사례로 여겨졌던 것이 이런 꼴이 되었다. 신성불가침한 사례는 결코 없는 것일까?

　회색가지나방 이야기는 결말을 짓지 못하고 새로운 연구결과가 나올 때마다 논란이 벌어지면서 좌충우돌 전개되다가, 1998년에 사건들이 희한하게 이어지면서 과학 논쟁이라는 한정된 테두리를 벗어나 창조론 논쟁이라는 위험한 바이러스처럼 온갖 주장이 전파되는 세계로 들어갔다.

그해에 케임브리지 대학교 유전학과의 마이클 매저러스는『흑색증 : 활동하는 진화(*Melanism: Evolution in Action*)』라는 책을 냈다.[11] 그는 회색가지나방 이야기를 검토하면서 다소 놀라운 방식으로 말문을 열었다. "이 과학자들[케틀웰 이후에 회색가지나방을 조사한 연구자들]은 회색가지나방 이야기에 자세히 기술된 이야기 구성 부분들의 대부분이 틀렸거나 부정확하거나 불완전함을 보여준다." 그러나 그는 이렇게 결론지었다. "내가 보기에, 포식을 다룬 케틀웰의 초기 논문 이래로 나온 엄청난 양의 자료들은 그 연구로부터 추론한 정량적인 기본 결론을 훼손하지 않는다."

그러나 1998년 11월 5일『네이처』에『흑색증』의 서평을 쓴 미국 생물학자 제리 코인은 그 책에 실린 복잡다단한 많은 자료들이 교과서에 실린 이야기를 버리라는 압도적인 증거라고 본 듯하다.[12] 이 무렵에는 케틀웰의 연구에 몇 가지 면에서 결함이 있다고 널리 인식되어 있었다. 그 실험은 너무나 인위적이었다. 한 사례로 낮에 나무줄기에 죽은 나방을 많이 꽂아놓은 것은 야생의 실제 상황을 제대로 재현한 것이 아니었다. 코인은 이 점을 비판하는 데에 많은 지면을 할애했다. 마치 모든 연구가 케틀웰의 연구에 의존하는 것처럼 말이다. 그러나 다른 많은 연구들은 그렇지 않았다.

코인은 믿음의 상실이라는 관점에서 서평을 씀으로써 뒤에 이어질 폭력을 자초한 듯했다. "나의 반응은 여섯 살 때, 크리스마스 이브에 선물을 가져다놓는 사람이 산타가 아니라 아빠라는 사실을 알아차리면서 느꼈던 실망감과 비슷하다."『네이처』에 그런 식으로 쓰다니! 그는 "당분간 우리는 그것이 활동하는 자연선택의 잘 이해된 사례라는 주장을 폐기해야 한다. 비록 회색가지나방이 진화의 사례임은 분명하지만 말이다"라고 결론지었다.

코인의 서평을 수중에 넣은 한 특정 종파는 서평에 실린 마지막 단서는 외면했다. 이 무렵에 창조론은 한창 활기를 띠고 있었고, 창조론자들은 진화를 공격할 만한 거리가 있는지 닥치는 대로 찾아다니고 있었다. 그들은 생물학자가 『네이처』에 이런 식으로 글을 쓸 수 있다면, 진화의 전당은 전면 공격을 감행하기에 딱 좋을 정도로 혼란에 빠져 있을 것이 분명하다고 판단했다.

매저러스는 이렇게 쓴 적이 있었다. "나는 다소 오염된 지역에서 새의 포식 양상의 차이와 이주가 흑색증 회색가지나방의 증감을 빚어낸, 그밖의 요인들을 거의 배제시키는 주된 원인이라고 본다."[13] 코인의 서평에서는 이 "주된"이 "아마도"로 바뀌었고, 더 나아가 그는 "하지만 나는 '아마도'를 '어쩌면'으로 바꾸고 싶다"라고 덧붙임으로써 공격의 수위를 더 높였다. 이런 식으로 검정색은 귓속말로 겨우 세 단계를 거치면 하얀색이 될 수 있다. 매저러스의 복잡한 분석은 코인에게 전달되면서 산타 다윈에 대한 믿음 상실로 왜곡되었다. 『선데이 텔레그래프(Sunday Telegraph)』의 과학기자인 로버트 매슈스는 코인의 서평을 보고서 그 이야기를 잘못된 방향으로 더욱 멀리 끌고 나갔다.

진화 전문가들은 다윈 이론의 가장 소중한 사례 중 하나인 회색가지나방의 증감이 일련의 과학적 실수에 토대를 두고 있다고 조용히 받아들이고 있다. 1950년대에 이루어졌고 자연선택이 옳음을 입증했다고 오랫동안 믿어왔던 실험들이 지금은 "옳은" 답을 얻기 위해서 고안된 무가치한 것이라고 생각된다.[14]

"그밖의 요인들을 거의 배제시키는 주된 요인"이라는 말을 "지금은 무가치한 것이라고 여겨진다"고 한층 더 교묘하게 바꿔치기 하자, 이른바 플로리다에 있는 나비의 날갯짓이 오레곤에 허리케인을 일으킨다는 식의 폭풍이 일어났다. 바로 나비 효과였다. 매슈스의 기사는 10여 년이 지난 지금까지도 창조론자들의 웹사이트를 자극하고 있다.

그 이야기는 2002년 주디스 후퍼의『나방과 인간』이 출간되면서 더욱 엉뚱한 방향으로 흘러갔다. 과학저술가인 후퍼는 회색가지나방 이야기와 그 나방을 연구한 과학자들을 거의 사기에 가까운 행위를 저지른 무능한 자들의 이야기로 변질시켰다. 그리고 거기에는 E. B. 포드와 나비 채집망을 든 신사 집단으로 이루어진 오만한 옥스퍼드 체제에서 내쫓긴 미국인 테드 서전트라는 용감무쌍한 고독한 연구자가 있었다. 후퍼는 포드의 영국 생태유전학파가 회색가지나방 이야기의 진실을 가리는 해로운 세력이라고 보았다.

그녀의 공격은 객관적인 것이 아니라 인신공격이었다. 그녀는 몇몇 나방 연구자들이 "셔츠 단추를 어긋나게 채우고 머리도 빗지 않은 편집광적인 컴퓨터 해커에 더 가까우며 사교성이 모자란"[15] 인물이라고 비난했다. 신사 집단에게는 걸맞지 않은 비난이었다. 그리고 대체 언제부터 개인적인 너저분함이 과학연구의 결과를 심각하게 훼손했단 말인가? 아인슈타인이 언제 머리를 빗었던가? 후퍼는 창조론자가 아니었지만, 그녀의 책은 창조론자들에게 유용했다.

자신의 책이 뜻하지 않은 논란을 불러일으키고, 그 논란이 통제할 수 없을 지경으로 흘러가자 매저러스는 몹시 심란해했다. 그는 케임브리지 인근의 매딩리우드에서 7년에 걸친 실험을 계획하여 케틀웰의 실험 방법상의 오류를 바로잡고 후퍼의 질문 중 몇 가지에 답함으로써 상황을 바로잡는 일에 나섰다. 후퍼는 책을 쓸 때 매저러스를 인터뷰한 적이 있지만 그의 설명에 만족하지 못했다.

후퍼가 많은 지면을 할애하여 케틀웰을 비판한 것 중 하나는, 검증하기가 어려운데도 새가 나방 포식률의 차이를 일으키는 원인이라고 가정했다는 것이었다. 새는 낮에 사냥하며 시각계가 우리와 비슷하다. 후퍼는 나방에게는 고주파 반향정위를 이용하여 밤에 날면서 사냥하는 박쥐가 훨씬 더 강력한 포식자일 수 있다고 주장했다.* 매저러스는 오직 후퍼를 만족시킬 목적으로 한 가지 실험을 했다.[16] 그는 회색가지나방의 양쪽 형태를 200마리 넘게 희생시킨 끝에, 박쥐가 양쪽 형태를 잡아먹는 비율에 아무런 차이가 없음을 밝혔다. 즉 박쥐는 회색가지나방의 검은 형태와 밝은 형태를 고루 잡아먹는다. 한 형태가 다른 형태보다 수가 많은 것은 박쥐의 포식 때문이 아니었다.

케틀웰의 실험 중 나중에 많이 비판을 받은 또 한 가지는 그가 나방을 나무줄기에 꽂아놓았다는 점이다. 많은 전문가들은 회색가지나방이 낮에 어디에서 쉬든 간에 나무줄기에서 쉬지는 않는다고 말했다. 그래서 매저러스는 나방이 낮에 어디에 있는지 찾아내는 일에 나섰다. 그는 나방의 50여 퍼센트는 곁가지에 앉아 있고, 37퍼센트는 나무줄기에서 쉰다는 것을 밝혀냈다.[17] 그저 발견하기 어려웠을 뿐이었다! 이렇게 케틀웰의 실험이 크게 잘못되지 않았음에도 이런 점들을 근거로 50년 넘게 그를 물고 늘어져온 것은 이상한 일이다.

그러나 매저러스의 핵심 실험은 포식에 관한 것이었다. 그는 나방에 표시를 한 뒤에 풀어주었다가 다시 잡아들였다.[19] 조사하니 밝은 형태는 약 21퍼센트, 검은 형태는 29퍼센트가 포식자에게 잡아먹혔다. 2001-

---

* 일부 나방에게서는 박쥐에 맞서 대항할 수단이 진화했다.[18] 레이더 방해 장비를 갖춘 현대 폭격기처럼, 나방은 박쥐의 초음파를 비껴가게 하는 방법을 찾아냈다. 불나방이 그렇다. 일부 불나방은 낮과 밤을 가리지 않고 난다. 그들은 금방망이속과 활나물속의 식물에서 피롤리딘 알칼로이드를 얻어서 고전적인 방식으로 포식자의 입맛을 떨어뜨리며, 밝고 복잡한 빨간색과 갈색의 무늬를 띤다. 모충도 낮에 보호를 받기 위해서 경고색을 띤다. 그런데 반향정위를 이용하여 밤에 사냥하는 박쥐에게 입에 넣으면 곧 내뱉게 될 것이라고, 아니 입에 넣을 생각조차 말라고 어떻게 알려줄 수 있을까? 밤에 나는 불나방은 흉부의 특수한 기포로부터 박쥐처럼 초음파를 낼 수 있다. 나방이 내는 소리를 통해서 박쥐는 그런 소리를 내는 종은 맛이 없다는 것을 배운다. 다시 말해서 나방은 이렇게 말하는 것이다. "내가 시끄러운 소리를 내는 것은 그저 내가 역겨운 맛을 낸다고 말해주기 위해서야." 즉 화려하고 맛이 없는 종이라는 개념을 소리로 번역한 것이다.

2007년에 걸쳐 검은 형태의 비율은 약 12퍼센트에서 1퍼센트로 줄었고 (1957-1964년에는 94.8퍼센트에 이르렀다),* 이 상대적인 포식 비율은 그런 쇠퇴가 일어날 것이라고 예상한 그대로였다. 그러므로 회색가지나방 이야기는 믿어도 되는 듯했다.

매저러스는 2007년 8월 웁살라에서 유럽 진화생물학회에 자신의 연구 결과를 발표했다. 학회가 끝난 뒤에 제리 코인은 매저러스에게 "그것이 진화의 좋은 사례가 아니라는 뜻으로 말한 것이 아니었으며, 이제 실제로 그것이 다윈 진화가 활동함을 보여주는 잘 이해된 사례이며 생물학 교과서를 다시 제자리에 꽂아야 한다고 말하는 자료를 보아서" 무척 행복하다고 말했다.[20]

안타깝게도 회색가지나방의 이야기를 의기양양하게 복권시킨 매저러스의 연구는 개인적으로 그에게는 백조의 노래가 되고 말았다. 그는 2008년 11월 중피종(中皮腫)에 걸려서 2009년 1월에 사망했다.

회색가지나방이 논란이 된 것은 두 가지 이유에서였다. 첫째는 과학에 대한 기사가 점점 제멋대로 흘러갔기 때문이었고, 둘째는 창조론 압력단체들이 그 오해를 전폭적으로 받아들이기 위해서 대기하고 있었기 때문이었다. 과학자들은 고도로 복잡한 현상을 이해하기 위해서 적극적으로 애쓰고 있다. 그들은 자신들이 늘 모든 것에 대해서 옳다고 주장하지 않는다. 설명이 더 필요하다고 요구하는 불완전한 지식도 언제나 있다. 그것이 바로 과학을 계속 이끌어나가는 추진력이다. 그러나 창조론자는 오직 결함만을 찾는다. 그들은 이미 답을 알고 있기 때문에 종합하려고 하지 않는다. 물론 그것은 결코 답이 아니다. 실험으로 검증 가능한 그 어떤

* 회색가지나방의 검은 형태가 쇠퇴되는 양상을 가장 철저히 기록한 자료는 랭커셔 산업단지로부터 바람이 불어가는 쪽에 있는 위럴 반도의 자택에서 시릴 클라크 경이 1959-1995년에 걸쳐서 해마다 조사한 것이다. 그 양상은 케임브리지 대학교에서 얻은 추세와 비슷했다. 90퍼센트를 넘었다가 20퍼센트 이하로 줄었다.

것도 설명할 수 없기 때문이다. 창조론자가 듣고 싶어하는 것은 오직 서로 얽히고설킨 방대한 계의 한 사소한 부분을 다룬 과학논문에 의구심을 제기하는 문구뿐이다. 생물학적 과정들이 진화의 관점에서 알려지고 이해되고 있음에도, 창조론자들은 대안이 되는 설명을 전혀 내놓지 못한다.

    사람의 수명을 기준으로 할 때 진화의 과정이 너무나 느리므로, 진화는 불가피하게 모든 생물학 문제 중에서 가장 어려운 것이 된다. 놀라운 점은 그런 난점에도 불구하고 우리가 진화에 대해서 아주 많이 알고 있다는 것이다. 진화론은 한 연구자가 1953년에 두 숲에서 실험을 할 때 사소한 방법상의 오류를 저질렀다고 해서 불신을 받을 만한 것이 아니다.

에필로그

의태는 모방이지만 대단히 풍성하고 창조적인 과정이기도 하다. 무엇보다도 사람인 우리는 모방을 통해서 배운다. 우리는 독창성을 매우 높이 사지만, 예술가는 독창성이 모방과 감추기에 얼마나 크게 의존하고 있는지를 잘 안다. 완숙한 시인은 단지 모방하는 것이 아니라 훔친다는 말을 했을 때, T. S. 엘리엇은 그 업계의 비밀을 그저 폭로한 것에 불과했다. 혹은 엘비스 코스텔로의 말처럼, 당신은 처음에 자신이 이끌린 무엇인가를 모방하려고 시도하다가 실패하면 새로운 것을 내놓게 된다.

프롤로그에서 나는 예술사가인 에른스트 곰브리치 경이 자연계에서 시각적 표현양식을 발견하고 기뻐했다는 내용을 인용했다. 누군가가 동굴 벽에 사슴을 그리거나 풍만한 다산의 여신상을 조각하기 오래 전에, "나는 위험하니까, 먹을 생각조차 하지 마" 또는 "무지개 빛깔의 온갖 소용돌이 눈꼴무늬를 엮어넣은 내 펼친 부채꼬리를 보고……헛된 마음을 먹지 마"라는 뜻의 회화적 기호가 있었다.

작가인 블라디미르 나보코프와 화가인 애벗 세이어 같은 몇몇 예술가들은 자연의 의태와 질감 모사를 아주 잘 알고서 그것을 작품에 엮어넣었다. 나보코프는 이런 의태의 사례의 더 깊은 의미를 붙들고 씨름했다. 피카소 같은 화가들은 더 체계적으로 자연의 창조를 모방하고, 재료를 찾아서 자연과 인간의 잡동사니를 뒤적이면서 세계를 헤치고 나아갔다.

피카소는 자신이 무엇을 하고 있는지를 아주 잘 알았고, 제1차 세계대전 때의 군사적 위장에 자신이 영향을 미쳤음을 알아차렸고, 자신을 신과 동격인 창조자라고 보았다. 그의 익살스럽고 방탕한 창조성은 제2차 세계대전 이후 몇 년 사이에 내놓은 조각품들에 완벽하게 반영되었다. 야자나무 잎과 재활용 휘발유 통으로 모조 열차와 탱크를 만든 사막의 위장 부대를 떠올리게 하는 태도로, 피카소는 움직이는 작품으로 변환시킬 발견된 오브제(found object)를 찾아 프랑스 남부 발로리스의 쓰레기장을 뒤졌다. 낡은 고리버들 바구니는 염소의 가슴 부분이 되었다. 또다른 바구니는 뛰어다니는 어린 소녀의 몸통이 되었고, 녹슨 나사들은 작은 올빼미의 발이 되었다. 가장 경이로운 변환 사례는 아들의 장난감 차의 보닛과 바람막이로 개코원숭이의 얼굴을 만든 것이다. 그것은 사실은 자동차 두 대였다. 그는 장난감 자동차 두 대를 바퀴끼리 맞닿도록 위아래로 붙여서 개코원숭이 머리를 만들었다. 그 부조화는 파필리오 트로일루스 모충의 경고용 "얼굴"을 떠올리게 한다. 게다가 그것은 사막의 카니발과 동족인 생물이다. 시각적으로 전혀 다른 무엇인가를 만들기 위해서 대상을 포식한 것이다. 자연과 예술가는 수중에 든 것을 이용하여 풍성하고 낯선 무엇인가로 변형시킨다. 그들은 손재주꾼이자 땜장이이다.

예술은 세이어와 피터 스콧의 사례에서처럼 사실상 자연의 일부로서 혹은 자연계의 과정을 조명함으로써 내 이야기에 엮였다. 그리고 전쟁은 위장을 통해서 세 가지 세계를 하나로 엮었다. 코트가 처음으로 알아차렸듯이, 자연과 군사적인 충돌에서 볼 수 있는 영속적인 소모전은 몇 가지 공통점을 가진다. 제2차 세계대전 때 엘알라메인에서 정점에 이른 위장과 기만의 기법은 거기에서 나왔다.

자연의 몇몇 생물들도 나름의 사막전을 벌인다. 미국 남부 사막의 바위주머니쥐(rock pocket mouse)는 자연의 위장 동물 중 최초로 유전적 메커니즘이 알려졌다는 영예를 얻었다.[1] 바위주머니쥐는 애리조나 남부,

뉴멕시코, 멕시코 북부의 바위투성이 서식지에 산다. 대부분은 바위와 일치하는 모래 색깔을 띠며 배는 하얀색으로 방어피음이 되어 있다. 그러나 그 지역에는 100만 년이 채 되지 않은 검은 화산암도 군데군데 드러나 있다. 이런 노두(露頭)에 사는 바위주머니쥐는 거의 다 검다. 그들은 올빼미의 먹이이며, 실험해보니 올빼미는 밤에도 밝은 색깔의 동물과 검은 색깔의 동물을 분간할 수 있는 것으로 밝혀졌다. 따라서 생태학적 수준에서 무늬는 명확한 의미를 가진다. 이 용암에서 유래한 암석 지대에서는 검은색의 주머니쥐가 선택되어왔으며, 그들이 진화한 것은 100만 년이 채 되지 않는다.

2003년에 유전자 하나로 주머니쥐의 색깔이 모래 색에서 짙은 갈색으로 바뀔 수 있다는 것이 밝혀졌다. 사실 애리조나의 피너케이트 용암류 암석지대에 사는 주머니쥐의 색깔은 신호 전달 유전자의 염기 중에서 단 한 쌍이 치환됨으로써 바뀔 수 있다. 염기 한 쌍이란 유전적 변화의 절대영도이며, 더 이상 작게 나눌 수 없는 양자이다. 드디어 여기에서 우리는 적응적 변화의 결정적 증거를 찾아낸 것이다. 유전적 조성과 새로운 위장 무늬 사이의 상관관계가 바로 여기에 있다. 다윈은 자신을 크게 기념할 무렵(탄생 200주년이자 『종의 기원』 출간 150주년이 되는 해)에 자연선택을 통한 진화라는 그의 틀에서 막연했던 것이 형체를 드러내고 있음을 알았다면 전율했을 것이다. 그리고 이 최초로 밝혀진 메커니즘은 그가 예상했을 법한 일종의 미시 돌연변이이다. 그러나 그 돌연변이는 동물 전체를 전혀 다른 색으로 칠하는 큰 변화를 일으켰다. 주머니쥐를 모래 색 대신 갈색으로 칠하는 것은 나비의 추상화 걸작에 비하면 어린아이 장난이지만, 시작은 다 미미한 법이다. 모든 생명은 한때는 단세포 생물이었다. 다음에는 나비의 무늬 만들기 과정이 밝혀질 것이다.

지금껏 살았던 어떤 사람보다도 더 다윈은 자연을 속속들이 알고 싶어했다. 어떻게 드러나든 간에 말이다. 그는 모든 수준에서 생명의 과정들을 알아내기를 원했다. 다윈은 『종의 기원』을 20년이나 기다렸다가 내놓은 소심한 이론가였으며, 사망할 때까지도 계속 증거를 모았다. 현대의 위장 연구들은 제자리걸음을 하는 듯하다. 코트가 1940년에 출간한 책은 여전히 종종 결정판으로 생각되고는 한다. 그리고 양차 대전에서 생물학자와 예술가는 전쟁이라는 절망적인 제약조건하에서 그때그때 위장과 기만을 이용하는 방법들을 고안하느라고 애썼다. 그러나 제2차 세계대전 이래로 전쟁의 과학도 성장하고 있었다. 생물학이 유전체 시대로 접어들고, 컴퓨터로 수천 개의 DNA 조각들을 모아서 유전체 전체를 재구성할 수 있는 시대로 들어섰듯이 말이다. 평화로운 시대가 되면 늘 그렇듯이, 제2차 세계대전이 끝난 뒤로 군사적 위장에 대한 관심은 수그러들었다. 게다가 한국전쟁 때 야간 쌍안경이 개발되면서 순수한 시각적 위장은 부적절해졌고, 위장이 지엽적인 문제인 것처럼 보일 정도로 무기 기술이 빠르게 개발되고 있었다.

그러나 1960년대의 베트남 전쟁은 위장을 다시 의제로 올려놓았다.[2] 정글이라는 환경과 월맹군의 게릴라 전술 때문에 위장은 핵심과제로 부상했다. 위장을 오랫동안 하지 않아서 서툴렀기 때문에, 미군은 처음에 월남군의 호랑이띠 무늬를 빌려서 자국의 군복에 사용하면서 그사이에 잃어버린 위장 디자인 기술을 복원하려고 애썼다. 항공기 위장도 되돌아왔다. 페인트를 칠하지 않은 비행기는 무더운 기후에서 녹슬었기 때문이다. 그리고 이왕 페인트를 칠할 바에는 위장도 하는 편이 더 나았다.

아마 가장 널리 알려진 위장 무늬는 미국 우드랜드(US Woodland) 무늬일 것이다. 원래 1948년 미군 공병대 연구개발 연구소에서 군복용으로 개발되었으나, 실제로 쓰인 것은 1967년 베트남에서였다. ERDL이라고도 하는 이 무늬는 제2차 세계대전 때 독일 위장복을 토대로 만든 것이었다. 이 무늬는 1981년에 수정을 거쳐서 "우드랜드"라고 공식 명명되었다. 그 뒤로 우드랜드 무늬는 패션에 널리 쓰이게 되었고, 아마 위장이라는 단어를 들을 때 대다수의 머릿속에 떠오르는 이미지가 바로 이 무늬일 것이다. 원래 감추려고 한 것이 새로운 생명을 얻어 중심가에서 아주 쉽게 알아볼 수 있는 무늬가 되었다.

군복 위장 분야에서 일어난 가장 큰 변화는 1970년대에 미군 기관 연구국(Office of Institutional Research)의 심리학적 지각연구를 계기로 일어났다. 우드랜드는 상대적으로 큰 얼룩무늬를 썼지만, 카오스 이론은 자연의 질감이 현재 우리가 프랙털(fractal) 요소라고 부르는 것을 가지고 있다는 것을 보여주었다. 이것은 식물과 흙과 암석 같은 자연물의 겉모습이 무작위적인 픽셀로 이루어져 있음을 뜻한다.

프랙털은 구름, 산맥, 해안선, 눈송이, 고사리 잎, 나무 같은 자연적인 형상들이 단순한 기하학적 모양과 어떻게 다른지를 기술하는 한 방법이다. 프랙털의 발견자인 수학자 브누아 망델브로는 프랙털이 "부분으로 나뉠 수 있고 각 부분이 (적어도 근사적으로) 전체의 축소판인, 울퉁불퉁하거나 조각난 기하학적 모양"이라고 했다. 우리는 가장 놀라운 한 채소에서 프랙털을 볼 수 있다. 바로 점점 더 작은 인형이 겹겹이 들어가 있는 러시아 인형 원리에 따라서, 큰 원뿔형 꽃무더기가 더 작은 원뿔형 꽃무더기로 이루어지고 그것은 더욱 작은 원뿔형 꽃무더기로 이루어지는 로마네스코 브로콜리이다. 그런 무늬는 놀라울 정도로 단순한 수학 방정식으로 만들어낼 수 있으며 컴퓨터로 쉽게 모형화할 수 있다.

티머시 R. 오닐 중령은 이 점을 염두에 두고 듀얼텍스(Dual Tex)라는 무늬를 개발했다. 듀얼텍스는 나무의 모양을 없애지 않은 채 "나무에 잎을 덧붙이는" 것처럼 더 큰 무늬가 더 작은 무늬로 "뒤흔들리듯이" 깨지는 무늬이다. 그 결과 표적의 모양을 분단함으로써 알아보기 어렵게 만드는 거시무늬와 배경의 질감과 일치시켜서 검출하기 어렵게 만드는 미시무늬가 한꺼번에 나타났다.

1990년대에는 캐나다군이 앞서 나갔다. 그들은 미시무늬가 있으면 전통적인 곡선 형태의 거시무늬는 불필요하다는 것을 깨달았다. 그들이 사용한 가장자리가 직선인 모양은 인쇄하기가 더 쉬웠다. CADPAT (Canadian Disruptive Pattern, 캐나다 분단무늬)는 1997년에 등장했고 새로운 디지털 위장의 기준이 되었다. 그 뒤에 미 해군도 MARPAT(Marine Pattern, 해군 무늬)라는 비슷한 무늬를 개발했다.

MARPAT는 2004년에 특허를 받았고 특허서류에는 애벗 세이어를 관대하게 인정한 것을 시작으로 군사 위장의 이야기 전체가 흥미롭게 요약되어 있다. 서류 작성자들은 "위장은 과학이 되어가는 과정에 있는 예술이다"라고 말한다.

그러나 서류는 자연이 시금석이라는 세이어의 절대적인 믿음이 가진 한계도 명확히 밝히고 있다.

자연관찰을 토대로 한 전략은 군사적 요구조건에 미치지 못할 때가 종종 있다. 첫째, 동물의 체색은 때로 너무 독특하며 특정한 생태지위에서 포식자와 먹이의 공진화 범위를 좁히는 핵심요인이 되고는 한다. 즉 얼룩말의 띠무늬는 군사 위장의 유용한 원리들보다 사자의 시각계에 관해서 더 많은 것을 말해준다. 둘째, 생물은 자신이 "펼칠" 수 있는 전략(무늬)이 한정되어 있다. 동물의 체색 무늬는 유전적 이점을 장기간에 걸쳐서 전달하는 생존 확률을 반영한다. 그러나 동물은 자신의 겉모습을 "디자인"하지 않는다. 그 과정은 수동적이며 무작위 돌연변이라는 유전적 개척수단을 활용한다.

군사 위장은 폭넓게 적용할 수 있어야 한다. 모든 지형에 적합한 위장은 없으므로, 숲, 사막, 도시에 맞는 세 가지 표준 위장 형태가 있다. 디지털 위장은 현재 ACUPAT(Army Combat Uniform Pattern, 군 전투복 무늬)의 형태로 모든 미군에 쓰이고 있다. 본질적으로 이 디지털 무늬들은 모두 같은 원리를 이용한다. 사용되는 염료는 가시광선과 적외선 양쪽으로 효과가 있는 것이다.

진화가 누적되는 작은 변이를 통해서 작용한다고 믿는 학파와 불연속적인 큰 도약을 통해서 이루어진다는 쪽을 지지하는 학파 사이의 오래된 생물학 논쟁을 현대의 이보디보 연구가 해결했듯이, MARPAT는 위장의 목표가 "비가시성"이어야 하는가 아니면 "인식 불능"이어야 하는가라는 군사적 난제를 해결한다. 답은 광학 신경계에 있다. 시각계는 두 가지이다. 하나는 대상의 위치를 찾아내는 일을 하고 다른 하나는 그것의 정체를 식별하는 일을 한다. 디지털 위장도 이 두 체계에 맞추어 두 측면으로 구성된다. 미시무늬는 대상을 아예 검출하기 어렵게 하며, 거시무늬는 정체를 파악하기 어렵게 만든다.

디지털 위장, 이보디보의 유전자와 의태 및 위장 무늬 사이의 관계 탐색은 끝이 아니라 이제 막 시작되었다. 미군이 디지털 위장을 개발하기 전까지, 자연계와 전쟁에서의 위장을 지각의 문제로 보고 현대장비와 컴퓨터 분석을 이용하여 체계적으로 연구하려는 노력은 아예 없었다. 이 점에서는 세이어와 스콧, 심지어 코트까지도 어느 정도는 아마추어였다. 그러나 지금은 생물학자, 시각심리학자, 컴퓨터 과학자가 공동으로 야생 환경과 실험실 조건에서 먹이와 포식자의 시각계를 연구하는 학제 간 연구 노력이 점점 활기를 띠고 있다. 2009년 2월 왕립협회의 『회보』는 그 주제를 다룬 특집호였다. 편집자는 이렇게 썼다.

지난 몇 년 사이에 위장에 대한 연구가 폭발적으로 증가했다. 경고색과 의태에 대한 연구가 증가한 데에 어느 정도 힘입어 은폐에도 새롭게 관심이 쏟아지고 있다.……바야흐로 위장에 대한 연구가 활기를 띠고 있다.[3]

의태 문어, 새롭게 밝혀진 카멜레온의 체색 변화, 한창 진행되고 있는 게거미의 이야기는 모두 이 새로운 연구 흐름의 주요 표적이다. 신진 연구자들에게 이 분야의 창시자로 점점 더 인정을 받고 있는 세이어와 코트는 종종 냉대와 불신에 맞서 싸워야 했다. 현재 그들의 연구는 다양한 새로운 탐구를 자극하고 있으며, 지금은 연구성과를 공유하고 발전시킬 토론의 장—그들에게는 없었다—도 마련되어 있다.

위장과 의태는 기호의 거대한 제국에 속한 비언어적 의사소통 수단이다. 지구에 생물이 존재하는 한, 그들은 숨거나 위협하는 척하거나 놀라게 하거나 단순히 남이 만든 다소 멋진 무늬를 모방하는 새로운 방법을 계속 찾아낼 것이다.

주

약자

AHT1 Smithsonian Archives of American Art: Abbott Handerson Thayer and Thayer family papers, 1881–1950. Serise subseries 2.1: Series 2. Abbott Handerson Thayer Correspondence. War Office, London, 1916–1917 (Box 1, Folder 70). www.aaa.si.edu/collectionsonline/thayabbo/ (accessed 8 March 2009).

AHT2 Smithsonian Archives of American Art: Abbott Handerson Thayer and Thayer family papers, 1881–1950. Serise subseries 2.1: Series 2. Abbott Handerson Thayer Correspondence. Roosevelt, Franklin D., 1917–1918 (Box 1, Folder 57). www.aaa.si.edu/collections online/thayabbo/ (accessed 8 March 2009).

DCP Darwin Correspondence Project www.darwinproject.ac.uk (accessed 8 March 2009)

EBF Bodleian Library, Department of Western Manuscripts, Papers of E. B. Ford, MSS. Eng. c. 2656–2661

IWM Imperial War Museum Archives, London

JGKA Sir John Graham Kerr Archives, Glasgow University

NA National Archives, Kew, London

PS Sir Peter Scott papers, Cambridge University Library

프롤로그

1. Gombrich (1982), pp. 24–27
2. Martin Stevens and Sami Merilaita, 'Animal camouflage: Current issue and new perspectives', *Philosophical Transactions of Royal Society B*, 2009, 364, pp. 423–427

제1장

1. Letter from Bates to Darwin, 28 March 1861, in Stecher (1969), p. 14; DCP 3104
2. Bates (1863)
3. ibid., Vol. 1, pp. 247–248
4. in Stecher (1969), pp. 2–5; Moon (1976); E. Clodd, 'Memoir', in Bates (1892), pp. xvii–lxxxix
5. Wallace (1908), p. 144
6. Edwards (1847), p. 45
7. Bates (1863), Vol. 1, pp. 90–91
8. ibid., p. 6
9. H. W. Bates, 'Excursion to St Paulo', 5 September 1858, *The Zoologist*, 1858, xvi, pp. 6165–6166
10. Bates (1892), p. xviii
11. Wallace (1853), pp. 173–175
12. Wallace (1908), p. 155

13. Desmond and Moore (1992). 다윈의 이력 사항은 따로 언급이 없으면 이 문헌에서 인용한 것이다.

14. Darwin (1796), p. 556

15. Darwin (2002), p. 31

16. ibid., p. 10

17. ibid., p. 33

18. ibid., p. 43

19. ibid.

20. Owen (1994), p. 106

21. Darwin (1989), p. 287

22. Darwin (1985), pp. 116-117

23. ibid., pp. 125-126

24. ibid., p. 88

25. ibid., p. 133

26. Wallace (1908), pp. 175-202; Wallace (1896)

27. letter form Darwin to Lyell, 18 June 1858: DCP 2285

28. letter form Darwin to Lyell, 25 June 1858: DCP 2294

29. Browne (2002), p. 42

30. C. R. Darwin and A. R. Wallace, 1858: 'On the tendency of species to form varieties; and on the perpetuation of varieties and species by natural means of selection' [Read 1 July], *Journal of the Proceedings of the Linnean Society of London. Zoology*, 1858, 3, pp. 46-50

31. Desmond and Moore (1992), p. 497

32. letter from Bates to Darwin, 24, November 1862: in Stecher (1969), p. 37-38; DCP 3825

33. Henry Walter Bates, 'Contributions to an insect fauna of the Amazons Valley', *Transactions of the Linnean Society*, 1862, 23, pp. 507-508

34. ibid., p. 512

35. letter from Darwin to Bates, 3, December 1861: in Stecher (1969), p. 19; DCP 3338

36. Charles Darwin, 'A review of H. W. Bates' paper on "mimetic butterflies"', in Darwin (1977), pp. 87-92

37. Darwin (1951), p. 492

38. Henry Walter Bates, 'Contributions to an insect fauna of the Amazons Valley', *Transactions of the Linnean Society*, 1862, 23, p. 508

39. letter from Darwin to Bates, 26 March 1861: DCP 3100

40. letter from Bates to Darwin, 28 March 1861: in Stecher (1969). p. 11; DCP 3104

41. Bates (1863), Vol. 2, p. 346

42. ibid., Vol. 1, p. 261

43. Charles Darwin, 'A review of H. W. Bates' paper on "mimetic butterflies"', in Darwin (1977), p. 92

44. letter from Darwin to Hooker, 26 March 1862: DCP 3483

45. letter from Bates to Darwin, 2 May 1863: in Stecher (1969), p. 44; DCP 4138

제2장

1. Alfred Russel Wallace, 'On the phenomena of variation and geographical distribution as

illustrated by the Papilionidae of the Malayan region', *Transactions of the Linnean Society of London*, 1865, 25, pp. 10-11 (ft)

2. ibid., p. 6

3. Roland Trimen, 'On some remarkable Mimetic Analogies among African Butterflies', ibid., 1869, 26, Pt 3, pp. 497-522

4. Roland Trimen, 'Observations on the Case of *Papilio Merope*', *Transactions of the Entomological Society of London*, 1874, Pt 1, p. 140

5. J. P. Mansel Weale, 'Notes on the Habits of *Papilio Merope*', ibid., pp. 131-132

6. Ronald Trimen, 'Observations on the Case of *Papilio Merope*', ibid., p. 141

7. Ronald Trimen, 'Notes on the Capture of the Paired Sexes of *Papilio Cenea*', ibid., 1881, pp. 169-170

8. letter from Wallace to Bates, 24 December 1860: in Wallace (1908), p. 227

9. Wallace (1908), p. 227

10. ibid., p. 228

11. letter from Darwin to Wallace, 26 February 1867: in Wallace (1908), p. 229

12. Darwin (1868), p. 445

13. Wallace (1908), p. 236

14. A. R. Wallace, 'Dr Fritz Müller on some difficult cases of mimicry', *Nature*, 1882, 26, p. 86

15. West (2003)

16. letter from Dr Fritz Müller to Herman Müller, 29 March 1870, in West (2003), p. 224

17. letter from Darwin to Müller, 28 August 1870: British Library, London, BL Loan 10, 33

18. West (2003), p. 235

19. F. Müller, '*Ituna* and *Thyridia*; A remarkable case of mimicry in butterflies', *Transactions of the Entomological Society of London*, 1879, pp. xx-xxix (translated by Ralph Meldola from the original German article in *Kosmos*, May 1879, p. 100)

20. A. R. Wallace, 'Dr Fritz Müller on some difficult cases of mimicry', *Nature*, 25 May 1882, 26, pp. 86-87

21. letter from Darwin to E. L. Krause, 28 November 1880: DCP 12871

제3장

1. Beddard (1892), pp. 109-110

2. Forbes (1989), pp. 63-65

3. ibid., p. 216

4. ibid.

5. O. Pickard-Cambridge, 'On two new genera of spiders', *Proceedings of the Zoological Society of London*, 1884, Pt, p. 197

6. ibid., p. 199

7. Levi (1985), pp. 180-181

8. Burchell (1822), p. 310

9. *Gardeners' Chronicle*, 24 February 1900, pp. 113-115

10. Cott (1940), pp. 311-313

11. Sutherland (1983), pp. 400-410

12. Cott (1940), pp. 341-342
13. Wallace (1896), Vol. 1. p. 130
14. Darwin (1871), p. 392
15. Lull (1917), p. 246
16. Gregory (1896), pp. 273-275
17. Darwin (1862), pp. 197-203
18. L. W. Rothschild and K. Jordan, 'A revision of the lepidopterous family Sphingidae', *Novitates Zoologicae*, 1903, 9 (Suppl.), pp. 1-972
19. N. Annandale, 'Observations on the habits and natural surroundings of insects made during the "Skeat Expedition" to the Malay Peninsula, 1899-1900', *Proceedings of the Zoological Society of London*, 1900, pp. 839-848
20. G. D. Hale-Carpenter, 'Edward Bagnall Poulton, 1856-1943', *Obituary Notices of Fellows of the Royal Society*, 1944, 4, pp. 655-680
21. British Association, York, 5 September 1932. Papers on Sir Edward Bagnall Poulton, Bodleian Library, GB 161. Notebook 2
22. G. D. Hale-Carpenter, 'Edward Bagnall Poulton, 1856-1943', *Obituary Notices of Fellows of the Royal Society*, 1944, 4, pp. 658
23. Poulton, quoted in Hardy (1965), p. 145
24. Poulton (1890), pp. 24-283
25. ibid., pp. 264-265
26. Belt (1874), p. 383
27. Edward Bagnall Poulton, 'What is a Species?', *Proceedings of the Entomological Society of London*, 1903; pp. lxxvii-cxvi
28. Darwin (1985), p. 455
29. Poulton (1908), p. 76
30. Poulton (1890), pp. 278-282
31. W. L. McAtee, 'The experimental method of testing the efficiency of warning and cryptic coloration in protecting animals from their enemies', *Proceedings of the Academy of Natural Sciences of Philadelphia*, 1912, 64, pp. 302-303

제4장
1. Bateson (1894), p. 1
2. Carroll (2008), pp. 31-32
3. John S. Karling, 'Schleiden's contribution to cell theory', *American Naturalist*, 1939, 73, pp. 517-537
4. Robert P. Wagner, 'Rudolph Virchow and genetic basis of somatic ecology', *Genetics*, 1999, pp. 151, 917-920
5. Darwin (1868)
6. Carlson (2004), pp. 24-26
7. Henig (2000), pp. 67-89
8. Andrew Sclater, 'The extent of Darwin's knowledge of Mendel', *Georgia Journal of Science*, 2003, 61 (no. 3), pp. 134-137
9. de Vries (1909), pp. 217-259

10. Bateson (1894), pp. v-x

11. F. A. E. Crew, 'Reginal Crundall Punnett', *Biographical Memoirs of Fellows of the Royal Society*, 1967, 13, pp. 309-326

12. W. Bateson, R. Saunders and R. C. Punnett, 'Futher experiments in inheritance in sweet peas and stocks', Proceedings of the Royal Society B, 1906, 77, pp. 236-238

13. Allen (1978), pp. 144-164

14. Punnett (1951), p. 151

15. Helen Ghiradella, 'Hairs, bristles, and scales', in Harrison and Locke (eds) (1999), pp. 257-287

16. Punnett (1915), p. 152

17. ibid., p. 91

18. E. B. Poulton, 'Mimicry and the inheritance of small variations': Bedrock, 1913, 2 (no. 3), p. 301

19. Punnett (1915), pp. 146-151

20. Wells (1998), pp. 84-91

21. ibid., p. 86

22. ibid., p. 89

제5장
1. Thayer (1909), p. 3

2. White (1951)

3. Anderson (1982), pp. 73-74

4. Anderson (1982), p. 60

5. White (1951), p. 97

6. Thayer (1909), p. 14

7. Cott (1940), p. 36

8. Abbott H. Thayer, 'The law which underlies protective coloration', *The Auk*, 1896, 13, pp. 124-129

9. E. B. Poulton, 'The meaning of the white under sides of animals', *Nature*, 1902, 65, pp. 596-597

10. White (1951), p. 87

11. Anderson (1982), p. 117

12. Thayer (1909), p. 14

13. Abbott H. Thayer, *Popular Science Monthly*, Vol. 79, July-Dec. 1911, p. 26

14. Thayer (1909), p. 3

15. ibid., Plate 1

16. ibid., p. 154

17. Cortissoz (1923), p. 39

18. Thayer (1909), p. 205

19. Thayer (1909), pp. 5, 16

20. Thayer (1909), p. 6 (footnote)

21. ibid., p. 215

22. ibid., p. 214

23. White (1951), p. 108

24. Cortissoz (1923), p. 37

25. Thayer (1909), pp. 77-78

26. ibid., p. 78

27. ibid., p. 148

28. Thayer (1909), caption to Plate 63, following p. 78

29. Roosevelt (1910), pp. 501-520

30. ibid., p. 502

31. ibid., p. 507

32. ibid., p. 504

33. Abbott H. Thayer, *Popular Science Monthly*, Vol. 79, (July-Dec.) 1911, p. 26

34. Roosevelt (1909), p. 502 (footnote)

35. Brown (1963)

36. ibid., p. 110

37. ibid., p. 131

38. Blunt (1919-1920), p. 743

39. Thayer papers, in Anderson (1982), p. 33

제6장

1. *New York Tribune*, 13 August 1916; White (1951), pp. 253-258

2. 'Improvements in process of treating ships and other objects to render them less visible'. UK Patent GB190217989 (A), 1902

3. *United States Hydrographic Bulletin*, 1205, October 1912

4. John Graham Kerr, 'Camouflag in Warfare' (review), *Nature*, 1941, 147, p. 759

5. copy letter from Kerr to Churchill, 24 September 1914: JGKA/DC6/246

6. copy letter from Kerr to Balfour, 28 June 1915: JGKA/DC6/254

7. letter to Kerr, 1 December 1914: JGKA/DC6/249

8. letter form Kerr to G. T. Beilby, Admiralty, July 1915: JGKA/DC6/255

9. copy letter from W. W. Baddeley, Admiralty, to Kerr: JGKA/DC6/256

10. copy letter from Kerr to W. W. Baddeley, Admiralty, 18 July 1915: JGKA/DC6/257

11. JGKA/DC6/260

12. copy letter from Kerr to Lloyd George, 28 September 1916: JGKA/DC6/261

13. White (1951), pp. 132-139

14. letter from Thayer to the Secretary of the Admiralty: NA/ADM 1/8412/50

15. Admiralty memo Thayer to the Secretary of the Admiralty: NA/ADM 1/8412/50

16. White (1951), p. 161

17. ibid., p. 162

18. letter from John Singer Sargent to Thayer, 31 January 1916: ibid., p. 163

19. letter from Balfour to Thayer, 23 March 1916: AHT1, fos3-4

20. *New York Tribune*, 13 August 1916; White (1951), pp. 253-258

21. Wilkinson (1969), pp. 78-100

22. Committee of Enquiry on Dazzle Painting, 5 November 1919, NA/ADM 245/4

23. ibid.

24. ibid.

25. Wilkinson (1969), p. 84
26. Committee of Enquiry on Dazzle Painting, 5 November 1919, NA/ADM 245/54
27. ibid.
28. *New York Tribune*, 13 August 1916; White (1951), pp. 253-258
29. letter from Thayer to Roosevelt: AHT2/ff. 1-6
30. AHT2/f. 7
31. letter from Roosevelt to Thayer, 2 April 1918: AHT2/f. 13
32. Wilkinson (1969), p. 92
33. Everett Warner, 'The science of marine camouflag design', *Transactions of the Illustrating Engineering Society*, 1919, Vol. 14 (no. 5), pp. 215-224
34. 'Dazzle Painting of Merchant Ships', NA/ADM 1/8533/215
35. Wilkinson (1969), p. 93
36. 'Dazzle Painting of Merchant Ships', NA/ADM 1/8533/215
37. Lt Harold Van Buskirk, 'Camouflag', *Transactions of the Illustrating Engineering Society*, 1919, 14 (no. 5), p. 229
38. Committee of Enquiry on Dazzle Painting, 5 November 1919, NA/ADM 245/4
39. Lieutenant Commander Norman Wilkinson, 'The dazzle painting of ships', read before the North East Coast Institution of Engineers and Shipbuilders, 10 July 1919: NA/ADM 245/4
40. Committee of Enquiry on Dazzle Painting, 27 November 1919: NA/ADM 254/4
41. letter from Kerr to Churchill, 25 June 1915: JGKA/DC6/253
42. letter from Kerr to Balfour, 28 June 1915, JGKA/DC6/254
43. Lieutenant Commander Norman Wilkinson, 'The Dazzle Painting of Ships', read before the North East Coast Institute of Engineers and Shipbuilders, 10 July 1919. NA/ADM 245/4
44. Committee of Enquiry on Dazzle Painting, 27 November 1919: NA/ADM 245/4
45. 'Do you suggest'; 'the whole of this idea'; 'I make no claim'; 'no where in your letters'; 'Incidental resemblance is no ground': ibid.
46. letter from W. W. Baddeley, Admiralty, 2 October 1920: JGKA/DC6/277
47. JGKA/DC6/636
48. *The Times*, 19 May 1919
49. *The Times*, 9 June 1919
50. *Illustrated London News*, 22 March 1919, 154, pp. 414-415

제7장
1. Mare (1996), p. 131
2. Hardy (1965), p. 129
3. White (1951), pp. 158-163
4. ibid., p. 160
5. letter from J. Stephens, Director of Equipment and Ordnance Stores, to Thayer, 14 August 1916: AHT1/f. 10
6. undated letter from Viscount Bryce to Thayer: AHT1/f. 23
7. Newark (2007), pp. 81-87
8. Stein (1948), p. 11
9. Liberman (1960), p. 41

10. Mare (1996), p. 46

11. Penrose (1981a), p. 199

12. ibid.

13. Addison (1926), p. 107

14. Mare (1996), pp. 46-54, 130-131

15. Phillips (1933), pp. 116-213

16. Addison (1926), p. 108

17. Phillips (1933), p. 136

18. ibid., p. 132

19. ibid., p. 133

20. ibid., p. 139

21. Addison (1926), p. 122

22. Phillips (1933), p. 163

23. ibid., p. 126

24. ibid., p. 127

25. ibid., p. 127

26. Solomon (1920)

27. Phillips (1933), p. 180

28. the subsequent quotations come from Faulkner (1973), p. 18 and pp. 85-111

29. Thayer (1918), p. vii

30. letter from William Dutcher, 29 November, 1910: Thayer papers D200, Fr 1153-1155

31. Addison (1926), p. 112

제8장

1. 'The Butterfly', Brodsky (1980), p. 69

2. B. N. Schwanwitsch, 'On the ground-plan of wing-pattern in Nymphalids and certain other families of Rhopalocerous Lepidoptera', *Proceedings of the Zoological Society of London*, ser. B, 1924, 34, pp. 385-413

3. B. N. Schwanwitsch, 'On the ground-plan of wing-pattern in Nymphalids and certain other families of Rhopalocerous Lepidoptera', *Proceedings of the Zoological Society of London*, ser. B, 1924, 34, p. 510

4. F. Suffert, 'Zur vergleichende Analyse der Schmetterlingszeichnung', *Biologisches Zentralblatt*, 1927, 47, pp. 406-407

5. Goldschmidt (1960), p. 251

6. Richard Goldschmidt, 'Mimetic Polymorphisms, a contro-versial chapter of Darwinism', *Quarterly Review of Biology*, 1945, 20. p. 147

7. Nijhout (1991), pp. 119-131

8. Adrian Vallin et al., 'Prey survival by predator intimidation: An experimental study of peacock butterfly defence against blue tits', *Proceedings of the Royal Society B*, 2005, 272, pp. 1203-1207

9. Goldschmidt (1938), p. 4

10. Richard Goldschmidt, 'Mimetic Polymorphisms, a contro-versial chapter of Darwinism', *Quarterly Review of Biology*, 1945, 20. pp. 147-164; 205-230

11. Lysenko (1954), pp. 475-476

12. ibid., p. 476

13. Goldschmidt (1960), p. 318

14. ibid., p. 324

15. Fisher (1930), pp. 146-149

16. John Turner, 'The hypothesis that explains mimetic resemblance explains evolution, the gradualist-saltationist schism', in Grene (1983), p. 142

17. Richard F. Keeler and Wayne Binns, 'Teratogenic componets of *Veratrum californicum* (Durand). V', *Teratology*, 1968, 1, pp. 5-10

18. Dawkins (1988), p. 236 (my italics)

19. Stephen Jay Gould, 'The return of hopeful monsters', in Gould (1982), p. 186

20. ibid., p. 192

21. Richard Goldschmidt, 'Evolution, as viewed by one geneticist', *American Scientists*, 1952, 40, pp. 96-97

22. McClintock (1987)

제9장

1. Mabey (1983), p. 128

2. Nabokov (2000), p. 94

3. Nabokov (2001), pp. 104-105

4. ibid., p. 105

5. Stephen Jay Gould, 'No science without fancy, no art without facts: The lepidoptery of Vladimir Nabokov', Funke (1999), p. 86

6. Nabokov (2001), p. 116-117

7. Dieter E. Zimmer, 'Chinese rhubarb and caterpillars', www.nakokovmuseum.org/PDF/ZimmerR&D.pdf (accessed on 3 December 2008)

8. A. E. Pratt, *To the Snows of Tibet through China*, 1892, p. 188

9. Nabokov (2001), p. 105

10. Bates (1893), Vol. 1, pp. 181-182

11. Nabokov (2001), p. 354

12. ibid., p. 355

13. ibid., p. 358

14. Nabokov (2000b), p. 98

15. Nabokov, quoted in Philip Zaleski, *Harvard Magazine*, July/August 1986, p. 38

16. Stephen Jay Gould, 'No science without fancy, no art without facts: The lepidoptery of Vladimir Nabokov', in Funke (1999), p. 100

17. Nabokov (2000a), p. 343

18. Stephen Jay Gould, 'No science without fancy, no art without facts: The lepidoptery of Vladimir Nabokov', in Funke (1999), p. 114

19. Caillois (2003), p. 69

20. ibid., p. 73

21. ibid., p. 79

22. ibid., p. 80

23. ibid., p. 96

24. ibid., p. 93

25. ibid., p. 96

26. Flaubert (1874), p. 296; translated by PF

27. Caillois (2003), p. 102

28. Ronald Penrose, 'Max Ernst's Celebes', 52nd Charlton Lecture, Newcastle, 1969. 그 아래의 두 인용문도 이 강연문에서 따왔다.

29. Penrose (1981b), p. 124

제10장

1. Cott (1940), p. xii

2. Hugh B. Cott, 'Sir John Graham Kerr', *Nature*, 1957, 179, pp. 1164-1165

3. *The Times*, 8 June 1939

4. obituary, *The Times*, 25 April 1987

5. Hugh B. Cott, 'Natural history of the lower Amazon', *Proceedings of the Bristol Natural History Society*, 1930, 4S, 7(3), pp. 181-188

6. W. L. McAtee, 'Warning colors and mimicry', *Quarterly Review of Biology*, 1933, 8 (no. 3), pp. 209-213

7. Hugh B. Cott, 'The Zoological Society's expeditions to the Zambesi, 1927: No 4. On the ecology of tree-frogs in the lower Zambizi valley, with special reference to predator habits considered in relation to the theory of warning colours and mimicry', *Proceedings of the Zoological Society of London*, 1932, p. 478

8. W. L. McAtee, 'Warning colors and mimicry', *Quarterly Reviews of Biology*, 1933 (no. 3), p. 211

9. Hugh B. Cott, 'Warning colors and mimicry', *Proceedings of the Entomological Society of London*, 1935, pp. 109-119

10. letter from Cott to Kerr, 26 March 1938: JGKA/DC6/708

11. letter from Cott to Kerr, 16 May 1939: JGKA/DC6/709

12. Hugh B. Cott, 'Camouflage: Nature's hints to man', *The Times*, 30 March 1939

13. *The Times*, 15 April 1939

14. *The Times*, 3 May 1939

15. NA/AIR 2/2878

16. Roland Penrose Archives, Scottish National Gallery of Modern Art, GMA A35/1/RPA758

17. Warburton (2004)

18. Trevelyan (1957), p. 112

19. Trevelyan (1957), p. 113

20. Warburton (2004), p. 99

21. letter from Cott to Kerr, 16 April 1939: JGKA/DC6/709

22. letter from Cott to Kerr, 9 June 1939: JGKA/DC6/712

23. letter from Cott to Kerr, 5 July 1939: JGKA/DC6/714

24. letter from Cott to Kerr, 28 July 1939: JGKA/DC6/715

25. letter from Cott to Kerr, 28 August 1939: JGKA/DC6/719

26. letter from Cott to Kerr, 13 September 1939: JGKA/DC6/720

27. letter from Cott to Kerr, 21 October 1939: JGKA/DC6/724

28. letter from Cott to Kerr, 14 January 1940: JGKA/DC6/726

29. NA/AIR2/3447

30. NA/AIR2/3705

31. Cruickshank (1979), pp. 5-7

32. undated letter from Cott to Kerr: JGKA/DC6/728

33. copy letters from Cott to Sir John Anderson, Home Office, 5 April 1940: JGKA/DC6/738;
   27 March 1940: JGKA/DC6/733

34. Hugh B. Cott, 'Camouflage in modern warfare', *Nature*, 1940, 145 (22 June), pp. 949-951

35. *Nature*, 1940, 146 (3 August), pp. 168 and 429

36. *Nature*, 1940, 146 (28 September), p. 429

37. letter from Cott to Kerr, 19 August 1940: JGKA/DC6/753

38. letter from Cott to Kerr, 26 October 1940: JGKA/DC6/758

39. Trevelyan (1957), p. 118

40. Maskelyne (1949), p. 17

41. Antony Penrose, interview, Farley Farm, East Sussex, 23 May 2008

42. Penrose (1981b), p. 130

43. Penrose (1941)

44. Barkes (1952), p. 35

45. IWM/Major D. A. J. Pavitt/86/50/3

46. Cott (1940), p. 53

47. ibid., p. 158

48. Lecture delivered at SME, Chatham, 20 Oct. 1938: *Royal Engineers' Journal*, 1938, 52,
   December, pp. 501-517

49. Sykes (1990), p. 28

50. Trevelyan (1957), p. 152

51. Cott (1940), pp. 324, 405

52. ibid., p. 407

53. Barkas (1952), pp. 4-27

54. Middle East Camouflag Report No. 1: NA/WO201/2843

55. Trevelyan (1957), p. 154

56. the papers of Sergeant Bob Thwaites: IWM/05/46/1

57. Graham (1974), p. 141. 그 아래의 세 인용문도 이 문헌에서 따왔다.

58. ibid., p. 143

59. Douglas (2008)

60. Maskelyne (1949); Fisher (1985)

61. Maskelyne (1949), p. 121

62. Fisher (1985), p. 369

63. 'Middle East Camouflage Report No. 1', NA/WO201/2843

64. undated copy letter from Kerr to Atlee: JGKA/DC6/360

65. *Fortnightly Fluer*, 12 July 1941, in Sykes (1990), pp. 78-79

66. Cott (1975), p. 185

67. collection of Cott's photographs illustrating camouflage: JGKA/DC6/707

68. Sykes (1990), pp. 41-53; 'Scheme Bertram', NA/WO 201/2023
69. Barkas (1952), p. 146
70. Trevelyan (1957), p. 158
71. 'Report on operational camouflage in the Western Desert, August-December 1942': IWM/Captain G. M. Leet 91/2/1; NA/WO 201/2024
72. Sykes (1990), p. 82
73. Barkas (1952), pp. 125-126
74. Nabokov (2000), p. 98
75. The papers of Viscount Montgomery of Alamein, IWM/BLM27
76. 'A' Force Permanent Record File, NA/CAB154/2
77. Rankin (2009), pp. 345-348
78. Barkas (1952), p. 194
79. 'Scheme Bertram', NA/WO 201/2023
80. NA/WO 201/2841
81. Cott (1940), p. 358
82. ibid., p. 359
83. Farnham Camouflag Notes 1943, IWM/Maj. D. A. J. Pavitt, 86/50/3
84. The papers of Viscount Montgomery of Alamein, IWM/BLM27
85. Hansard, HC Deb 11 November 1942, Vol. 385, cc37. http://hansard.millbanksystems.com/commons/1942/nov/11/debate-on-the-address (accessed 11 March 2009)
86. Barkas (1952), p. 216

제11장
1. Sir Scott, Letter to Mrs Mary F. Boynton, 10 September 1950, in White (1951), pp. 137-138
2. Huxley (1993)
3. PS/B15
4. PS/B17
5. PS/B15
6. 'Memo to all ships: Camouflage of vessel operation against U boats': 16 May 1941, PS/B7
7. 'Naval Camouflage', NA/HO 217/9
8. The Camouflage of Ships at Sea, C.B. 3098, Training and Staff Duties Division, Naval Staff, Admiralty, May 1943
9. letter from Kerr to Sir Victor Warrender, Admiralty, 13 January 1942: JGKA/DC6/584
10. Williams (2001), pp. 136-203
11. White (1951), pp. 138-139
12. 'Trials of British Admiralty and US Navy camouflage measures, Chesapeake Bay, October 1944', NA/ADM 212/137
13. ibid.
14. 'Countershading: Report on tests made on a new method', NA/ADM 212/135
15. NA/WO 219/2233
16. NA/AIR 2/6022
17. NA/WO 199/2629
18. Rankin (2009), pp. 399-402, 407

19. NA/AIR 14/2041

20. NA/WO 219/2233; Rankin (2009), pp. 407-408

21. Newark (1996), pp. 21-26

22. Miller (1992), p. 73

23. Antony Penrose, interview, Farley Farm, East Sussex, 23 May 2008

24. Gilot (1966), p. 43

제12장

1. Bates (1863), Vol. 2, p. 346

2. *Biographical Memoirs of the Royal Society*, 1977, 23, pp. 465-500

3. EBF/D4

4. EBF/F5

5. Ford (1955), p. 63

6. E. B. Ford, 'The Genetics of *Papilio dardanus*', *Transactions of the Entomological Society of London*, 1936, 85, pp. 435-466

7. Sir David Weatherall, 'Sir Cyril Astley Clarke, CBE', *Biographical Memoirs of the Royal Society*, 2002, 48, pp. 69-85

8. C. A. Clarke, 'The Prevention of, "Rhesus" Babies', *Scientific American*, 1968, 219, p. 46

9. Sir Cyril Clarke, 'A hybrid swallowtail', *Entomologist's Journal of Record and Variation*, 1953, 65, pp. 76-80

10. Sir Cyril Clarke, 'Philip Macdonald Sheppard', *Biographical Memoirs of Fellows of the Royal Society*, 1977, 23, p. 478

11. ibid., p. 468

12. ibid., p. 486

13. C. A. Clarke, 'Prevention of Rh-haemolytic disease', *British Medical Journal*, 1967, 4 (no. 5570), pp. 7-12

14. C. A. Clarke, 'The Prevention of Rhesus Babies', *Scientific American*, 1968, 219, p. 49

15. *The Times*, 4 March 1964

16. Third Annual Report, Nuffield Unit of Medical Genetics. EBF/F15

17. L. A. Derrick Tovey, 'The contribution of antenatal anti-D prophylasis to the reduction of the morbidity and mortality in Rh haemolytic disease of the newborn', *Plasma Therapy and Transfusion Technology*, 1984, 5, pp. 99-100

18. Michael Majerus, interview, Cambridge, 27 November 2007 다음 두 문단의 인용문은 이 문헌을 참조하라.

19. letter from Clarke to Ford, 1 March 1967: EBF/F13

20. see EBF/F13

21. Darwin (1951), p. 493

22. E. B. Ford, 'Genetics of polymorphism in lepidoptera', *Advances in Genetics*, 1953, 5, p. 63

23. ibid., pp. 70-71

24. Richard Goldschmidt, 'Mimetic polymorphism, a controversial chapter of Darwinism', *Quarterly Review of Biology*, 1945, 20, p. 213

25. C. A. Clarke and P. M. Sheppard, 'Super-genes and mimicry', *Heredity*, 1960, 14, p. 175

26. ibid.

27. C. A. Clarke and P. M. Sheppard, 'Interaction between major genes and polygenes in the determination of the mimetic pattern of *Papilio dardanus*', *Evolution*, 1963, 17, pp. 404-413

28. D. Charlesworth and B. Charlesworth, 'Theoretical genetics of Batesian mimicry. II Evolution of supergenes', *Journal of Theoretical Biology*, 1975, 55, pp. 305-324

29. John R. G. Turner, 'Mimicry: The palatability spectrum and its consequences', in Vane-Wright and Ackery (eds), (1984), pp. 141-161

30. P. M. Sheppard, J. R. G. Turner et al., 'Genetics and the evolution of muellerian mimicry in *Heliconius* butterflies': Philosophical Transactions of the Royal Society of London, 1985, 308, pp. 433-613

제13장

1. Proust (1972), p. 65

2. 'Dame Miriam Louisa Rothschild. 5 August 1908-1920 January 2005', *Biographical Memoirs of the Royal Society*, 2006, 52, pp. 315-350

3. Miriam Rothschild, 'Speculations about mimicry with Henry Ford', in Creed (ed.), (1971), p. 202

4. *Guardian*, obituary of Miriam Rothschild, 22 January 2005

5. Miriam Rothschild, 'Secondary plant substances and warning colouration in insects' in can Emden (ed.), (1973), p. 70

6. Miriam Rothschild, 'Tadeus Reichstein, 20 July 1897-1 August 1996', *Biographical Memoirs of the Royal Society*, 1999, 45, pp. 451-467

7. T. Reichstein, J. von Euw, J. A. Parsons and Miriam Rothschild, 'Heart poisons in the monarch butterfly', *Science*, 1968, 161 (no. 3844), pp. 861-866

8. M. Rothschild et al., 'Poisons in aposematic insects', exhibit no. 19, Concersazione, The Royal Society, London, 1966

9. Trimen (1887), p. 54

10. Miriam Rothschild, 'Some observations on the relationship between plants, toxic insects and birds', in Harborne (ed.), (1972), p. 3

11. Eisner (2003), p. 22

12. ibid., pp. 9-43

13. R. B. Huey and E. R. Pianka, 'Natural selection for juvenile Lizards Mimicking Noxious Beetles', *Science*, 1977, 195, pp. 201-203

14. Miriam Rothschild, 'Aide Memoire Mimicry', *Ecological Entomology*, 1984, 9, pp. 311-319

15. letter from Rothschild to Ford, 2 September 1974: EBF/D16

16. letter from Ford to Sheppard, 21 June 1968: EBF

17. R. C. Lewontin, 'Testing the theory of natural selection', *Nature*, 1972, 236, p. 181

18. Hooper (2002), p. 216

19. Haldane, review of *Ecological Genetics*: EBF/D16

20. R. C. Lewontin, 'Testing the theory of natural selection', *Nature*, 1972, 236, p. 182

제14장

1. Françoise Gilot, *Life with Picasso*, 1966, p. 43
2. Richard Feynman, Radio Broadcast, ABC, 26 June 2008; www.abc.net.au/rn/inconversation/ stories/2008/2276846.htm (accessed 13 December 2008)
3. Carroll (2005)
4. Sean Carroll, interview, London, 2 April 2008
5. Stevenson (2005), p. 122
6. Amis (1968)
7. 'The diploid sequence of an individual human', *PloS Biology*, 2007, 5(10):e254doi:10. 1371/journal.pbio.0050254
8. McClintock (1987); Dover (2001), pp. 31–32
9. E. B. Poulton, *Bedrock*, 1913, No. 1, p. 65
10. Sean B. Carroll et al., 'Pattern formation and eyespot determination in butterfly wings', *Science*, 1994, 265, pp. 109–114
11. Ron Galant et al., 'Expression pattern of a butterfly achaete-scute homolog reveals the homology of butterfly wing scales and insect sensory bristles', *Current Biology*, 1998, 8 (no. 14), pp. 807–813
12. Sean B. Carroll, et al., 'Regulating evolution', *Scientific American*, 2008, 298 (May), pp. 38–45
13. Sean Carroll, interview, London, 2 April 2008
14. Alistair P. McGregor et al., 'Morphological evolution through multiple *cis*-regulatory mutations at a single gene', *Nature*, 2007, 448, pp. 587–590
15. ibid., p. 589
16. Antonia Monteiro, personal communication, 23 April 2008
17. Wikipedia: http//en.wikipedia.org/wiki/454_Life_Sciences (accessed 13 December 2008)
18. P. F. Colosimo et al., 'Widespread parallel evolution in sticklebacks by repeated fixation of ectodysplasin allels', *Science*, 2005, 307, pp. 1928–1933
19. ibid., p. 1933

제15장

1. Joseph Brodsky, 'The Butterfly' (1980), pp. 68–69
2. P. M. Sheppard, J. R. G. Turner et al., 'Genetics and the evolution of muellerian mimicry in *Heliconius* butterflies', *Philosophical Transactions of the Royal Society B*, 1985, 308, pp. 433–613
3. Hardy (1965), p. 151
4. K. S. Brown and W. W. Benson, 'Adaptive polymorphism associated with multiple Müllerian mimicry in *Heliconius numata*', *Biotropica*, 1974, 6, pp. 205–228
5. *Philosophical Transaction of the Royal Society B*, 1985, 308, p. 457
6. Mathieu Joron et al., 'A conserved supergene locus controls colour pattern diversity in *Heliconius* butterflies', *PloS Biology*, 2006, 4 (no. 10), e303doi:10.1371/journal.pbio.0040303
7. Chris Jiggins, personal communication, 1 January 2009
8. R. D. Reed and L. M. Nagy, 'Evolutionary redeployment of a biosynthetic module: Expression of eye pigment genes vermilion, cinnabar, and white in butterfly wing development',

Evolution and Development, 2005, 7, pp. 301–311

9. Robert D. Reed et al., 'Gene expression underlying adaptive radiation on *Heliconius* wing patterns: Non-modular regulation of overlapping cinnabar and vermilion prepatterns', *Proceedings of the Royal Society B*, 2008, 275, pp. 37–45

10. Laura D. Ferguson and Chris D. Jiggins, 'Both shared and divergent expression domain underlie a convergent mimetic phenotype in *Heliconius* butterflies', to be published in *Evolution and Development*

11. James Mallet, 'Rapid speciation, hybridization, and adaptive radiation in the *Heliconius melpomene* group', in Butlin, Bridle and Schluter (eds), (2009), pp. 177–194

12. letter from Miriam Rothschild to E. B. Ford, 2 September 1974: EBF/D16

13. A. V. Z. Brower, 'A new mimetic species of Heliconius (Lepidoptera: Nymphalidae), from south-eastern Colombia, revealed by cladistic analysis of mitochondrial DNA sequences', *Zoological Journal of the Linnean Society*, 1996, 116, pp. 317–332

14. Mauricio Linares, interview, London, 25 June 2007

15. James Mallet, 'Rapid speciation, hybridization and adaptive radiation in the *Heliconius melpomene* group', in Butlin, Bridle and Schluter (eds), (2009), pp. 187–189

16. 'Colombia' 98 Expedition to Serrania de los Churumbelog, http://www.proaves.org/IMG/pdf/EBA_1_Churumbelos_report_1998.pdf (accessed 12 December 2008); Blanca Huertas, interview, Natural History Museum, London, 26 September 2008

17. Nathalia Giraldo et al., 'Two sisters in the same dress: *Heliconius* cryptic species', *BMC Evolution Biology*, 2008, 8, p. 324; published online 28 November 2008 at doi: 10.1186/1471-2148-8-324

18. 'Butterfly effect: New species hatches in lab', *Guardian*, 15 June 2006

19. C. D. Jiggins et al., 'Reproductive isolation caused by colour pattern mimicry', *Nature*, 2001, 411, pp. 302–305

20. Darwin (1977), p. 92

21. J. Mavarez et al., 'Speciation by hybridization in *Heliconius* butterflies', *Nature*, 2006, 441, pp. 868–871; Mauricio Linares, 'Homoploid hybrid evolution in *Heliconius* butterflies', paper read at symposium 'The Driving Forces of Evolution', Linnean Society, 3 July 2008; James Mallet, 'Rapid speciation, hybridization, and adaptive radiation in the *Heliconius melpomene* group', in Butlin, Bridle and Schluter (eds), (2009), pp. 177–194

22. Maria C. Melo et al., 'Assortative mating preferences among hybrids offers a route to hybrid speciation', *Evolution*, in press

23. Lawrence E. Gilbert, 'Adaptive novelty through introgression in *Heliconius* wing patterns', in Boggs, Watt and Ehrlich (eds), (2003), pp. 281–318

24. Miriam Rothschild, *Butterfly Cooing Like Dove*, 1991, p. 180

25. Mathieu Joron et al., 'A conserved super-gene locus controls colour pattern diversity in *Heliconius* butterflies', *PloS Biology*, 2006, 4 (no. 10), e303 doi:10.1371/journal.pbio.0040303

제16장
1. Darwin (1989), p. 46
2. Kira O'Day, 'Conspicuous chameleons', *PloS Biology*, 2008, 6(1): e21 doi:10.1371/journal.

pbio.006021; D. Stuart-Fox, and A. Moussalli, 'Camouflag and colour change: Antipredator responses to bird and snake predators across multiple populations in a dwarf chameleon', *Biological Journal of the Linnean Society*, 2006, 88, pp. 437-445

3. Roger Hanlon, 'Cephalopod dynamic camouflage', *Current Biology*, 2007, 17 (no. 11), R400-404

4. Roger Hanlon et al., 'Mimicry and foraging behavior of two sand-flat octopus species off North Sulawesi, Indonesia', *Biological Journal of the Linnean Society*, 2008, 93 (no. 1), pp. 23-38

5. Astrid M. Heiling, Marie E. Herberstein and Lars Chittka, 'Pollinator attraction: Crab spiders manipulate flowers signals', *Nature*, 2003, 421, p. 334

6. A. M. Heiling and M. E. Herberstein, 'Predator-prey coevolution: Australian native bees avoid their spider predators', *Proceedings of the Royal Society B* (Suppl.), 2004, 271, S196- S198

7. David W. Pfennig, 'Frequency dependent Batesian mimicry', Nature, 2001, 410, p. 323; George R. Harper Jr and David W. Pfennig, 'Mimicry on the edge: Why do mimics vary in resemblance to the their model in different parts of their geographical range?' *Proceeding of the Royal Society B*, 2007, 274, pp. 19655-19661

8. personal communication, 20 March 2008

9. Hooper (2002)

10. J. S. Jones, 'More to melanism than meets the eye', *Nature*, 1982, 300, pp. 109-110

11. Majerus (1998)

12. 'Not black and white', review of Michael E. N. Majerus, *Melanism: Evolution in Action*, *Nature*, 1998, 396, pp. 35-36

13. Majerus (1998)

14. *Sunday Telegraph*, 14 March 1999

15. Hooper (2002), p. 9

16. E. N. Majerus, 'The peppered moth: The proof of Darwinian evolution', www.gen.cam.ac. uk/Research/Majerus/Swedentalk220807.pdf (accessed 2 March 2009)

17. E. N. Majerus, 'The peppered moth: The proof of Darwinian evolution', www.gen.cam.ac. uk/Research/Majerus/Swedentalk220807.pdf (accessed 2 March 2009)

18. Nickolay I. Hristov and William E. Connor, 'Sound strategy: Acoustic aposematism in the bat-tiger moth arms race', *Naturwissenschaften*, 2005, 92, pp. 164-169

19. ibid.

20. Michael Majerus, interview, Cambridge, 27 November 2007

에필로그

1. Michael W. Nachman, Hopi E. Hoekstra Susan L. D'Agostino, 'The genetic basis of adaptive melanism in pocket mice', Proceedings of the National Academy of Science, 2003, 100, pp. 5, 268-273

2. 'Camouflag US Marine Corps utility uniform: Pattern fabric and design, 2004', US Patent 6805957

3. Martin Stevens and Sami Merilaita, 'Animal camouflage: Current issues and new perspective', *Philosophical Transactions of the Royal Society B*, 2009, 364, pp. 423-427

참고 문헌

Addison, Colonel G. H. (1926). *The Work of the Royal Engineers in the European War, 1914–1918*, Miscellaneous, Institution of Royal Engineers, Chatham.
Allen, Garland E., (1978). *Thomas Hunt Morgan*, Princeton University Press, Princeton.
Amis, Kingsley (1968). *I Want it Now*, Jonathan Cape, London.
Anderson, Ross (1982). *Abbott Handerson Thayer*, Everson Museum, Syracuse, New York.
Barkas, Geoffrey (1952). *The Camouflage Story*, Cassell Plc, a division of the Orion Publishing Group.
Bates, Henry Walter (1863). *The Naturalist on the River Amazons*, Vols 1 and 2, John Murray, London.
Bates, Henry Walter (1892). *The Naturalist on the River Amazons*, John Murray, London.
Bateson, William (1894). *Materials for the Study of Variation*, Macmillan, London.
Beddard, Frank E. (1892). *Animal Coloration*, Swan Sonnenschein, London.
Belt, Thomas (1874). *The Naturalist in Nicaragua*, John Murray, London.
Blunt, Wilfred Scawen (1919–20). *My Diaries: Being a Personal Narrative of Events, 1888–1914*, Vol. 2, Martin Secker, London.
Boggs, Carol. L., Watt, Ward B. and Ehrlich, Paul R. (eds) (2003). *Butterflies: Ecology and Evolution Taking Flight*, University of Chicago Press, Chicago.
Brodsky, Joseph (1980). *A Part of Speech*, Oxford University Press, Oxford; Farrar, Strauss and Giroux, New York.
Brown, Milton (1963). *The Story of the Armory Show*, Joseph H. Hirshhorn Foundation, Greenwich, CT.
Browne, Janet (2002). *Charles Darwin: The Power of Place*, Jonathan Cape, London.
Burchell, William J. (1822). *Travels in the Interior of Southern Africa*, Vol. I, Longmans, London.
Butlin, Roger K., Bridle, Jon and Schluter, Dolph (eds) (2009). *Speciation and Patterns of Diversity*, Cambridge University Press, Cambridge.
Caillois, R. (2003). *The Edge of Surrealism: A Roger Caillois Reader*, ed. Claudine Frank, Duke University Press, Durham, NC.
Carlson, Elof Axel (2004). *Mendel's Legacy*, Cold Spring Harbor Laboratory Press, New York.
Carroll, Sean B. (2005). *Endless Forms Most Beautiful*, W. W. Norton, New York.
Carroll, Sean B. (2008). *The Making of the Fittest*, Quercus, London.
Cortissoz, Royal (1923). *American Artists*, Charles Scribner's, New York.
Cott, Hugh B. (1940). *Adaptive Coloration in Animals*, Methuen, London.
Cott, Hugh B. (1975). *Looking at Animals*, Collins, London.
Creed, Robert (ed.) (1971). *Ecological Genetics and Evolution*, Blackwell Scientific Publications, Oxford.
Cruickshank, Charles (1979). *Deception in World War II*, Oxford University Press, Oxford.
Darwin, Charles (1862). *On the Various Contrivances by which British and Foreign Orchids are fertilised by Insects*, John Murray, London.
Darwin, Charles (1868). *The Variation of Animals and Plants under Domestication*, John Murray, London.
Darwin, Charles (1871). *The Descent of Man*, Vol. I, John Murray, London.
Darwin, Charles (1951). *The Origin of Species*, a reprint of 6th edition, Oxford University Press, Oxford.
Darwin, Charles (1977). *Collected Papers*, ed. Paul H. Barrett, University of Chicago Press, Chicago.

Darwin, Charles (1985). *The Origin of Species*, Penguin, London.

Darwin, Charles (1989). *The Voyage of the Beagle*, Penguin, London.

Darwin, Charles (2002). *Autobiographies*, Penguin, London.

Darwin, Erasmus (1796). *Zoonomia; or the Laws of Organic Life*, Vol. 1, J. Johnson, London.

Dawkins, Richard (1988). *The Blind Watchmaker*, Penguin, London.

Desmond, Adrian and Moore, James (1992). *Darwin*, Penguin, Harmondsworth.

de Vries, Hugo (1909). *The Mutation Theory*, trans. J. B. Farmer and A. D. Darbishire, Vol. 1, Open Court Publishing, Chicago.

Douglas, Keith (2008). *Alamein to Zem Zem*, Faber and Faber, London.

Dover, Gabriel (2001). *Dear Mr Darwin*, Phoenix, London.

Edwards, William H. (1847). *A Voyage up the Amazon*, John Murray, London.

Eisner, Thomas (2003). *For Love of Insects*, Belknap Press of Harvard University Press, Cambridge, MA.

Faulkner, Barry (1973). *Sketches from an Artist's Life*, William L. Bauhan, Dublin, NH.

Fisher, David (1985). *The War Magician*, Corgi, London.

Fisher, R. A. (1930). *The Genetical Theory of Natural Selection*, Clarendon Press, Oxford.

Flaubert, Gustave (1874). *La Tentation de Saint Antoine*, Charpentier et Cie, Paris.

Forbes, Henry O. (1989). *A Naturalist's Wanderings in the Eastern Archipelago* (facsimile of 1885 edition), Oxford University Press, Oxford.

Ford, E. B. (1955). *Moths*, Collins, London.

Ford, E. B. (1964). *Ecological Genetics*, Methuen, London.

Ford, E. B. (1967). *Butterflies*, Collins, London.

Funke, Sarah (ed.) (1999). *Vera's Butterflies*, Glen Horowitz Bookseller, New York.

Gilot, Françoise (1966). *Life with Picasso*, Penguin, Harmondsworth.

Goldschmidt, Richard (1938). *Physiological Genetics*, McGraw-Hill, New York.

Goldschmidt, Richard (1960). *In and Out of the Ivory Tower*, University of Washington Press, Seattle.

Goldschmidt, Richard (1982). *The Material Basis of Evolution*, Yale University Press, New Haven and London.

Gombrich, E. H. (1982). *The Image and the Eye*, Phaidon Press, London.

Gould, Stephen Jay (1982). *The Panda's Thumb*, W. W. Norton, New York.

Graham, Desmond (1974). *Keith Douglas, 1920–1944: A Biography*, Oxford University Press, Oxford.

Gregory, John Walter (1896). *The Great Rift Valley*, John Murray, London.

Grene, Marjorie (1983). *Dimensions of Darwinism*, Cambridge University Press, Cambridge.

Harborne, J. B. (ed.) (1972). *Phytochemical Ecology: Proceedings of the Phytochemical Society Symposium*, Royal Holloway College, Englefield Green, Surrey, April 1971, Phytochemical Society.

Hardy, Sir Alister (1965). *The Living Stream*, Collins, London.

Harrison, Frederick W. and Locke, Michael (eds) (1999). *Microscopic Anatomy of Invertebrates. Insecta*, Wiley-Liss, New York.

Henig, Robin Marantz (2000). *A Monk and Two Peas*, Weidenfeld & Nicolson, London.

Hooper, Judith (2002). *Of Moths and Men*, Fourth Estate, London.

Huxley, Elspeth (1993). *Peter Scott*, Faber and Faber, London.

Levi, Primo (1985). *The Periodic Table*, Michael Joseph, London (original publication Schocken, New York, 1984).

Liberman, Alexander (1994). *The Artist in His Studio*, Random House Value Publishing, New York (original publication Thames and Hudson, London, 1960).

Lull, Richard Swann (1917). *Organic Evolution*, Macmillan, New York.

Lysenko, T. D. (1954). *Agrobiology*, Foreign Languages Publishing House, Moscow.

Mabey, Richard (1983). *In a Green Shade*, Hutchinson, London.

McClintock, B. (1987). *The Discovery and Characterization of Transposable Elements*, Garland Publishing, New York.

Majerus, Michael (1998). *Melanism*, Oxford University Press, Oxford.

Mare, André (1996). *Carnets de Guerre 1914–1918*, presenté par Laurence Graffan, Herscher, Paris.

Maskelyne, Jasper (1949). *Magic – Top Secret*, Stanley Paul, London.

Miller, Lee (1992). *Lee Miller's War*, ed. Anthony Penrose, Conde Nast, London.

Moon, H. P. (1976). *Henry Walter Bates FRS, 1825–1892*, Leicestershire Museums, Art Galleries and Records Service, Leicester.

Nabokov, Vladimir (2000a). *Ada or Ardor*, Penguin, London.

Nabokov, Vladimir (2000b). *Speak, Memory*, Penguin, London.

Nabokov, Vladimir (2001). *The Gift*, with a new addendum, trans. Dimitri Nabokov, Penguin, London.

Newark, Tim (1996). *Brassey's Book of Camouflage*, Brassey's, London.

Newark, Tim (2007). *Camouflage*, Thames and Hudson, London.

Nijhout, H. Frederick (1991). *The Development and Evolution of Butterfly Wing Patterns*, Smithsonian Institution Press, Washington, DC.

Owen, Richard, *The Zoology of the Voyage of HMS Beagle*, Royal Geographical Society, 1994.

Penrose, Roland (1941). *The Home Guard Manual of Camouflage*, George Routledge, London.

Penrose, Roland (1981a). *Picasso, His Life and Work*, 3rd edition, Granada, London.

Penrose, Roland (1981b). *Scrap Book 1900–1981*, Thames and Hudson, London.

Phillips, Olga Somech (1933). *Solomon J. Solomon*, Herbert Joseph, London.

Poulton, Edward Bagnall (1890). *The Colours of Animals* (the International Scientific Series, Vol. 68), Kegan Paul Trench, Trübner, London.

Poulton, Edward Bagnall (1908). *Essays on Evolution 1889–1907*, Clarendon Press, Oxford.

Proust, Marcel (1972). *Remembrance of Things Past, Swann's Way Pt 1*, trans. C. K. Scott Moncrieff, Chatto & Windus, London.

Punnett, Reginald Crundall (1915). *Mimicry in Butterflies*, Cambridge University Press, Cambridge.

Rankin, Nicholas (2009). *Churchill's Wizards*, Faber and Faber, London.

Roosevelt, Theodore (1910). *African Game Trails*, Charles Scribner's, New York.

Solomon, Solomon J. (1920). *Strategic Camouflage*, John Murray, London.

Stecher, Robert M. (1969). 'The Darwin–Bates Letters – Correspondence between two nineteenth-century travellers and naturalists, Part 1', *Annals of Science*, 25, No. 1, pp. 1–47, 95–125.

Stein, Gertrude (1948). *Picasso*, B. T. Batsford, London.

Stevenson, Anne (2005). *Poems 1955–2005*, Bloodaxe, High Green.

Sutherland, S. K. (1983). *Australian Animal Toxins*, Oxford University Press, Melbourne.

Sykes, Steven (1990). *Deceivers Ever: Memoirs of a Camouflage Officer*, Spellmount, Tunbridge Wells.

Thayer, Gerald H. (1909). *Concealing Coloration in the Animal Kingdom*, Macmillan, New York.

Thayer, Gerald H. (1918). *Concealing Coloration in the Animal Kingdom*, 2nd edition, Macmillan, New York.

Trevelyan, Julian (1957). *Indigo Days*, MacGibbon & Kee, London.

Trimen, Roland (1887). *South African Butterflies*, Vol. 1, Trübner, London.

Van Emden, H. F. (ed.) (1973). *Insect/Plant Relationships* (Proceedings of the 6th Symposium of the Royal Entomological Society of London), Blackwells Scientific, Oxford.

Vane-Wright, R. I. and Ackery, P. R. (eds) (1984). *The Biology of Butterflies* (Royal Entomological Society of London Symposium. No. 11), Academic Press, New York.

Wallace, Alfred Russel (1853). *A Narrative of Travels on the Amazon and Rio Negro*, Reeve, London.

Wallace, Alfred Russel (1869). *The Malay Archipelago*, Macmillan, London.

Wallace, Alfred Russel (1908). *My Life*, Chapman & Hall, London.

Warburton, Nigel (2004). *Ernö Goldfinger: The Life of an Architect*, Routledge, London.

Wells, H. G. (1998). *The Complete Stories of H. G. Wells*, Dent, London.

West, David A. (2003). *Fritz Müller: A Naturalist in Brazil*, Pocahontas Press, Blacksburg, VA.

White, Nelson C. (1951). *Abbott H. Thayer*, Connecticut Printers, CT.

Wilkinson, Norman (1969). *A Brush with Life*, Seeley, London.

Williams, David (2001). *Naval Camouflage 1914–1945: A Complete Visual Reference*, Chatham Publishing, London.

역자 후기 : 위장의 세계

생물들은 눈에 띄지 않기 위해서 온갖 수단을 개발한다. 눈에 잘 띄면 포식자에게 잡아먹힐 가능성이 그만큼 높아진다. 그래서 나무줄기에 앉는 나방은 줄기와 비슷하게 짙은 색깔을 띠기 쉽고, 나뭇잎을 먹는 애벌레는 나뭇잎과 비슷한 녹색을 띠기 쉽다. 이렇게 모든 생물이 몸을 숨기기 위해서 위장만 한다면 자연은 온통 칙칙한 색깔일 것이다.

그러나 자연에서는 눈에 잘 띄어야 할 때도 종종 있다. 짝을 찾아야 할 때가 대표적이다. 배경과 뒤섞여서 보이지 않는 칙칙한 색깔을 띤 탓에 짝을 찾지 못한다면 그 동물은 멸종할 것이다.

보일 것이냐 감출 것이냐를 놓고 생물들은 다양한 전략과 전술을 개발해왔다. 우리가 보기에는 아예 대놓고 한쪽을 택한 듯한 동물도 있다. 화려한 꼬리깃털을 자랑하는 공작이 바로 그렇다. 매미는 정반대이다. 나무줄기에 앉으면 거의 보이지 않는다. 대신에 매미는 소리를 통해서 짝에게 자신을 알리는 전략을 개발했다.

공작은 먹힐 위험을 무릅쓰고 짝을 얻기 위해서 과시하는 쪽을 택했다. 그러나 더 독창적인 전략을 채택한 동물들도 있다. 위험하다고 자신을 널리 광고하는 전략이다. 독을 품고 있는 동물들이 으레 그런 전략을 쓴다. 치명적인 독을 품은 뱀, 맛이 없어서 새가 내뱉고 마는 무당벌레 등이 그렇다. 이들은 눈에 잘 띄는 화려하고 선명한 색깔로 자신이 위험하다고 광고한다. 이 광고를 무시하고 접근하는 포식자는 된통 당한 뒤에 다시는 그런 동물을 집적거리지 않는다.

광고계에서 잘 나가는 친구가 있으면, 따라 하는 자들도 나오기 마련이다. 그것이 바로 동물계에서 널리 채택된 전략인 의태이다. 독이 없으면서도 독이 있는 곤충과 똑같은 화려한 무늬와 색깔로 자신을 광고하는 것이다. 나도 이 친구처럼 위험하니 건드리지 말라고 엄포를 놓는다. 하지만 흉내쟁이가 너무 많아지면 독이 있는 종조차 위험에 빠질 수 있다. 자연은 적절한 균형을 이루어야 한다. 그래서 이 책에 실린 나비처럼 한 종이 독 있는 여러 종을 흉내내는 전략도 등장했다. 이쪽을 흉내내는 녀석은 먹혀도 저쪽을 흉내내는 녀석은 살아남도록 하겠다는 전략이다.

이 책은 이렇게 자연에서 누군가를 흉내내거나 광고하거나 숨기는 생물들을 살펴본다. 또 자연의 기만술을 연구한 과학자들도 역사적으로 훑고 있다. 그들은 자연에서 모방의 사례를 보며 감탄하는 한편으로 어떻게 모방이 이루어질 수 있는지를 궁금해했다. 그 결과 의태와 위장을 다루는 학문이 출현했다.

저자는 위장과 기만술의 이야기를 자연에만 한정짓지 않는다. 숨기거나 드러내는 전략은 역사적으로 화가들도 죽 써왔다. 생물이 3차원의 몸을 캔버스 삼아 무늬와 색깔을 입힌 반면, 화가는 2차원의 캔버스를 3차원처럼 보이는 색칠 기법을 고안했다. 또 위장술은 인류의 전쟁에도 쓰였다. 새빨간 색처럼 눈에 잘 띄면서 위협하는 색깔로 적을 위압하기도 했고, 강력한 화기 앞에서는 몸을 숨기는 위장술을 택하기도 했다.

이 책에서 저자는 두 차례의 세계대전이 자연과 인간세계의 위장과 기만술이 만나는 자리였다는 흥미로운 이야기를 들려준다. 전쟁에 쓰이는 위장술을 책임질 적절한 인물이 생물학자인지 화가인지를 놓고 영역 다툼이 벌어지기도 했다고 말한다. 인상파와 입체파가 위장술과 어떤 관계에 있었는지에 대해서도 재미있는 일화를 통해서 들려준다. 자연과 미술, 전쟁이 한 곳으로 수렴한 사례도 찾아보기 어렵겠지만, 그런 흥미로운 사례를 이처럼 잘 다룬 책도 아마 찾아보기 힘들지 않을까.

이 책의 저자는 여러 과학 매체에 글을 쓰는 과학 전문 저술가이며, 유리창에 거꾸로 붙어서 기어다니기도 하는 도마뱀붙이의 발은 왜 접착력이 계속 유지되는가 같은 흥미로운 기사들을 썼다. 그는 이 책으로 영국 워릭 대학교에서 학제 간, 통섭적인 저작에 수여하는 상금 5만 파운드의 워릭 저술상을 수상하기도 했다.

2012년 2월
이한음

인명 색인